Linux 实用教程 第4版

於岳 ◎ 编著

人民邮电出版社
北京

图书在版编目（CIP）数据

Linux实用教程 ：微课版 / 於岳编著. -- 4版. --
北京 ：人民邮电出版社，2023.2
（Linux创新人才培养系列）
ISBN 978-7-115-54935-8

Ⅰ. ①L… Ⅱ. ①於… Ⅲ. ①Linux操作系统－教材
Ⅳ. ①TP316.89

中国版本图书馆CIP数据核字(2020)第182013号

内容提要

本书基于 Red Hat Enterprise Linux 操作系统进行编写，主要内容包括初步了解 Linux 系统、安装 Linux 系统、字符界面操作基础、目录和文件管理、常用操作命令、Shell 编程、用户和组群管理、磁盘分区和文件系统管理、软件包管理、权限和所有者、日常管理和维护、网络基本配置、远程连接服务器配置、NFS 服务器配置、DHCP 服务器配置、Samba 服务器配置、DNS 服务器配置、Web 服务器配置、FTP 服务器配置、Sendmail 服务器配置。

本书内容由浅入深、全面细致，遵循理论和实践并重的原则，大量使用图表和案例进行表述，便于读者理解和掌握知识点。

本书可作为普通高等院校计算机科学与技术、软件工程、网络工程、电子信息、通信、自动化等相关专业 Linux 课程的教材，也可供广大的 Linux 爱好者、Linux 系统管理维护人员、计算机培训机构的教师和学员参考使用。

◆ 编　　著 於 岳
责任编辑 刘 博
责任印制 王 郁 陈 犇
◆ 人民邮电出版社出版发行　　北京市丰台区成寿寺路 11 号
邮编 100164　　电子邮件 315@ptpress.com.cn
网址 https://www.ptpress.com.cn
固安县铭成印刷有限公司印刷
◆ 开本：787×1092 1/16
印张：22.5　　2023 年 2 月第 4 版
字数：590 千字　　2025 年 6 月河北第 6 次印刷

定价：69.80 元

读者服务热线：(010)81055256　印装质量热线：(010)81055316
反盗版热线：(010)81055315

前 言

党的二十大报告中提到："教育、科技、人才是全面建设社会主义现代化国家的基础性、战略性支撑。"在教育改革、科技变革等背景下，信息技术领域的教学发生着翻天覆地的变化。

Linux 系统目前已成为全球应用增长最快的操作系统之一，其应用范围非常广，如系统级的数据库、消息管理和 Web 应用、桌面办公、各种嵌入式开发等方面。同时，业界许多大公司对 Linux 专业人才的渴求与日俱增，如阿里巴巴、京东、网易、爱奇艺、百度、腾讯等大型互联网企业。Linux 系统目前在中国已经成功地应用于政府、金融、电信、制造、教育、能源、交通、电子商务等领域，并得到充分的肯定和广泛的认可。

目前，普通高等院校的计算机科学与技术、软件工程、网络工程等计算机相关专业，都将 Linux 系统作为操作系统课程的补充内容，要求学生对 Linux 系统有基本的认识，能够比较熟练地应用 Linux 系统进行各种简单的配置与开发。与此同时，随着 Linux 系统在相关领域的应用越来越广泛、深入，电子信息、通信、自动化等理工类专业对学生的 Linux 系统应用能力提出了更高的要求，这些专业也纷纷开设 Linux 相关课程，以满足企业对人才的需求。

本书自出版以来得到了众多读者的喜爱，一次次地改版和重印，畅销十多年。但是，第 3 版出版至今，Linux 系统有了新的发展和特性，所以此次在原有基础上对该书进行改版和编写。

第 4 版较第 3 版在以下内容上有所改进。

1. 升级系统版本，并对书中所有实例进行重新检验，增强可操作性。
2. 将 RPM 软件包管理方式由 YUM 升级为 DNF。
3. 增加新的网络管理方式 nmcli。
4. 对 OpenSSH 远程连接方式进行改进。
5. 增加新的 Linux 系统管理方式 Cockpit。
6. 各章（除第 1 章）的上机练习，提供了配套的操作视频微课，读者扫码即可观看，方便读者进行课后实践。

本书编者从事 Linux 系统运维管理和教学工作十多年，擅长基于 Linux 系统的服务器管理、高可用性架构、虚拟化运维、分布式存储、性能监控和优化、安全防护；对 Linux、UNIX、Oracle、MySQL 等技术有深入的研究，担任过高级系统工程师、高级数据库工程师、架构师以及培训专家。编者目前主要从事系统、数据库的管理和教学工作。因此在编写过程中，编者遵循理论和实践并重的原则，由浅入深进行讲解，使本书脉络清晰，突出实践性和实用性。

由于编者水平有限，书中不足之处在所难免，恳请广大读者提出宝贵意见。

编　者

2023 年 2 月

目 录

第1章 初步了解Linux系统

自1991年8月发布以来，Linux系统发展非常迅速，目前主要应用于服务器、软件开发平台和嵌入式开发领域，是一个开放的、创新的、具有前瞻性的操作系统。

1.1 Linux系统简介

Linux 系统发展至今已经经历了二十几年，现在有众多的系统管理员开始接触这个系统，并且将其安装到他们公司的服务器上。

1.1.1 什么是Linux系统

Linux系统是一个免费的多用户、多任务的操作系统（简称系统），其运行方式、功能和UNIX系统很相似，但Linux系统的稳定性、安全性与网络功能是许多商业操作系统无法比拟的。Linux系统最大的特色之一是源代码完全公开，在符合GNU GPL（GNU通用公共许可证）的原则下，任何人都可以自由取得、发布甚至修改源代码。

越来越多的大中型企业选择了Linux系统作为服务器的操作系统。近几年来，Linux系统又以其友好的图形界面、丰富的应用程序及低廉的价格，在桌面领域得到了较好的发展，受到了普通用户的欢迎。

1.1.2 Linux系统的产生

Linux系统的内核最早是由芬兰大学生林纳斯·托瓦兹（Linus Torvalds）开发，并于1991年8月发布。当时由于UNIX系统的商业化，安德鲁·特南鲍姆（Andrew Tannebaum）教授开发了操作系统Minix，该系统不受AT&T许可协议的约束，可以发布在互联网上免费给全世界的学生使用，这为教学科研提供了一个操作系统。Minix系统具有较多UNIX系统的特点，但与UNIX系统不完全兼容。1991年，Linus Torvalds为了给Minix系统用户设计一个比较有效的UNIX PC版本，自己动手写了一个类Minix的操作系统，这就是Linux的雏形。

Linux的兴起可以说是互联网创造的一个奇迹。到1992年1月为止，全世界大约只有1000人在使用Linux系统，但由于它发布在互联网上，互联网上的任何人在任何地方都可以得到它。在众多热心人的努力下，Linux系统在不到3年的时间里成为一个功能完善、稳定可靠的操作系统。

1.1.3 Linux 系统应用领域

Linux 系统的应用主要涉及应用服务器、嵌入式、软件开发以及桌面应用 4 个领域。在桌面应用领域，Windows 系统占有绝对优势，其友好的界面、易操作性和多种多样的应用程序是 Linux 系统所缺乏的。Linux 系统的长处主要应用于服务器、嵌入式及软件开发等。

1. 应用服务器

Linux 系统的可靠性使它成为企业 Web 服务器的重要选择。同时，Linux 系统支持多种硬件平台，非常容易与其他操作系统（如 Windows、UNIX 等）共存，其相关应用软件多为免费甚至开放源代码，如 Web 服务器 Apache 和邮件服务器 Sendmail 都附在 Linux 系统安装套件之中。Linux 厂商大都将服务器应用作为一个重要方向，Linux 群集更是大家都看好的趋势，也是 Linux 系统提高可扩展性和可用性的必经之路。当然，除了 Web 服务器以外，Linux 系统还适用于防火墙、代理服务器、DNS 服务器、DHCP 服务器、数据库、FTP 服务器、VPN 服务器以及一些用于办公系统的文件与打印服务器等。

2. 嵌入式

嵌入式是当前操作系统的热点领域，Linux 在该领域的低成本、小内核以及模块化方面有着自己的特色，很多 Linux 厂商纷纷在该领域投入人力、物力开展研发工作。

3. 软件开发

Linux 开发工具和应用正日臻完善，Linux 开发者可以使用 Java、C、C ++、Perl 或 PHP 来开发应用程序。PHP 很容易学习，执行速度很快，而且开放程序代码的 PHP 还支持大部分数据库，具有各种功能的动态链接库资源，是目前电子商务开发常用的语言。

4. 桌面应用

Linux 系统在桌面应用领域进行了改进，完全可以作为一种集办公应用、多媒体应用、游戏娱乐和网络应用等多方面功能于一体的图形界面操作系统。

1.2 Linux 系统的特点和组成

Linux 系统在短短的几年之内就得到了非常迅猛的发展，这与 Linux 系统具有的良好特性是分不开的。本节主要讲述 Linux 系统的特点和 Linux 系统的组成。

1.2.1 Linux 系统的特点

越来越多的系统管理员将他们的服务器平台迁移到 Linux 系统中。Linux 系统具有以下主要特点。

1. 开放性

开放性是指系统遵循世界标准规范，特别是遵循开放系统互连（Open System Interconnection, OSI）国际标准。凡遵循 OSI 国际标准开发的硬件和软件都能彼此兼容，可方便地实现互连。

2. 多用户

多用户是指系统资源可以被不同的用户各自拥有使用，即每个用户对自己的资源（如文件、设备）有特定的权限，并且互不影响。

3. 多任务

多任务是指计算机可以同时执行多个程序，而且各个程序的运行互相独立。Linux 系统调度每一个进程，平等地访问计算机处理器。

4. 良好的用户界面

Linux 系统向用户提供了文本界面和图形界面。Linux 系统的文本界面是基于文本的命令行界面（Shell）。Shell 有很强的程序设计能力，用户可方便地用它编写程序，从而为自己扩充系统功能提供更高级的手段。

Linux 系统还为用户提供了图形界面。它利用鼠标指针、菜单、窗口、滚动条，给用户呈现一个直观、易操作、交互性强的友好的图形界面。

5. 设备独立性

设备独立性是指 Linux 系统把所有的外部设备（如显卡、内存等）统一当作文件，只要安装它们的驱动程序，任何用户都可以像使用文件一样操控它们、使用这些设备而不必知道它们的具体存在形式。

6. 丰富的网络功能

丰富的内置网络是 Linux 系统的一大特点。Linux 系统在通信和网络功能方面优于其他操作系统。其他操作系统不包含如此紧密地和内核结合在一起的连接网络的能力，也没有内置这些联网的特性。而 Linux 系统为用户提供了完善的、强大的网络功能。

7. 可靠的系统安全

Linux 系统采取了许多安全技术措施，包括对读写进行权限控制、带保护的子系统、审计跟踪、核心授权等，这为多用户网络环境中的用户提供了必要的安全保障。

8. 良好的可移植性

可移植性是指将 Linux 系统从一个平台转移到另一个平台，它仍然能按其自身的方式运行。Linux 系统是一种可移植的操作系统，能够在从微型计算机到大型计算机的几乎任何环境中和任何平台上运行。

1.2.2 Linux 系统的组成

Linux 系统一般由内核、Shell、文件系统以及应用程序这 4 个主要部分组成。内核、Shell 以及文件系统一起组成了基本的操作系统结构，它们使得用户可以运行程序、管理文件并使用 Linux 系统。

1. 内核

内核是 Linux 系统的核心，具有很多基本的功能，如虚拟内存、多任务、共享库、需求加载、可执行程序以及 TCP/IP 网络功能。Linux 内核的主要模块分为存储管理、CPU 和进程管理、文件系统、设备管理和驱动、网络通信、系统的初始化以及系统调用等部分。

2. Shell

Shell 是命令行方式的 Linux 系统的用户界面，提供了用户与内核进行交互操作的一种接口。它接收用户输入的命令并将之传送给内核去执行。实际上 Shell 是一个命令解释器，它解释用户输入的命令并且将之传送给内核。另外，Shell 编程语言具有普通编程语言的很多特点，用这种编程语言编写的 Shell 程序与其他应用程序具有同样的效果。

3. 文件系统

文件系统是文件存放在磁盘等存储设备上的组织方法。Linux 系统能支持多种目前流行的文件系统，如 xfs、ext4、ext3、ext2、msdos、vfat 以及 iso9660 等。

4. 应用程序

标准的 Linux 系统都有一套被称为应用程序的程序集，它包括文本编辑器、编程语言、X

Window、办公软件、影音工具、互联网工具以及数据库等。

1.3 Linux 版本介绍

在讲到 Linux 系统的版本时，主要是指 Linux 的内核版本和发行版，我们安装在服务器上的一般是发行版。

1.3.1 Linux 内核版本

计算机系统是硬件和软件的共生体，它们互相依赖，不可分割。内核是一个用来和硬件打交道并为用户程序提供有限服务集的支撑软件，是操作系统中核心的功能框架部分。

内核版本是 Linux 内核在历次修改或增加相应的功能后的版本。内核版本号由点分隔的 3 段数字组成，如 4.18.0-80。

注意

要查看 Linux 内核版本，可以使用 uname -r 命令。

1.3.2 Linux 发行版

目前市面上存在将近几百种 Linux 发行版，选择一款稳定、快速、高效的版本应用在服务器上是非常重要的。

1. Linux 发行版简介

一些组织或公司将 Linux 系统的内核、应用软件以及文档包装起来，并提供一些系统安装界面、系统配置设定管理工具，就构成了 Linux 发行版。每一个厂商发布的发行版的版本号都不一样，它们与 Linux 系统内核的版本号是相对独立的。根据 GPL 准则，这些发行版虽然都源自一个内核，但都没有自己的版权。Linux 的各个发行版都是使用 Linus 主导开发并发布的同一个 Linux 内核，因此在内核层不存在兼容性问题。这其中典型的便是 Red Hat 公司开发的 Red Hat 系列和社区组织开发的 Debian 系列发行版。

2. 主流 Linux 发行版

Linux 发行版有几百种之多，在此就简单地介绍几款目前比较典型、流行以及在企业中经常使用的 Linux 发行版。

（1）Red Hat Enterprise Linux

Red Hat Enterprise Linux 是 Linux 用户最熟悉、最耳熟能详的发行版。Red Hat 公司最早由鲍勃杨（Bob Young）和马克埃文（Marc Ewing）两人在 1995 年创建，而公司在最近几年才开始真正步入盈利时代，这归功于收费的 Red Hat 企业版 Linux（Red Hat Enterprise Linux，RHEL）。

（2）SuSE Linux

SuSE Linux 是德国典型的 Linux 发行版，在全世界范围中也享有较高的声誉。开发人员自主开发的软件包管理系统 YaST 也大受好评。SuSE Linux 已经于 2003 年年底被 Novell 公司收购。

（3）Oracle Enterprise Linux

Oracle Enterprise Linux（简称 OEL）是由 Oracle 公司提供支持的企业级 Linux 发行版，在 2006 年年初发布了该系统第一个版本。OEL 与 RHEL 兼容，也就是说能运行在 RHEL 上的软件也能运行在 OEL 上。

（4）CentOS

CentOS 由 RHEL 依照开放源代码规定释出的源代码编译而成。由于出自同样的源代码，因此有些要求高度稳定性的服务器以 CentOS 替代商业版的 RHEL 使用。两者的不同，在于 CentOS 并不包含封闭源代码软件。

（5）Ubuntu

Ubuntu 是一个基于 Debian、拥有 Debian 的所有优点，以及自己所加强的优点的近乎完美的 Linux 系统。Ubuntu 是一个相对较新的发行版，它的出现改变了许多潜在用户对 Linux 系统的看法，且 Ubuntu 的安装更加方便和简单。Ubuntu 被誉为对硬件支持最好、最全面的 Linux 发行版之一。许多在其他发行版上无法使用，或者默认配置时无法使用的硬件，可在 Ubuntu 上轻松使用。并且，Ubuntu 采用自行加强的内核，安全性方面更加突出。

（6）Debian

Debian 最早由 Ian Murdock 于 1993 年创建。由于 Debian 采用了 Linux 内核，但是大部分基础的操作系统工具都来自 GNU 工程，因此又被称为 Debian GNU/Linux。Debian 附带了超过 29 000 个软件包，这些预先编译好的软件被“包裹”成一种良好的格式以便于在计算机上进行安装。

（7）Mandriva

Mandriva 原名 Mandrake，最早由盖尔杜瓦尔（Gaël Duval）创建，并在 1998 年 7 月发布，最早的 Mandrake 是基于 Red Hat Enterprise Linux 进行开发的。Red Hat Enterprise Linux 默认采用 GNOME 桌面系统，而 Mandrake 将之改为 KDE 桌面系统。由于当时的 Linux 普遍比较难安装，不适合第一次接触 Linux 的新手，所以 Mandrake 简化了安装系统。这也是当时 Mandrake 如此红火的原因之一。

（8）Gentoo

Gentoo 最初由丹尼尔罗宾斯（Daniel Robbins）创建。由于开发者对 FreeBSD 的熟识，所以 Gentoo 拥有媲美 FreeBSD 的广受美誉的 ports 系统——portage。Gentoo 的首个稳定版本发布于 2002 年。

Gentoo 的出名是因为其高度的自定制性：它是一个基于源代码的发行版。尽管安装时可以选择预先编译好的软件包，但是大部分使用 Gentoo 的用户都选择自己手动编译。这也是 Gentoo 适合有 Linux 使用经验的开发者使用的原因。

（9）Slackware

Slackware 由帕特里克沃尔克丁（Patrick Volkerding）创建于 1992 年，是历史最悠久的 Linux 发行版。由于 Slackware 尽量采用原版的软件包而不进行任何修改，所以产生新漏洞的概率便小了很多。

1.4　Red Hat Linux 系统概述

1.4.1　Red Hat Linux 系统优点

Red Hat Linux 是初学 Linux 系统的最佳选择之一，对于初次接触 Linux 系统的用户来说，Red Hat Linux 可以让用户很快感受到 Linux 系统的强大功能。

1. 支持的硬件平台多

Red Hat Linux 同时支持 Intel、Alpha、SPARC 等众多硬件平台。

2. 优秀的安装界面

只需制作一张 Red Hat Linux 启动盘就可以进行光盘方式的安装工作。整个安装过程非常简单明了，用户只需要选择很少的选项就可以开始安装。

3. 独特的 RPM 升级方式

Red Hat Linux 所有的软件包都是以 RPM 方式包装的，这种包装方式让用户可以轻松进行软件升级，也可以彻底卸载应用软件和系统部件。RPM 使用简单，系统内核的升级也只用一行命令就可以轻松完成，而且它会检查程序运行时需要的库是否已经安装。用户安装一遍 Red Hat Linux 之后，就再也不用重新安装系统了，只需要不断升级就可以了。

4. 丰富的软件包

Red Hat Linux 收集的软件包是非常完整的，不仅包括大量的 GNU 和自由软件，还包括了一些优秀的 ShareWare 软件。这些软件经过 Red Hat 公司技术人员的认真调试和配置，使一个用户安装完 Red Hat Linux 之后，立刻就能享受配置完整的 Web、Samba 等需要用户花费大量时间和精力去编译、安装的服务。

5. 安全性能好

Red Hat Linux 缺省配置下的系统安全性能已经非同一般，并且提供 PAM 和 SELinux 以加强系统安全性和系统管理的扩充性。如果用户计划增加系统的安全性，要安装更多的安全软件，如 TCP wrapper。

6. 方便的系统管理界面

Red Hat Linux 提供一套 X Window 下的系统管理软件，使用管理员账户可以在图形方式下增加、删除用户、改变系统设置、安装新软件以及安装打印机等，与 UNIX 系统下通常采用的字符方式的界面相比要直观和方便得多，与商业 UNIX 系统提供的 SAM 和 Windows 系统下的控制面板相比也毫不逊色。

7. 详细而完整的在线文档

在/usr/share/doc 目录中收录了完整的系列说明文件，还有 Red Hat Linux 独有的用户指南，详细说明各种软件安装、系统维护的方式。

1.4.2 了解 RHEL 8 系统

RHEL 8（Red Hat Enterprise Linux 8）是 Red Hat 公司开发的最新的面向企业用户的操作系统。RHEL 8 是为混合云时代重新设计的操作系统，旨在支持从企业数据中心到多个公共云的工作负载和运作。从 Linux 容器、混合云到 DevOps、人工智能，RHEL 8 不仅在混合云中支持企业 IT，还可以帮助这些新技术蓬勃发展。

RHEL 8 为混合云时代的到来引入了大量新功能，包括用于配置、管理、修复和配置 RHEL 8 的 Red Hat Smart Management 扩展程序，以及包含快速迁移框架、编程语言和诸多开发者工具在内的应用程序流。

RHEL 8 同时对管理员和管理区域进行了改善，让系统管理员、Windows 管理员更容易访问，此外通过 RHEL 系统角色让 Linux 初学者更快地自动执行复杂任务，以及通过 RHEL Web 控制台管理和监控 RHEL 系统的运行状况。

在安全方面，RHEL 8 内置了对 OpenSSL 1.1.1 和 TLS 1.3 加密标准的支持。它还为 Red Hat

容器工具包提供全面支持，用于创建、运行和共享容器化应用程序，改进对 ARM 和 POWER 架构的支持，SAP 解决方案和实时应用程序，以及对 Red Hat 混合云基础架构的支持。

小　结

Linux 是一个免费的多用户、多任务的操作系统，其运行方式、功能和 UNIX 系统很相似。Linux 系统的稳定性、安全性与网络功能是许多其他商业操作系统所无法比拟的。近几年来 Linux 系统的应用范围主要涉及应用服务器、嵌入式领域、软件开发以及桌面应用 4 个方面。

Linux 系统具有开放性、多用户、多任务、良好的用户界面、设备独立性、丰富的网络功能、可靠的系统安全以及良好的可移植性等特点。Linux 系统一般由内核、Shell、文件系统和应用程序 4 个部分组成。

Linux 系统的版本主要是指 Linux 的内核版本和发行版。内核是一个用来和硬件“打交道”并为用户程序提供有限服务集的支撑软件。Linux 发行版是指一些组织或公司，将 Linux 系统的内核、应用软件和文档包装起来，并提供一些系统安装界面、系统配置设定管理工具。

Red Hat Linux 具有支持的硬件平台多、优秀的安装界面、独特的 RPM 升级方式、丰富的软件包、安全性能好、方便的系统管理界面、详细而完整的在线文档等系统优点。

RHEL 8 是 Red Hat 公司开发的最新的面向企业用户的操作系统。

习　题

1-1　简述 Linux 系统的应用领域。

1-2　简述 Linux 系统的特点。

1-3　简述 Linux 系统的组成。

1-4　简述主流的 Linux 发行版。

第2章 安装 Linux 系统

在安装 Linux 系统之前，需要了解安装 Linux 系统的硬件要求、交换分区、磁盘分区和挂载目录。目前安装 Linux 系统已经非常简单和方便，读者可以通过图形界面进行安装。Linux 系统为增加系统安全性提供了 FirewallD 防火墙保护功能。

2.1 准备安装 Linux 系统

在安装 Linux 系统之前做好相应的准备工作。这些工作包括了解安装 Linux 系统的硬件要求、交换分区的工作原理以及 Linux 系统磁盘分区和挂载目录。

2.1.1 安装 Linux 系统的硬件要求

在计算机上安装 Linux 系统，首先需要了解你的计算机是否达到安装所必需的硬件要求，如果计算机配置较低，则系统是无法正常安装的。

1. 硬件要求

安装 Linux 系统，需要计算机硬件配置最好达到以下要求。

（1）CPU：主流计算机和服务器都能达到要求。

（2）内存：安装 Linux 系统至少需要 1GB 内存（建议使用 2GB 甚至更高的内存）。

（3）硬盘空间：若要安装所有软件包至少需要 10GB 硬盘空间。

（4）显示器和显卡：主流计算机都能达到要求。

（5）DVD 光驱：主流计算机都能达到要求。

2. 硬件兼容性

硬件兼容性在老式计算机和组装计算机上显得特别重要。Linux 系统与最近几年厂家生产的多数硬件兼容，然而硬件的技术规范每天都在改变，很难保证计算机的硬件会百分之百地兼容。

要查看硬件兼容性可以访问 Red Hat 的官网，查看众多厂家的硬件产品。

2.1.2 交换分区

直接从物理内存读写数据要比从硬盘读写数据快得多，而物理内存是有限的，这样就需使用到虚拟内存。虚拟内存是为了满足物理内存的不足而提出的一种策略，它是利用磁盘空间虚拟出的一块逻辑内存，用作虚拟内存的磁盘空间被称为交换分区（swap 分区）。

Linux 系统会在物理内存不足的时候，使用交换分区的虚拟内存，也就是说内核会将暂时不用的内存信息写到交换分区，这样一来，物理内存得到了释放，这块内存就可以用于其他用途。当需要用到原始的内容时，这些信息会重新从交换分区被读入物理内存。

Linux 内存管理采取的是分页存取机制，为了保证物理内存能得到充分的利用，内核会在适当的时候将物理内存中不经常使用的数据块自动交换到虚拟内存中，而将经常使用的信息保留到物理内存。

Linux 系统会不时地进行页面交换操作，以保持尽可能多的空闲物理内存，即使并没有什么操作需要使用内存，Linux 也会交换暂时不用的内存页面，这可以避免等待交换所需的时间。

Linux 进行页面交换是有条件的，不是所有页面在不用时都交换到虚拟内存，Linux 内核根据“最近最常使用”算法，仅将一些不经常使用的页面文件交换到虚拟内存。

2.1.3　Linux 系统硬盘知识

硬盘可被用来可靠地储存和检索数据，在硬盘分区之前用户需要了解 Linux 系统下硬盘的相关知识。

1. 分区命名方案

Linux 系统使用字母和数字的组合来指代硬盘分区。这与 Windows 系统不同，Windows 系统分区会指派一个驱动器字母，驱动器字母从“C:”开始，然后依据分区数量按字母顺序排列。

Linux 系统使用一种更加灵活的分区命名方案，该命名方案是基于文件的，文件名的格式为 /dev/xxyN（如/dev/sda1 分区）。

下面详细讲解 Linux 系统分区的命名方法。

- /dev：这是 Linux 系统中所有设备文件所在的目录名。因为分区位于硬盘上，而硬盘是设备，所以这些文件代表了在/dev 上所有可能的分区。
- xx：分区名的前两个字母表示分区所在设备的类型，通常是 hd（IDE 硬盘）或 sd（SCSI 硬盘）。
- y：这个字母表示分区所在的设备。如，/dev/hda（第 1 个 IDE 硬盘）或/dev/sdb（第 2 个 SCSI 硬盘）。
- N：最后的数字 N 代表分区。前 4 个分区（主分区或扩展分区）用数字 1～4 表示，逻辑驱动器从 5 开始。如，/dev/hda3 是第 1 个 IDE 硬盘上的第 3 个主分区或扩展分区；/dev/sdb6 是第 2 个 SCSI 硬盘上的第 2 个逻辑驱动器。

2. 磁盘分区和挂载目录

许多学习 Linux 系统的新用户经常感到困惑，磁盘上各分区是如何被 Linux 系统使用和访问的。在 Windows 系统中相对来说较为简单，每一分区有一个驱动器字母，用户用驱动器字母来指代相应分区上的文件和目录。

Linux 系统处理分区和磁盘存储的方法截然不同，Linux 系统中的每一个分区都是构成支持一组文件和目录所必需的存储区的一部分，它是通过挂载来实现的。挂载是将分区关联到某一目录的过程，挂载分区使起始于这个指定目录（称为挂载目录）的存储区能够被使用。

如果/dev/sda5 分区被挂载在/usr 目录上，这意味着所有在/usr 下的文件和目录在物理上位于/dev/sda5。因此/usr/bin/cal 文件被保存在/dev/sda5 分区上，而/etc/passwd 文件不是。

/usr 目录下的目录还有可能是其他分区的挂载目录。如，某个分区（如/dev/sda7）可以被挂载到/usr/local 目录下，这意味着/usr/local/man/whatis 文件将位于/dev/sda7 分区上，而不是/dev/sda5 分区上。

3. 硬盘分区规划

在计算机上安装 Linux 系统，对硬盘进行分区是一个非常重要的步骤，下面介绍常见的分区规划。

（1）简单的分区规划

- swap 分区：实现虚拟内存，建议大小是物理内存的 1～2 倍。
- /boot 分区：用来存放与 Linux 系统启动有关的程序，如引导装载程序等，建议大小至少为 200MB。
- /分区：建议大小至少为 10GB。

使用以上的分区规划，所有的数据都放在/分区上，对于系统来说不安全，数据不容易备份。

（2）合理的分区规划

- swap 分区：实现虚拟内存，建议大小是物理内存的 1～2 倍。
- /boot 分区：建议大小至少为 200MB。
- /usr 分区：用来存放 Linux 系统中的应用程序，其相关数据较多，建议大小至少为 8GB。
- /var 分区：用来存放 Linux 系统中经常变化的数据和日志文件，建议大小至少为 1GB。
- /分区：Linux 系统的根目录，所有的目录都挂在这个目录下面，建议大小至少为 1GB。
- /home 分区：存放普通用户的数据，是普通用户的宿主目录，建议大小为剩下的空间。

2.2 安装 Linux 系统

可以通过图形界面的方式来安装 Linux 系统，请确保计算机满足安装 Linux 系统的硬件最低要求。

2.2.1 安装 Linux 系统的步骤

在安装 Linux 系统前需要获取该软件，读者可以从网上搜寻并下载 Red Hat Enterprise Linux 8 x86_64（64 位系统）。

1. 安装引导

首先要设置计算机的 BIOS 启动顺序为光驱启动，保存设置后将 Linux 系统的 DVD 安装光盘放入 DVD 驱动器中，然后重启计算机。计算机启动以后会出现图 2-1 所示的界面，这时可以使用[↑]（向上箭头）键和[↓]（向下箭头）键选择【Install Red Hat Enterprise Linux 8.0.0】选项，然后按[Enter]键就可以通过图形界面开始安装 Linux 系统。如果选择【Test this media & Install Red Hat Enterprise Linux 8.0.0】选项，会被要求检查光盘介质 MD5SUM 信息。

2. 开始安装进程

进入图 2-2 所示的界面，开始 Linux 系统安装进程。

3. 选择安装过程语言

在语言选择界面中，可以根据实际情况选择语言，此处选择的语言是安装 Linux 系统过程中使用的语言，在此选择【中文】和【（简体中文（中国））】选项，然后单击【继续】按钮。

4. 安装信息摘要

在图 2-3 所示的界面，设置和显示安装信息，如设置时间和日期、软件选择，启用 Kdump、设置网络和主机名等。

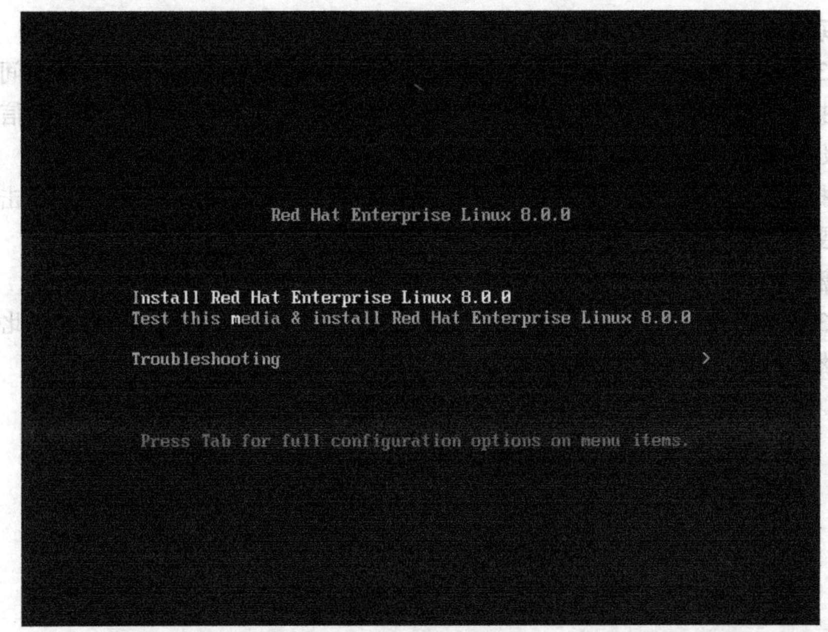

图 2-1　安装引导界面

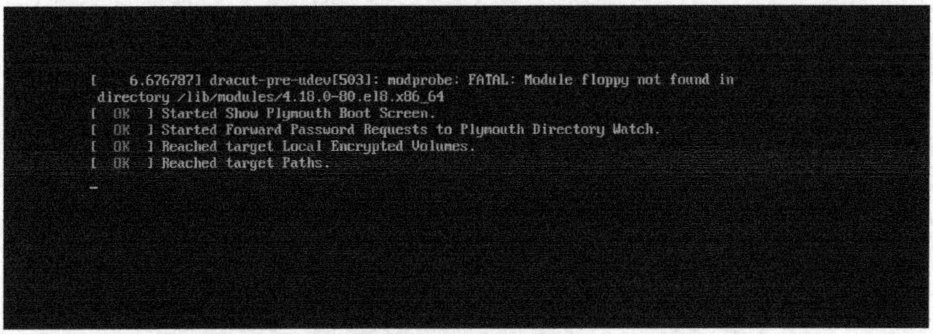

```
[    6.676787] dracut-pre-udev[503]: modprobe: FATAL: Module floppy not found in
directory /lib/modules/4.18.0-80.el8.x86_64
[  OK  ] Started Show Plymouth Boot Screen.
[  OK  ] Started Forward Password Requests to Plymouth Directory Watch.
[  OK  ] Reached target Local Encrypted Volumes.
[  OK  ] Reached target Paths.
_
```

图 2-2　开始安装进程界面

图 2-3　安装信息摘要界面 1

5. 时间和日期

在图 2-3 所示的界面中单击【时间和日期】，用户可以手动配置计算机系统的时间和日期，也可以通过连接到互联网上的网络时间服务器（NTP 服务器）为本机传输日期和时间信息，并且可以和 NTP 服务器的时间同步。

在此选择计算机所在的地区（时区）为【上海】，并设置好时间和日期，然后单击【完成】按钮。如果需要使用网络时间，则需要开启，并指定 NTP 服务器。

6. 键盘布局

在图 2-3 所示的界面中单击【键盘】，打开图 2-4 所示的界面选择键盘类型，在此使用默认的选择即可，然后单击【完成】按钮。

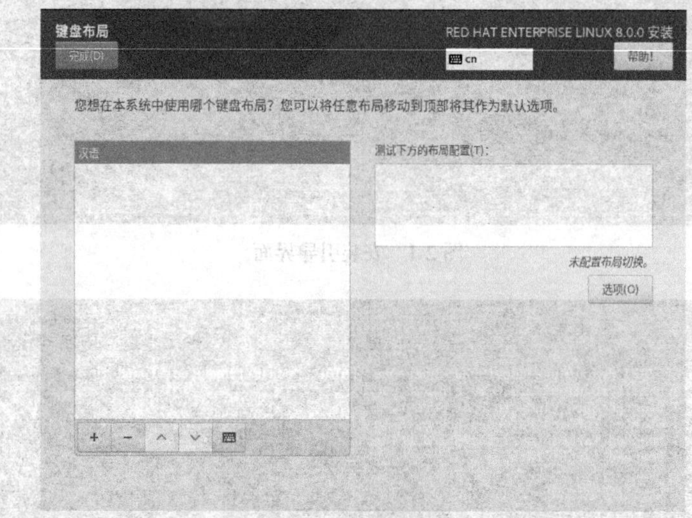

图 2-4　键盘布局界面

7. 安全策略

在图 2-3 所示的界面中单击【安全策略】，打开图 2-5 所示的界面，打开应用安全策略并选择档案。

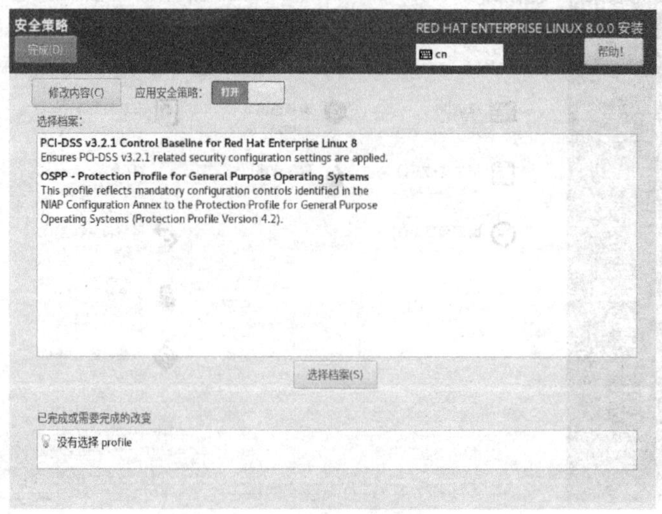

图 2-5　安全策略界面

8. 安装源

在图 2-3 所示的界面中单击【安装源】，打开图 2-6 所示的界面，默认选择【自动检测到的安装介质】单选按钮，显示在光盘中检测到的安装源，然后单击【完成】按钮。如果安装源来自 Web 服务器、FTP 服务器或 NFS 服务器，则选择【在网络上】单选按钮，并指定安装源的位置。

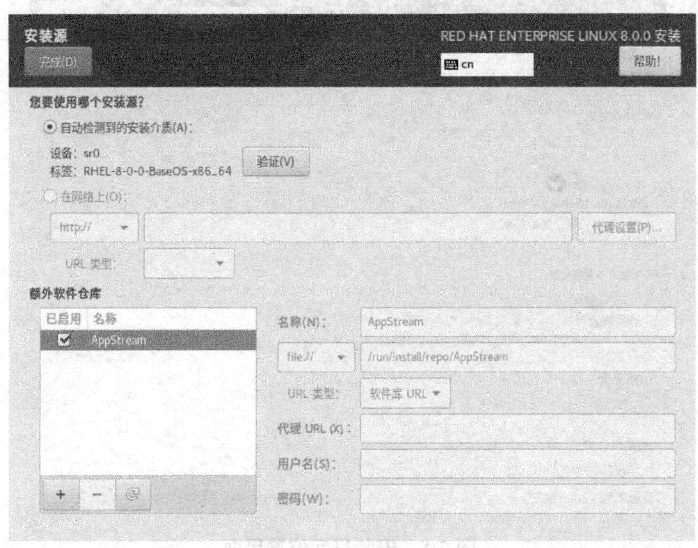

图 2-6 安装源界面

9. 软件选择

在图 2-3 界面中单击【软件选择】，打开图 2-7 所示的软件选择界面，选择需要安装到计算机上的软件。基本环境可以选择带 GUI 的服务器、服务器、最小安装、工作站、定制操作系统、虚拟化主机。选择不同的基本环境安装的软件包和数量是不同的。

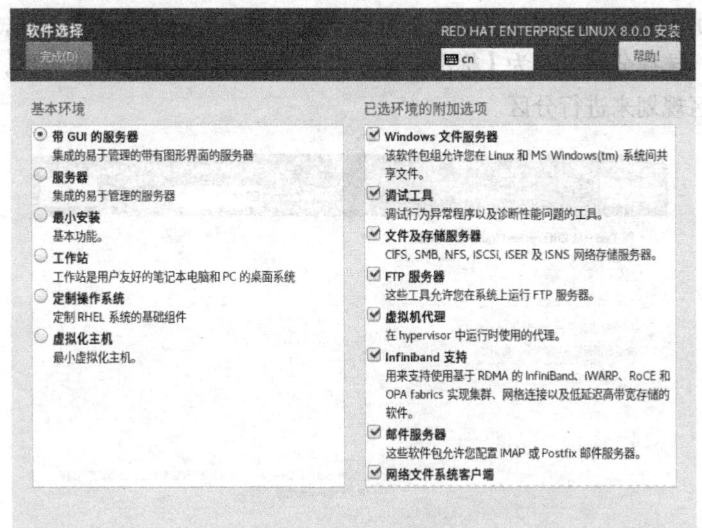

图 2-7 软件选择界面

建议读者在此选择【带 GUI 的服务器】，然后在右侧界面选择已选环境的附加选项。建议刚开始学习 Linux 的读者在此选择所有的附加选项，然后单击【完成】按钮。

10. 安装目标位置

在图 2-3 所示的界面中单击【安装目的地】，打开图 2-8 所示的界面选择要安装的磁盘并进行分区。

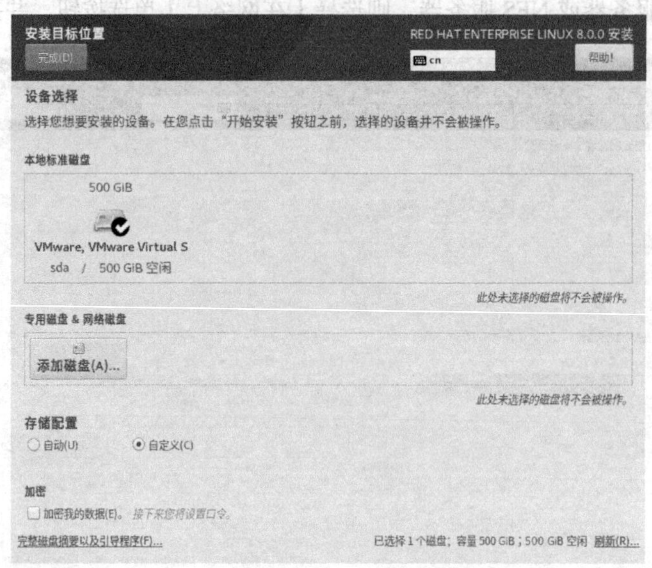

图 2-8 安装目标位置界面

在 Linux 系统安装过程中有自动配置分区和手动配置分区两种磁盘分区方式。

（1）自动配置分区方式

自动配置分区方式可以无须用户进行设置，会自动对磁盘进行分区，默认在逻辑卷管理环境中创建/分区、/boot 分区、/home 分区以及 swap 分区。

（2）手动配置分区方式

在图 2-8 所示的界面中选择【自定义】单选按钮，然后单击【完成】按钮，进入图 2-9 所示的手动分区界面，选择分区方案为【标准分区】可创建普通的标准 Linux 分区，在这里可以按用户预先设计的分区规划来进行分区。

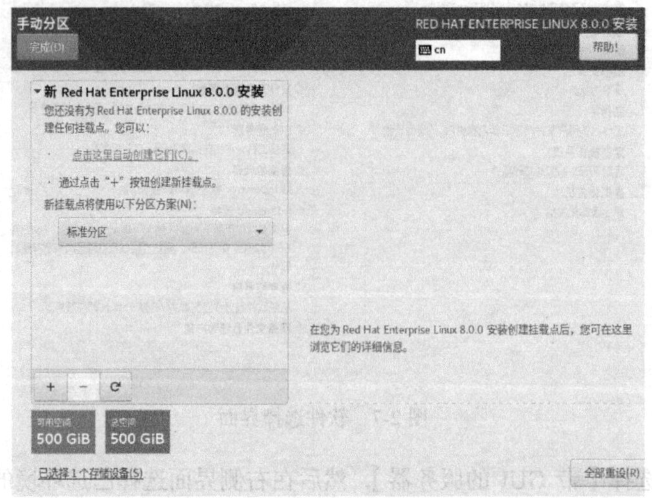

图 2-9 手动分区界面

下面详细介绍在创建标准分区时各分区字段的含义及其使用方法。

- 挂载点：输入分区的挂载点。如果是根分区，输入/；如果是/boot 分区，输入/boot；如果是 swap 分区，则无须挂载点。也可以通过使用下拉列表框为磁盘分区选择正确的挂载点。
- 文件系统：使用下拉列表，选择用于该分区的合适的文件系统类型，如 swap 或 xfs。
- 设备：包括用户计算机上安装的磁盘列表。如果一个磁盘的列表突出显示，那么在该磁盘上可以创建分区。
- 期望容量：输入分区的大小。
- 设备类型：指定标准分区。
- 加密：将磁盘分区进行加密。
- 标签：分区的卷标。

接下来开始对磁盘空间为 500GB 的磁盘进行手工分区，按以下规划进行分区。

- /boot 分区：1024MB。
- swap 分区：2048MB（2GB）。
- /分区：153 600MB（150GB）。
- 剩余空间（为以后实验使用）：347GB。

开始创建分区，首先创建/boot 分区，指定挂载点为/boot，以及分区的容量大小为 1024MB，如图 2-10 所示。最后单击【添加挂载点】按钮，默认为分区创建 xfs 文件系统。

接着创建 swap 分区，swap 分区指定挂载点为 swap，以及分区的容量大小为 2048MB（2GB），如图 2-11 所示。最后单击【添加挂载点】按钮。

最后创建/分区，指定挂载点为/，以及分区的容量大小为 153 600MB（150GB），如图 2-12 所示。最后单击【添加挂载点】按钮，默认为分区创建 xfs 文件系统。

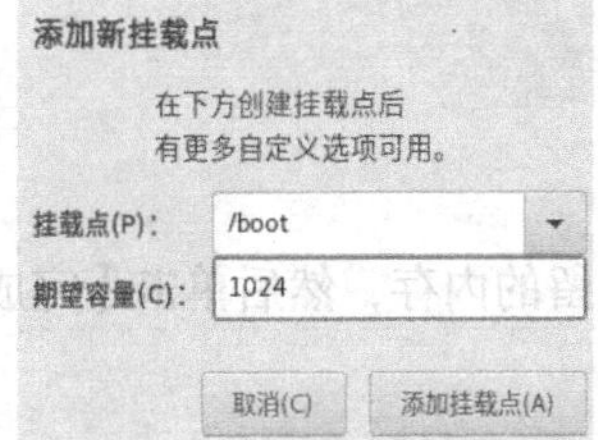

图 2-10　创建/boot 分区

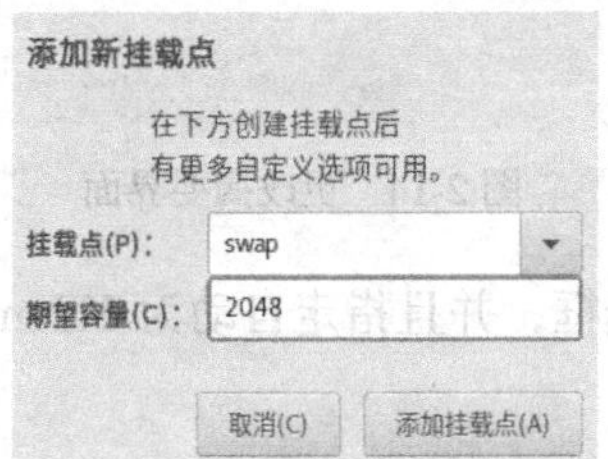

图 2-11　创建 swap 分区

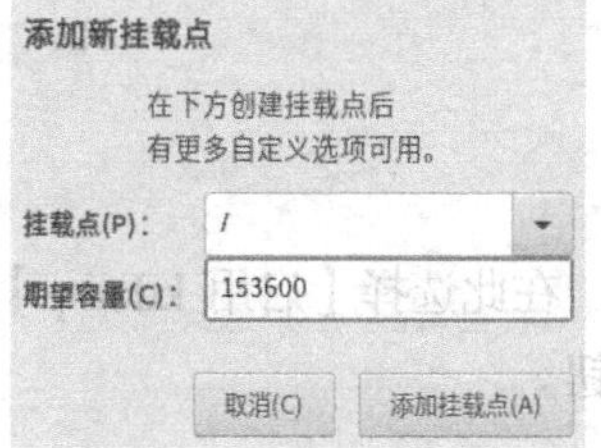

图 2-12　创建/分区

按分区规划将所有的分区创建完毕以后，效果如图 2-13 所示。共三个磁盘分区，分别是 sda1、sda2、sda3，然后单击【完成】按钮。

出现图 2-14 所示的更改摘要界面，单击【接受更改】按钮，这样将在安装 Linux 时生效设置的分区。

11. KDUMP

在图 2-3 所示的界面中单击【KDUMP】，打开图 2-15 所示的界面，可以启用 Kdump，并且设置 Kdump 内存的大小。如果系统内存设置得太小，那么将无法启用 Kdump。Kdump 是在系统崩溃、死锁或者死机的时候用来转储内存运行参数的一个工具和服务。如果系统一旦崩溃，那么正常的内核就没有办法工作了，在这个时候将由 Kdump 产生一个用于捕获当前运行信息的内核。该内核会将此时内存中的所有运行状态和数据信息收集到一个 dump core 文件中，以便于用来分析崩溃原因。一旦内存信息收集完成，系统将自动重启。

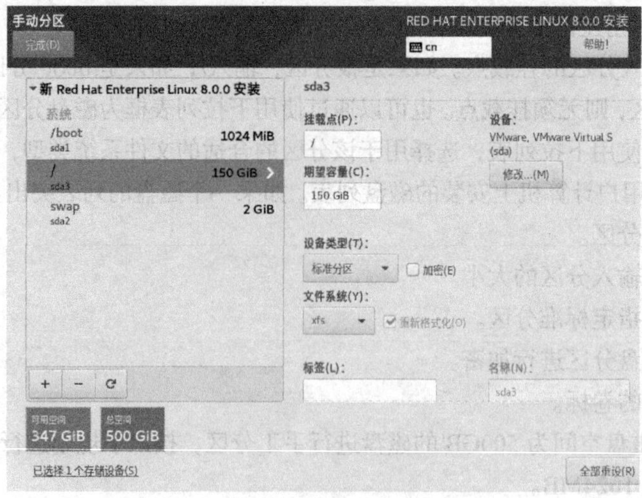

图 2-13　最终分区效果界面

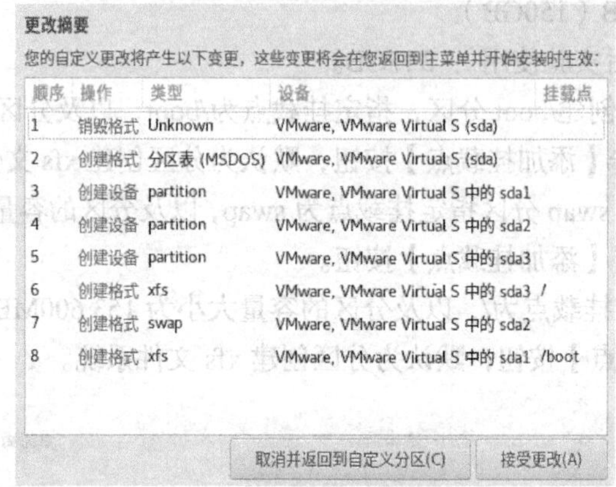

图 2-14　更改摘要界面

在此选择【启用 kdump】复选框，并且指定自动为 Kdump 保留的内存，然后单击【完成】按钮。

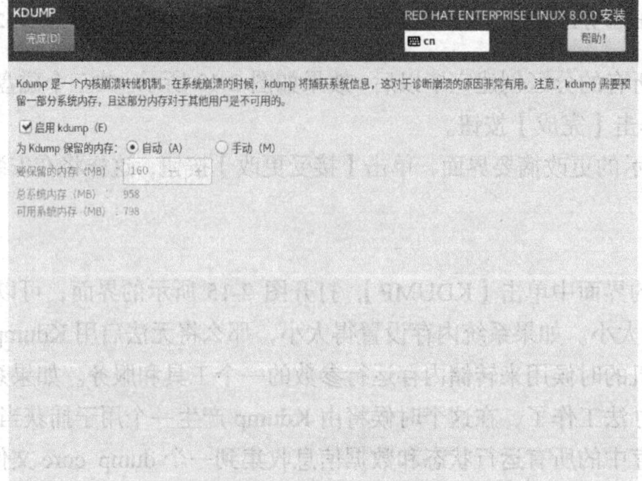

图 2-15　KDUMP 界面

12. 网络和主机名

在图 2-3 所示的界面中单击【网络和主机名】，打开图 2-16 所示的界面，指定计算机的主机名。主机名是用来识别计算机的一种方法，所以在网络内不允许出现同名的主机，在此指定主机名为 rhel，然后单击【应用】按钮。

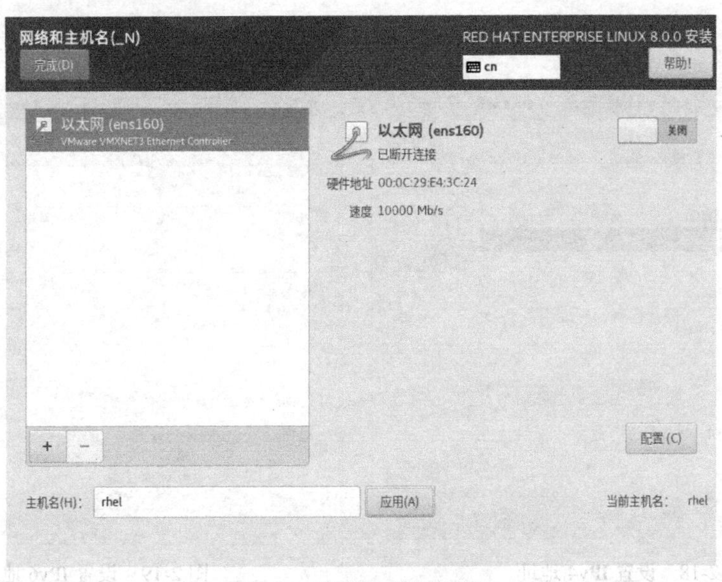

图 2-16　网络和主机名界面

在图 2-16 所示的界面中单击【配置】按钮，将打开图 2-17 所示的界面。安装程序会自动检测系统中的网络设备，已经搜索到一块网卡，该网卡的名称为 ens160。在【常规】选项卡中，选择【可用时自动链接到这个网络】和【所有用户都可以连接这个网络】复选框，这样当 Linux 系统启动时，该网卡会被自动激活。

图 2-17　网络常规配置

接下来就该设置 IP 地址了，这里我们使用 IPv4 地址。选择【IPv4 设置】选项卡，在【方法】

下拉列表框中选择【手动】，然后依次输入 IP 地址、子网掩码、网关、DNS 服务器等信息，如图 2-18 所示。

在图 2-19 所示的【IPv6 设置】选项卡的【方法】下拉列表框中选择【忽略】，这样就不启用 IPv6 地址了，最后单击【保存】按钮。

图 2-18 设置 IPv4 地址　　图 2-19 设置 IPv6 地址

在图 2-20 所示的界面，如果网卡还没开启则单击【打开】按钮，以启用该网卡，最后单击【完成】按钮。

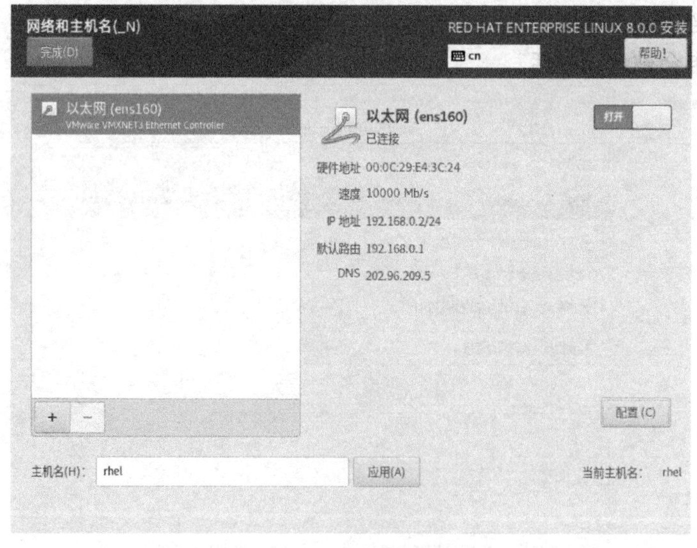

图 2-20 已经设置好网络

Linux 系统安装好之后，也可以设置网络，在图形界面中单击面板上的【活动】→【显示应用程序】→【设置】，然后在【设置】界面中单击左侧的【网络】选项即可打开相应的界面来配置网卡。

13. 开始安装 Linux 系统

在图 2-21 所示的界面，经过安装前的设置后可以开始安装 Linux 系统，单击【开始安装】按钮。

图 2-21　安装信息摘要界面 2

进入图 2-22 所示的界面，可见每一个正在安装的软件包名称。在此需要设置根密码和创建用户。

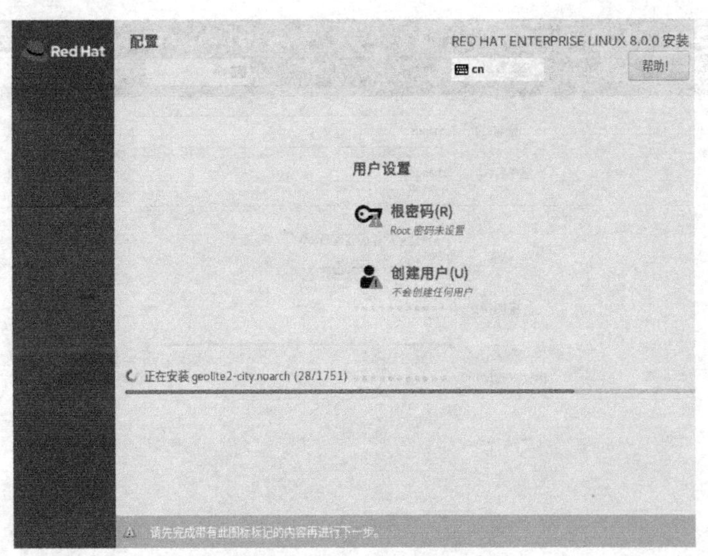

图 2-22　安装 Linux 系统过程

14. 设置根密码

在图 2-22 所示的界面中单击【根密码】，打开图 2-23 所示的界面，指定根用户（root 用户）密码，root 用户是 Linux 系统中的超级管理员。根密码（Root 密码）必须至少包含 6 个字符，输入的密码不会在界面上显示，而且密码是区分大小写的，建议在此设置包含大写字母、小写字母、数字以及特殊符号的复杂密码，密码设置好之后，单击【完成】按钮。

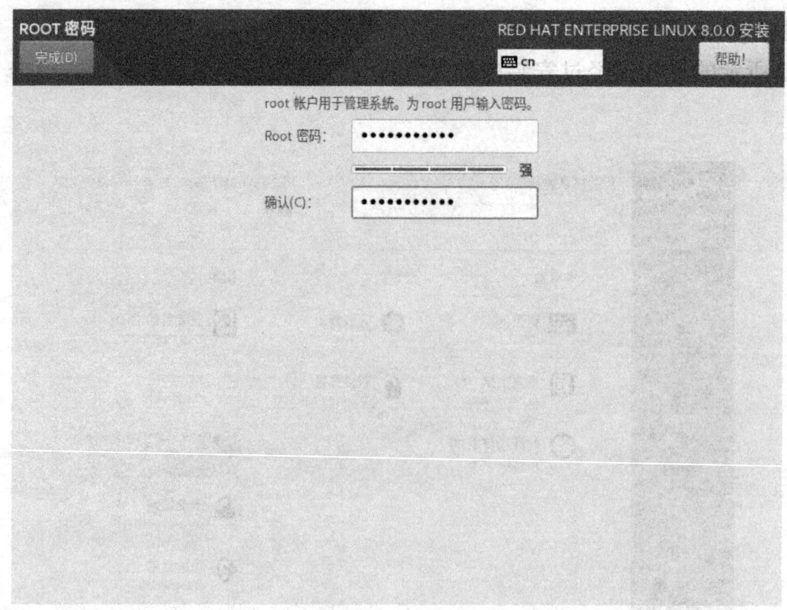

图 2-23　设置根密码

15. 创建用户

在图 2-22 所示的界面中单击【创建用户】，打开图 2-24 所示的界面。在这里可以通过输入全名、用户名、密码及确认密码创建一个普通的用户账户，也可以将此用户设置为管理员账户。假如不需要创建新的用户可以直接跳过该步骤。

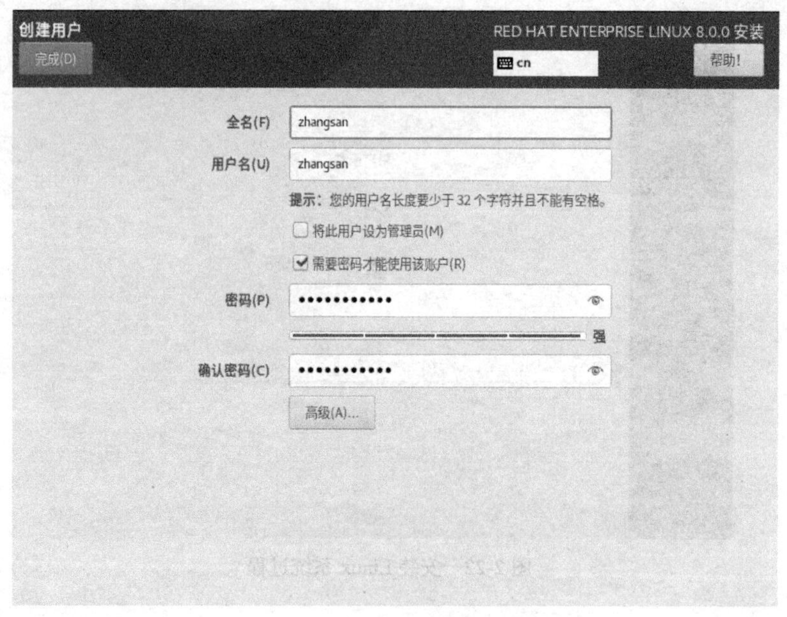

图 2-24　创建用户

16. Linux 系统安装完毕

Linux 系统安装完毕，出现图 2-25 所示的界面，单击【重启】按钮开始接下来的安装后的初始化配置。

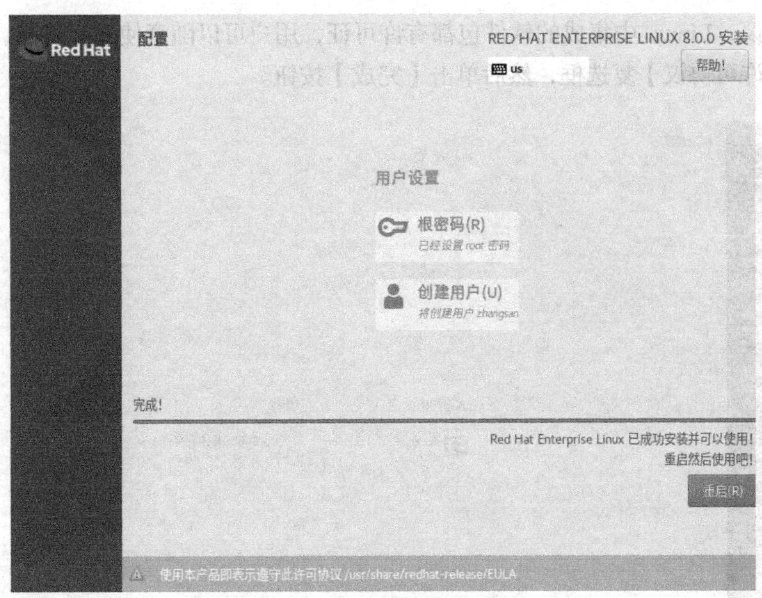

图 2-25 Linux 安装完毕

2.2.2 Linux 系统安装后的初始化配置

Linux 系统安装完之后，还需要对其进行配置，主要内容为同意许可协议、注册系统。

1. 重新引导系统

当 Linux 系统安装完毕，重新引导系统后出现图 2-26 所示的界面，按[Enter]键后开始安装后的初始化配置。

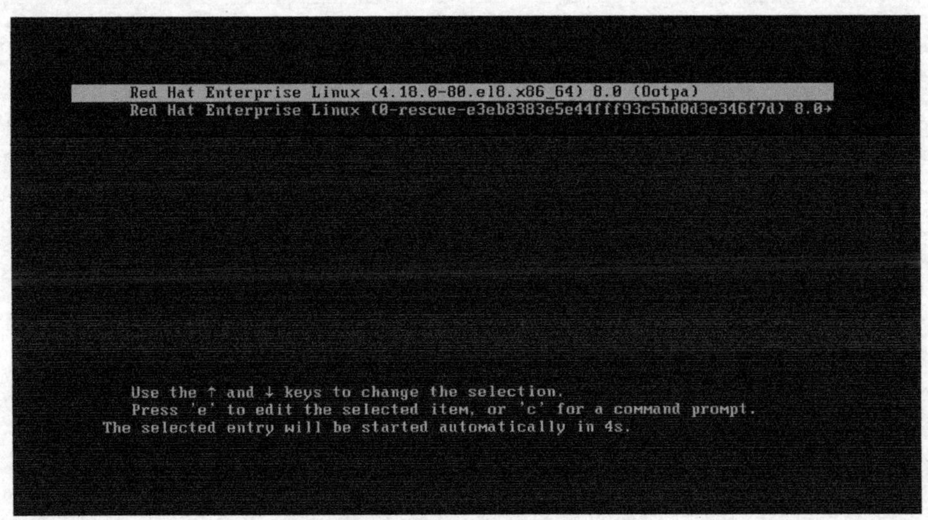

图 2-26 重新引导系统

2. 初始设置

首次启动 Linux 系统时，系统会出现图 2-27 所示的初始设置界面后进行一些基本配置。

3. 许可信息

在图 2-27 所示的界面中单击【License Information】，打开图 2-28 所示的界面，浏览一下 Linux

系统的许可协议，Linux 中集成的软件包都有许可证，用户可以随意使用、复制、修改源代码，选择【我同意许可协议】复选框，然后单击【完成】按钮。

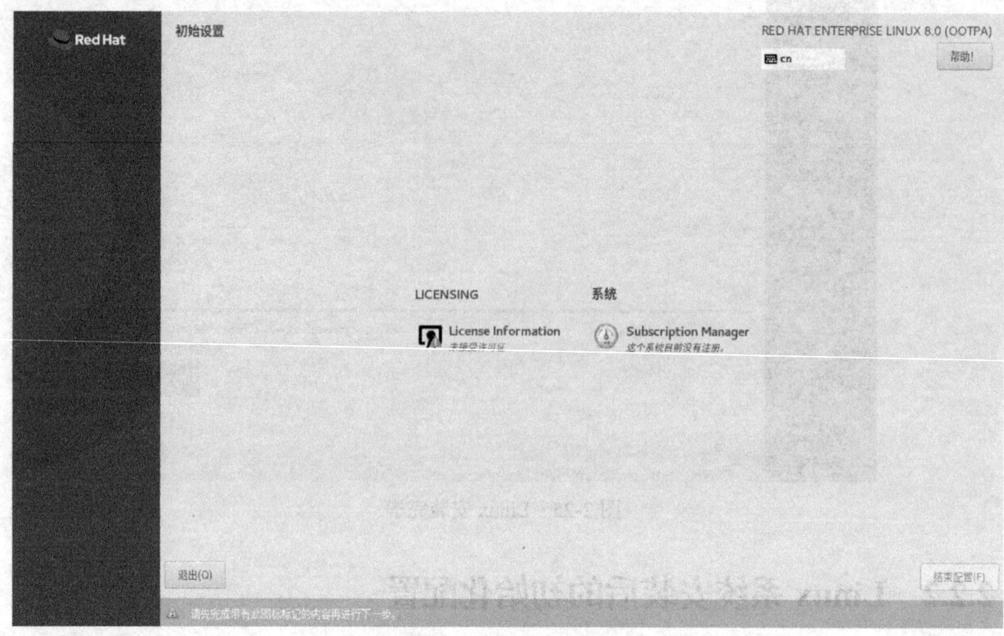

图 2-27　初始设置界面

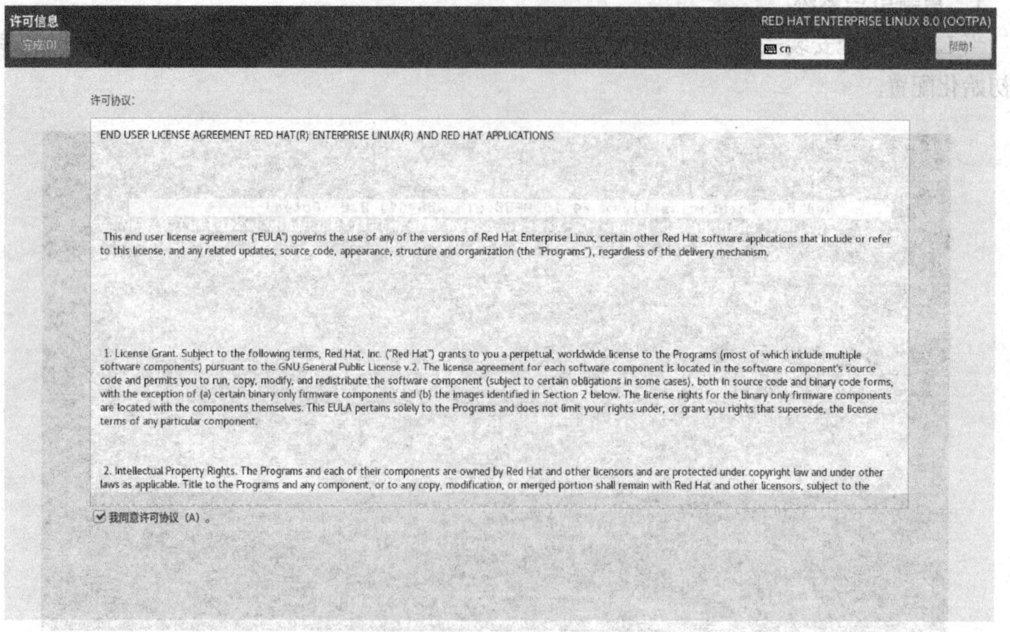

图 2-28　许可信息界面

4. 注册系统

在图 2-27 所示的界面中单击【Subscription Manager】，打开图 2-29 所示的界面，可以通过注册 Red Hat 系统以便从官网上面更新软件包。这是一项收费服务，如果暂时不需要这项服务，那么现在可以不用注册。

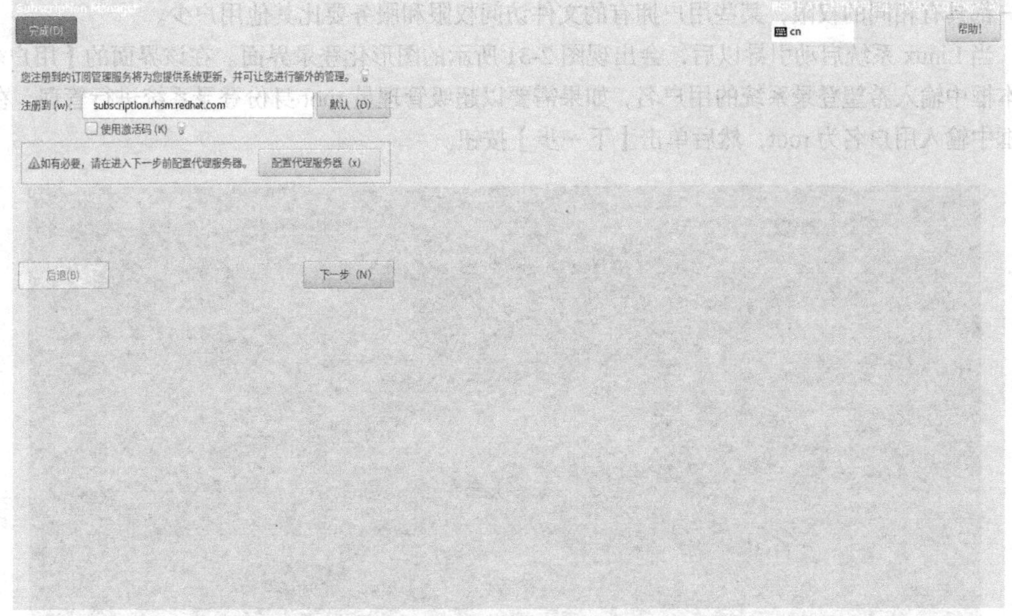

图 2-29　Subscription Manager 界面

初始设置完毕，返回图 2-30 所示的界面，单击【结束配置】按钮，完成 Linux 安装后的初始化配置。

图 2-30　完成初始化配置

2.2.3　登录 Linux 系统

登录 Linux 系统实际上是一个验证用户身份的过程。如果用户输入了错误的用户名或密码，就会出现错误信息从而不能登录系统。Linux 系统使用用户来管理特权和维护安全，不是所有的用户都具有相同的权限，某些用户拥有的文件访问权限和服务要比其他用户少。

当 Linux 系统启动引导以后，会出现图 2-31 所示的图形化登录界面。在该界面的【用户名】文本框中输入希望登录系统的用户名，如果需要以超级管理员 root 身份登录系统进行管理，在文本框中输入用户名为 root，然后单击【下一步】按钮。

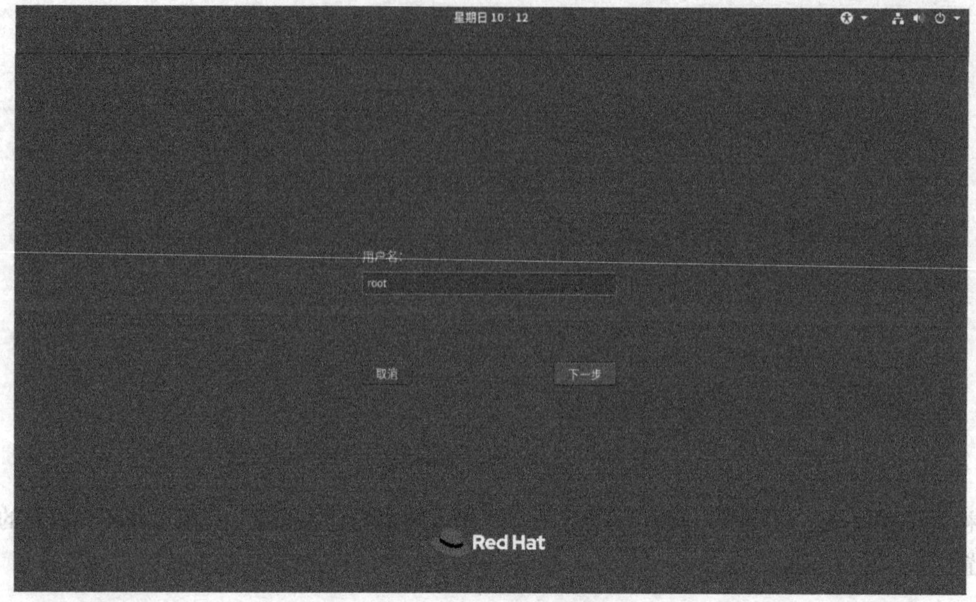

图 2-31　图形化登录界面

在图 2-32 所示【密码】提示文本框中输入安装系统时设置的 root 密码，然后单击【登录】按钮即可。

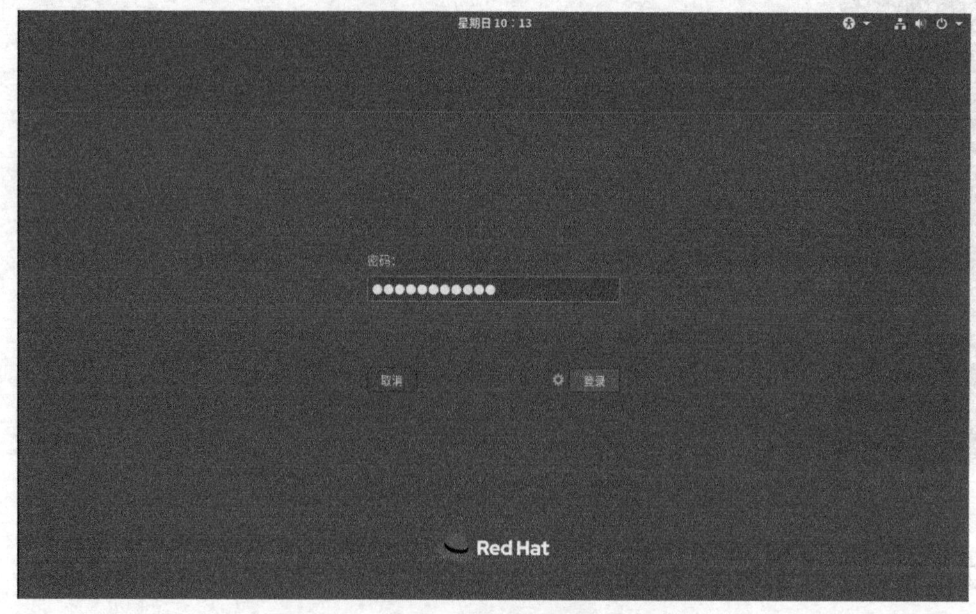

图 2-32　输入登录密码

在安装 Linux 系统的时候，一般都安装图形化登录界面的软件包。一旦启动了图形窗口系统，就会看到一个被称为“桌面”的图形界面，图 2-33 所示为默认的 GNOME 图形桌面环境。

图 2-33 GNOME 图形桌面环境

注意

第一次登录 Linux 系统时，会出现 GNOME 初始设置界面，在该界面中基本不需要进行任何设置。

2.3 注销、关闭和重启 Linux 系统

2.3.1 注销 Linux 系统

如果要注销 Linux 系统，在图形界面中单击通知区域的电源按钮，然后单击【root】→【注销】，如图 2-34 所示。

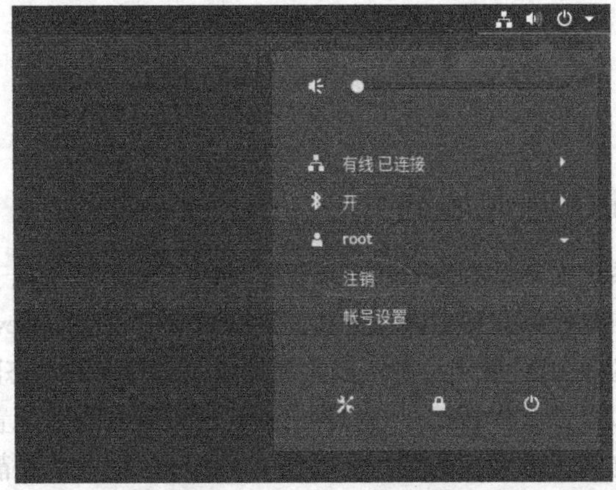

图 2-34 注销 Linux 系统

出现图 2-35 所示的对话框，单击【注销】按钮即可注销系统。如果不单击【注销】按钮，那么 root 将在 60 秒后自动注销。

图 2-35　注销系统确认对话框

2.3.2　关闭和重启 Linux 系统

在切断计算机电源之前应先关闭 Linux 系统。如果不关闭系统就直接切断计算机的电源，会导致数据丢失或者系统出现故障。

如果要关闭或重启 Linux 系统，在图形界面中单击通知区域的电源按钮，然后单击弹出菜单的电源按钮，如图 2-36 所示。

出现图 2-37 所示的对话框。单击【关机】按钮将关闭系统，单击【重启】按钮将重新启动系统；如果不单击任何按钮，那么系统将在 60 秒后自动关机。

图 2-36　关机

图 2-37　关机确认对话框

2.4　FirewallD 防火墙

2.4.1　FirewallD 防火墙简介

Linux 系统为增加系统安全性提供了防火墙保护功能。防火墙存在于计算机和网络之间，用于判断网络中的远程用户的访问权限。在 RHEL 8 系统中默认使用 FirewallD 防火墙，FirewallD 防火墙提供了支持网络/防火墙区域定义网络链接和接口安全等级的动态防火墙管理工具。它支持 IPv4、IPv6 防火墙设置以及以太网桥接，并且拥有运行时配置和永久配置选项。它也支持允许服务或者应用程序直接添加防火墙规则的接口。以前的 iptables 防火墙是静态的，每次修改都要求防火墙完全重启。现在 FirewallD 可以动态管理防火墙，支持动态配置，不用重启服务。

通过将网络划分成不同的区域，制定出不同区域之间的访问控制策略，以此来控制不同区域间传送的数据流。如互联网是不可信任的区域，而内部网络是高度信任的区域。数据包进入内核必须通过区域，而不同的区域定义的规则是不一样的。可以根据网卡所连接的网络的安全性来判断，这块网卡的流量到底使用哪个区域。可以把这些区域想象成进入火车站的安检，不同的入口检测的严格程度不一样。默认情况下 FirewallD 防火墙的连接区域为 public，public 在公共区域内使用，指定外部连接可以进入内部网络或主机。

2.4.2　FirewallD 防火墙配置

在 Linux 系统图形界面中单击面板上的【活动】→【显示应用程序】→【杂项】→【防火墙】，或在图形界面下的终端中输入 firewall-config 命令，打开图 2-38 所示的防火墙配置界面，默认使用 public 区域。

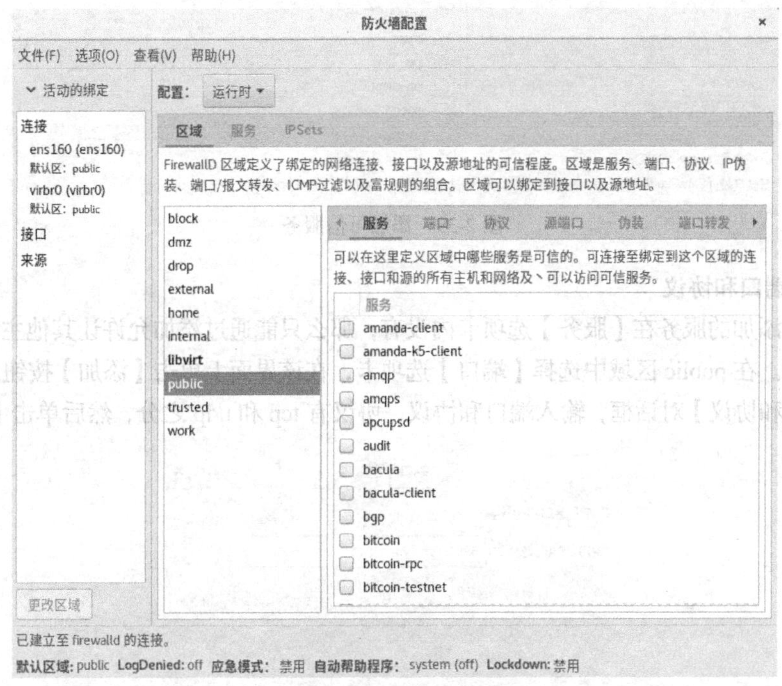

图 2-38　防火墙配置界面

如果在 Linux 系统中没有【防火墙配置】工具，需要按照以下命令在终端命令行界面下进行安装 firewall-config 软件包。

```
[root@rhel ~]# cd /run/media/root/RHEL-8-0-0-BaseOS-x86_64/AppStream/Packages
//进入 Linux 系统安装光盘软件包目录
[root@rhel Packages]# rpm -ivh firewall-config-0.6.3-7.el8.noarch.rpm
//安装 firewall-config 软件包
```

---

1. 添加可信服务

在 public 区域中选择【服务】选项卡，在该界面上选择允许访问的可信服务，如 dns、ftp、http 等，防火墙在默认启用状态下只有 cockpit、dhcpv6-client、ssh 可信服务。图 2-39 所示为选择了 http 可信服务，这样一来，这台 Linux 主机上的 Web 网站就能被别的主机访问。

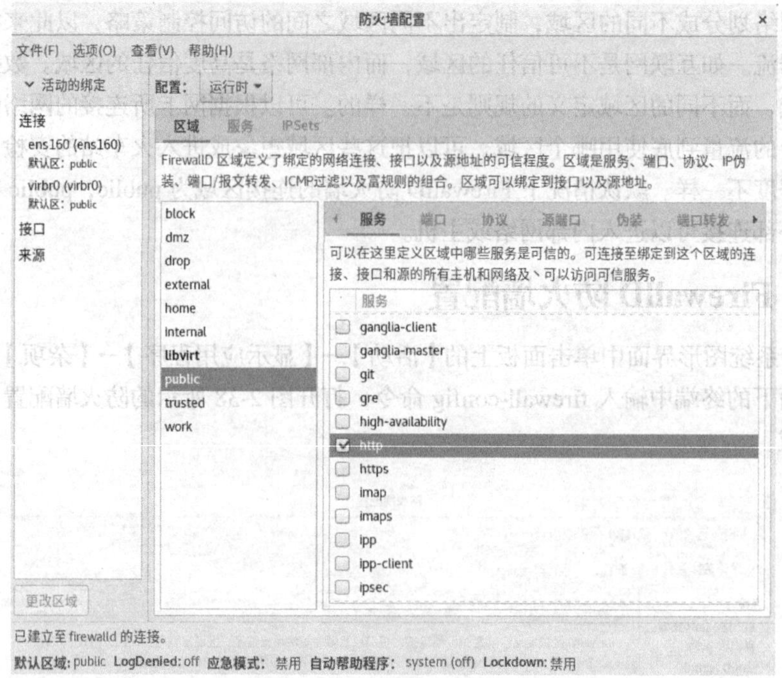

图 2-39 添加可信服务

2. 添加端口和协议

如果需要添加的服务在【服务】选项卡内没有，那么只能通过添加允许让其他主机或网络访问的端口来实现。在 public 区域中选择【端口】选项卡，在该界面上单击【添加】按钮，打开图 2-40 所示的【端口和协议】对话框，输入端口和协议，协议有 tcp 和 udp 之分，然后单击【确定】按钮。

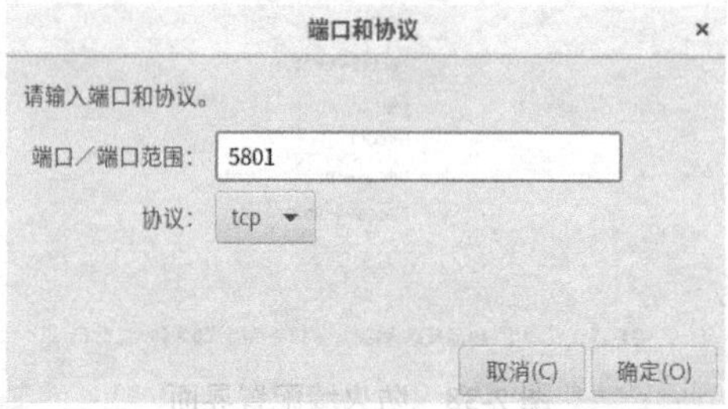

图 2-40 添加端口和协议

返回【端口】选项卡界面，如图 2-41 所示，已经添加了 5801 端口号（tcp）。这样一来，在别的主机上就能访问这台 Linux 系统上端口号为 5801 的服务了。

3. 伪装

在 public 区域中选择【伪装】选项卡，在该界面上选择【伪装区域】复选框，如图 2-42 所示。通过伪装方式可以将本地网络连接到互联网，这样本地网络将不可见。

4. 端口转发

在 public 区域中选择【端口转发】选项卡，在该界面上可以添加条目进行端口转发。单击【添加】按钮，打开【端口转发】对话框，指定来源的协议和端口，以及目标地址的 IP 地址和端口。图 2-43 所示为将进入本机接口 ens160 的 80 端口的数据包转发给主机 192.168.0.5 的 80 端口，设置完成后单击【确定】按钮。

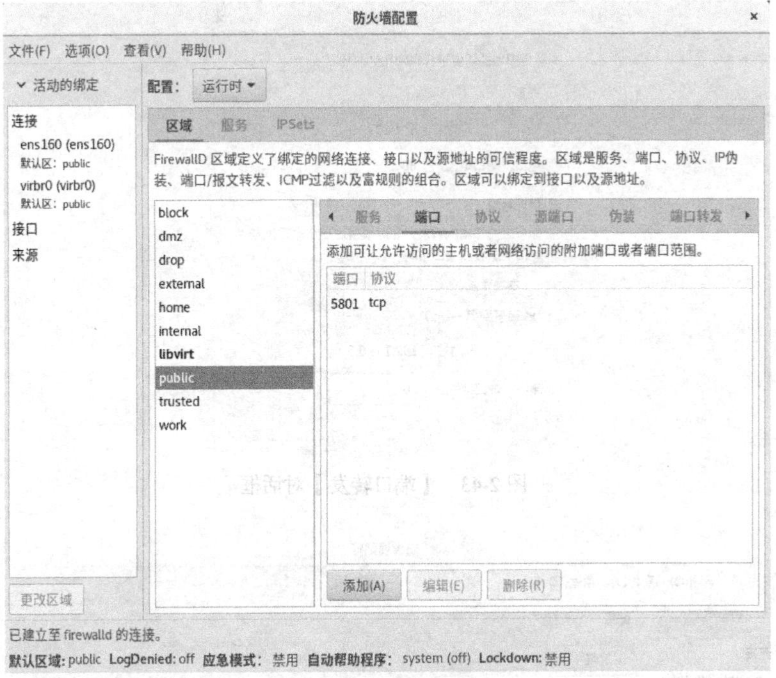

图 2-41　已经添加了新端口

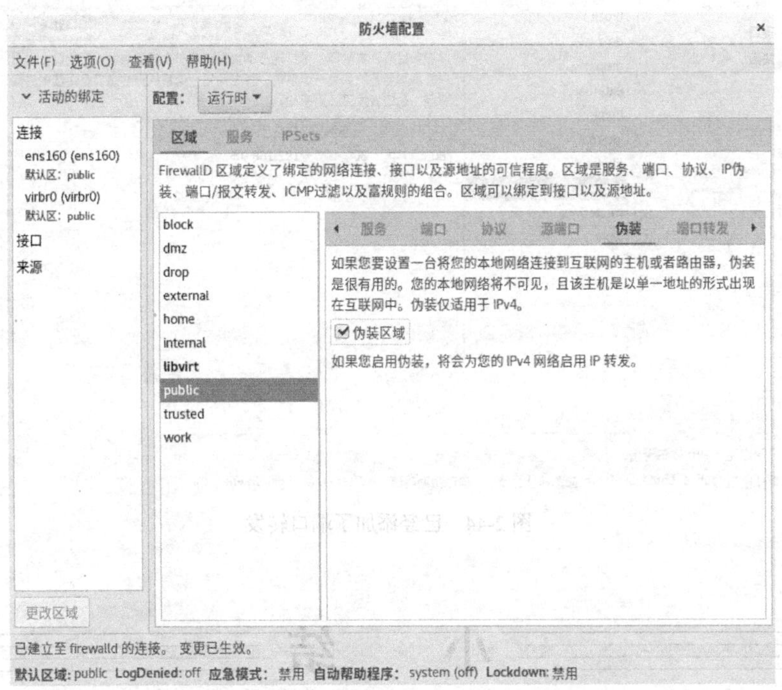

图 2-42　伪装

添加端口转发之后，返回图 2-44 所示的界面，可以看到端口转发条目。

在 Linux 字符界面下可以使用 systemctl restart firewalld 命令重启防火墙服务，使用 systemctl start firewalld 命令启动防火墙服务，使用 systemctl stop firewalld 命令停止防火墙服务。

端口转发

请根据您的需要选择来源和目的选项。

来源

协议：tcp

端口／端口范围：80

目标地址

如果您允许本地转发，您必须指定一个端口。这个端口不能和源端口相同。

本地转发

转发到另一端口

IP 地址：192.168.0.5

端口／端口范围：80

取消(C) 确定(O)

图 2-43 【端口转发】对话框

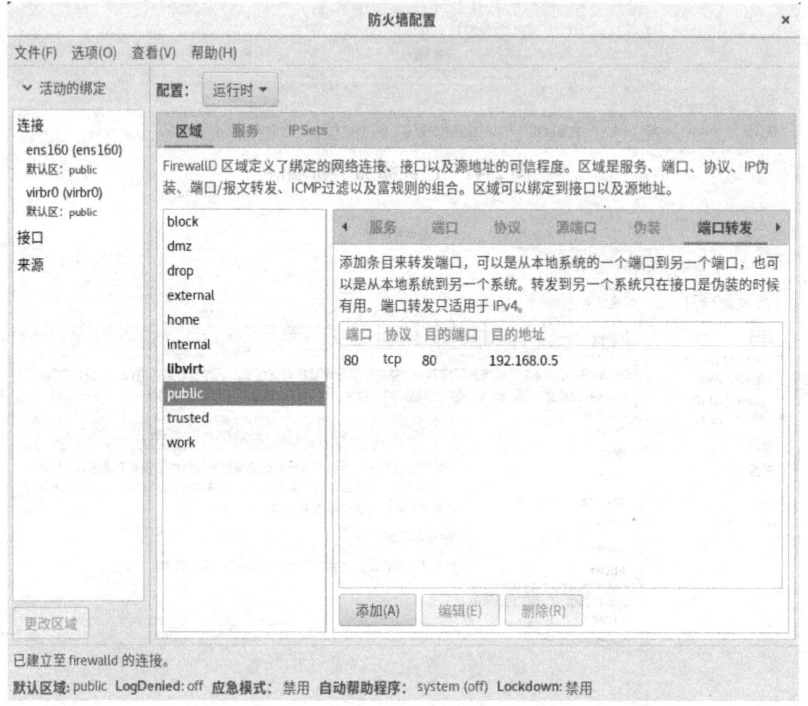

图 2-44 已经添加了端口转发

小 结

安装 Linux 系统，首先需要了解计算机是否达到安装必需的软、硬件要求。Linux 系统使用字母和数字的组合来指代硬盘分区，该命名方案是基于文件的，文件名的格式为/dev/xxyN。

直接从物理内存读写数据要比从硬盘读写数据快得多，而物理内存是有限的，这样就使用到了虚拟内存。虚拟内存为了满足物理内存的不足而利用磁盘空间虚拟出的一块逻辑内存，用作虚拟内存的磁盘空间被称为交换分区。

Linux 系统处理分区和磁盘存储的方法截然不同，Linux 系统中的每一个分区都是构成支持一组文件和目录所必需的存储区的一部分。它是通过挂载来实现的，挂载是将分区关联到某一目录的过程，挂载分区使起始于这个指定目录（称为挂载目录）的存储区能够被使用。

本章以案例的形式讲述了如何在计算机上安装 Linux 系统并正常登录、注销、关闭和重启。

Linux 系统为增加系统安全性提供了 FirewallD 防火墙保护功能。FirewallD 防火墙提供了支持网络/防火墙区域定义网络链接以及接口安全等级的动态防火墙管理工具。通过将网络划分成不同的区域，制定出不同区域之间的访问控制策略，以此来控制不同程度区域间传送的数据流。默认情况下 FirewallD 防火墙的连接区域为 public。通过【防火墙配置】工具可以进行添加可信服务、添加端口、伪装、端口转发等操作。

习　题

2-1　简述安装 Linux 系统的硬件要求。

2-2　在你的计算机上设计一个合理的分区规划。

2-3　简述分区命名方案。

2-4　简述在安装 Linux 系统时设置计算机 IP 地址的方法。

2-5　FirewallD 防火墙的默认连接区域是什么？

上机练习

2-1　按以下磁盘分区规划安装 Linux 系统。

- /boot 分区：1GB。
- swap 分区：2GB。
- /分区：150GB。

上机练习

2-2　配置 FirewallD 防火墙，在 public 区域中添加 http 服务，5801 端口（TCP），并保证 FirewallD 服务是启动的。

第3章 字符界面操作基础

对 Linux 服务器进行管理时，经常需要进入字符界面进行操作，使用命令时需要记住该命令的相关选项和参数。Vi 编辑器可以用于编辑任何 ASCII 文本，可以对文本进行创建、查找、替换、删除、复制以及粘贴等操作。

3.1 字符界面简介

对 Linux 服务器的维护基本上都是在命令行下进行的，本节主要讲述如何进入字符界面和在字符界面下如何关闭和重启 Linux 系统。

3.1.1 进入字符界面

要进入 Linux 系统的字符界面，可以通过命令行界面、图形界面下的终端和虚拟控制台等多种方式实现。

1. 命令行界面

安装 Linux 系统之后，系统启动后默认进入的是图形界面，可以通过使用以下命令修改为进入命令行界面，所做修改在系统重启之后即可生效。

```
[root@rhel ~]# systemctl get-default
graphical.target
//查看计算机系统启动后要进入的默认目标，graphical.target 表示图形界面
[root@rhel ~]# systemctl set-default multi-user.target
Removed /etc/systemd/system/default.target.
Created symlink /etc/systemd/system/default.target → /usr/lib/systemd/system/multi-user.target.
//将 multi-user.target 目标设置为启动计算机系统后要进入的默认目标，multi-user.target 表示命令行界面
```

如果用户选择使用命令行界面登录 Linux 系统，在系统被引导后，会看到图 3-1 所示的登录提示界面。

Linux 系统用户登录分两步：第一步输入用户的登录名，系统根据该登录名识别用户；第二步输入用户的密码。当用户正确地输入用户名和密码之后，就能合法地进入系统，界面会显示图 3-2 所示的信息，这时就可以对系统进行操作了。注意 root 用户登录的提示符是“#”，而其他用户登录的提示符是“$”。

```
Red Hat Enterprise Linux 8.0 (Ootpa)
Kernel 4.18.0-80.el8.x86_64 on an x86_64

Activate the web console with: systemctl enable --now cockpit.socket

rhel login:
```

图 3-1　登录提示界面

```
Red Hat Enterprise Linux 8.0 (Ootpa)
Kernel 4.18.0-80.el8.x86_64 on an x86_64

Activate the web console with: systemctl enable --now cockpit.socket

rhel login: root
Password:
Last login: Thu Jan  2 03:59:56 from 192.168.0.200
[root@rhel ~]#
```

图 3-2　已登录命令行界面

如果要注销当前用户的登录，可以使用 logout 命令。登录命令行界面之后，也可以通过输入 startx 命令启动 Linux 图形桌面（前提是已经安装了图形桌面的软件包）。

要使 Linux 系统在启动计算机系统后默认进入图形界面，使用命令 systemctl set−default graphical.target。

2. 终端

在 Linux 系统图形桌面环境中提供了打开终端命令行界面的方式，该方式允许用户通过输入命令来管理计算机。

在 Linux 系统图形界面中单击面板上的【活动】→【终端】，打开图 3-3 所示的终端界面。在终端命令行界面中可以直接输入命令并执行，执行的结果显示在终端界面中。如果要退出终端界面，可以单击终端界面右上角的【×】按钮，或在终端界面中输入 exit 命令，或者按[Ctrl+d]组合键。

图 3-3　终端界面

3. 虚拟控制台

Linux 系统可以同时接受多个用户登录，还允许用户在同一时间进行多次登录，这是因为 Linux 系统提供了虚拟控制台的访问方式。在字符界面下，虚拟控制台的选择可以通过按[Alt]键和一个功能键来实现，通常使用[F1]～[F6]组合键。如用户登录后，按[Alt+F2]组合键，用户可以看到

"login:"提示符，说明用户进入了第二个虚拟控制台。然后只需按[Alt+F1]组合键，就可以回到第一个虚拟控制台。

如果用户在图形界面下，那么可以使用[Ctrl+ Alt+F2]～[Ctrl+ Alt+F6]组合键切换字符虚拟控制台，使用[Ctrl+Alt+F1]组合键可以切换到图形界面。虚拟控制台可使用户同时在多个控制台上工作，真正体现 Linux 系统多用户的特性。即便某一虚拟控制台上进行的工作尚未结束，用户也可以切换到另一虚拟控制台开始另一项工作。

3.1.2 关闭和重启 Linux 系统

在 Linux 系统中常用的关闭/重启系统的命令有 shutdown、halt、reboot，每个命令的内部工作过程是不同的。

1. shutdown 命令

shutdown 命令可以安全地关闭或重启 Linux 系统，有些用户会使用直接断掉电源的方式来关闭计算机，这是十分危险的。强制关机可能会导致数据丢失，使系统处于不稳定的状态，在有的系统中甚至会损坏硬件设备。

在系统关机前使用 shutdown 命令，系统管理员会发送一条警告信息给所有登录的用户，告诉他们系统将要关闭，新的用户不能再登录。直接关机或者延迟一定的时间才关机都是可能的，还可能重启系统。

shutdown 命令还允许用户指定一个时间参数。该参数可以是一个精确的时间值，也可以是从现在开始的一个时间段。精确时间的格式是 hh:mm，表示小时和分钟，时间段由"+"和分钟数表示。系统执行该命令后，会自动进行数据同步的工作。

命令语法：

```
shutdown [选项] [时间] [警告信息]
```

命令中各选项的含义如表 3-1 所示。

表 3-1　shutdown 命令选项含义

选项	选项含义
-r	重启系统
-h	关闭系统
-c	取消运行 shutdown

【例 3.1】 立即关闭系统。

```
[root@rhel ~]# shutdown -h now
```

【例 3.2】 定时 45 分钟之后关闭系统。

```
[root@rhel ~]# shutdown -h +45
//在这里使用 shutdown -h 45 和 shutdown -h +45 起到一样的作用
```

【例 3.3】 立即重启系统，并发出警告信息。

```
[root@rhel ~]# shutdown -r now "system will be reboot now."
```

【例 3.4】 定时在 1 时 38 分重启系统。

```
[root@rhel ~]# shutdown -r 01:38
```

2. halt 命令

使用 halt 命令可以执行关闭系统任务。

命令语法：

```
halt [选项]
```

命令中各选项的含义如表 3-2 所示。

表 3-2　halt 命令选项含义

选项	选项含义
-d	关闭系统，不把记录写到 /var/log/wtmp 日志文件
-f	强制关闭系统

【例 3.5】 使用 halt 命令关闭系统。

```
[root@rhel ~]# halt
```

3. reboot 命令

使用 reboot 命令可以执行重启系统任务。

命令语法：

```
reboot [选项]
```

命令中各选项的含义如表 3-3 所示。

表 3-3　reboot 命令选项含义

选项	选项含义
-d	重启系统，不把记录写到 /var/log/wtmp 日志文件
-f	强制重启系统

【例 3.6】 使用 reboot 命令重启系统。

```
[root@rhel ~]# reboot
```

3.1.3 目标

RHEL 7 之前的版本使用运行级别代表特定的操作模式。运行级别被定义为 7 个级别，用数字 0～6 表示，每个运行级别可以启动特定的一些服务。RHEL 8 使用目标（Target）替换运行级别。目标使用目标单元文件描述，目标单位文件扩展名是.target，目标单元文件的唯一任务是将其他 systemd 单元文件通过一连串的依赖关系组织在一起。如 graphical.target 单元，用于启动一个图形会话，systemd 会启动像 GNOME 显示管理服务（gdm.service）、账号服务（accounts-daemon.service）这样的服务，并且会激活 multi-user.target 单元。相似的，multi-user.target 单元会启动必不可少的 NetworkManager.service 服务、dbus.service 服务，并激活 basic.target 单元。

每一个目标都有名字和独特的功能，并且能够同时启用多个目标。一些目标继承其他目标的服务，并启动新服务。systemd 提供了一些模仿 System V init 启动级别的目标，仍可以使用旧的 telinit 启动级别命令切换。

RHEL 8 系统预定义了一些目标，目标和以前版本系统的运行级别有一些不同。为了兼容，systemd 也提供一些目标映射为 System V init 的运行级别，具体的对应信息如表 3-4 所示。

表 3-4　　目标和运行级别对应关系

运行级别	目标	目标的链接文件	功能
0	poweroff.target	runlevel0.target	关闭系统
1	rescue.target	runlevel1.target	进入救援模式
2	multi-user.target	runlevel2.target	进入非图形界面的多用户方式
3	multi-user.target	runlevel3.target	进入非图形界面的多用户方式
4	multi-user.target	runlevel4.target	进入非图形界面的多用户方式
5	graphical.target	runlevel5.target	进入图形界面的多用户方式
6	reboot.target	runlevel6.target	重启系统

在/lib/systemd/system 目录下定义 runlevelX.target 文件主要是为了能够兼容以前的运行级别的管理方法。事实上/lib/systemd/system/runlevel3.target 同样是被软链接到 multi-user.target。

```
[root@rhel ~]# ls -l /lib/systemd/system/runlevel*.target
lrwxrwxrwx. 1 root root 15 2月  26 2019 /lib/systemd/system/runlevel0.target -> poweroff.target
lrwxrwxrwx. 1 root root 13 2月  26 2019 /lib/systemd/system/runlevel1.target -> rescue.target
lrwxrwxrwx. 1 root root 17 2月  26 2019 /lib/systemd/system/runlevel2.target -> multi-user.target
lrwxrwxrwx. 1 root root 17 2月  26 2019 /lib/systemd/system/runlevel3.target -> multi-user.target
lrwxrwxrwx. 1 root root 17 2月  26 2019 /lib/systemd/system/runlevel4.target -> multi-user.target
lrwxrwxrwx. 1 root root 16 2月  26 2019 /lib/systemd/system/runlevel5.target -> graphical.target
lrwxrwxrwx. 1 root root 13 2月  26 2019 /lib/systemd/system/runlevel6.target -> reboot.target
```

RHEL 8 使用 systemctl 命令改变目标。如下面这个例子改变当前目标为 multi-user.target。

```
[root@rhel ~]# systemctl isolate multi-user.target
```

3.2　在 Linux 系统下获取帮助

Linux 系统中的每个命令都具有众多的选项和参数，要完全记住它们那是不可能的，本节主要讲述在 Linux 系统下如何获取和使用帮助。

3.2.1　使用 man 手册页

安装好 Linux 系统后，首先要做的是学会如何在 Linux 系统中获取帮助。man 手册页是一种不错的方法，man 是一种显示 Linux 在线手册的命令，可以用来查看命令、函数或者文件的帮助手册，另外它还可以显示一些 gzip 压缩格式的文件。

一般情况下，Linux 系统中所有的资源都会随操作系统一起发行，包括内核源代码。而在线手册是操作系统所有资源中一本很好的使用手册。有不懂的命令时可以用 man 命令查看这个命令，写程序时有不会用的函数可以用 man 命令查看这个函数，有不懂的文件时也可以用 man 命令查看文件。

一般情况下 man 手册页的资源主要位于/usr/share/man 目录下，使用以下命令显示。

```
[root@rhel ~]# ls -d /usr/share/man/man?
/usr/share/man/man1  /usr/share/man/man5  /usr/share/man/man9
/usr/share/man/man2  /usr/share/man/man6  /usr/share/man/mann
/usr/share/man/man3  /usr/share/man/man7
/usr/share/man/man4  /usr/share/man/man8
```

可以使用一个数字来表示手册页的不同类型，具体含义如表 3-5 所示。

表 3-5　man 手册页类型

类型	描述
1	可执行程序或 shell 命令
2	系统调用（内核提供的函数）
3	库调用（程序库中的函数）
4	设备和特殊文件
5	文件格式和约定
6	游戏程序
7	杂项（包括宏包和规范）
8	系统管理命令（通常只针对 root 用户）
9	Linux 内核例程

通常用户只要在命令 man 后，输入想要获取的命令的名称，man 就会列出一份完整的说明，其内容包括命令语法、各选项的含义以及相关命令等。

命令语法：

```
man [选项] [名称]
```

命令中各选项的含义如表 3-6 所示。

表 3-6　man 命令选项含义

选项	选项含义
-M <路径>	指定 man 手册页的搜索路径
-a	寻找所有匹配的手册页
-f	只显示出命令的功能而不显示详细的说明文件，和 whatis 命令功能一样
-w	显示手册页的物理位置

【例 3.7】　显示 pwd 命令的 man 手册页。

```
[root@rhel ~]# man pwd
```

3.2.2　使用--help 选项获取帮助

使用--help 选项可以显示命令的使用方法和命令选项的含义。只要在所需要显示的命令后面输入--help 选项，就可以看到所查命令的帮助信息了。

命令语法：

```
[命令] --help
```

【例 3.8】 使用--help 选项查看 mkdir 命令的帮助信息。

```
[root@rhel ~]# mkdir --help
用法：mkdir [选项]... 目录...
Create the DIRECTORY(ies), if they do not already exist.

必选参数对长短选项同时适用
  -m, --mode=MODE   set file mode (as in chmod), not a=rwx - umask
  -p, --parents     no error if existing, make parent directories as needed
  -v, --verbose     print a message for each created directory
  -Z                   set SELinux security context of each created directory
                         to the default type
      --context[=CTX]  like -Z, or if CTX is specified then set the SELinux
                         or SMACK security context to CTX
      --help          显示此帮助信息并退出
      --version       显示版本信息并退出

GNU coreutils 在线帮助：<https://www.gnu.org/software/coreutils/>
请向 <http://translationproject.org/team/zh_CN.html> 报告 mkdir 的翻译错误
完整文档请见：<https://www.gnu.org/software/coreutils/mkdir>
或者在本地使用：info '(coreutils) mkdir invocation'
```

3.3 Shell 基础

在 Linux 系统中，Shell 是常用的程序，其主要作用是侦听用户指令、启动命令指定的进程并将结果返回给用户，本节主要讲述 Shell 的基本使用方法。

3.3.1 Shell 简介

在 AT&T 工作的 Dennis Ritchie 和 Ken Thompson 两人在设计 UNIX 系统的时候，想要为用户创建一种与 UNIX 系统交流的方法。当时的操作系统带有命令解释器。命令解释器接受用户的命令，然后解释它们，因而计算机可以使用这些命令。

但是 Ritchie 和 Thompson 想要的不只是这些功能，他们想要提供比当时的命令解释器具备更优异功能的工具。这导致了 Bourne Shell（称为 sh）被开发，它由 S.R.Bourne 创建。自从 sh 出现以后，其他类型 Shell 也被一一开发，如 C Shell（称为 csh）和 Korn Shell（称为 ksh）。

Shell 接收用户命令，然后调用相应的应用程序。它是一种命令语言、同时还是一种程序设计语言，是系统管理维护时的重要工具。作为命令语言，它交互式地解释和执行用户输入的命令或者自动地解释和执行预先设定好的一系列命令。作为程序设计语言，它可以定义各种变量和参数，并提供许多在高级语言中才具有的控制结构（循环和分支）。

Shell 命令重新初始化用户的登录会话。当给出该命令时，就会重新设置进程的控制终端的端口特征，并取消对端口的所有访问。然后 Shell 命令为用户把进程凭证和环境重新设置为缺省值，并执行用户的初始程序。根据调用进程的登录用户标识建立所有的凭证和环境。

由于 Linux 系统对 Shell 的处理采用独立自由开放的方式，因此 Shell 的种类相当多，目前流行的 Shell 有 sh、csh、ksh、tcsh 以及 bash 等。大部分 Linux 系统的默认 Shell 类型为 bash。

3.3.2 bash 简介

bash（Bourne-Again Shell）最早是在 1987 年由布莱恩・福克斯（Brian Fox）开发的一个为 GNU 计划编写的 UNIX Shell。bash 目前是大多数 Linux 系统默认的 Shell，它还能运行于大多数 UNIX 风格的操作系统上，甚至被移植到了 Windows 上的 Cygwin 系统中，以实现 Windows 的 POSIX 虚拟接口。

bash 的命令语法是 sh 命令语法的超集。数量庞大的 sh 脚本大多不经过修改就可以在 bash 中执行，只有那些引用了 sh 特殊变量或使用了 sh 内置命令的脚本才需要修改。bash 的命令语法很多来自 csh 和 ksh，如命令行编辑、命令历史、目录栈、$RANDOM 变量、$PPID 变量以及 POSIX 命令置换语法。

对于刚接触 Linux 系统的人而言，bash 就相当于 Windows 系统上的 DOS 命令提示符。可以交互操作，也可以进行批处理操作，然而不同的是 bash 的开发具有较强针对性，因而其功能和易用性远比 DOS 命令提示符大得多。

3.3.3 bash 命令

当登录 Linux 系统或打开一个终端窗口时，首先看到的是 bash 提示符。Linux 系统的标准提示符包括用户登录名、登录的主机名、当前所在的工作目录路径及提示符号。

以普通用户 zhangsan 登录名为 rhel 的主机，他的工作目录是/home/zhangsan，如下所示。

```
[zhangsan@rhel ~]$
```

以 root 用户登录系统的提示符如下所示。

```
[root@rhel ~]#
```

除了不同的用户名外，提示符号由“$”变成了“#”。根据 bash 的传统，普通用户的提示符以“$”结尾，而 root 用户的以“#”结尾，提示符的每个部分都可以定制。

要运行命令，只需要在提示符后敲进命令，然后按[Enter]键。Shell 将在其路径中搜索这个命令，找到以后就运行，并在终端里输出相应的结果，命令结束后，再给出新的提示符。如下面这个示例。

```
[zhangsan@rhel ~]$ whoami
zhangsan
//显示当前登录 Linux 系统的用户是 zhangsan
[zhangsan@rhel ~]$
```

一个 Shell 命令可能含有一些选项和参数，其一般格式如下。

```
[Shell 命令] [选项] [参数]
```

下面举一个例子来详细描述 Shell 命令格式。

```
[root@rhel ~]# ls -l /root
```

其中“-l”是命令 ls 的一个选项，而/root 则是参数。所有选项在该命令的 man 手册页中都有详细的介绍，而参数则由用户提供。选项决定命令如何工作，而参数则用于确定命令作用的目标。

选项有短命令选项和长命令选项两种。

下面这个示例就使用了短命令选项。

```
[root@rhel ~]# ls -l /root
```

下面两种方法实现一样的效果。

```
[root@rhel ~]# ls -l -a /root
[root@rhel ~]# ls -la /root
```

下面这个示例就使用了长命令选项。

```
[root@rhel ~]# ls --size /root
```

在 Linux 系统中，命令可以分为以下两大类。

- bash 内置的命令。
- 应用程序。

如果是 bash 内置的命令，则由 bash 负责回应。如果是应用程序，那么 Shell 会找出该应用程序，然后将控制权交给内核，由内核执行该应用程序，执行完之后，再将控制权交回给 Shell。

使用 which 命令可以查看哪些命令是 bash 内置的命令，哪些是应用程序。

【例 3.9】 查看 echo 和 ls 命令。

```
[root@rhel ~]# which echo
/usr/bin/echo
[root@rhel ~]# which ls
alias ls='ls --color=auto'
        /usr/bin/ls
```

3.4 使用 bash

3.4.1 控制组合键

在使用 Linux 系统时，经常会使用一些组合键来控制 Shell 的活动。表 3-7 列出了一些常用的控制组合键。

表 3-7 控制组合键

控制组合键	功能
Ctrl+l	清屏
Ctrl+o	执行当前命令，并选择上一条命令
Ctrl+s	阻止命令行输出
Ctrl+q	允许命令行输出
Ctrl+c	终止命令
Ctrl+z	挂起命令
Ctrl+m	相当于按[Enter]键
Ctrl+d	输入结束，即 EOF 的意思，或者注销 Linux 系统

3.4.2 光标操作

在 Linux 系统中，通过使用表 3-8 所示的组合键可以快速地进行光标操作。

表 3-8 光标操作

组合键	功能
Ctrl+a	移动光标到命令行首
Ctrl+e	移动光标到命令行尾
Ctrl+f	按字符前移（向右）
Ctrl+b	按字符后移（向左）
Ctrl+xx	在命令行首和光标之间移动
Ctrl+u	删除从光标到命令行首的部分
Ctrl+k	删除从光标到命令行尾的部分
Ctrl+w	删除从光标前到当前单词开头的部分
Ctrl+d	删除光标处的字符
Ctrl+h	删除光标前的一个字符
Ctrl+y	插入最近删除的单词
Ctrl+t	交换光标处字符和光标前面的字符
Alt+f	按单词前移（向右）
Alt+b	按单词后移（向左）
Alt+d	从光标处删除至单词尾
Alt+c	从光标处更改单词为首字母大写
Alt+u	从光标处更改单词为全部大写
Alt+l	从光标处更改单词为全部小写
Alt+t	交换光标处单词和光标前面的单词
Alt+Backspace	与 Ctrl+w 功能类似，分隔符有些差别

3.4.3 特殊字符

在 Linux 系统中，许多字符对于 Shell 来说是具有特殊意义的。表 3-9 列出了一些常用的特殊字符。

表 3-9 特殊字符

符号	功能
~	用户主目录
`	反引号，用来命令替代（在 Tab 键上面的那个键）
#	注释
$	变量取值
&	后台进程工作
(	子 Shell 开始

续表

符号	功能
)	子 Shell 结束
\	使命令持续到下一行
|	管道
<	输入重定向
>	输出重定向
>>	追加重定向
'	单引号（不具有变量置换的功能）
"	双引号（具有变量置换的功能）
/	路径分隔符
;	命令分隔符

3.4.4 通配符

如果命令的参数中含有文件名，那么通配符可以使得操作十分便利。表 3-10 列出了 bash 中常用的通配符。

表 3-10 通配符

符号	功能
?	代表任何单一字符
*	代表任何字符
[字符组合]	在方括号中的字符都符合，如[a-z]代表所有的小写字母
[!字符组合]	不在方括号中的字符都符合，如[!0-9]代表非数字的都符合

3.5 Shell 实用功能

Linux 系统是在命令行里诞生的，因此 Linux 系统中的命令行有许多非常实用的功能。Shell 实用功能主要有命令行自动补全、命令历史记录、命令排列、命令替换、命令别名、文件名匹配以及管道。

3.5.1 命令行自动补全

在 Linux 系统中，有太多的命令和文件名称需要记忆，使用命令行自动补全功能可以快速地写出文件名和命令名。

如果需要快速地从当前所在的目录跳转到/usr/src/kernels/目录，可以执行以下操作。

```
[root@rhel ~]# cd /u<Tab>/sr<Tab>/k<Tab>
```

<Tab>是按[Tab]键的意思，使用[Tab]键可为命令行自动补全，这在平常应用中是不可缺少的。让我们仔细看看这个例子。

```
[root@rhel ~]# cd /u<Tab>
```

扩展成了 cd /usr/，再按[Tab]键，如下所示，扩展为 cd /usr/src/。

```
[root@rhel ~]# cd /u<Tab>/sr<Tab>
```

因此，使用[Tab]键可以很方便地根据前几个字母来查找匹配的文件或子目录。

3.5.2 命令历史记录

在操作 Linux 系统的时候，每一个操作的命令都会被记录到命令历史中，以后可以通过命令历史记录查看和使用以前操作的命令。

bash 启动的时候会读取~/.bash_history 文件，并将其载入内存，$HISTFILE 变量就用于设置~/.bash_history 文件，bash 退出时也会把内存中的历史记录回写到~/.bash_history 文件中。

使用 history 命令可以查看命令历史记录，每一条命令前面都会有一个序列号标示。

命令语法：

```
history [选项]
```

命令中各选项的含义如表 3-11 所示。

表 3-11　　history 命令选项含义

选项	选项含义
-c	清除命令历史记录
-w	将当前的历史命令写到.bash_history 文件，覆盖.bash_history 文件的内容
-a	将目前新增的 history 历史命令追加到.bash_history 文件
n	显示最近 *n* 个命令历史记录，*n* 代表数字
-r	读取历史文件，并将内容附加到历史列表中

在 Linux 系统中使用命令历史的一些示例如表 3-12 所示。

表 3-12　　使用命令历史

举例	描述
!!	运行上一个命令
!6	运行第 6 个命令
!8 /test	运行第 8 个命令并在命令后面加上/test
!?CF?	运行上一个包含 CF 字符串的命令
!ls	运行上一个 ls 命令（或以 ls 开头的历史命令）
!ls:s/CF/G	运行上一个 ls 命令，其中把 CF 替换成 G
fc	编辑并运行上一个历史命令
fc 6	编辑并运行第 6 条历史命令
^boot^root^	快速替换。将最后一个命令中的 boot 替换为 root 后运行
!-5	运行倒数第 5 个命令
!$	运行前一个命令最后的参数

通过表 3-13 所示的快捷键可以非常方便地搜索历史命令。

表 3-13　　　　搜索历史命令

快捷键	描述
↑（向上箭头）	查看上一个命令
↓（向下箭头）	查看下一个命令
Ctrl+p	查看历史列表中的上一个命令
Ctrl+n	查看历史列表中的下一个命令
Ctrl+r	向上搜索历史列表
Alt+p	向上搜索历史列表
Alt+>	移动到历史列表末尾

【例 3.10】 使用命令历史记录。

```
[root@rhel ~]# mkdir /root/aaa
//创建目录/root/aaa
[root@rhel ~]# cd !$
cd /root/aaa
//"!$"是指重复前一个命令最后的参数，参数是/root/aaa
[root@rhel aaa]# pwd
/root/aaa
//显示用户当前目录是/root/aaa
```

【例 3.11】 查看命令历史记录。

```
[root@rhel ~]# history
//显示过去曾经输入过的命令，就两列信息：编号和命令
```

【例 3.12】 显示执行过的前两条命令。

```
[root@rhel ~]# history 2
//在这里使用history +2 和 history 2 命令起到一样的效果
```

【例 3.13】 清空命令历史记录。

```
[root@rhel ~]# history -c
//清空命令历史记录以后，再次使用history命令已经无法查看以前的命令历史
```

3.5.3 命令排列

如果希望一次执行多个命令，Shell 允许在不同的命令之间放上特殊的排列字符。命令排列可以使用两种排列字符：“;”和“&&”。

1. 使用“;”

使用“;”时先执行命令 1，不管命令 1 是否出错，接下来就执行命令 2。

命令语法：

```
命令 1; 命令 2
```

【例 3.14】 使用排列字符“;”依次执行两个命令。

```
[root@rhel ~]# ls /boot;du -hs /root
config-4.18.0-80.el8.x86_64
efi
```

```
extlinux
grub2
initramfs-0-rescue-3344744c4e614d0b95bb68902b28e4a0.img
initramfs-4.18.0-80.el8.x86_64.img
initramfs-4.18.0-80.el8.x86_64kdump.img
loader
System.map-4.18.0-80.el8.x86_64
vmlinuz-0-rescue-3344744c4e614d0b95bb68902b28e4a0
vmlinuz-4.18.0-80.el8.x86_64
8.5 M   /root
//先在界面上列出/boot 目录中的所有内容，然后列出目录/root 及其子目录所占用的磁盘空间大小
```

2. 使用“&&”

使用“&&”时表示，只有当命令 1 正确运行完毕后，才能执行命令 2。

命令语法：

```
命令 1&&命令 2
```

【例 3.15】 使用排列字符“&&”依次执行两个命令。

```
[root@rhel ~]# ls -a /root/bogusdir&&du -sh
ls: 无法访问'/root/bogusdir': 没有那个文件或目录
//将返回“ls: 无法访问'/root/bogusdir': 没有那个文件或目录”，而 du -sh 命令根本没有运行，因为第一个命令没有被成功执行
```

3.5.4 命令替换

在 Linux 系统中，Shell 命令的参数可以由另外一个命令的结果来替代，这被称为命令替换。命令替换可以使用两种替换字符：“$( )”和“``”。

1. 使用“$( )”

命令语法：

```
命令 1 $(命令 2)
```

关闭一个名为 less 的进程前先得用命令 pidof 找出相应的进程号，然后以这个进程号为参数，运行 kill 命令就可以结束 less 进程。如使用以下命令。

```
[root@rhel ~]# pidof less
31738
//less 进程号为 31738
[root@rhel ~]# kill -9 31738
//关闭进程号为 31738 的进程（也就是 less 进程）
```

【例 3.16】 使用命令替换功能关闭 less 进程。

```
[root@rhel ~]# kill -9 $(pidof less)
// pidof less 命令的输出 31738 作为命令 kill -9 的参数，然后就可以关闭该进程了
```

2. 使用“`”

除了可以使用“$()”之外，还可以使用后引号“`”（位于[Tab]键上面那个键）。

命令语法：

```
命令 1 `命令 2`
```

这种方式虽然可以减少输入，但可读性差，而且很容易和没有替换功能的一般单引号混淆。

【例 3.17】 使用命令替换功能关闭 less 进程。

```
[root@rhel ~]# kill -9 `pidof less`
```

3.5.5 命令别名

在需要执行某一个非常长的命令时，所有的命令以及命令的选项、参数都要被一一输入，这一步很枯燥，也容易出现错误。可以为常用命令定义快捷方式，这些快捷方式可以用比较简单的命令别名来定义。

1. 创建别名

使用 alias 命令可以为命令定义别名。如果命令中有空格，就需要使用双引号（如在命令与选项之间就有空格）。

命令语法：

```
alias [别名]=[需要定义别名的命令]
```

例如，使用下面的命令查看/boot 目录的内容。

```
[root@rhel ~]# ls /boot
```

显然，如果每次需要查看/boot 目录的内容都要输入这样的命令会非常麻烦，因此可以定义别名。

【例 3.18】 为 ls /boot 命令创建别名 ok。

```
[root@rhel ~]# alias ok="ls /boot"
[root@rhel ~]# ok
config-4.18.0-80.el8.x86_64
efi
extlinux
grub2
initramfs-0-rescue-3344744c4e614d0b95bb68902b28e4a0.img
initramfs-4.18.0-80.el8.x86_64.img
initramfs-4.18.0-80.el8.x86_64kdump.img
loader
System.map-4.18.0-80.el8.x86_64
vmlinuz-0-rescue-3344744c4e614d0b95bb68902b28e4a0
vmlinuz-4.18.0-80.el8.x86_64
//在终端中输入别名 ok 就可以查看/boot 目录的内容
```

【例 3.19】 查看系统中所有的别名。

```
[root@rhel ~]# alias
alias cp='cp -i'
alias egrep='egrep --color=auto'
alias fgrep='fgrep --color=auto'
alias grep='grep --color=auto'
alias l.='ls -d .* --color=auto'
alias ll='ls -l --color=auto'
alias ls='ls --color=auto'
alias mv='mv -i'
alias ok='ls /boot'
alias rm='rm -i'
alias which='(alias; declare -f) | /usr/bin/which --tty-only --read-alias --read-
```

```
functions --show-tilde --show-dot'
    alias xzegrep='xzegrep --color=auto'
    alias xzfgrep='xzfgrep --color=auto'
    alias xzgrep='xzgrep --color=auto'
    alias zegrep='zegrep --color=auto'
    alias zfgrep='zfgrep --color=auto'
    alias zgrep='zgrep --color=auto'
    //有些别名（如 cp、ll、ls、mv、rm、which）是系统定义的，有些别名（如 ok）是用户定义的
```

2. 取消别名

当用户需要取消别名的定义时，可以使用 unalias 命令。

命令语法：

```
unalias [别名]
```

【例 3.20】 取消之前定义的别名 ok。

```
[root@rhel ~]# unalias ok
```

在重新启动计算机系统和关闭终端以后，定义的别名会失效。若系统中有一个命令，但定义了一个与其同名的别名，则别名将优先于系统中原有的命令的执行。

如果希望重启计算机系统和关闭终端以后，定义的别名仍旧生效，可以编辑/etc/bashrc（针对系统中所有用户）或$HOME/.bashrc（针对某一个指定用户，$HOME 代表用户主目录）文件，将别名定义命令写到这两个文件中。

3.5.6　文件名匹配

文件名匹配使得用户不必一一写出文件名称就可以指定多个文件。这将用到一些特殊的字符，这些字符叫通配符。

1. 通配符“*”

“*”可匹配一个或多个字符。假设想用 rm 命令删除当前目录下所有以字符串“.bak”结尾的文件，除了在 rm 命令后面写上所有文件名作为参数，还可以使用通配符“*”，如使用以下命令。

```
[root@rhel ~]# rm *.bak
```

在本例中，告诉 Shell 将 rm 命令的参数扩展到所有以“.bak”结尾的文件，Shell 就将扩展后的参数告诉 rm 命令。Shell 在命令执行前，将读取并解释命令行。

假如当前目录下有文件 124.bak、346.bak 以及 583.bak。如果只想保留 583.bak 文件，将其余两个文件删除，可以使用以下命令。

```
[root@rhel ~]# rm *4*.bak
```

Shell 就将“*4*.bak”扩展成所有含“4”并以“.bak”结尾的字符串。

2. 通配符“?”

第二个通配符是问号“?”。在匹配时，一个问号只能代表一个字符。为了示范其用途，我们在上例中假设另外添加 311.bak 和 abcd.text 两个新文件。现在，列出所有在“.”后有 4 个字符的文件，使用以下命令。

```
[root@rhel ~]# ls *.????
abcd.text
```

3.5.7 管道

Linux 系统的概念是汇集许多小程序，每个程序都有特殊的专长。复杂的任务不是由大型软件完成，而是运用 Shell 的机制组合许多小程序共同完成。管道就在其中发挥着重要的作用，它可以将某个命令的输出信息当作另一个命令的输入，由管道符号“|”来标识。

命令语法：

```
[命令 1]|[ 命令 2]|[ 命令 3]
```

【例 3.21】 使用简单的管道。

```
[root@rhel ~]# ls /etc|more
abrt
adjtime
aliases
alsa
…（省略）
avahi
bash_completion.d
bashrc
bindresvport.blacklist
binfmt.d
--更多--
//命令 ls /etc 显示/etc 目录的内容，命令 more 是分页显示内容
```

【例 3.22】 使用复杂的管道。

```
[root@rhel ~]# rpm -qa|grep a|more
//命令 rpm -qa 显示已经安装在系统上的 RPM 包，命令 grep a 是过滤软件包，命令 more 是分页显示这些信息
```

3.6 重定向

希望将命令的输出结果保存到文件中，或者以文件内容作为命令的参数，这时就需要用到重定向。重定向不使用系统的标准输入端口、标准输出端口或标准错误端口，而是进行重新指定。

重定向有 4 种方式，分别是输出重定向、输入重定向、错误重定向以及同时实现输出和错误的重定向。

3.6.1 输出重定向

输出重定向，即将某一命令执行的输出保存到文件中，如果已经存在相同的文件，那么覆盖源文件中的内容。

命令语法：

```
[命令] > [文件]
```

【例 3.23】 使用输出重定向将/boot 目录的内容保存到/root/abc 文件。

```
[root@rhel ~]# ls /boot > /root/abc
```

【例 3.24】 使用 echo 命令和输出重定向创建/root/mm 文件，文件内容是 Hello。

```
[root@rhel ~]# echo Hello > /root/mm
[root@rhel ~]# cat /root/mm
Hello
//显示/root/mm文件，可以看到文件的内容是Hello
```

另外一种特殊的输出重定向是输出追加重定向，即将某一命令执行的输出添加到已经存在的文件。

命令语法：

```
[命令] >> [文件]
```

【例 3.25】 使用输出追加重定向将数据写入文件/root/ao。

```
[root@rhel ~]# echo Hello > /root/ao
//先创建文件/root/ao，文件内容是Hello
[root@rhel ~]# echo Linux >> /root/ao
//向文件/root/ao中追加数据Linux
[root@rhel ~]# cat /root/ao
Hello
Linux
//查看文件/root/ao，可以看到两次输入的数据都在其中
```

3.6.2 输入重定向

输入重定向，即将某一文件的内容作为命令的输入。

命令语法：

```
[命令] < [文件]
```

【例 3.26】 使用输入重定向将文件/root/mm 的内容作为输入让 cat 命令执行。

```
[root@rhel ~]# cat < /root/mm
Hello
//可以看到文件/root/mm的内容是Hello
```

另外一种特殊的输入重定向是输入追加重定向，这种输入重定向告诉 Shell，当前标准输入来自命令行的一对分隔符之间的内容。

命令语法：

```
[命令] << [分隔符]
> [文本内容]
> [分隔符]
```

【例 3.27】 使用输入追加重定向创建/root/bc 文件。

```
[root@rhel ~]# cat > /root/bc << EOF
> Hello Linux
> EOF
//一般使用EOF作为分隔符
[root@rhel ~]# cat /root/bc
Hello Linux
```

3.6.3 错误重定向

错误重定向，即将某一命令执行的出错信息输出到指定文件。

命令语法：

```
[命令] 2> [文件]
```

【例 3.28】 查看根本不存在的/root/kk 文件，出现报错信息，将其保存到文件/root/b。

```
[root@rhel ~]# cat /root/kk 2> /root/b
[root@rhel ~]# cat /root/b
cat: /root/kk: 没有那个文件或目录
//使用 cat 命令查看/root/b 文件，可以看到其内容就是执行命令 cat /root/kk 的报错信息
```

另外一种特殊的错误重定向是错误追加重定向，即将某一命令执行的出错信息添加到已经存在的文件。

命令语法：

```
[命令] 2>> [文件]
```

【例 3.29】 使用错误追加重定向，将执行命令的多次出错信息保存到/root/b 文件。

```
[root@rhel ~]# cat /root/kk 2> /root/b
[root@rhel ~]# cat /root/kk 2>> /root/b
[root@rhel ~]# cat /root/b
cat: /root/kk: 没有那个文件或目录
cat: /root/kk: 没有那个文件或目录
```

3.6.4 同时实现输出和错误的重定向

同时实现输出和错误的重定向，即可以同时实现输出重定向和错误重定向的功能。

命令语法：

```
[命令] &> [文件]
```

【例 3.30】 同时使用输出和错误重定向将/boot 目录内容列出到/root/kk 文件。

```
[root@rhel ~]# ls /boot &> /root/kk
```

【例 3.31】 使用同时实现输出和错误的重定向将/nn 目录内容列出到/root/oo 文件。

```
[root@rhel ~]# ls /nn &> /root/oo
[root@rhel ~]# cat /root/oo
ls: 无法访问/nn: 没有那个文件或目录
//因为没有/nn 目录，所以最终使用了错误重定向
```

3.7 Vi 编辑器

Linux 系统中有很多文本编辑器，图形模式下有 gedit、KWrite 等编辑器，文本模式下的编辑器有 Vi、Vim（Vi 的增强版本）以及 Nano。Vi 和 Vim 是 Linux 系统中的常用编辑器，本节主要讲述 Vi 编辑器的使用。

Vi 编辑器是 Linux 系统字符界面下经常使用的文本编辑器，用于编辑任何 ASCII 文本，对于编辑源程序尤其有用。Vi 编辑器功能非常强大，使用 Vi 编辑器可以对文本进行创建、查找、替

换、删除、复制以及粘贴等操作。

在 Linux 系统 Shell 提示符下输入 Vi 和文件名称后，就进入 Vi 编辑界面。如果系统内还不存在该文件，就意味着创建文件；如果系统内存在该文件，就意味着编辑该文件。

Vi 编辑器有 3 种基本工作模式，分别是命令模式、插入模式以及末行模式。

1. 命令模式

进入 Vi 编辑器之后，系统默认处于命令模式。命令模式控制光标的移动，字符、字或行的删除，移动、复制某区域等。在命令模式下，按[:]键可以进入末行模式。在命令模式下按[a]键就可以进入插入模式。

2. 插入模式

只有在插入模式下，才可以进行文本编辑。在插入模式下按[Esc]键可以回到命令模式。

3. 末行模式

将文件进行保存或退出 Vi 编辑器，也可以设置编辑环境、替换字符或删除字符。在末行模式下按[Esc]键可以回到命令模式。

图 3-4 表示 Vi 编辑器的 3 种工作模式之间的关系。

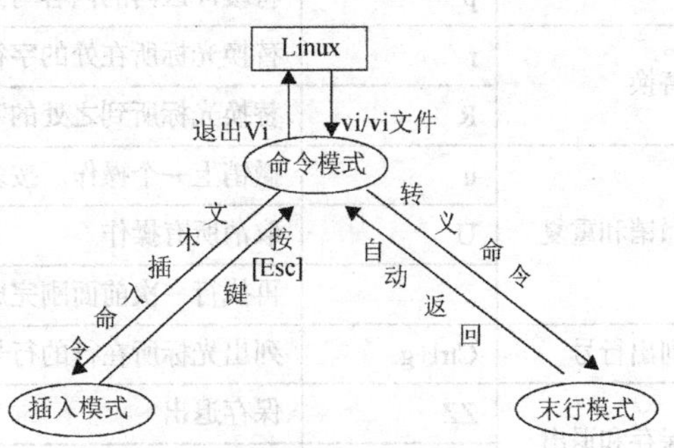

图 3-4　Vi 编辑器的 3 种工作模式

3.7.1　命令模式操作

在命令模式下可以使用表 3-14 所示的命令进行命令模式操作。

表 3-14　命令模式命令

类型	命令	功能
删除	x	删除光标所在位置的字符
	X	删除光标所在位置前面的一个字符
	nx	删除光标所在位置开始的 n 个字符，n 代表数字
	nX	删除光标所在位置前面的 n 个字符，n 代表数字
	dd	删除光标所在行
	ndd	从光标所在行开始删除 n 行，n 代表数字
	db	删除光标所在位置前面的一个单词
	ndb	删除光标所在位置前面的 n 个单词，n 代表数字
	dw	从光标所在位置开始删除一个单词
	ndw	从光标所在位置开始删除几个单词，n 代表数字
	d$	删除光标到行尾的内容（含光标所在处字符）
	D	删除光标到行尾的内容（含光标所在处字符）
	dG	从光标所在行一直删除到文件尾
复制和粘贴	yw	复制光标所在位置到单词尾的字符
	nyw	复制光标所在位置开始的 n 个单词，n 代表数字
	yy	复制光标所在行

续表

类型	命令	功能
复制和粘贴	nyy	复制从光标所在行开始的 n 行，n 代表数字
	y$	复制光标所在位置到行尾内容到缓存区
	y^	复制光标前面所在位置到行首内容到缓存区
	YY	将当前行复制到缓冲区
	nYY	将当前开始的 n 行复制到缓冲区，n 代表数字
	p	将缓冲区内的内容写到光标所在的位置
替换	r	替换光标所在处的字符，按[R]键之后输入要替换的字符
	R	替换光标所到之处的字符，直到按[Esc]键为止，按[R]键之后输入要替换的字符
撤销和重复	u	撤销上一个操作。按多次 u 可以执行多次撤销
	U	取消所有操作
	.	再执行一次前面刚完成的操作
列出行号	Ctrl+g	列出光标所在行的行号
保存和退出	ZZ	保存退出
	ZQ	不保存退出
查找字符	/关键字	先按[/]键，再输入想查找的字符。如果第一次查找的关键字不是想要的，一直按[n]键会往后查找下一个关键字，而按[N]键会往相反的方向查找
	?关键字	先按[?]键，再输入想查找的字符。如果第一次查找的关键字不是想要的，一直按[n]键会往前查找下一个关键字，而按[N]键会往相反的方向查找
合并	nJ	将当前行开始的 n 行进行合并，n 代表数字
	J	清除光标所在行与下一行之间的换行，行尾没有空格的话会自动添加一个空格

3.7.2 插入模式操作

当在 Shell 提示符下输入“vi 文件名”之后就进入了命令模式，在命令模式下是不能输入任何数据的。

在命令模式下使用表 3-15 所示的命令可以进行插入模式操作。

表 3-15　插入模式命令

命令	功能
i	从光标当前所在位置之前开始插入
a	从光标当前所在位置之后开始插入
I	在光标所在行的行首插入
A	在光标所在行的行末尾插入
o	在光标所在行的下面新开一行插入
O	在光标所在行的上面新开一行插入
s	删除光标位置的一个字符，然后进入插入模式
S	删除光标所在的行，然后进入插入模式

在命令模式下可以使用表 3-16 所示的命令使光标移动。

表 3-16　光标移动命令

命令	功能
↑（向上箭头）键	使光标向上移动一行
↓（向下箭头）键	使光标向下移动一行
←（向左箭头）键	使光标向左移动一个字符
→（向右箭头）键	使光标向右移动一个字符
k	使光标向上移动一行
j	使光标向下移动一行
h	使光标向左移动一个字符
l	使光标向右移动一个字符
nk	使光标向上移动 n 行，n 代表数字
nj	使光标向下移动 n 行，n 代表数字
nh	使光标向左移动 n 个字符，n 代表数字
nl	使光标向右移动 n 个字符，n 代表数字
H	使光标移动到界面的顶部
M	使光标移动到界面的中间
L	使光标移动到界面的底部
Ctrl+b	使光标向上移动一页
Ctrl+f	使光标向下移动一页
Ctrl+u	使光标向上移动半页
Ctrl+d	使光标向下移动半页
0（数字 0）	使光标移到所在行的行首
$	使光标移动到光标所在行的行尾
^	使光标移动到光标所在行的行首
w	使光标跳到下一个单词的开头
W	使光标跳到下一个单词的开头，但会忽略一些标点符号
e	使光标跳到下一个单词的字尾
E	使光标跳到下一个单词的字尾，但会忽略一些标点符号
b	使光标回到上一个单词的开头
B	使光标回到上一个单词的开头，但会忽略一些标点符号
(	使光标移动到上一个句首
)	使光标移动到下一个句首
{	使光标移动到上一个段落首
}	使光标移动到下一个段落首
G	使光标移动到文件尾（最后一行的第一个非空白字符处）
gg	使光标移动到文件首（第一行第一个非空白字符处）
Space 键	使光标向右移动一个字符

续表

命令	功能
Backspace 键	使光标向左移动一个字符
Enter 键	使光标向下移动一行
Ctrl+p	使光标向上移动一行
Ctrl+n	使光标向下移动一行
n|	使光标移动到第 n 个字符处，n 代表数字
nG	使光标移动到第 n 行首，n 代表数字
n+	使光标向下移动 n 行，n 代表数字
n−	使光标向上移动 n 行，n 代表数字
n$	使光标移动到以当前行算起的第 n 行尾，n 代表数字

3.7.3 末行模式操作

在使用末行模式之前，请记住先按[Esc]键确定已经处于命令模式后，再按[:]键即可进入末行模式。可以使用表 3-17 所示的命令进行末行模式操作。

表 3-17　末行模式命令

类型	命令	功能
运行 Shell 命令	:!command	运行 Shell 命令，command 代表命令
	:r!command	将命令运行的结果信息输入当前行位置，command 代表命令
	:n1,n2 w !command	将 n1 行到 n2 行的内容作为命令的输入，n1 和 n2 代表数字，command 代表命令
查找字符	:/str/	从当前光标开始往右移动到有 str 的地方，str 代表字符
	:?str?	从当前光标开始往左移动到有 str 的地方，str 代表字符
替换字符	:s/str1/str2/	将光标所在行第一个字符 str1 替换为 str2，str1 和 str2 代表字符
	:s/str1/str2/g	将光标所在行所有的字符 str1 替换为 str2，str1 和 str2 代表字符
	:n1,n2s/str1/str2/g	用 str2 替换从 n1 行到 n2 行中出现的 str1，str1 和 str2 代表字符，n1 和 n2 代表数字
	:% s/str1/str2/g	用 str2 替换文件中所有的 str1，str1 和 str2 代表字符
	:.,$s/str1/str2/g	将从当前位置到结尾的所有的 str1 替换为 str2，str1 和 str2 代表字符
保存和退出	:w	保存文件
	:w filename	将文件另存为 filename
	:wq	保存文件并退出 Vi 编辑器
	:wq filename	将文件另存为 filename 后退出 Vi 编辑器
	:wq!	保存文件并强制退出 Vi 编辑器
	:wq! filename	将文件另存为 filename 后强制退出 Vi 编辑器
	:x	保存文件并强制退出 Vi 编辑器，其功能和:wq!相同
	:q	退出 Vi 编辑器

续表

类型	命令	功能
保存和退出	:q!	如果无法离开 Vi，强制退出 Vi 编辑器
	:n1,n2w filename	将从 n1 行开始到 n2 行结束的内容保存到文件 filename 中，n1 和 n2 代表数字
	:nw filename	将第 n 行内容保存到文件 filename 中，n 代表数字
	:1,.w filename	将从第一行开始到光标当前位置的所有内容保存到文件 filename 中
	:.,$w filename	将从光标当前位置开始到文件末尾的所有内容保存到文件 filename 中
	:r filename	打开另外一个已经存在的文件 filename
	:e filename	新建名为 filename 的文件
	:f filename	把当前文件改名为 filename
	:/str/w filename	将包含 str 的行写到文件 filename 中，str 代表字符
	:/str1/,/str2/w filename	将从包含 str1 开始到 str2 结束的行内容写入文件 filename 中，str1 和 str2 代表字符
删除	:d	删除当前行
	:nd	删除第 n 行，n 代表数字
	:n1,n2 d	删除从 n1 行开始到 n2 行为止的所有内容，n1 和 n2 代表数字
	:.,$d	删除从当前行开始到文件末尾的所有内容
	:/str1/ , /str2/d	删除从 str1 开始到 str2 为止的所有内容，str1 和 str2 代表字符
复制和移动	:n1,n2 co n3	将从 n1 行开始到 n2 行为止的所有内容复制到 n3 行后面，n1、n2 和 n3 代表数字
	:n1,n2 m n3	将从 n1 行开始到 n2 行为止的所有内容移动到 n3 行后面，n1、n2 和 n3 代表数字
跳到某一行	:n	在冒号后输入一个数字，再按[Enter]键就会跳到该行，n 代表数字
设置 Vi 环境	:set number	在文件中的每一行前面列出行号
	:set nonumber	取消在文件中的每一行前面列出行号
	:set readonly	设置文件为只读状态

小　结

要进入 Linux 系统的字符界面可以通过命令行界面、图形界面下的终端和虚拟控制台等多种方式。在 Linux 系统中常用的关闭/重启系统的命令有 shutdown、halt、reboot，每个命令的内部工作过程是不同的。

安装好 Linux 系统后，首先要做的是学会如何在 Linux 系统中获取帮助，man 手册页是一种不错的方法。man 命令可以用来查看命令、函数或者文件的帮助手册，另外它会列出一份完整的说明，其内容包括命令语法、各选项的意义以及相关命令等。使用--help 选项可以显示命令的使用方法和命令选项的含义。

在 Linux 系统中，Shell 是最常使用的程序，其主要作用是侦听用户指令、启动命令指定的进程并将结果返回给用户。Shell 还是一种程序设计语言，是系统管理维护时的重要工具。Shell 的种类相当多，目前流行的 Shell 有 sh、csh 、ksh、tcsh 以及 bash 等。大部分 Linux 系统的默认 Shell 类型为 bash。

使用 bash 时，涉及常用控制组合键、光标操作、特殊字符、通配符等相关知识。

Linux 系统是在命令行下面诞生的，因此 Linux 中的命令行有许多非常实用的功能。Shell 实用功能主要有命令行自动补全、命令历史记录、命令排列、命令替换、命令别名、文件名匹配以及管道。

希望将命令的输出结果保存到文件中，或者以文件内容作为命令的参数，就需要用到重定向。重定向不使用系统的标准输入端口、标准输出端口或标准错误端口，而是进行重新指定。重定向有 4 种方式，分别是输出重定向、输入重定向、错误重定向以及同时实现输出和错误的重定向。

Vi 编辑器是 Linux 系统字符界面下经常使用的文本编辑器，用于编辑任何 ASCII 文本，对于编辑源程序尤其有用。通过使用 Vi 编辑器，可以对文本进行创建、查找、替换、删除、复制以及粘贴等操作。Vi 编辑器有 3 种基本工作模式，分别是命令模式、插入模式以及末行模式。

习 题

3-1 简述进入字符界面的方式。

3-2 简述可以使用哪些命令关闭计算机系统。

3-3 简述 Linux 系统中的目标概念。

3-4 简述在 Linux 系统中获取帮助的方式。

3-5 简述有哪些重定向方式。

3-6 简述 Vi 编辑器的工作模式。

上机练习

3-1 使用 shutdown 命令设置在 30 分钟之后关闭计算机系统。

上机练习

3-2 使用命令将 cat /etc/named.conf 设置为别名 name，然后取消别名。

3-3 使用 echo 命令和输出重定向创建文本文件/root/nn，内容是 Hello，然后使用追加重定向输入内容为 Linux。

3-4 使用管道方式分页显示/var 目录下的内容。

3-5 使用 cat 命令显示文件/etc/passwd 和/etc/shadow，只有正确显示第一个文件时才显示第二个文件。

3-6 使用 Vi 编辑器创建文本文件/root/v，文件内容为 hell，最后保存退出。

第 4 章 目录和文件管理

Linux 系统与 Windows 系统有很大的不同，它是以目录的形式挂载文件系统，其目录结构是一个分层的树状结构。链接是一种在共享文件和访问它的用户的若干目录项之间建立联系的方法，Linux 系统中包括硬链接和软链接两种方法。

4.1 Linux 文件类型

在 Linux 系统中除了一般文件之外，所有的目录和设备（如光驱、硬盘等）都是以文件的形式存在的。Linux 文件类型和 Linux 文件的文件名所代表的意义是两个不同的概念。通过一般应用程序创建的文件（如 file.txt、file.tar.gz）虽然要使用不同的程序来打开，但放在 Linux 文件类型中衡量的话，大多数被称为普通文件。

Linux 文件类型常见的有：普通文件、目录文件、设备文件（字符设备文件和块设备文件）、管道文件以及链接文件等。

1. 普通文件

用 ls -lh 命令查看某个文件的属性，可以看到有类似“-rw-------”的属性符号，其属性第一个符号是“-”，这样的文件在 Linux 系统中就是普通文件。这些文件一般是用一些相关的应用程序创建，如图像工具、文档工具或归档工具等。

```
[root@rhel ~]# ls -lh /root/anaconda-ks.cfg
-rw-------. 1 root root 1.8K 12月 26 08:18 /root/anaconda-ks.cfg
```

2. 目录文件

当我们在某个目录下执行该命令查看某个文件的属性，可以看到有类似“drwxr-xr-x”的属性符号，其属性第一个字符是“d”，这样的文件在 Linux 系统中就是目录文件。

```
[root@rhel ~]# ls -lh /root
总用量 8.0K
drwxr-xr-x. 2 root root    6 12月 26 09:08 公共
drwxr-xr-x. 2 root root    6 12月 26 09:08 模板
drwxr-xr-x. 2 root root    6 12月 26 09:08 视频
drwxr-xr-x. 2 root root    6 12月 26 09:08 图片
drwxr-xr-x. 2 root root    6 12月 26 09:08 文档
drwxr-xr-x. 2 root root    6 12月 26 09:08 下载
```

```
drwxr-xr-x. 2 root root    6 12月 26 09:08 音乐
drwxr-xr-x. 2 root root    6 12月 26 09:08 桌面
-rw-------. 1 root root 1.8K 12月 26 08:18 anaconda-ks.cfg
-rw-r--r--. 1 root root 1.9K 12月 26 08:26 initial-setup-ks.cfg
```

3. 设备文件

Linux 系统中的/dev 目录中有大量的设备文件，主要是块设备文件和字符设备文件。

（1）块设备文件

块设备的主要特点是可以随机读写，而常见的块设备就是磁盘，如/dev/hda1、/dev/sda1、/dev/fd0 等。下面列出来的都是块设备文件，可以看到有类似“brw-rw----”的属性符号，其属性第一个字符是“b”。

```
[root@rhel ~]# ls -l /dev/sda*
brw-rw----. 1 root disk 8, 0 2月  26 07:05 /dev/sda
brw-rw----. 1 root disk 8, 1 2月  26 07:05 /dev/sda1
brw-rw----. 1 root disk 8, 2 2月  26 07:05 /dev/sda2
brw-rw----. 1 root disk 8, 3 2月  26 07:05 /dev/sda3
```

（2）字符设备文件

常见的字符设备文件是打印机和终端，可以接收字符流。/dev/null 是一个非常有用的字符设备文件，送入这个设备的所有内容都被忽略。如果将任何程序的输出结果重定向到/dev/null，则看不到任何输出信息，甚至可以将某一用户的 Shell 指向/dev/null，以禁止其登录系统。

下面列出来的都是字符设备文件，可以看到有类似“crw--w----”的属性符号，其属性第一个字符是“c”。

```
[root@rhel ~]# ls -l /dev/tty5
crw--w----. 1 root tty 4, 5 12月 26 20:14 /dev/tty5
```

4. 管道文件

管道文件有时候也被叫作 FIFO 文件（FIFO 是先进先出的意思），管道文件就是从一头流入，从另一头流出。

使用以下命令可以看到文件属性第一个字符是“p”，这样的文件就是管道文件。

```
[root@rhel ~]# ls -l /run/systemd/inhibit/8.ref
prw-------. 1 root root 0 2月  26 07:06 /run/systemd/inhibit/8.ref
```

5. 链接文件

链接文件有两种类型：软链接文件和硬链接文件。

（1）软链接文件

软链接文件又叫符号链接文件，这个文件包含了另一个文件的路径名，可以是任意文件或目录，可以链接不同文件系统的文件。在对软链接文件进行读写操作的时候，系统会自动地把该操作转换为对源文件的操作，但删除链接文件时，系统仅删除链接文件，而不删除源文件本身。

可以从下面的例子中看到其文件属性第一个字符是“l”，这样的文件就是软链接文件。

```
[root@rhel ~]# ls -l /etc/httpd/logs
lrwxrwxrwx. 1 root root 19 2月   6 2019 /etc/httpd/logs -> ../../var/log/httpd
```

（2）硬链接文件

硬链接是已存在文件的另一个文件。对硬链接文件进行读写和删除操作，结果和软链接相同。

4.2　Linux 目录结构

Linux 系统都有根文件系统，它包含系统引导和使其他文件系统得以挂载所必需的文件。根文件系统需要有单用户状态所必需的足够的内容，还应该包括修复损坏系统、恢复备份等工具。

Linux 系统的目录结构是分层的树形结构，都是挂载在根文件系统“/”下。表 4-1 详细描述了 Linux 系统目录结构。

表 4-1　Linux 系统目录结构

目录	描述
/home	包含 Linux 系统上各用户的主目录，子目录名称默认以该用户名命名
/root	是 root 用户的主目录
/bin	包含常用的命令文件，不能包含子目录
/sbin	包含系统管理员和 root 用户所使用的命令文件
/dev	包含大部分的设备文件，如磁盘、光驱等
/lib	包含 Linux 系统的共享文件和内核模块文件。 /lib/modules 目录存放核心可加载模块
/lib64	包含 64 位 Linux 系统的共享文件和内核模块文件
/tmp	包含一些临时文件
/mnt	手动为某些设备（如移动硬盘）挂载提供挂载目录
/boot	包含 Linux 系统的内核文件和引导装载程序（如 GRUB）文件
/opt	包含某些第三方应用程序的安装文件
/media	由系统自动为某些设备（一般为光盘）挂载提供挂载目录
/var	该目录存放不经常变化的数据，如系统日志、输出队列、DNS 数据库文件等
/etc	包含 Linux 系统上大部分的配置文件，建议修改配置文件之前先备份
/usr	包含可以供所有用户使用的程序和数据
/srv	存储一些服务启动之后需要取用的资料目录
/run	一个临时文件系统，一些程序或服务启动以后，会将他们的 PID 放置在该目录
/sys	在 Linux 系统提供热插拔能力的同时，该目录包含所检测到的硬件设置，它们被转换成/dev 目录中的设备文件
/proc	一个虚拟的文件系统，它不存在磁盘上，而是由内核在内存中产生，用于提供系统的相关信息。 /proc/cpuinfo：该文件保存计算机 CPU 信息。 /proc/filesystems：该文件保存 Linux 文件系统信息。 /proc/ioports：该文件保存计算机 I/O 端口号信息。 /proc/version：该文件保存 Linux 系统版本信息。 /proc/meminfo：该文件保存计算机内存信息

4.3 文件和目录操作

本节主要讲述在 Linux 系统中如何使用命令对文件和目录进行操作，涉及的命令有 pwd、cd、ls、touch、mkdir、rmdir、cp、mv、rm 以及 wc 等。

4.3.1 pwd：显示工作目录路径

使用 pwd 命令可以显示用户当前所处的工作目录的绝对路径。

命令语法：

```
pwd [选项]
```

命令中各选项的含义如表 4-2 所示。

表 4-2 pwd 命令选项含义

选项	选项含义
-L	目录链接时，输出链接路径
-P	输出物理路径

【例 4.1】 显示用户当前的工作目录路径。

```
[root@rhel ~]# pwd
/root
//用户当前的工作目录路径是/root
```

4.3.2 cd：更改工作目录路径

使用 cd 命令可以更改用户的工作目录路径。工作目录路径可以使用绝对路径名或相对路径名，绝对路径从/（根）开始，然后循序到所需的目录下，相对路径从当前目录开始。

命令语法：

```
cd [选项] [目录]
```

命令中各选项的含义如表 4-3 所示。

表 4-3 cd 命令选项含义

选项	选项含义
-P	如果是链接路径，则进入链接路径的源物理路径

【例 4.2】 更改用户工作目录路径为/etc。

```
[root@rhel ~]# cd /etc
[root@rhel etc]# pwd
/etc
//查看当前用户的工作目录路径，可以看到已经更改为/etc 了
```

【例 4.3】 更改用户工作目录路径位置至当前目录的父目录。

```
[root@rhel etc]# pwd
/etc
```

```
//查看用户的当前工作目录路径是/etc
[root@rhel etc]# cd ..
[root@rhel /]# pwd
/
//可以看到工作目录路径已经更改为当前目录的父级目录“/”了
```

【例 4.4】 更改用户工作目录路径位置为用户主目录。

```
[root@rhel /]# pwd
/
//查看用户的当前工作目录路径是“/”
[root@rhel /]# cd ~
[root@rhel ~]# pwd
/root
//可以看到用户的工作目录路径已经更改为当前用户的主目录
```

【例 4.5】 更改用户工作目录路径位置至用户 zhangsan 的主目录。

```
[root@rhel ~]# cd ~zhangsan
[root@rhel zhangsan]# pwd
/home/zhangsan
//可以看到用户的工作目录路径已经更改为用户 zhangsan 的主目录/home/zhangsan
```

4.3.3 ls：列出目录和文件信息

使用 ls 命令，对于目录而言将列出其中的所有子目录与文件信息；对于文件而言将输出其文件名以及所要求的其他信息。

命令语法：

```
ls [选项] [目录|文件]
```

命令中各选项的含义如表 4-4 所示。

表 4-4 ls 命令选项含义

选项	选项含义
-a	显示指定目录下所有子目录与文件，包括隐藏文件
-A	显示指定目录下所有子目录与文件，包括隐藏文件，但不列出“.”和“..”
-c	配合-lt：根据 ctime 排序并显示 ctime
-d	如果参数是目录，只显示其名称而不显示其下的各文件和子目录
-F	显示文件类型
-i	在输出的第一列显示文件的 inode 号
-l	以长格式来显示文件的详细信息
-r	逆序排列
-t	根据修改时间排序
-s	以块数形式显示每个文件分配的尺寸
-S	根据文件大小排序

具体显示信息如表 4-5 所示。

表 4-5　　ls 命令显示的详细信息

列数	描述
第 1 列	第 1 个字符表示文件的类型 第 2～4 个字符表示文件的用户所有者对此文件的访问权限 第 5～7 个字符表示文件的组群所有者对此文件的访问权限 第 8～10 个字符表示其他用户对此文件的访问权限
第 2 列	文件的链接数
第 3 列	文件的用户所有者
第 4 列	文件的组群所有者
第 5 列	文件长度（也就是文件大小，不是文件的磁盘占用量）
第 6～8 列	文件的更改时间（Mtime），或者文件的最后访问时间（Atime）
第 9 列	文件名称

【例 4.6】 显示/var 目录下的文件和子目录的简单信息。

```
[root@rhel ~]# ls /var
account  crash  ftp     kerberos  lock  nis       run     tmp
adm      db     games   lib       log   opt       spool   www
cache    empty  gopher  local     mail  preserve  target  yp
```

【例 4.7】 显示/root 目录下所有文件和子目录的详细信息，包括隐藏文件。

```
[root@rhel ~]# ls -al /root
```

【例 4.8】 显示/etc 目录下的文件和子目录信息，用标记标出文件类型。

```
[root@rhel ~]# ls -F /etc
```

4.3.4 touch：创建空文件和更改文件时间

使用 touch 命令可以创建空文件和更改文件的时间。

命令语法：

```
touch [选项] [文件]
```

命令中各选项的含义如表 4-6 所示。

表 4-6　　touch 命令选项含义

选项	选项含义
-a	只更改访问时间
-m	更改文件的修改时间记录
-c	假如目标文件不存在，不会建立新的文件
-r <文件>	使用指定文件的时间属性而非当前时间
-d <字符串>	使用指定字符串表示时间而非当前时间
-t <日期时间>	使用[[CC]YY]MMDDhhmm[.ss] 格式的时间而非当前时间

【例 4.9】 创建空文件 file1、file2、file3。

```
[root@rhel ~]# touch file1
[root@rhel ~]# touch file2 file3
[root@rhel ~]# ls -l file1 file2 file3
```

```
-rw-r--r--. 1 root root 0 12月 29 14:01 file1
-rw-r--r--. 1 root root 0 12月 29 14:01 file2
-rw-r--r--. 1 root root 0 12月 29 14:01 file3
//file1、file2、file3 这 3 个都是空文件，文件内没有任何数据
```

【例 4.10】 将文件 file1 的时间记录改为 9 月 17 日 19 点 30 分。

```
[root@rhel ~]# ls -l /root/file1
-rw-r--r--. 1 root root 0 12月 29 14:01 /root/file1
//空文件/root/file1 的创建日期为 12 月 29 日 14 点 01 分
[root@rhel ~]# touch -c -t 09171930 /root/file1
[root@rhel ~]# ls -l /root/file1
-rw-r--r--. 1 root root 0 9月  17 19:30 /root/file1
//文件/root/file1 更新 atime 和 mtime，现在的时间已经更改为 9 月 17 日 19 点 30 分
```

时间格式 MMDDHHmm 是指月（MM）、日（DD）、时（HH）、分（mm）的组合。如果还要加上年份，那么是 YYYYMMDDHHmm，如 2014 年 9 月 17 日 19 点 30 分，使用 201409171930。

4.3.5 mkdir：创建目录

使用 mkdir 命令可以在 Linux 系统中创建目录。

命令语法：

```
mkdir [选项] [目录]
```

命令中各选项的含义如表 4-7 所示。

表 4-7 mkdir 命令选项含义

选项	选项含义
-m <权限模式>	对新创建的目录设置权限，在没有-m 选项时，默认权限是 755
-p	递归创建目录，即使上级目录不存在，也会按目录层级自动创建目录

【例 4.11】 创建目录 newdir1，其默认权限为 755。

```
[root@rhel ~]# mkdir newdir1
[root@rhel ~]# ls -ld newdir1
drwxr-xr-x. 2 root root 6 12月 29 14:06 newdir1
//目录 newdir1 的默认权限为 rwxr-xr-x（755）
```

【例 4.12】 创建目录 newdir2，其默认权限为 777。

```
[root@rhel ~]# mkdir -m 777 newdir2
[root@rhel ~]# ls -ld newdir2
drwxrwxrwx. 2 root root 6 12月 29 14:07 newdir2
//目录 newdir2 的默认权限为 rwxrwxrwx（777）
```

4.3.6 rmdir：删除空目录

使用 rmdir 命令可以在 Linux 系统中删除空目录。

命令语法：

```
rmdir [选项] [目录]
```

命令中各选项的含义如表 4-8 所示。

表 4-8 rmdir 命令选项含义

选项	选项含义
-p	递归删除目录，当子目录删除后其父目录为空时，也一同被删除

【例 4.13】 删除空目录 newdir1。

```
[root@rhel ~]# rmdir newdir1
```

【例 4.14】 同时删除/root/newdir2 和/root/newdir2/newdir3 这两个空目录。

```
[root@rhel ~]# mkdir /root/newdir2
[root@rhel ~]# mkdir /root/newdir2/newdir3
//创建目录/root/newdir2 和/root/newdir2/newdir3
[root@rhel ~]# rmdir -p /root/newdir2/newdir3
rmdir: 删除目录 '/root' 失败: 目录非空
//这个命令将删除空目录/root/newdir2 和/root/newdir2/newdir3，但由于/root 目录不是空的，所以/root 目录无法删除，而其他两个目录已经删除
```

4.3.7 cp：复制文件和目录

使用 cp 命令可以复制文件和目录到其他目录。如果同时指定两个以上的文件或目录，且最后的目的地是一个已经存在的目录，则它会把前面指定的所有文件或目录复制到该目录中。若同时指定多个文件或目录，而最后的目的地并非是一个已存在的目录，则会出现错误信息。

命令语法：

```
cp [选项] [源文件|目录] [目标文件|目录]
```

命令中各选项的含义如表 4-9 所示。

表 4-9 cp 命令选项含义

选项	选项含义
-a	在复制目录时保留链接、文件属性，并递归地复制目录，等同于-dpr 选项
-d	复制时保留链接
-f	在覆盖目标文件之前不给出提示信息要求用户确认
-i	和-f 选项相反，在覆盖目标文件之前将给出提示信息要求用户确认
-p	除复制源文件的内容外，还把其修改时间和访问权限也复制到新文件中
-r	如果给出的源文件是一个目录文件，将递归复制该目录下所有的子目录和文件。此时目标必须为一个目录名

【例 4.15】 将/etc/grub2.cfg 文件复制到/root 目录，并改名为 grub。

```
[root@rhel ~]# cp /etc/grub2.cfg /root/grub
```

【例 4.16】 将/etc/grub2.cfg 文件复制到/root 目录。

```
[root@rhel ~]# cp /etc/grub2.cfg /root
```

【例 4.17】 将/boot 目录以及该目录中的所有文件和子目录都复制到/root 目录。

```
[root@rhel ~]# cp -r /boot /root
```

4.3.8 mv：文件和目录改名、移动文件和目录路径

使用 mv 命令可以更改文件和目录名称、移动文件和目录的路径。

命令语法：

```
mv [选项] [源文件|目录] [目标文件|目录]
```

命令中各选项的含义如表 4-10 所示。

表 4-10　　mv 命令选项含义

选项	选项含义
-i	覆盖前询问
-f	覆盖前不询问
-n	不覆盖已存在的文件
-u	只有在源文件比目标文件新，或目标文件不存在时才进行移动

【例 4.18】 将/root 目录下所有的扩展名为.txt 的文件移动到/home/zhangsan 目录。

```
[root@rhel ~]# mv -f /root/*.txt /home/zhangsan
```

【例 4.19】 把/root/a.txt 文件改名为/root/b.txt。

```
[root@rhel ~]# mv /root/a.txt /root/b.txt
```

【例 4.20】 把/root/pic 目录改名为/root/mypic。

```
[root@rhel ~]# mv /root/pic /root/mypic
```

4.3.9 rm：删除文件或目录

使用 rm 命令可以删除系统中的文件或目录。

命令语法：

```
rm [选项] [文件|目录]
```

命令中各选项的含义如表 4-11 所示。

表 4-11　　rm 命令选项含义

选项	选项含义
-f	强制删除。忽略不存在的文件，不给出提示信息
-r	递归删除目录及其内容
-i	在删除前需要确认

【例 4.21】 删除当前目录下的 file4 文件。

```
[root@rhel ~]# touch file4
[root@rhel ~]# rm file4
rm：是否删除普通空文件 'file4'? y                    //输入 y 确认删除该文件
```

【例 4.22】 /root/ab/a 文件和/root/ab 目录一起删除。

```
[root@rhel ~]# mkdir /root/ab
[root@rhel ~]# touch /root/ab/a
//创建/root/ab 目录和/root/ab/a 文件
[root@rhel ~]# rm -rf /root/ab
///root/ab/a 文件和/root/ab 目录一起删除
```

4.3.10 wc：统计文件行数、单词数、字节数以及字符数

使用 wc 命令可以统计指定文件的行数、单词数、字节数以及字符数，并将统计结果输出并显示到屏幕。wc 命令同时也给出所有指定文件的总统计数。单词是由空格字符区分开的最大字符串。输出列的顺序和数目不受选项的顺序和数目的影响，总是按行数、单词数、字节数、文件的顺序显示每项信息。

命令语法：

```
wc [选项] [文件]
```

命令中各选项的含义如表 4-12 所示。

表 4-12 wc 命令选项含义

选项	选项含义
-l	统计行数
-w	统计单词数
-c	统计字节数
-m	统计字符数
-L	统计文件中最长行的长度

【例 4.23】 统计/root/aa 文件的行数、单词数以及字节数。

```
[root@rhel ~]# cat /root/aa
a b
c de f
中国 g h
//查看/root/aa 文件内容
[root@rhel ~]# wc /root/aa
 3  8 22 /root/aa
```

【例 4.24】 统计/root 目录下有多少个子目录和文件。

```
[root@rhel ~]# ls /root|wc -l
10
//可以看到/root 目录下的子目录和文件总数为 10 个
```

4.4 链接文件

在 Linux 系统中，内核为每一个新创建的文件分配一个 inode（索引节点）号，文件属性保存

在 inode 里，在访问文件时，inode 被复制到内存里，从而实现文件的快速访问。

4.4.1 链接文件简介

链接是一种在共享文件和访问它的用户的若干目录项之间建立联系的方法。Linux 系统中包括硬链接和软链接两种链接方法。

1. 硬链接

硬链接是一个指针，指向文件 inode，系统并不为它重新分配 inode，两文件具有相同的 inode。可以使用 ln 命令来建立硬链接，硬链接可以节省磁盘空间，也是 Linux 系统整合文件系统的传统方式。

硬链接文件有以下两处限制。

- 不允许给目录创建硬链接。
- 只有在同一文件系统中的文件之间才能创建链接。

对硬链接文件进行读写和删除操作，结果和软链接相同。但是如果删除硬链接文件的源文件，硬链接文件仍然存在，而且保留了原有的内容，系统把它当成一个普通文件。修改其中一个文件，与其链接的文件同时被修改。

2. 软链接

软链接也叫符号链接，和 Windows 下的快捷方式相似。链接文件甚至可以链接不存在的文件，这就产生一般称之为“断链”的问题，链接文件甚至可以循环链接自己。

3. 硬链接和软链接的区别

硬链接记录的是目标的 inode，软链接记录的是目标的路径。软链接像快捷方式，而硬链接就像备份。软链接可以做跨分区的链接，而硬链接由于 inode 的缘故，只能在本分区中做链接，所以软链接的使用频率要高得多。

4.4.2 创建和使用链接文件

使用 ln 命令可以创建链接文件（包括硬链接文件和软链接文件）。

命令语法：

```
ln [选项] [源文件名] [链接文件名]
```

命令中各选项的含义如表 4-13 所示。

表 4-13　ln 命令选项含义

选项	选项含义
-i	删除文件前进行确认
-s	创建软链接文件而不是硬链接文件
-d	允许 root 用户创建指向目录的硬链接
-f	强行删除任何已存在的目标文件
-t <目录>	在指定目录中创建链接

【例 4.25】 硬链接文件的使用。

通过这个例子详细讲解硬链接文件的创建，以及在修改和删除源文件后硬链接文件的变化。

```
[root@rhel ~]# echo Hello > /root/a
[root@rhel ~]# cat /root/a
Hello
//创建一个源文件/root/a，文件内容为 Hello
[root@rhel ~]# ln /root/a /root/b
//创建/root/a 文件的硬链接文件/root/b
[root@rhel ~]# ls -l /root/a /root/b
-rw-r--r--. 2 root root 6 12月 29 14:13 /root/a
-rw-r--r--. 2 root root 6 12月 29 14:13 /root/b
//查看源文件和硬链接文件属性，可以看到这两个文件的大小和其他属性都是一样的，链接数由原来的 1 变为 2
[root@rhel ~]# cat /root/b
Hello
//可以看到硬链接文件内容和源文件内容是一样的
[root@rhel ~]# stat /root/a
  文件：/root/a
  大小：6             块：8          IO 块：4096   普通文件
设备：803h/2051d      Inode：271110267   硬链接：2
权限：(0644/-rw-r--r--)  Uid：(    0/    root)   Gid：(    0/    root)
环境：unconfined_u:object_r:admin_home_t:s0
最近访问：2021-12-29 14:14:14.809954178 +0800
最近更改：2021-12-29 14:13:07.051956921 +0800
最近改动：2021-12-29 14:13:07.402956907 +0800
创建时间：-
[root@rhel ~]# stat /root/b
  文件：/root/b
  大小：12            块：8          IO 块：4096   普通文件
设备：803h/2051d      Inode：271110267   硬链接：2
权限：(0644/-rw-r--r--)  Uid：(    0/    root)   Gid：(    0/    root)
环境：unconfined_u:object_r:admin_home_t:s0
最近访问：2021-12-29 14:16:55.423947674 +0800
最近更改：2021-12-29 14:16:55.408947675 +0800
最近改动：2021-12-29 14:16:55.408947675 +0800
创建时间：-
//使用 stat 命令查看/root/a 和/root/b 文件，inode 都是 271110267
[root@rhel ~]# echo Linux >> /root/a
[root@rhel ~]# cat /root/a
Hello
Linux
[root@rhel ~]# cat /root/b
Hello
Linux
//修改源文件内容，可以看到硬链接文件也跟着源文件改变了文件内容
[root@rhel ~]# rm -rf /root/a
[root@rhel ~]# ls -l /root/a /root/b
ls：无法访问'/root/a'：没有那个文件或目录
-rw-r--r--. 1 root root 12 12月 29 14:16 /root/b
//删除源文件，硬链接文件还是存在的，其文件属性的文件链接数现在为 1
```

```
[root@rhel ~]# cat /root/b
Hello
Linux
//删除源文件后还是可以查看到硬链接文件内容
```

【例 4.26】 软链接文件的使用。

通过这个例子详细讲解软链接文件的创建，以及在修改和删除源文件后软链接文件的变化。

```
[root@rhel ~]# echo Hello > /root/a
[root@rhel ~]# cat /root/a
Hello
//创建一个源文件/root/a，文件内容为 Hello
[root@rhel ~]# ln -s /root/a /root/b
//创建/root/a 文件的软链接文件/root/b
[root@rhel ~]# ls -l /root/a /root/b
-rw-r--r--. 1 root root 6 12月 29 14:24 /root/a
lrwxrwxrwx. 1 root root 7 12月 29 14:24 /root/b -> /root/a
//查看源文件和软链接文件属性，可以看到软链接文件长度很小，因为它只是一个指向源文件的快捷方式。还可以看到"/root/b -> a"，说明 b 文件的源文件是 a，链接数还是 1
[root@rhel ~]# cat /root/b
Hello
//查看软链接文件内容，它将指向到源文件，从而看到文件内容和源文件一样
[root@rhel ~]# stat /root/a
  文件：/root/a
  大小：6              块：8          IO 块：4096   普通文件
设备：803h/2051d      Inode：271110267    硬链接：1
权限：(0644/-rw-r--r--)  Uid：(    0/    root)   Gid：(    0/    root)
环境：unconfined_u:object_r:admin_home_t:s0
最近访问：2021-12-29 14:24:10.858930043 +0800
最近更改：2021-12-29 14:24:10.851930043 +0800
最近改动：2021-12-29 14:24:10.851930043 +0800
创建时间：-
[root@rhel ~]# stat /root/b
  文件：/root/b -> /root/a
  大小：7              块：0          IO 块：4096   符号链接
设备：803h/2051d      Inode：271121793    硬链接：1
权限：(0777/lrwxrwxrwx)  Uid：(    0/    root)   Gid：(    0/    root)
环境：unconfined_u:object_r:admin_home_t:s0
最近访问：2021-12-29 14:24:10.877930042 +0800
最近更改：2021-12-29 14:24:10.866930043 +0800
最近改动：2021-12-29 14:24:10.866930043 +0800
创建时间：-
//使用 stat 命令查看/root/a 和/root/b 文件，其 inode 是不一样的，分别是，分别是 271110267 和 271121793
[root@rhel ~]# echo Linux >> /root/a
[root@rhel ~]# cat /root/a
Hello
Linux
[root@rhel ~]# cat /root/b
Hello
```

```
Linux
//修改源文件内容，可以看到软链接文件也跟着源文件改变了文件内容
[root@rhel ~]# rm -rf /root/a
[root@rhel ~]# ls -l /root/a /root/b
ls: 无法访问'/root/a': 没有那个文件或目录
lrwxrwxrwx. 1 root root 7 12月 29 14:24 /root/b -> /root/a
//删除源文件，软链接文件还是存在的
[root@rhel ~]# cat /root/b
cat: /root/b: 没有那个文件或目录
//由于所指向的源文件已删除，所以不能查看软链接文件内容
```

小　结

在 Linux 系统中除了一般文件之外，所有的目录和设备（光驱、硬盘等）都以文件的形式存在。Linux 文件类型和 Linux 文件的文件名代表的意义是两个不同的概念。Linux 文件类型常见的有：普通文件、目录文件、设备文件、管道文件以及链接文件等。

Linux 系统都有根文件系统，它包含系统引导和使其他文件系统得以挂载所必需的文件。Linux 系统的目录结构是分层的树状结构，都挂载在根文件系统“/”下。

在 Linux 系统中对目录和文件进行操作的命令主要有 pwd、cd、ls、touch、mkdir、rmdir、cp、mv、rm 以及 wc 等。

在 Linux 系统中，内核为每一个新创建的文件分配一个 inode 号，文件属性保存在 inode 里，在访问文件时，inode 被复制到内存里，从而实现文件的快速访问。

链接是一种在共享文件和访问它的用户的若干目录项之间建立联系的方法。Linux 系统中包括硬链接和软链接两种链接方式。硬链接是一个指针，指向文件 inode，系统并不为它重新分配 inode。软链接也叫符号链接，这个文件包含了另一个文件的路径名，可以是任意文件或目录，可以链接不同文件系统的文件。

习　题

4-1　简述 Linux 系统中的文件类型。

4-2　简述软链接文件和硬链接文件的区别。

4-3　简述 Linux 系统中的目录结构。

4-4　简述使用 ls -l 命令显示的详细信息。

4-5　使用什么命令可以删除具有子目录的目录？

上机练习

4-1　使用命令切换到/etc 目录，并显示当前工作目录路径。

上机练习

4-2　使用命令显示/root 目录下所有文件和子目录的详细信息，包括隐藏文件。

4-3　使用命令创建空文件/root/ab，并将该文件的时间记录更改为 8 月 8 日 8 点 8 分。

4-4　使用命令创建具有默认权限为 744 的目录/root/ak，然后将/etc/named.conf 文件复制到该目录，最后将该目录及其目录下的文件一起删除。

4-5　统计文件/etc/named.conf 的行数、单词数和字节数。

4-6　使用命令创建/root/a 文件的硬链接文件/root/b 和软链接文件/root/c。

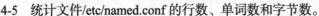

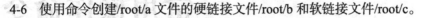

第 5 章 常用操作命令

虽然目前图形界面的使用已经相当方便，但是有些操作还是在传统的文字界面下使用比较灵活。除此之外，使用文字界面登录 Linux 系统，系统资源的损耗也比较少，从而可以提高系统性能。本章主要讲解在 Linux 系统中常用的各种操作命令。

5.1 文本内容显示

本节主要讲述在 Linux 系统中文本内容显示的相关命令，这些命令有 cat、more、less、head、tail。

5.1.1 cat：显示文本文件

使用 cat 命令可以显示文本文件的内容，也可以把几个文件内容附加到另一个文件中。如果没有指定文件，或者文件为“-”，就从标准输入读取。

命令语法：

```
cat [选项] [文件]
```

命令中各选项的含义如表 5-1 所示。

表 5-1 cat 命令选项含义

选项	选项含义
-n	对输出的所有行编号
-b	对非空输出行编号
-s	当遇到连续两行以上的空白行时，就替换为一行的空白行

【例 5.1】 显示/etc/inittab 文件的内容。

```
[root@rhel ~]# cat /etc/inittab
```

【例 5.2】 把 textfile1 文件的内容加上行号后输入 textfile2 文件中。

```
[root@rhel ~]# cat -n textfile1 > textfile2
```

【例 5.3】 使用 cat 命令创建 mm.txt 文件。

```
[root@rhel ~]# cat >mm.txt<<EOF
> Hello                        //在此输入字符 Hello
```

```
> Linux                         //在此输入字符 Linux
> EOF                           //在此输入字符 EOF，会自动回到 Shell 提示符界面
```

5.1.2 more：分页显示文本文件

使用 more 命令可以分页显示文本文件的内容。类似于 cat 命令，不过是以分页方式显示文件内容，方便用户逐页阅读，其最基本的按键就是按[Enter]键显示下一页内容，按[b]键返回显示上一页内容。

命令语法：

```
more [选项] [文件名]
```

命令中各选项的含义如表 5-2 所示。

表 5-2 more 命令选项含义

选项	选项含义
-p	不以卷动的方式显示每一页，而是先清除界面后再显示内容
-c	跟-p 选项相似，不同的是先显示内容再清理行末
-s	当遇到有连续两行以上的空白行时，就替换为一行的空白行
+n	从第 n 行开始显示文件内容，n 代表数字
–n	一次显示的行数，n 代表数字

【例 5.4】 分页显示/etc/services 文件的内容。

```
[root@rhel ~]# more /etc/services
```

【例 5.5】 逐页显示/root/testfile 文件的内容，如有连续两行以上空白行则以一行空白行显示。

```
[root@rhel ~]# more -s /root/testfile
```

【例 5.6】 从第 20 行开始显示/root/testfile 文件的内容。

```
[root@rhel ~]# more +20 /root/testfile
```

【例 5.7】 一次显示两行/etc/passwd 文件的内容。

```
[root@rhel ~]# more -2 /etc/passwd
```

5.1.3 less：回卷显示文本文件

使用 less 命令可以回卷显示文本文件的内容。less 命令的作用与 more 十分相似，都可以用来浏览文本文件的内容，不同的是 less 命令允许用户往回卷动。

命令语法：

```
less [选项] [文件名]
```

命令中各选项的含义如表 5-3 所示。

表 5-3 less 命令选项含义

选项	选项含义
-N	显示每行的行号
-S	行过长时间将超出部分舍弃
-i	忽略搜索时的大小写
-s	显示连续空行为一行

【例 5.8】 回卷显示/etc/services 文件的内容。

```
[root@rhel ~]# less /etc/services
```

5.1.4 head：显示指定文件前若干行

使用 head 命令可以显示指定文件前若干行的内容。如果没有给出具体行数值，默认设置为 10 行。如果没有指定文件，head 就从标准输入读取。

命令语法：

```
head [选项] [文件]
```

命令中各选项的含义如表 5-4 所示。

表 5-4　　head 命令选项含义

选项	选项含义
-n <K>	显示每个文件的前 K 行内容；如果附加"-"参数，则除了每个文件的最后 K 行外显示剩余全部内容，K 代表数字
-c <K>	显示每个文件的前 K 字节内容；如果附加"-"参数，则除了每个文件的最后 K 字节外显示剩余全部内容，K 代表数字

【例 5.9】 查看/etc/passwd 文件的前 100 个字节内容。

```
[root@rhel ~]# head -c 100 /etc/passwd
root:x:0:0:root:/root:/bin/bash
bin:x:1:1:bin:/bin:/sbin/nologin
daemon:x:2:2:daemon:/sbin:/sbin/nol
```

【例 5.10】 查看/etc/passwd 文件的前 3 行内容。

```
[root@rhel ~]# head -n 3 /etc/passwd
root:x:0:0:root:/root:/bin/bash
bin:x:1:1:bin:/bin:/sbin/nologin
daemon:x:2:2:daemon:/sbin:/sbin/nologin
```

5.1.5 tail：查看文件末尾数据

使用 tail 命令可以查看文件的末尾数据，默认显示指定文件的最后 10 行到标准输出。如果指定了多个文件，tail 会在每段输出的开始添加相应文件名作为头。

命令语法：

```
tail [选项] [文件名]
```

命令中各选项的含义如表 5-5 所示。

表 5-5　　tail 命令选项含义

选项	选项含义
-n <K>	输出最后 K 行数据内容，K 代表数字，使用-n +K 则从每个文件的第 K 行输出
-c <K>	输出最后 K 字节数据内容，K 代表数字，使用-c +K 则从每个文件的第 K 字节输出
-f	即时输出文件变化后追加的数据

【例 5.11】 查看/etc/passwd 文件的末尾 3 行内容。

```
[root@rhel ~]# tail -n 3 /etc/passwd
dovecot:x:97:97:Dovecot IMAP server:/usr/libexec/dovecot:/sbin/nologin
dovenull:x:971:971:Dovecot's unauthorized user:/usr/libexec/dovecot:/sbin/nologin
tcpdump:x:72:72::/:/sbin/nologin
```

【例 5.12】 查看/etc/passwd 文件末尾 100 字节内容。

```
[root@rhel ~]# tail -c 100 /etc/passwd
```

5.2 文本内容处理

本节主要讲述在 Linux 系统中文本内容处理的相关命令，这些命令有 sort、uniq、cut、comm、diff。

5.2.1 sort：对文件中的数据进行排序

使用 sort 命令可以对文件中的数据进行排序，并将结果显示在标准输出上。

命令语法：

```
sort [选项] [文件]
```

命令中各选项的含义如表 5-6 所示。

表 5-6 sort 命令选项含义

选项	选项含义
-m	如果给定文件已排好序，那么合并文件
-u	对排序后认为相同的行只留其中一行
-d	只考虑空白区域和字母字符
-f	将小写字母与大写字母同等对待
-r	按逆序输出排序结果

【例 5.13】 排序 textfile1 文件数据，输出并显示在屏幕上。

```
[root@rhel ~]# sort textfile1
```

【例 5.14】 读取 textfile1 文件内容，以倒序排序该文件输出并显示在屏幕上。

```
[root@rhel ~]# sort -r textfile1
```

5.2.2 uniq：删除文件中所有连续的重复行

使用 uniq 命令可以删除文件中所有连续的重复行，只显示唯一的行。

命令语法：

```
uniq [选项] [文件]
```

命令中各选项的含义如表 5-7 所示。

表 5-7 uniq 命令选项含义

选项	选项含义
-c	在每行行首加上本行在文件中出现的次数
-d	只输出重复的行

续表

选项	选项含义
-D	显示所有重复的行
-u	只显示文件中不重复的行
-s <K>	比较时跳过前 K 个字符，K 代表数字
-w <K>	对每行第 K 个字符以后的内容不做对照，K 代表数字
-f <K>	比较时跳过前 K 列，K 代表数字
-i	在比较的时候不区分大小写

【例 5.15】 查看 file3 文件中重复行的内容。

```
[root@rhel ~]# cat file3
aaa
aaa
bbb
//查看 file3 文件中重复行的内容
[root@rhel ~]# uniq -d file3
aaa
// file3 文件中重复行的数据内容为 aaa
```

【例 5.16】 查看 file3 文件中不重复行的内容。

```
[root@rhel ~]# uniq -u file3
bbb
//file3 文件中不重复行的数据内容为 bbb
```

5.2.3 cut：从文件每行中显示选定的字节、字符或字段（域）

使用 cut 命令可以从文件的每行中显示选定的字节、字符或字段（域），只能使用-b、-c、-d 或-f 选项中的一个。每一个列表都是专门为一个类别做出的，或者可以用逗号隔开需要同时显示的不同类别。输入顺序将作为读取顺序，每个仅能输入一次。

命令语法：

```
cut [选项] [文件]
```

命令中各选项的含义如表 5-8 所示。

表 5-8 cut 命令选项含义

选项	选项含义
-b <列表>	只选中指定的这些字节
-c <列表>	只选中指定的这些字符
-d <分界符>	使用指定分界符代替制表符作为区域分界
-f <列表>	指定文件中设想被分界符（缺省情况下为制表符）隔开的字段的列表

【例 5.17】显示/etc/passwd 文件中的用户登录名和用户名全称字段，即第 1 个和第 5 个字段，由冒号隔开。

```
[root@rhel ~]# cut -f 1,5 -d: /etc/passwd
root:root
```

```
bin:bin
daemon:daemon
adm:adm
lp:lp
…（省略）
```

5.2.4　comm：逐行比较两个已排过序的文件

使用 comm 命令可以逐行比较两个已排过序的文件，并将其结果显示出来。

命令语法：

```
comm [选项] [文件 1] [文件 2]
```

命令中各选项的含义如表 5-9 所示。

表 5-9　comm 命令选项含义

选项	选项含义
-1	不输出文件 1 特有的行
-2	不输出文件 2 特有的行
-3	不输出两个文件共有的行

【例 5.18】 比较 file1 和 file2 文件的文件内容。

```
[root@rhel ～]# cat file1
a
aa
[root@rhel ～]# cat file2
a
bb
//查看 file1 和 file2 文件的文件内容
[root@rhel ～]# comm file1 file2
                a
aa
        bb
```

【例 5.19】 比较 file1 和 file2 文件，只显示 file1 和 file2 文件中相同行的内容。

```
[root@rhel ～]# comm -12 file1 file2
a
//file1 和 file2 文件中相同行的内容是 a
```

5.2.5　diff：逐行比较两个文本文件，列出其不同之处

使用 diff 命令可以逐行比较两个文本文件，列出其不同之处。它与 comm 命令相比，能完成更复杂的检查，它对给出的文件进行系统的检查，并显示出两个文件中所有不同的行，不要求事先对文件进行排序。

命令语法：

```
diff [选项] [文件 1] [文件 2]
```

命令中各选项的含义如表 5-10 所示。

表 5-10　　diff 命令选项含义

选项	选项含义
-b	忽略行尾的空格，而字符串中的一个或多个空格符都视为相等
-c	使用上下文输出格式
-r	当比较目录时，递归比较任何找到的子目录
-y	以两列并排格式输出
-W <n>	在并列格式输出时，使用指定的列宽，n 代表数字
-u	使用统一的输出格式
-i	忽略文件内容大小写差异
-w	忽略所有空格
-a	所有文件都以文本方式处理
-B	忽略任何因空行而造成的差异
-q	只简短地输出文件是否不同
-s	当两个文件相同时报告
-x <模式>	排除匹配模式的文件
-X <文件>	比较目录的时候，忽略和目录中与任何包含在指定文件的样式相配的文件和目录

【例 5.20】 比较 file1 和 file2 文件，列出其不同之处。

```
[root@rhel ~]# cat file1
a
aa
[root@rhel ~]# cat file2
a
bb
//查看 file1 和 file2 文件的内容
[root@rhel ~]# diff file1 file2
2c2
< aa
---
> bb
//可以看到 file1 和 file2 文件的不同之处是第二行的 aa 和 bb
```

5.3　文件和命令查找

本节主要讲述在 Linux 系统中文件和命令查找的相关命令，这些命令有 grep、find、locate。

5.3.1　grep：查找文件中符合条件的字符串

使用 grep 命令可以查找文件中符合条件的字符串。

命令语法：

```
grep [选项] [查找模式] [文件名]
```

命令中各选项的含义如表 5-11 所示。

表 5-11　　grep 命令选项含义

选项	选项含义
-E	模式是一个可扩展的正则表达式
-F	模式是一组由断行符分隔的定长字符串
-P	模式是一个 Perl 正则表达式
-c	只显示匹配行的数量
-i	比较时不区分大小写
-l	只显示匹配的文件名
-L	只显示不匹配的文件名
-n	在输出前加上匹配字符串所在行的行号（文件首行行号为 1）
-v	只显示不包含匹配字符的行
-x	强制模式仅完全匹配一行
-w	强制模式仅完全匹配字词
-e <模式>	用指定模式来进行匹配操作
-f <文件>	从指定文件中取得模式
-r	递归地读取每个目录下的所有文件

【例 5.21】 在 kkk 文件中搜索匹配字符“test file”。

```
[root@rhel ~]# cat kkk
akkk
test file
oooo
ppppp
//查看 kkk 文件的内容
[root@rhel ~]# grep 'test file' kkk
test file
```

【例 5.22】 显示所有以 d 开头的文件中包含 test 的行内容。

```
[root@rhel ~]#cat d1
1
test1
[root@rhel ~]# cat d2
2
test2
//查看 d1 和 d2 文件的文件内容
[root@rhel ~]## grep 'test' d*
d1:test1
d2:test2
```

【例 5.23】 显示在/root/aa 文件中以 b 开头的行内容。

```
[root@rhel ~]# grep ^b /root/aa
bbb
```

【例 5.24】 显示在/root/aa 文件中不是以 b 开头的行内容。

```
[root@rhel ~]# grep -v ^b /root/aa
aaaaa
AAAAA
BBB
aaaaaa
```

【例 5.25】 显示在/root/kkk 文件中以 le 结尾的行内容。

```
[root@rhel ~]# grep le$ /root/kkk
test file
```

【例 5.26】 查找 sshd 进程信息。

```
[root@rhel ~]# ps -ef|grep sshd
//在这里结合管道方式查找 sshd 进程信息
```

5.3.2 find：列出文件系统内符合条件的文件

使用 find 命令可以将文件系统内符合条件的文件列出来，可以指定文件的名称、类别、时间、大小以及权限等不同信息的组合，只有完全相符的文件才会被列出来。

命令语法：

```
find [路径] [选项]
```

命令中各选项的含义如表 5-12 所示。

表 5-12 find 命令选项含义

选项	选项含义
-name <文件名>	按照文件名来查找文件
-perm <权限>	按照文件的权限来查找文件
-user <用户名>	按照文件的用户名来查找文件
-group <组名>	按照文件的组名来查找文件
-atime n	在过去 n 天内被访问过的文件，n 代表数字
-amin n	在过去 n 分钟内被访问过的文件，n 代表数字
-ctime n	在过去 n 天内被更改过的文件，n 代表数字
-cmin n	在过去 n 分钟内被更改过的文件，n 代表数字
-mtime n	在过去 n 天内被修改过的文件，n 代表数字
-mmin n	在过去 n 分钟内被修改过的文件，n 代表数字
-size n [ckMG]	查找大小为 n 的文件，n 代表数字，c 代表字节，k 代表 KB，M 代表 MB，G 代表 GB
-empty	查找空文件，可以是普通的文件或目录
-type <文件类型>	按照文件类型来查找文件
-fstype <文件系统类型>	按照指定文件系统类型来查找文件
-nogroup	没有组群的文件
-nouser	没有用户的文件
-uid <用户 UID>	按照文件的用户所有者的 UID 来查找文件
-gid <组群 GID>	按照文件的组群所有者的 GID 来查找文件

续表

选项	选项含义
-inum n	按照文件的 inode 号码来查找文件
-readable	匹配只读文件
-writable	匹配可写文件
-links n	按照文件链接数来查找文件，n 代表数字

在查找文件时可以定义不同的文件类型，如表 5-13 所示。

表 5-13 查找时定义的文件类型

字符	含义
b	块设备文件
d	目录
c	字符设备文件
p	命名管道文件
l	软链接文件
f	普通文件
s	socket 文件

【例 5.27】 查找/boot 目录下的启动菜单配置 grub.cfg 文件。

```
[root@rhel ~]# find /boot -name grub.cfg
/boot/grub2/grub.cfg
//可以看到 grub.cfg 文件在/boot/grub2 目录下
```

【例 5.28】 查找“/”目录下所有以“conf”为扩展名的文件。

```
[root@rhel ~]# find / -name '*.conf'
```

【例 5.29】 列出当前目录及其子目录下所有最近 20 天内被更改过的文件。

```
[root@rhel ~]# find . -ctime -20
```

【例 5.30】 查找/root 目录下为空的文件或者子目录。

```
[root@rhel ~]# find /root -empty
```

【例 5.31】 查找/boot 目录下文件类型为目录的文件。

```
[root@rhel ~]# find /boot -type d
```

【例 5.32】 查找/home 目录下用户名 UID 为 1000 的文件。

```
[root@rhel ~]# find /home -uid 1000
```

【例 5.33】 查找 inode 号码为 271110235 的文件。

```
[root@rhel ~]# find /root -inum 271110235
/root/anaconda-ks.cfg
```

5.3.3 locate：在数据库中查找文件

使用 locate 命令可以通过数据库（/var/lib/mlocate/mlocate.db 文件）来查找文件。当创建好这个数据库后，就可以方便地搜寻所需文件了，它比 find 命令的搜索速度还要快。

命令语法：

```
locate [选项][范本样式]
```

命令中各选项的含义如表 5-14 所示。

表 5-14 locate 命令选项含义

选项	选项含义
-q	安静模式，不会显示任何错误信息
-r	使用正则表达式作为搜索的条件
-i	匹配模式时忽略区分大小写
-c	显示找到的条目数
-w	匹配完整路径名

【例 5.34】 查找 httpd.conf 文件。

```
[root@rhel ~]# locate httpd.conf
/etc/httpd/conf/httpd.conf
/usr/lib/tmpfiles.d/httpd.conf
/usr/share/man/man5/httpd.conf.5.gz
```

【例 5.35】 显示找到几个 httpd.conf 文件。

```
[root@rhel ~]# locate -c httpd.conf
3
```

当执行 locate 命令查找文件出现以下错误信息时，需要先执行 updatedb 命令手动创建 mlocate.db 数据库。

locate 无法执行 stat () '/var/lib/mlocate/mlocate.db':，没有那个文件或目录。

5.4 系统信息显示

本节主要讲述在 Linux 系统中信息显示的相关命令，这些命令有 uname、hostname、free、du。

5.4.1 uname：显示计算机以及操作系统的相关信息

使用 uname 命令可以显示计算机以及操作系统的相关信息，如计算机硬件架构名称、操作系统的内核发行号、内核名称等。

命令语法：

```
uname [选项]
```

命令中各选项的含义如表 5-15 所示。

表 5-15 uname 命令选项含义

选项	选项含义
-a	显示全部的信息
-m	显示计算机硬件架构名称

续表

选项	选项含义
-n	显示在网络上的主机名称
-r	显示操作系统的内核发行号
-s	显示内核名称

【例 5.36】 显示 Linux 系统的内核发行号。

```
[root@rhel ~]# uname -r
4.18.0-80.el8.x86_64
//显示 Linux 系统的内核发行号为 4.18.0-80.el8.x86_64
```

【例 5.37】 显示计算机硬件架构名称。

```
[root@rhel ~]# uname -m
x86_64
//显示计算机硬件架构名称为 x86_64，x86_64 可以在同一时间内处理 64 位的整数运算，并兼容 x86_32 架构
```

【例 5.38】 显示全部的信息。

```
[root@rhel ~]# uname -a
Linux rhel 4.18.0-80.el8.x86_64 #1 SMP Wed Mar 13 12:02:46 UTC 2019 x86_64 x86_64 x86_64 GNU/Linux
```

5.4.2 hostname：显示或修改计算机主机名

使用 hostname 命令可以显示或修改计算机主机名。

命令语法：

```
hostname [选项] [主机名]          //设置主机名
hostname [选项]                   //显示格式化主机名
```

命令中各选项的含义如表 5-16 所示。

表 5-16 hostname 命令选项含义

选项	选项含义
-s	显示短主机名
-i	显示 IP 地址
-f	显示长主机名
-d	显示 DNS 域名

【例 5.39】 显示当前计算机的主机名。

```
[root@rhel ~]# hostname
rhel
//当前计算机的主机名为 rhel
```

【例 5.40】 设置当前计算机的主机名为 linux。

```
[root@rhel ~]# hostname linux
[root@rhel ~]# hostname
linux
//当前计算机主机名已经更改为 linux 了
```

使用 hostname 命令修改主机名的方法在系统重启之后将失效，主机名还是原来的。如果需要永久设置，那么需要修改/etc/hostname 文件，将主机名添加进去。

5.4.3 free：查看内存信息

使用 free 命令可以查看 Linux 系统的物理内存和 swap 使用情况。

命令语法：

```
free [选项]
```

命令中各选项的含义如表 5-17 所示。

表 5-17 free 命令选项含义

选项	选项含义
-c <次数>	显示指定次数结果数据
-t	显示物理内存加上 swap 总的容量
-b	以字节为单位显示内存使用情况
-k	以 KB 为单位显示内存使用情况
-m	以 MB 为单位显示内存使用情况
-g	以 GB 为单位显示内存使用情况

【例 5.41】 查看 Linux 系统的物理内存和 swap 使用情况。

```
[root@rhel ~]# free
              total        used        free      shared  buff/cache   available
Mem:         817240      603284       74760        1908      139196       81660
Swap:       2097148      652032     1445116
```

【例 5.42】 以 MB 为单位查看 Linux 系统的物理内存和 swap 使用情况。

```
[root@rhel ~]# free -m
              total        used        free      shared  buff/cache   available
Mem:            798         584          65           1         148          78
Swap:          2047         637        1410
```

【例 5.43】 显示 Linux 系统的物理内存加上 swap 总的容量。

```
[root@rhel ~]# free -t
              total        used        free      shared  buff/cache   available
Mem:         817240      599252       56964        1896      161024       76884
Swap:       2097148      652800     1444348
Total:      2914388     1252052     1501312
```

5.4.4 du：显示目录或文件的磁盘占用量

使用 du 命令可以显示目录或文件的磁盘占用量。逐级进入指定目录的每一个子目录并显示该目录占用文件系统数据块的情况。如果没有给出文件或目录名称，就对当前目录进行统计。

命令语法：

```
du [选项] [文件|目录]
```

命令中各选项的含义如表 5-18 所示。

表 5-18　　du 命令选项含义

选项	选项含义
-s	只显示命令列中每个参数所占的总用量
-a	输出所有文件的磁盘用量，不仅是目录
-c	显示总计信息
-h	以 KB、MB、GB 为单位显示，提高信息的可读性
-S	不包括子目录的占用量

【例 5.44】 显示/root/anaconda-ks.cfg 文件的磁盘占用量。

```
[root@rhel ~]# ls -l /root/anaconda-ks.cfg
-rw-------. 1 root root 1753 12月 26 08:18 /root/anaconda-ks.cfg
//使用 ls 命令可以看到/root/anaconda-ks.cfg 文件大小为 1753 字节，差不多 1.7KB
[root@rhel ~]# du /root/anaconda-ks.cfg
4       /root/anaconda-ks.cfg
//显示/root/anaconda-ks.cfg 文件磁盘占用量为 4KB，比文件还要大
```

【例 5.45】 显示/root 目录的磁盘占用量。

```
[root@rhel ~]# du -s /root
8648    /root
//显示/root 目录的磁盘占用量为 8648KB
```

【例 5.46】 以 MB 为单位显示/root 目录的磁盘占用量。

```
[root@rhel ~]# du -sh /root
8.5  M    /root
//显示/root 目录的磁盘占用量为 8.5MB
```

5.5 日期和时间

本节主要讲述在 Linux 系统中查看日期和时间的相关命令，这些命令有 cal、date、hwclock。

5.5.1 cal：显示日历信息

使用 cal 命令可以显示 Linux 系统的日历。

命令语法：

```
cal [选项] [[[日] 月] 年]
cal [选项] <时间戳|月份名>
```

命令中各选项的含义如表 5-19 所示。

表 5-19　　cal 命令选项含义

选项	选项含义
-j	显示给定月中的每一天是一年中的第几天（从 1 月 1 日算起）
-y	显示整年的日历

续表

选项	选项含义
-m	以星期一为每周第一天的方式显示
-s	以星期日为一个星期的第一天的方式显示，默认的格式
-3	显示系统前一个月、当前月和下一个月的日历

【例 5.47】 显示本月的日历。

```
[root@rhel ~]# cal
```

【例 5.48】 显示公元 2001 年的日历。

```
[root@rhel ~]# cal 2001
```

【例 5.49】 显示公元 2007 年 9 月的日历。

```
[root@rhel ~]# cal 9 2007
```

【例 5.50】 以星期一为每周的第一天的方式显示本月的日历。

```
[root@rhel ~]# cal -m
     十二月 2019
一 二 三 四 五 六 日
                   1
 2  3  4  5  6  7  8
 9 10 11 12 13 14 15
16 17 18 19 20 21 22
23 24 25 26 27 28 29
30 31
```

【例 5.51】 以 1 月 1 日起显示今年的日历。

```
[root@rhel ~]# cal -jy
```

5.5.2 date：显示和设置日期和时间

使用 date 命令可以显示和设置 Linux 系统的日期和时间。只有 root 用户才有权限使用 date 命令设置日期和时间，而一般用户只能使用 date 命令显示日期和时间。

命令语法：

```
date [选项] [+显示时间格式]
date [选项] [MMDDhhmm[[CC]YY][.ss]]
```

命令中各选项的含义如表 5-20 所示。

表 5-20　　date 命令选项含义

选项	选项含义
-d <字符串>	显示指定字符串所描述的时间，而非当前时间
-r <文件>	显示指定文件的最后修改时间

在显示日期时间时，可以使用时间域，时间域的含义如表 5-21 所示。

表 5-21 时间域含义

时间域	时间域含义
%a	星期名缩写
%A	星期名全称
%b	月名缩写
%B	月名全称
%c	日期和时间，如 2020 年 02 月 26 日 星期三 23 时 02 分 42 秒
%C	世纪
%d	按月计的日期（01～31）
%D	日期（mm/dd/yy），等于%m/%d/%y
%e	按月计的日期，等于%_d 添加空格
%F	完整日期格式，等于 %Y-%m-%d
%g	ISO-8601 格式年份的最后两位
%G	ISO-8601 格式年份，一般只和%V 结合使用
%h	和%b 相同
%H	小时（00～23）
%I	小时（01～12）
%j	一年的第几天（001～366）
%k	小时（0～23）
%l	小时（1～12）
%m	月份（01～12）
%M	分（00～59）
%N	纳秒（000000000～999999999）
%p	显示出上午或下午
%P	与%p 类似，但是输出小写字母
%r	时间，12 小时制
%R	时间，24 小时制，等于%H:%M
%s	从 1970 年 1 月 1 日 0 点到目前经历的秒数
%S	秒（00～60）
%T	时间（24 小时制）（hh:mm:ss），等于%H:%M:%S
%u	星期，1 代表星期一
%U	一年中的第几周，以周日为每星期第一天（00～53）
%V	ISO-8601 格式规范下的一年中第几周，以星期一为每星期第一天（01～53）
%w	一个星期中的第几天（0～6，0 代表星期一）
%W	一年中的第几个星期（00～53，星期一为第一天）
%x	显示日期描述
%X	显示时间描述
%y	年份的最后两个数字
%Y	年份（如 1970、1996 等）
%Z	按字母表排序的时区缩写

【例 5.52】 显示当前计算机的日期和时间。

```
[root@rhel ~]# date
2021年 12月 29日 星期三 17:03:13 CST
```

【例 5.53】 设置计算机日期和时间为 2028 年 2 月 2 日星期三 19 点 14 分。

```
[root@rhel ~]# date 020219142028
2028年 02月 02日 星期三 19:14:00 CST
```

【例 5.54】 按照指定的格式显示计算机日期和时间。

```
[root@rhel ~]# date +'%r%a%d%h%y'
下午 07时16分22秒三02月28
```

【例 5.55】 设置计算机时间为上午 9 点 16 分。

```
[root@rhel ~]# date -s 09:16:00
2028年 02月 02日 星期三 09:16:00 CST
```

【例 5.56】 设置计算机日期为 2024 年 4 月 14 日。

```
[root@rhel ~]# date -s 20240414
2024年 04月 14日 星期日 00:00:00 CST
```

5.5.3 hwclock：查看和设置硬件时钟

使用 hwclock 命令可以查看和设置硬件时钟，显示现在时钟，调整硬件时钟，将系统时间设置成与硬件时钟一致，或是把系统时间回存到硬件时钟。

命令语法：

```
hwclock [选项]
```

命令中各选项的含义如表 5-22 所示。

表 5-22 hwclock 命令选项含义

选项	选项含义
-s	把系统时间设置成和硬件时钟一致
-r	读取并显示硬件时钟
-w	使用当前系统时间设置硬件时钟
-u	把硬件时钟设置为 UTC

【例 5.57】 查看硬件时钟。

```
[root@rhel ~]# hwclock
2021-12-31 07:40:03.665079+08:00
//当前硬件时钟为2021年12月31日
```

【例 5.58】 以系统时间更新硬件时钟。

```
[root@rhel ~]# date
2021年 12月 30日 星期一 23:41:38 CST
//当前系统时间为2021年12月30日
[root@rhel ~]# hwclock -w
```

```
[root@rhel ~]# hwclock
2021-12-30 23:41:38.543902+08:00
//再次查看硬件时钟，已经和系统时间一致了
```

【例 5.59】 以硬件时钟更新系统时间。

```
[root@rhel ~]# hwclock -s
```

5.6　信息交流

本节主要讲述在 Linux 系统中信息交流的相关命令，这些命令有 echo、mesg、wall、write。

5.6.1　echo：在显示器上显示文字

使用 echo 命令可以在显示器上显示文字，一般起到提示的作用。字符串可以加引号，也可以不加引号。用 echo 命令输出加引号的字符串时，可将字符串按原样输出；用 echo 命令输出不加引号的字符串时，可将字符串中的各个单词作为字符串输出，各字符串之间用一个空格分隔。

命令语法：

```
echo [选项] [字符串]
```

命令中各选项的含义如表 5-23 所示。

表 5-23　echo 命令选项含义

选项	选项含义
-n	表示输出文字后不换行

【例 5.60】 将一段信息写到标准输出。

```
[root@rhel ~]# echo Hello Linux
Hello Linux
```

【例 5.61】 将文本“Hello Linux”添加到/root/notes 文件中。

```
[root@rhel ~]# echo Hello Linux > /root/notes
[root@rhel ~]# cat /root/notes
Hello Linux
//查看/root/notes 文件，可以看到文件中的内容为 Hello Linux
```

【例 5.62】 显示$HOME 变量的值。

```
[root@rhel ~]# echo $HOME
/root
```

5.6.2　mesg：控制其他用户对终端发送消息

使用 mesg 命令可以控制系统中的其他用户是否能够用 write 命令或 talk 命令向终端发送消息。不带选项的情况下，mesg 命令显示当前主机消息许可设置。

命令语法：

```
mesg [选项]
```

命令中各选项的含义如表 5-24 所示。

表 5-24　　mesg 命令选项含义

选项	选项含义
y	允许其他用户对终端发送消息
n	拒绝其他用户对终端发送消息

【例 5.63】 显示当前的消息许可设置。

```
[root@rhel ~]# mesg
是 y
```

【例 5.64】 拒绝其他用户对终端发送消息。

```
[root@rhel ~]# mesg n
[root@rhel ~]# mesg
是 n
```

【例 5.65】 允许其他用户对终端发送消息。

```
[root@rhel ~]# mesg y
[root@rhel ~]# mesg
是 y
```

5.6.3 wall：对全部已登录用户发送消息

使用 wall 命令可以对全部已登录用户发送消息。

命令语法：

```
wall [消息]
```

【例 5.66】 向所有用户发出“下班以后请关闭计算机”的消息。

```
[root@rhel ~]# wall '下班以后请关闭计算机'
[root@rhel ~]#
来自 root@rhel (pts/1) (Mon Dec 30 23:44:06 2021) 的广播消息:

下班以后请关闭计算机
//执行以上命令后，所有用户的终端中都显示“下班以后请关闭计算机”的信息，并不出现系统提示符“$”(#)，再次按[Enter]键后，界面才会出现系统提示符
```

5.6.4 write：向另一个用户发送消息

使用 write 命令可以向另一个用户发送消息。

命令语法：

```
write [选项] [用户] [终端名称]
```

【例 5.67】 在 tty2 终端上向 tty3 终端上的 root 用户发送消息。

```
[root@rhel ~]# write root tty3
hello
//在终端 tty2 上输入要发送的信息。希望退出发送状态时，按[Ctrl+c] 组合键即可
```

```
[root@rhel ~]#
Message from root@rhel on tty2 at 19:35 ...
hello
EOF
//在终端 tty3 上，root 用户会接收到以上信息
```

5.7　其他命令

本节主要讲述在 Linux 系统中的其他命令，这些命令有 clear、uptime。

5.7.1　clear：清除计算机界面信息

使用 clear 命令可以清除计算机界面上的信息，该命令类似于 Windows 系统命令行中的 cls 命令。

命令语法：

```
clear
```

【例 5.68】 清除计算机界面上显示的信息。

```
[root@rhel ~]# clear
```

5.7.2　uptime：显示系统已经运行的时间

使用 uptime 命令可以显示系统已经运行了多长时间，它依次显示下列信息：现在时间、系统已经运行了多长时间、目前有多少登录用户，以及系统在过去的 1 分钟、5 分钟、15 分钟内的平均负载。

命令语法：

```
uptime [选项]
```

命令中各选项的含义如表 5-25 所示。

表 5-25　　uptime 命令选项含义

选项	选项含义
-p	显示系统已经运行了多长时间
-s	显示系统开始运行的时间

【例 5.69】 显示系统运行时间。

```
[root@rhel ~]# uptime
00:04:41 up  3:36,  2 users,  load average: 2.64, 2.06, 1.19
```

想要掌握更多 Linux 命令，可以参考本书作者编写的《Linux 命令应用大词典》一书进行学习，该书介绍 729 个命令，1935 个例子。

小　　结

虽然目前 Linux 图形界面的使用已经相当方便，但是有些操作还是在传统的文字界面下才能

灵活使用。除此之外，使用文字界面登录 Linux 系统，系统资源的损耗会比较少，从而可以提高系统性能。

在 Linux 系统中，文本内容显示的命令有 cat、more、less、head、tail，文本内容处理的命令有 sort、uniq、cut、comm、diff，文件和命令查找的命令有 grep、find、locate，信息显示的命令有 uname、hostname、free、du，查看日期和时间的命令有 cal、date、hwclock，信息交流的命令有 echo、mesg、wall、write，其他命令有 clear、uptime。

习　题

5-1　常用的文本内容显示命令有哪些？区别是什么？

5-2　常用的文本内容处理命令有哪些？区别是什么？

5-3　使用什么命令可以显示当前计算机的内核版本？

5-4　使用什么命令可以清除计算机界面信息？

5-5　使用什么命令可以以倒序方式排序文件内容？

上机练习

上机练习

5-1　使用命令一次 3 行显示/etc/named.conf 文件内容。

5-2　使用 cat 命令创建 mm.txt 文件，文件内容为 Hello。

5-3　使用命令查找/etc 目录下的文件 named.conf。

5-4　使用命令将当前计算机的主机名修改为 IT。

5-5　使用命令显示 2018 年 8 月的月历。

5-6　使用命令将当前计算机时间设置为 2018 年 8 月 6 日。

5-7　使用命令显示/etc/named.conf 文件的文件类型。

5-8　使用命令显示/root 目录的磁盘占用量。

第6章 Shell编程

通常情况下，从命令行每输入一次命令就能够得到系统响应，如果需要一个接着一个地输入命令才得到结果，这样效率很低。使用 Shell 程序或者 Shell 脚本可以很好地解决这个问题。

6.1 熟悉 Shell 程序的创建

作为命令语言，互动式地解释和执行用户输入的命令是 Shell 的功能之一，Shell 还可以用来进行程序设计，它提供了定义变量和参数的手段以及丰富的过程控制结构。使用 Shell 编程类似于使用 DOS 中的批处理文件，称为 Shell 脚本（又叫 Shell 程序）。

6.1.1 基本语法介绍

Shell 程序基本语法较为简单，主要由开头、注释以及语句执行 3 个部分组成。

1. 开头

Shell 程序必须以下面的行开始（必须放在文件的第一行）。

```
#!/bin/bash
```

符号“#!”用来告诉系统它后面的参数是用于执行该文件的程序，在这个例子中使用/bin/bash 来执行程序。当编辑好脚本时，如果要执行该脚本，还必须设置权限使其可执行。

要使脚本可执行，需赋予该文件可执行的权限，使用 chmod 命令才能使文件执行。

chmod u+x [Shell 程序]

2. 注释

在进行 Shell 编程时，以“#”开始的语句直到这一行的结束表示注释，建议在程序中使用注释。如果使用注释，那么即使相当长的时间内没有使用该脚本，也能在很短的时间内明白该脚本的作用和工作原理。

3. 语句执行

在 Shell 程序中可以输入多行命令以得到命令的结果信息，这样就提高系统管理的工作效率。

6.1.2 Shell 程序的创建过程

Shell 程序就是放在一个文件中的一系列 Linux 命令和实用程序，在执行的时候，每个命令通过 Linux 系统被一个接着一个地解释和执行，这和 Windows 系统下的批处理程序非常相似。

下面通过一个简单的实例来了解 Shell 程序是如何被创建和执行的。

1. 创建文件

使用 Vi 编辑器创建/root/date 文件，该文件内容如下所示，共有 3 行命令。

```
#!/bin/bash
#filename:date
echo "Mr.$USER,Today is:"
echo 'date'
echo Whish you a lucky day !
```

2. 设置可执行权限

创建完/root/date 文件之后它还不能执行，需要给它设置可执行权限，使用以下命令给文件设置权限。

```
[root@rhel ~]# chmod u+x /root/date
[root@rhel ~]# ls -l /root/date
-rwxr--r--. 1 root root 95 12月 29 16:23 /root/date
//可以看到当前/root/date文件具有可执行权限
```

3. 执行 Shell 程序

输入整个文件的完整路径执行 Shell 程序，使用以下命令执行。

```
[root@rhel ~]# /root/date
Mr.root,Today is:
2021年 12月 29日 星期三 16:23:48 CST
Whish you a lucky day !
//可以看到Shell程序的输出信息
```

4. 使用 bash 命令执行 Shell 程序

在执行 Shell 程序前需要将/root/date 文件权限设置为可执行。如果不设置文件的可执行权限，那么需要使用 bash 命令告诉系统它是一个可执行的脚本。

使用以下命令执行 Shell 程序。

```
[root@rhel ~]# bash /root/date
Mr.root,Today is:
2021年 12月 29日 星期三 16:23:48 CST
Whish you a lucky day !
```

6.2 Shell 变量

像高级程序设计语言一样，Shell 也提供说明和使用变量的功能。对 Shell 来讲，所有变量的取值都是一个字符，Shell 程序采用“$var”的形式来引用名为 var 的变量的值。

6.2.1 Shell 定义环境变量

Shell 在开始执行时就已经定义了一些与系统的工作环境有关的变量，用户可以重新定义这些变量。

常用的 Shell 环境变量如表 6-1 所示。

表 6-1 常用的 Shell 环境变量

Shell 环境变量	描述
HOME	用于保存用户主目录的完全路径名
PATH	用于保存用冒号分隔的目录路径名，Shell 将按 PATH 变量中给出的顺序搜索这些目录，找到的第一个与命令名称一致的可执行文件将被执行
TERM	终端的类型
UID	当前用户的 UID，由数字构成
PWD	当前工作目录的绝对路径名，该变量的取值随 cd 命令的使用而变化
PS1	主提示符，在 root 用户下，默认的主提示符是“#”，在普通用户下，默认的主提示符是“$”
PS2	在 Shell 接收用户输入命令的过程中，如果用户在输入行的末尾输入“\”然后按[Enter]键，或者当用户按[Enter]键时 Shell 判断出用户输入的命令没有结束，就显示这个辅助提示符，提示用户继续输入命令的其余部分，默认的辅助提示符是“>”

【例 6.1】 查看当前 Shell 定义环境变量的值。

```
[root@rhel ~]# echo $HOME
/root
[root@rhel ~]# echo $PWD
/root
[root@rhel ~]# echo $PS1
[\u@\h \W]\$
[root@rhel ~]# echo $PS2
>
[root@rhel ~]# echo $PATH
/usr/local/sbin:/usr/local/bin:/usr/sbin:/usr/bin:/root/.dotnet/tools:/root/bin
[root@rhel ~]# echo $TERM
xterm
[root@rhel ~]# echo $UID
0
```

6.2.2 用户定义变量

用户定义变量是常用的变量类型，其特点是变量名和变量的值都由用户自己定义。

1. 使用用户定义变量

用户可以按照“变量名=变量值”的语法规则来创建用户定义变量。在定义变量时，变量名前不应该加符号“$”，在引用变量的内容时则应在变量名前加符号“$”。在给变量赋值时，“=”两边一定不能留空格，若变量中本身就包含了空格，则整个字符串都要用双引号标注。在编写 Shell 程序时，为了使变量名和命令名相区别，建议所有的变量名都用大写字母来表示。

【例 6.2】 用户定义变量的使用。

```
[root@rhel ~]# $AS=120
bash: =120: 未找到命令...
//在定义变量名时，变量名前加符号“$”就报错
[root@rhel ~]# AS=120
[root@rhel ~]# echo $AS
//在引用变量名时，在变量名前加符号“$”
120
```

```
[root@rhel ~]# AA="Hello Linux"
//变量值中包含了空格，需将整个字符串用双引号标注
[root@rhel ~]# echo $AA
Hello Linux
```

2. 只读变量

在说明一个变量并对它设置为一个特定值后就不再改变它的值时，可以使用 readonly 命令将用户定义变量定义为只读变量，以此来保证一个变量的只读性。

命令语法：

```
readonly 变量名
```

【例 6.3】 设置变量 A 为只读。

```
[root@rhel ~]# A=100
[root@rhel ~]# readonly A
[root@rhel ~]# echo $A
100
[root@rhel ~]# A=200
bash: A: 只读变量
//无法更改只读变量的值
```

3. 声明环境变量

在任何时候创建的用户定义变量都只是当前 Shell 的局部变量，所以不能被 Shell 运行的其他命令或 Shell 程序所使用，而 export 命令可以将一个局部变量提供给 Shell 命令使用，使其成为环境变量。

命令语法：

```
export 变量名
```

【例 6.4】 将用户定义变量 B 提供给 Shell 程序使用。

```
[root@rhel ~]# B=100
[root@rhel ~]# export B
[root@rhel ~]# echo $B
100
[root@rhel ~]# env|grep B
B=100
```

也可以在给用户定义变量赋值的同时使用 export 命令。使用 export 设置的变量在 Shell 以后运行的所有命令或程序中都可以访问到。

命令语法：

```
export 变量名=值
```

【例 6.5】 将用户定义变量 C 提供给 Shell 程序使用。

```
[root@rhel ~]# export C=100
[root@rhel ~]# echo $C
100
[root@rhel ~]# env|grep C
C=100
```

4. 删除用户定义变量

使用 unset 命令可以删除用户定义变量，变量被删除后不能再次使用。unset 命令不能删除只

读变量。

命令语法：

```
unset 变量名
```

【例 6.6】 删除用户定义变量 C。

```
[root@rhel ~]# unset C
```

6.2.3 位置参数

位置参数是一种在调用 Shell 程序的命令行中按照各自的位置决定的变量，是在程序名之后输入的参数。

在 Shell 中，调用函数时可以向其传递位置参数。在函数体内部，可通过“$n”的形式来获取位置参数的值，位置参数之间用空格分隔，Shell 取第 1 个位置参数替换程序文件中的“$1”，第 2 个替换“$2”，依此类推。当 n≥10 时，需要使用“${n}”来获取参数。如“$10”不能获取第 10 个参数，获取第 10 个参数需要“${10}”。“$0”是一个特殊的变量，它的内容是当前这个 Shell 程序的文件名，所以$0 不是一个位置参数，在显示当前所有的位置参数时是不包括“$0”的。

6.2.4 预定义变量

预定义变量和环境变量类似，也是在 Shell 一开始时就定义了的变量。不同的是，用户只能根据 Shell 的定义来使用这些变量，所有预定义变量都是由符号“$”和另一个符号组成的。

常用的 Shell 预定义变量如表 6-2 所示。

表 6-2　常用的 Shell 预定义变量

预定义变量	描述
$#	传递到脚本或函数的参数个数
$*	以一个单字符串显示所有向脚本传递的参数，如“$*”用引号标注时、以“$1 $2 … $n”的形式输出所有参数
$?	获取上一个命令执行后返回的状态，0 表示成功，非 0 表示有错误
$$	获取当前执行的 Shell 脚本的进程号
$!	获取后台运行的最后一个进程的进程号
$-	显示 Shell 使用的当前选项，与 set 命令功能相同
$0	当前 Shell 程序的文件名
$@	与“$*”相同，但是使用时加引号，并在引号中返回每个参数，如“$@”用引号标注时、以“$1”“$2”…“$n”的形式输出所有参数

【例 6.7】 使用预定义变量。

使用 Vi 编辑器创建/root/test1 文件，该文件内容如下所示。

```
#!/bin/bash

funWithParam(){
    echo "第一个参数为 $1 !"
    echo "第二个参数为 $2 !"
    echo "第十个参数为 $10 !"
```

```
    echo "第十个参数为 ${10} !"
    echo "第十一个参数为 ${11} !"
    echo "参数总数有 $# 个!"
    echo "作为一个字符串输出所有参数 $* !"
}
funWithParam 1 2 3 4 5 6 7 8 9 34 73
```

使用 bash 命令执行/root/test1 文件，输出内容如下所示。

```
[root@rhel ~]# bash /root/test1
第一个参数为 1 !
第二个参数为 2 !
第十个参数为 10 !
第十个参数为 34 !
第十一个参数为 73 !
参数总数有 11 个!
作为一个字符串输出所有参数 1 2 3 4 5 6 7 8 9 34 73 !
```

【例 6.8】 使用预定义变量。

使用 Vi 编辑器创建/root/test2 文件，向 Shell 程序传递三个参数并分别输出，该文件内容如下所示。

```
#!/bin/bash
echo "Shell 传递参数实例! ";
echo "执行的文件名: $0";
echo "第一个参数为: $1";
echo "第二个参数为: $2";
echo "第三个参数为: $3";
```

使用 bash 命令执行/root/test2 文件，传递三个参数的值，输出内容如下所示。

```
[root@rhel ~]# bash /root/test2 1 2 3
Shell 传递参数实例!
执行的文件名: /root/test2
第一个参数为: 1
第二个参数为: 2
第三个参数为: 3
```

6.2.5 参数置换变量

Shell 提供了参数置换变量，以便用户可以根据不同的条件将含有一种变量的表达式的值赋给另一变量，以此来给变量赋予不同的值。参数置换变量有 4 种，这些变量通常与某一个位置参数相联系，根据指定的位置参数是否已经设置决定变量的取值。

所有这 4 种形式中的参数既可以是位置参数，也可以是另一个变量，只是用位置参数的情况比较多。

1．变量=${参数:-word}

如果参数设置了值，则用参数的值置换变量的值；如果参数没有设置值，则把变量的值设置成 word。

2. 变量=${参数:=word}

如果参数设置了值，则用参数的值置换变量的值；如果参数没有设置值，则把变量的值设置成 word，然后用 word 替换参数的值。位置参数不能用于这种方式，因为在 Shell 程序中不能为位置参数赋值。

3. 变量=${参数:? word}

如果参数设置了值，则用参数的值置换变量的值；如果参数没有设置值，则显示 word 并从 Shell 中退出；如果省略了 word，则显示标准信息。这种变量要求结果一定等于某一个参数的值。如果该参数没有设置，就显示一个信息，然后退出，这种方式常用于出错指示。

4. 变量=${参数:+word}

如果参数设置了值，则把变量的值设置成 word；如果参数没有设置值，则不进行置换。

【例 6.9】 使用参数置换变量。

使用 Vi 编辑器创建/root/test3 文件，文件内容如下所示。

```
#!/bin/bash
echo ${var:-"Variable is not set"}
echo "1 - Value of var is ${var}"

echo ${var:="Variable is not set"}
echo "2 - Value of var is ${var}"

unset var
echo ${var:+"This is default value"}
echo "3 - Value of var is $var"

var="Prefix"
echo ${var:+"This is default value"}
echo "4 - Value of var is $var"

echo ${var:?"Print this message"}
echo "5 - Value of var is ${var}"
```

使用 bash 命令执行/root/test3 文件，输出内容如下所示。

```
[root@rhel ~]# bash /root/test3
Variable is not set
1 - Value of var is
Variable is not set
2 - Value of var is Variable is not set

3 - Value of var is
This is default value
4 - Value of var is Prefix
Prefix
5 - Value of var is Prefix
```

6.3 变量表达式

test 是 Shell 程序中的一个表达式，通过和 Shell 提供的 if 等条件语句相结合可以方便地测试字符串、文件状态以及数字。

命令语法：

```
test [表达式]
```

表达式所代表的操作符（符号）有字符串比较操作符、数字比较操作符、逻辑测试操作符以及文件操作测试操作符。其中文件操作测试操作符是一种 Shell 特有的操作符，因为 Shell 里的变量都是字符串，为了达到对文件进行操作的目的，才提供了这样的一种操作符。

6.3.1 字符串比较

字符串比较是用来测试字符串是否相同、长度是否为 0、字符串是否为 null。

常用的字符串比较符号如表 6-3 所示。

表 6-3 常用的字符串比较符号

字符串比较符号	描述
=	比较两个字符串是否相同，相同则为真，“==”和“=”起到一样的效果
!=	比较两个字符串是否不相同，不同则为真
-n	比较字符串的长度是否不为 0，如果不为 0 则为真
-z	比较字符串的长度是否为 0，如果为 0 则为真

【例 6.10】 字符串比较的使用。

```
[root@rhel ~]# str1=abcd
[root@rhel ~]# test $str1=abcd
[root@rhel ~]# echo $?
0
//结果显示 0 表示字符串 str1 确实等于 abcd
```

在 test 处理含有空格的变量时最好用引号标注变量，否则会出现错误的结果。因为 Shell 在处理命令行时将会去掉多余的空格，而用引号标注则可以防止 Shell 去掉这些空格。

6.3.2 数字比较

数字比较是用来测试数字的大小。

常用的数字比较符号如表 6-4 所示。

表 6-4 常用的数字比较符号

数字比较符号	描述
-eq	相等则为真
-ge	大于或等于则为真
-le	小于或等于则为真
-ne	不等于则为真
-gt	大于则为真
-lt	小于则为真

【例 6.11】 数字相等比较。

```
[root@rhel ~]# int1=1234
[root@rhel ~]# int2=01234
[root@rhel ~]# test $int1 -eq $int2
[root@rhel ~]# echo $?
0
//结果显示 0 表示字符 int1 和 int2 比较，二者值一样大
```

【例 6.12】 数字大于比较。

```
[root@rhel ~]# int1=4
[root@rhel ~]# test $int1 -gt 2
[root@rhel ~]# echo $?
0
//结果显示 0 表示字符 int1 的值确实大于 2
```

6.3.3 逻辑测试

逻辑测试是用来测试文件是否存在。

常用的逻辑测试符号如表 6-5 所示。

表 6-5 常用的逻辑测试符号

逻辑测试符号	描述
!	非运算，与一个逻辑值相反的逻辑值
-a	与运算，两个逻辑值为真返回值才为真，反之为否
-o	或运算，两个逻辑值有一个为真，返回值就为真

【例 6.13】 逻辑测试。

```
[root@rhel ~]# test -r initial-setup-ks.cfg -a -s initial-setup-ks.cfg
[root@rhel ~]# echo $?
0
//结果显示 0 表示文件 initial-setup-ks.cfg 存在且可读，并且文件大小不为 0，所有的条件都满足
```

6.3.4 文件操作测试

文件操作测试是用来测试文件的操作逻辑。

常用的文件操作测试符号如表 6-6 所示。

表 6-6 常用的文件操作测试符号

文件操作测试符号	描述
-d	对象存在且为目录则为真
-f	对象存在且为文件则为真
-L	对象存在且为软链接则为真
-r	对象存在且可读则为真
-s	对象存在且文件大小不为 0 则为真
-w	对象存在且可写则为真
-x	对象存在且可执行则为真

续表

文件操作测试符号	描述
!	测试条件的否定
-e	对象存在则为真
-c	对象存在且为字符型特殊文件则为真
-b	对象存在且为块特殊文件则为真
f1 -nt f2	文件 f1 比文件 f2 新则为真，即测试表达式成立。根据文件的修改时间来计算
f1 -ot f2	文件 f1 比文件 f2 旧则为真，即测试表达式成立。根据文件的修改时间来计算

【例 6.14】 文件操作测试。

```
[root@rhel ~]# cat /dev/null>empty
[root@rhel ~]# cat empty
[root@rhel ~]# test -r empty
[root@rhel ~]# echo $?
0
//结果显示 0 表示 empty 文件存在且可读
[root@rhel ~]# test ! -s empty
[root@rhel ~]# echo $?
0
//结果显示 0 表示 empty 文件存在且文件大小不为 0
```

【例 6.15】 判断/etc/services 文件是否存在。

```
[root@rhel ~]# test -f /etc/services
[root@rhel ~]# echo $?
0
//结果显示 0 表示/etc/services 文件存在
```

【例 6.16】 判断/usr 目录是否存在。

```
[root@rhel ~]# test -d /usr
[root@rhel ~]# echo $?
0
//结果显示 0 表示/usr 目录存在
```

6.4 Shell 条件判断语句

Shell 提供了用来控制程序和执行流程的命令，包括条件分支和循环结构，用户可以用这些命令创建非常复杂的程序。若在 Shell 程序中使用条件判断语句可以使用 if 条件语句和 case 条件语句，两者的区别在于使用 case 条件语句的选项比较多。

6.4.1 if 条件语句

Shell 程序中的条件分支是通过 if 条件语句来实现的，其语法格式有 if-then-fi 语句和 if-then-else-fi 语句两种。

1. if–then–fi 语句

if-then-fi 语句的语法格式如下所示：

```
if      命令行 1
then
        命令行 2
fi
```

【例 6.17】 使用 if-then-fi 语句创建简单的 Shell 程序。

使用 Vi 编辑器创建 Shell 程序，文件名为/root/continue，文件内容如下所示。

```
#!/bin/bash
#filename:continue
echo -n "Do you want to continue: Y or N"
read ANSWER
if [ $ANSWER=N -o $ANSWER=n ]
then
exit
fi
```

运行 Shell 程序/root/continue，输出内容如下所示。

```
[root@rhel ~]# bash /root/continue
Do you want to continue: Y or N
```

2. if-then-else-fi 语句

if-then-else-fi 语句的语法格式如下所示：

```
if
        命令行 1
then
        命令行 2
else
        命令行 3
fi
```

【例 6.18】 使用 if-then-else-fi 语句创建一个根据输入的分数判断分数是否及格的 Shell 程序。

使用 Vi 编辑器创建 Shell 程序，文件名为/root/score，文件内容如下所示。

```
#! /bin/bash
#filename:score
echo -n "please input a score:"
read SCORE
echo "You input Score is $SCORE"
if [ $SCORE -ge 60 ];
then
echo -n "Congratulation!You Pass the examination。"
else
echo -n "Sorry !You Fail the examination!"
fi
echo -n "press any key to continue!"
read $GOOUT
```

运行 Shell 程序/root/score，输出内容如下所示。

```
[root@rhel ~]# bash /root/score
please input a score:80                    //输入数值 80
You input Score is 80
Congratulation!You Pass the examination。press any key to continue!
```

```
[root@rhel ~]# bash /root/score
please input a score:30                    //输入数值 30
You input Score is 30
Sorry !You Fail the examination!press any key to continue!
```

6.4.2 case 条件语句

if 条件语句用于在两个选项中选定一项，而 case 条件语句为用户提供根据字符串或变量的值从多个选项中选择一项。

case 条件语句的语法格式如下所示：

```
case string in
exp-1)
      若干个命令行 1
;;
exp-2)
      若干个命令行 2
;;
…
*)
      其他命令行
esac
```

Shell 通过计算字符串 string 的值，将其结果依次与运算式 exp-1 和 exp-2 等进行比较，直到找到一个匹配的运算式为止。如果找到了匹配项，则执行它下面的命令直到遇到一对分号“;;”为止。

在 case 运算式中也可以使用 Shell 通配符（“*”“？”“[ ]”）。通常用“*”作为 case 命令的最后运算式，以便在前面找不到任何相应的匹配项时执行“其他命令行”的命令。

【例 6.19】 使用 case 条件语句创建一个菜单选择的 Shell 脚本。

使用 Vi 编辑器创建 Shell 程序，文件名为/root/selection，文件内容如下所示。

```
#!/bin/bash
#filename:selection
#Display a menu
echo _
echo "1 Restore"
echo "2 Backup"
echo "3 Unload"
echo
#Read and excute the user's selection
echo -n "Enter Choice:"
read CHOICE
case "$CHOICE" in
1) echo "Restore";;
2) echo "Backup";;
3) echo "Unload";;
*) echo "Sorry $CHOICE is not a valid choice
exit 1
esac
```

运行 Shell 程序/root/selection，输出内容如下所示。

```
[root@rhel ~]# bash /root/selection
_
```

```
1 Restore
2 Backup
3 Unload

Enter Choice:
```

6.5 Shell 循环控制语句

在 Shell 程序中，循环控制语句可以使用 for 循环语句、while 循环语句以及 until 循环语句，下面分别对其进行介绍。

6.5.1 for 循环语句

for 循环语句对一个变量的可能的值都执行一个命令序列。赋给变量的几个数值既可以在程序中以数值列表的形式提供，也可以在程序以外以位置参数的形式提供。

for 循环语句的语法格式如下所示。

```
for   变量名 in  [数值列表]
do
    若干个命令行
done
```

变量名可以是用户选择的任何字符串。如果变量名是 var，则在 in 之后给出的数值将顺序替换循环命令列表中的“$var”。如果省略了 in，则变量 var 的取值将是位置参数。对变量的每一个可能的赋值都将执行 do 和 done 之间的命令列表。

【例 6.20】 使用 for 循环语句创建简单的 Shell 程序。

使用 Vi 编辑器创建 Shell 程序，文件名为/root/for，文件内容如下所示。

```
#!/bin/bash
#filename:for
for ab in 1 2 3 4
do
 echo $ab
done
```

运行 Shell 程序/root/for，输出内容如下所示。

```
[root@rhel ~]# bash /root/for
1
2
3
4
```

【例 6.21】 使用 for 语句创建求命令行上所有整数之和的 Shell 程序。

使用 Vi 编辑器创建 Shell 程序，文件名为/root/sum，文件内容如下所示。

```
#!/bin/bash
#filename:sum
sum=0
for INT in $*
do
sum='expr $sum + $INT'
done
echo $sum
```

运行 Shell 程序/root/sum，输出内容如下所示。

```
[root@rhel ~]# bash /root/sum 1 2 3 4 5
15
```

6.5.2 while 循环语句

while 循环语句是用命令的返回状态值来控制循环的。

while 循环语句的语法格式如下所示。

```
while
        若干个命令行 1
do
        若干个命令行 2
done
```

只要 while 的“若干个命令行 1”中的最后一个命令的返回状态为真，while 循环语句就继续执行“若干个命令行 2”。

【例 6.22】 使用 while 循环语句创建一个计算 1～5 的平方和的 Shell 程序。

使用 Vi 编辑器创建 Shell 程序，文件名为/root/zx，文件内容如下所示。

```
#!/bin/bash
#filename:zx
int=1
while [ $int -le 5 ]
do
sq='expr $int \* $int'
echo $sq
int='expr $int + 1'
done
echo "Job completed"
```

运行 Shell 程序/root/zx，输出内容如下所示。

```
[root@rhel ~]# bash /root/zx
1
4
9
16
25
Job completed
```

【例 6.23】 使用 while 循环语句创建一个根据输入的数值求累加和（1+2+3+4+⋯+n）的 Shell 程序。

使用 Vi 编辑器创建 Shell 程序，文件名为/root/number，文件内容如下所示。

```
#!/bin/bash
#filename:number
echo -n "Please Input Number:"
read NUM
number=0
sum=0
while [ $number -le $NUM ]
do
echo number
```

```
echo "$number"
number=' expr $number + 1 '
echo sum
echo "$sum"
sum=' expr $sum + $number '
done
echo
```

运行 Shell 程序/root/number，输出内容如下所示。

```
[root@rhel ~]# bash /root/number
Please Input Number:4                    //在这里输入了数字 4
number
0
sum
0
number
1
sum
1
number
2
sum
3
number
3
sum
6
number
4
sum
10
```

6.5.3 until 循环语句

until 循环语句是另外一种循环结构，它和 while 循环语句类似。

until 循环语句的语法格式如下所示。

```
until
        若干个命令行 1
do
        若干个命令行 2
done
```

until 循环语句和 while 循环语句的区别在于：while 循环语句在条件为真时继续执行循环，until 循环语句则是在条件为假时继续执行循环。

Shell 还提供了 true 和 false 两条命令用于创建无限循环结构，它们的返回状态分别是总为 0 或总为非 0。

【例 6.24】 使用 until 循环语句创建一个输入 exit 退出的 Shell 程序。

使用 Vi 编辑器创建 Shell 程序，文件名为/root/hk，文件内容如下所示。

```
#!/bin/bash
#filename:hk
echo "This example is for test until...do "
```

```
echo "If you input [exit] then quit the system "
echo -n "please input:"
read EXIT
until [ $EXIT = "exit" ]
do
read EXIT
done
echo "OK!"
```

运行 Shell 程序/root/hk，输出内容如下所示。

```
[root@rhel ~]# bash /root/hk
This example is for test until...do
If you input [exit] then quit the system
please input:exit                              //输入 exit 退出
OK!
```

小　　结

作为命令语言互动式地解释和执行用户输入的命令是 Shell 的功能之一，Shell 还可以用来进行程序设计，它提供了定义变量和参数的手段以及丰富的过程控制结构。Shell 程序基本语法较为简单，主要由开头、注释以及语句执行 3 个部分组成。

像高级程序设计语言一样，Shell 也提供说明和使用变量的功能。对 Shell 来讲，所有变量的取值都是一个字符，Shell 程序采用“$var”的形式来引用名为 var 的变量的值。

Shell 在开始执行时就已经定义了一些与系统的工作环境有关的变量，用户可以重新定义这些变量。在任何时候创建的用户定义变量都只是当前 Shell 的局部变量，所以不能被 Shell 运行的其他命令或 Shell 程序所使用，而 export 命令可以将一个局部变量提供给 Shell 命令使用。

位置参数是一种在调用 Shell 程序的命令行中按照各自的位置决定的变量，是在程序名之后输入的参数。

预定义变量和环境变量类似，也是在 Shell 一开始时就定义了的变量。不同的是，用户只能根据 Shell 的定义来使用这些变量，所有预定义变量都由符号“$”和另一个符号组成。

Shell 提供了参数置换变量，以使用户可以根据不同的条件将含有一种变量的表达式的值赋给另一变量，以此来给变量赋予不同的值。

test 是 Shell 程序中的一个表达式，通过和 Shell 提供的 if 等条件语句相结合可以方便地测试字符串、文件状态以及数字。表达式所代表的操作符有字符串比较操作符、数字比较操作符、逻辑测试操作符以及文件操作测试操作符。

Shell 提供了用来控制程序和执行流程的命令，包括条件分支和循环结构，用户可以用这些命令创建非常复杂的程序。若在 Shell 程序中使用条件判断语句可以使用 if 条件语句和 case 条件语句，两者的区别在于使用 case 条件语句的选项比较多。if 条件语句用于在两个选项中选定一项，而 case 条件语句为用户提供了根据字符串或变量的值从多个选项中选择一项的方法。

在 Shell 程序中循环控制语句可以使用 for 循环语句、while 循环语句以及 until 循环语句。for

循环语句对一个变量可能的值都执行一个命令序列。while 循环语句用命令的返回状态值来控制循环。until 循环语句是另外一种循环结构，它和 while 循环语句类似。

习　题

6-1　简述一个简单 Shell 程序的创建过程。

6-2　简述执行 Shell 程序的方法。

6-3　简述常见的 Shell 环境变量。

6-4　简述常用的字符串比较符号。

6-5　简述 Linux 系统中的条件判断语句和循环控制流程语句。

6-6　简述 if 条件语句和 case 条件语句的区别。

上机练习

上机练习

6-1　查看当前系统下用户 Shell 定义的环境变量的值。

6-2　定义变量 AK 的值为 200，将其输出并显示在屏幕上。

6-3　定义变量 AM 的值为 100，并使用 test 命令比较其值是否大于 150。

6-4　创建一个简单的 Shell 程序，其功能为显示计算机主机名以及显示系统日期和时间。

6-5　使用 for 循环语句创建一个 Shell 程序，其功能为 1+2+3+4+5+…+n。

6-6　使用 until 循环语句创建一个 Shell 程序，其功能为计算 1～10 的平方。

第7章 用户和组群管理

在 Linux 系统中，用户是登录系统的唯一凭证，其中 root 用户是系统的最高管理者，该用户的 UID 是 0,与用户和组群相关的配置文件有/etc/passwd、/etc/shadow、/etc/group 以及/etc/gshadow。

7.1 用户简介

本节主要讲述 Linux 系统中的用户分类以及与用户有关的配置文件/etc/passwd 和/etc/shadow。

7.1.1 用户分类

用户在 Linux 系统中是分角色的，角色不同，每个用户的权限和所能完成的任务也不同。而在实际的管理中，用户的角色是通过 UID 来标识的，每个用户的 UID 都是不同的。

在 Linux 系统中有三大类用户，分别是 root 用户、系统用户以及普通用户。

1. root 用户

在 Linux 系统中，root 用户是系统的超级管理员，用户的权限是最高的，普通用户无法执行的操作，root 用户都能完成，所以它也被称为超级用户，root 用户的 UID 为 0。在系统中的每一个文件、目录和进程都归属于某一个用户，没有用户许可，其他普通用户是无法操作的，但对 root 用户除外。root 用户的特权还表现在 root 用户可以超越任何用户和组群对文件或目录进行读取、修改和删除（在系统正常的许可范围内）；可以控制对可执行程序的执行和终止；可以对硬件设备执行添加、创建、移除等操作；也可以对文件和目录的属性和权限进行修改，以满足系统管理的需要。

2. 系统用户

系统用户也称为虚拟用户、伪用户或假用户，这类用户不具有登录 Linux 系统的能力，却是系统运行不可缺少的用户，如 bin、daemon、adm、ftp、mail 等，这类用户都是系统自带的。系统用户的 UID 为 1～999。

3. 普通用户

普通用户能登录系统，在 Linux 系统上进行普通操作，能操作自己目录的内容，其使用系统的权限受限，这类用户都是系统管理员创建的，其 UID 为 1000～60000。

7.1.2 /etc/passwd 文件

/etc/passwd 文件是系统识别用户的一个重要文件，Linux 系统中所有的用户都记录在该文件中。假设用户以账户 zhangsan 登录系统，系统首先会检查/etc/passwd 文件，看是否有 zhangsan 这个账户，然后确定用户 zhangsan 的 UID，通过 UID 来确认用户的身份，如果存在则读取/etc/shadow 文件中所对应的密码。如果密码核实无误则登录系统，读取用户的配置文件。

1. /etc/passwd 文件简介

任何用户都可以读取/etc/passwd 文件内容，在/etc/passwd 文件中，每一行表示的是一个用户的信息，一行有 7 个段位，每个段位用“:”分隔，下面是/etc/passwd 文件的部分内容。

```
root:x:0:0:root:/root:/bin/bash
bin:x:1:1:bin:/bin:/sbin/nologin
daemon:x:2:2:daemon:/sbin:/sbin/nologin
adm:x:3:4:adm:/var/adm:/sbin/nologin
lp:x:4:7:lp:/var/spool/lpd:/sbin/nologin
sync:x:5:0:sync:/sbin:/bin/sync
…（省略）
dovecot:x:97:97:Dovecot IMAP server:/usr/libexec/dovecot:/sbin/nologin
dovenull:x:971:971:Dovecot's unauthorized user:/usr/libexec/dovecot:/sbin/nologin
tcpdump:x:72:72::/:/sbin/nologin
zhangsan:x:1000:1000:zhangsan :/home/zhangsan:/bin/bash
```

表 7-1 所示为/etc/passwd 文件中各字段的含义。

表 7-1 /etc/passwd 文件字段含义

字段	字段含义
用户名	也称为登录名，在系统内用户名应该具有唯一性。在本例中，zhangsan 就是用户名
密码	存放加密用户的密码，看到的是一个 x，其实密码已被映射到/etc/shadow 文件中
用户标识号（UID）	在系统内用一个整数标识用户 ID 号，每个用户的 UID 都是唯一的，root 用户的 UID 是 0，普通用户的 UID 默认从 1000 开始，本例中的用户 zhangsan 的 UID 是 1000
组群标识号（GID）	在系统内用一个整数标识用户所属的主要组群 ID 号，每个组群的 GID 都是唯一的
用户名全称	用户名描述，可以不设置
主目录	用户登录系统后首先进入的目录，zhangsan 用户的主目录是/home/zhangsan
登录 Shell	用户使用的 Shell 类型，Linux 系统默认使用的 Shell 是/bin/bash

2. UID

UID 是用户的 ID 值，在系统中每一位用户的 UID 都是唯一的，更确切地说每一位用户都对应一个唯一的 UID。Linux 系统用户的 UID 是一个正整数，初始值从 0 开始，在 Linux 系统中默认的最大值是 60000。

UID 最大值可以在/etc/login.defs 文件中查找到，使用以下命令可以查看到最大的 UID。

```
[root@rhel ~]# cat /etc/login.defs |grep UID_MAX
UID_MAX                 60000
//可以使用的最大 UID 默认为 60000
```

在 Linux 系统中，root 用户的 UID 是 0，拥有系统最高权限。UID 的唯一性关系到系统的安全。UID 是确认用户权限的标识，用户登录系统所处的角色是通过 UID 来实现的，而不是用户名。一般情况下，Linux 的发行版本都会预留一定的 UID 给系统虚拟用户使用，如 ftp、nobody、adm、bin 以及 shutdown 等用户。在 Linux 系统中会把 1～999 的 UID 预留出来给虚拟用户使用，管理员创建的新用户 UID 默认是从 1000 开始的。

7.1.3　/etc/shadow 文件

/etc/shadow 文件是/etc/passwd 的影子文件。这个文件并不是由/etc/passwd 文件产生的，这两个文件应该是对应互补的。/etc/shadow 文件内容包括用户被加密的密码和其他/etc/passwd 不能包括的信息，如用户的有效期限等。

/etc/shadow 文件只有 root 用户可以读取和操作，文件的权限不能随便更改为其他用户可读，这样做是非常危险的。如果发现这个文件的权限变成了其他组群或用户可读了，要进行检查，以防系统安全问题的发生。

/etc/shadow 文件的内容包括 9 个段位，每个段位之间用“:”分隔，下面是/etc/shadow 文件的部分内容。

```
    root:$6$.aiN9gzQgL18DLK.$3HA/i1N5trDD.tSXhbrz2dhmZqUxjf7Mdt.37rjskkarNtBUdxbKkVli6
UE6G04YdqHdMv.YZQEThjvzTy0O.0::0:99999:7:::
    bin:*:17784:0:99999:7:::
    daemon:*:17784:0:99999:7:::
    adm:*:17784:0:99999:7:::
    lp:*:17784:0:99999:7:::
    …（省略）
    dovecot:!!:18266::::::
    dovenull:!!:18266::::::
    tcpdump:!!:18266::::::
    zhangsan:$6$5rHblXjLSYj0t0eS$L/JzuH7NORYyBQ4vQDcScbuc.7Ymhj06deCoLsp0qV88PYwXoev3G
bqIgLK.0Wke.nXJAlzT1na/GcRlvGCjk.::0:99999:7:::
```

表 7-2 所示为/etc/shadow 文件中各字段的含义。

表 7-2　　/etc/shadow 文件字段含义

字段	字段含义
用户名	这里的用户名和/etc/passwd 中的用户名是相同的
加密密码	密码已经加密，如果有些用户在这里显示的是“!!”，则表示这个用户还没有设置密码，不能登录到系统
最后一次更改密码的日期	从 1970 年 1 月 1 日算起到最后一次修改密码的时间间隔天数
密码允许更换前的天数（密码的最小年龄）	用户要等待多长时间才再次被允许更改密码的天数。如果这个字段的值为空或 0，表示没有密码允许更换前的天数
密码必须更换前的天数（最大密码年龄）	用户必须更改密码的天数。超过该天数以后密码会过期，但密码仍然可用，直到密码禁用期时才会无法使用该密码。如果这个字段的值为空，表示没有密码必须更换前的天数
密码更换前警告的天数	在用户密码过期之前，提前警告用户更改密码的天数。如果这个字段的值为空或 0，表示没有密码更换前警告的天数
密码过期后的宽限天数	密码过期以后，仍然可以使用该密码的天数。过了宽限天数之后，用户无法再使用该密码登录系统，密码将会被禁用。在密码宽限期间，用户应该在下次登录时修改密码。如果这个字段的值为空，表示没有强制密码过期
用户过期日期	指定用户到期禁用的天数（从 1970 年 1 月 1 日开始到账户被禁用的天数）。如果这个字段的值为空，账户永不过期
保留字段	目前为空，以备将来 Linux 系统发展时使用

7.2 用户设置

在 Linux 系统字符界面中创建、修改以及删除用户主要使用 useradd、usermod 以及 userdel 这 3 个命令。

7.2.1 创建用户

创建用户就是在系统中创建一个新账户，为新账户分配 UID、组群、主目录以及登录 Shell 等资源。新创建的用户默认是被锁定的，无法使用，需要使用 passwd 命令设置密码以后才能使用。创建用户就是在/etc/passwd 文件中为新用户增加一条记录，同时更新/etc/shadow 和/etc/group 文件。

使用 useradd 命令就可以在 Linux 系统中创建用户。

命令语法：

```
useradd [选项] [用户名]
```

命令中各选项的含义如表 7-3 所示。

表 7-3 useradd 命令选项含义

选项	选项含义
-d <主目录>	新账户每次登录时使用的主目录
-e <过期日>	设置新创建用户的过期日期，日期格式为 YYYY-MM-DD
-f <失效日>	设置密码过期以后，用户被彻底禁用之前的天数
-c <用户名全称>	设置用户的用户名全称
-g <主要组群名>	指定用户所属的主要组群。组群名必须为现已存在的名称
-G <次要组群名>	指定用户为多个次要组群的成员。每个组群使用“,”来隔开
-m	用户主目录如果不存在则自动建立
-M	不建立用户主目录，即使/etc/login.defs 文件设定要建立用户主目录
-r	创建系统用户
-s <Shell 类型>	用户登录后使用的 Shell 类型
-u <用户 UID>	用户的 UID 值。数字不可以为负值

【例 7.1】 创建用户 zhangsan 并设置密码。

```
[root@rhel ~]# useradd zhangsan
[root@rhel ~]# cat /etc/passwd|grep zhangsan
zhangsan:x:1000:1000::/home/zhangsan:/bin/bash
//查看/etc/passwd 文件，显示已经创建了用户 zhangsan
[root@rhel ~]# passwd zhangsan
更改用户 zhangsan 的密码。
新的 密码:                              //在此设置用户 zhangsan 的密码
重新输入新的 密码:                      //重复设置用户 zhangsan 的密码
passwd: 所有的身份验证令牌已经成功更新。
```

【例 7.2】 对用户设置密码和不设置密码的比较。

```
[root@rhel ~]# useradd lisi
[root@rhel ~]# useradd wangwu
//创建用户 lisi 和 wangwu
[root@rhel ~]# passwd wangwu
更改用户 wangwu 的密码。
新的 密码:                          //在此设置用户 wangwu 的密码
重新输入新的 密码:                  //重复设置用户 wangwu 的密码
passwd：所有的身份验证令牌已经成功更新。
[root@rhel ~]# cat /etc/passwd|grep lisi
lisi:x:1001:1001::/home/lisi:/bin/bash
[root@rhel ~]# cat /etc/shadow|grep lisi
lisi:!!:18259:0:99999:7:::
//查看/etc/shadow 文件，在用户 lisi 的密码字段上显示的是“!!”，表示该用户还没有设置密码，不能登录Linux 系统
[root@rhel ~]# cat /etc/passwd|grep wangwu
wangwu:x:1002:1002::/home/wangwu:/bin/bash
[root@rhel ~]# cat /etc/shadow|grep wangwu
wangwu:$6$Ea.yttuy1hRfaiKU$H4hCpU5AsYxIzYesEEAQxZQ6I4S0xV1Ji6k5mpSPNqNSxjaXHuW0w2Jx.E5RR.21YPpTYuIburrSxoJz.nzFJ1:18259:0:99999:7:::
//查看/etc/shadow 文件，在用户 wangwu 的密码字段上显示的是加密的密码，表示该用户已经设置密码，能登录 Linux 系统
```

【例 7.3】 创建用户 moon，并设置该用户的 UID 为 1010。

```
[root@rhel ~]# useradd -u 1010 moon
[root@rhel ~]# cat /etc/passwd|grep moon
moon:x:1010:1010::/home/moon:/bin/bash
//查看/etc/passwd 文件，显示用户 moon 的 UID 为 1010
```

【例 7.4】 创建用户 newuser，并设置该用户的主目录为/home/www。

```
[root@rhel ~]# useradd -d /home/www newuser
[root@rhel ~]# cat /etc/passwd|grep newuser
newuser:x:1011:1011::/home/www:/bin/bash
//查看/etc/passwd 文件，显示用户 newuser 的主目录为/home/www
[root@rhel ~]# ls -l /home
总用量 0
drwx------. 3 lisi     lisi      92 12月 29 14:58 lisi
drwx------. 3 moon     moon      92 12月 29 15:01 moon
drwx------. 3 wangwu   wangwu    92 12月 29 14:58 wangwu
drwx------. 3 newuser  newuser   92 12月 29 15:03 www
drwx------. 4 zhangsan zhangsan 145 12月 29 14:37 zhangsan
//用户 newuser 的主目录/home/www 在创建用户时已经创建了
```

【例 7.5】 创建用户 pp，并指定该用户是组群 root 的成员。

```
[root@rhel ~]# useradd -g root pp
[root@rhel ~]# cat /etc/passwd|grep pp
pp:x:1012:0::/home/pp:/bin/bash
//查看/etc/passwd 文件，显示用户 pp 的 GID 字段为 0，0 为 root 组群的 GID
[root@rhel ~]# id pp
```

```
uid=1012(pp) gid=0(root) 组=0(root)
//使用 id 命令，显示用户 pp 是属于组群 root 的成员
```

【例 7.6】 创建用户 abc，并设置该用户的 Shell 类型是/bin/ksh。

```
[root@rhel ~]# useradd -s /bin/ksh abc
[root@rhel ~]# cat /etc/passwd|grep abc
abc:x:1013:1013::/home/abc:/bin/ksh
//查看/etc/passwd 文件，显示用户 abc 的 Shell 类型是/bin/ksh
```

7.2.2 修改用户

使用 usermod 命令可以更改用户的 Shell 类型、所属的组群、用户密码的有效期，还能更改用户的登录名。

命令语法：

```
usermod [选项][用户名]
```

命令中各选项的含义如表 7-4 所示。

表 7-4　usermod 命令选项含义

选项	选项含义
-G <次要组群名>	修改用户所属的次要组群（附加组群）
-l <新登录名>	修改用户登录名称
-L	锁定用户
-s <Shell 类型>	修改用户登录后使用的 Shell。如果没有，系统将选用系统预设的 Shell
-U	解锁用户
-u <用户 UID>	修改用户 UID
-c <用户名全称>	修改用户的用户名全称
-d <主目录>	修改用户登录时的主目录，如果指定-m 选项，用户旧目录会移动到新的目录中。如果旧目录不存在，则新建目录
-e <过期日>	设置用户的过期日期，日期格式为 YYYY-MM-DD
-f <失效日>	设置密码过期以后，用户被彻底禁用之前的天数
-g <主要组群名>	修改用户所属的主要组群，组群名必须已存在
-o	允许使用重复的 UID
-m	移动主目录的内容到新的位置

【例 7.7】 修改用户 zhangsan 的主目录为/home/kkk，并手动创建/home/kkk 目录。

```
[root@rhel ~]# usermod -d /home/kkk zhangsan
[root@rhel ~]# cat /etc/passwd|grep zhangsan
zhangsan:x:1000:1000::/home/kkk:/bin/bash
//查看/etc/passwd 文件，显示用户 zhangsan 的主目录已经修改为/home/kkk
[root@rhel ~]# mkdir /home/kkk
//必须使用 mkdir 命令创建/home/kkk 目录，这样用户 zhangsan 才能使用该主目录
```

【例 7.8】 修改用户 wangwu 的主目录为/home/opop，并自动创建/home/opop 目录。

```
[root@rhel ~]# ls /home
abc  kkk  lisi  moon  pp  wangwu  www  zhangsan
```

```
[root@rhel ~]# cat /etc/passwd|grep wangwu
wangwu:x:1002:1002::/home/wangwu:/bin/bash
//查看/home 目录和/etc/passwd 文件内容，显示用户 wangwu 的当前主目录是/home/wangwu
[root@rhel ~]# usermod -d /home/opop -m wangwu
[root@rhel ~]# ls /home
abc  kkk  lisi  moon  opop  pp  www  zhangsan
[root@rhel ~]# cat /etc/passwd|grep wangwu
wangwu:x:1002:1002::/home/opop:/bin/bash
//查看/home目录和/etc/passwd 文件内容，显示用户 wangwu 的主目录自动由/home/wangwu 修改为/home/opop
```

【例 7.9】 修改用户 wangwu 的登录名为 zhaoliu。

```
[root@rhel ~]# usermod -l zhaoliu wangwu
[root@rhel ~]# cat /etc/passwd|grep zhaoliu
zhaoliu:x:1002:1002::/home/opop:/bin/bash
//查看/etc/passwd 文件，显示用户 wangwu 的新登录名为 zhaoliu
```

【例 7.10】 修改用户 zhangsan 的用户名全称为张三。

```
[root@rhel ~]# usermod -c 张三 zhangsan
[root@rhel ~]# cat /etc/passwd|grep zhangsan
zhangsan:x:1000:1000:张三:/home/kkk:/bin/bash
//查看/etc/passwd 文件，显示用户 zhangsan 的用户名全称为张三
```

【例 7.11】 修改用户 zhangsan 在密码过期 20 天后就禁用该账号。

```
[root@rhel ~]# cat /etc/shadow|grep zhangsan
zhangsan:$6$5rHblXjLSYj0t0eS$L/JzuH7NORYyBQ4vQDcScbuc.7Ymhj06deCoLsp0qV88PYwXoev3GbqIgLK.0Wke.nXJAlzT1na/GcRlvGCjk.::0:99999:7:::
//用户 zhangsan 在密码过期几天后禁用该账户，默认是没有设置的
[root@rhel ~]# usermod -f 20 zhangsan
[root@rhel ~]# cat /etc/shadow|grep zhangsan
zhangsan:$6$5rHblXjLSYj0t0eS$L/JzuH7NORYyBQ4vQDcScbuc.7Ymhj06deCoLsp0qV88PYwXoev3GbqIgLK.0Wke.nXJAlzT1na/GcRlvGCjk.::0:99999:7:20::
//查看/etc/passwd 文件，显示用户 zhangsan 将在密码过期 20 天后就禁用该账户
```

【例 7.12】 修改用户 zhangsan 所属的主要组群为 root，该组群必须事先存在。

```
[root@rhel ~]# usermod -g root zhangsan
[root@rhel ~]# cat /etc/passwd|grep zhangsan
zhangsan:x:1000:0:张三:/home/kkk:/bin/bash
//查看/etc/passwd 文件，显示用户 zhangsan 所属的主要组群是 root，组群 root 的 GID 是 0
```

【例 7.13】 锁定用户 zhangsan。

```
[root@rhel ~]# usermod -L zhangsan
[root@rhel ~]# passwd -S zhangsan
zhangsan LK 1969-12-31 0 99999 7 20（密码已被锁定。）
//查看用户 zhangsan 状态，显示该用户已被锁定，该用户不能在系统上登录，但是却可以从其他用户切换到该用户
```

【例 7.14】 解锁用户 zhangsan。

```
[root@rhel ~]# usermod -U zhangsan
[root@rhel ~]# passwd -S zhangsan
```

```
zhangsan PS 1969-12-31 0 99999 7 20（密码已设置，使用 SHA512 算法。）
//查看用户 zhangsan 状态，显示该用户已经解锁
```

【例 7.15】 修改用户 zhangsan 账户的过期日期是 2028 年 12 月 12 日。

```
[root@rhel ~]# cat /etc/shadow|grep zhangsan
zhangsan:$6$5rHblXjLSYj0t0eS$L/JzuH7NORYyBQ4vQDcScbuc.7Ymhj06deCoLsp0qV88PYwXoev3GbqIgLK.0Wke.nXJAlzT1na/GcRlvGCjk.::0:99999:7:20::
[root@rhel ~]# usermod -e 12/12/2028 zhangsan
[root@rhel ~]# cat /etc/shadow|grep zhangsan
zhangsan:$6$5rHblXjLSYj0t0eS$L/JzuH7NORYyBQ4vQDcScbuc.7Ymhj06deCoLsp0qV88PYwXoev3GbqIgLK.0Wke.nXJAlzT1na/GcRlvGCjk.::0:99999:7:20:21530:
//查看/etc/shadow 文件，显示用户 zhangsan 的账户过期日期已经修改，21530 是 2028 年 12 月 12 日减去 1970 年 1 月 1 日的天数
```

【例 7.16】 修改用户 zhangsan 的 Shell 类型为/bin/ksh。

```
[root@rhel ~]# cat /etc/passwd|grep zhangsan
zhangsan:x:1000:0:张三:/home/kkk:/bin/bash
[root@rhel ~]# usermod -s /bin/ksh zhangsan
[root@rhel ~]# cat /etc/passwd|grep zhangsan
zhangsan:x:1000:0:张三:/home/kkk:/bin/ksh
//查看/etc/passwd 文件，显示用户 zhangsan 的 Shell 类型已经修改为/bin/ksh
```

7.2.3 删除用户

使用 userdel 命令可以在 Linux 系统中删除用户，甚至连用户的主目录也一起删除。

命令语法：

```
userdel [选项][用户名]
```

命令中各选项的含义如表 7-5 所示。

表 7-5　userdel 命令选项含义

选项	选项含义
-r	在删除用户时，把用户的主目录和本地邮件存储的目录或文件一同删除
-f	强制删除用户

【例 7.17】 删除用户 lisi。

```
[root@rhel ~]# userdel lisi
[root@rhel ~]# cat /etc/passwd|grep lisi
//查看/etc/passwd 文件，已经查询不到关于用户 lisi 的数据，说明该用户已经删除
[root@rhel ~]# ls /home
abc  kkk  lisi  moon  opop  pp  www  zhangsan
//使用 userdel 命令删除用户并不会删除该用户主目录
```

【例 7.18】 删除用户 moon，并且在删除该用户的同时一起删除主目录。

```
[root@rhel ~]# ls /home
abc  kkk  lisi  moon  opop  pp  www  zhangsan
//用户 moon 的主目录为/home/moon
[root@rhel ~]# userdel -r moon
[root@rhel ~]# ls /home
```

```
abc  kkk  lisi  opop  pp  www  zhangsan
//查看/home 目录的内容，显示用户 moon 的主目录随该用户一起删除
```

注意

使用-r 选项会将用户的主目录连同用户一起删除，所以在删除用户之前一定要备份好主目录下的重要数据。

7.3 组群简介

本节主要讲述 Linux 系统下的组群分类以及与组群有关的配置文件/etc/group 和/etc/gshadow。

7.3.1 组群分类

具有某种共同特征的用户集合就是组群。通过组群可以集中设置访问权限和分配管理任务。

在 Linux 系统中，有两种组群分类方法，一种方法是将组群分为私有组群和标准组群。

1. 私有组群

当创建一个新的用户时，如果没有指定该用户属于哪一个组群，那么 Linux 系统就会创建一个和该用户同名的组群。这个组群就是私有组群，在这个私有组群中只包含这个用户。

注意

私有组群可以转换成标准组群，当把其他用户加入该组群中，那么这个私有组群就变成了标准组群。

2. 标准组群

标准组群也称为普通组群，标准组群可以包含多个用户。如果使用标准组群，那么在创建一个新的用户时，应该指定该用户属于哪一个组群。

另外一种方法是将组群分为主要组群和次要组群。

1. 主要组群

当一个用户属于多个组群成员时，登录后所属的组群便是主要组群，其他组群是次要组群。一个用户只能属于一个主要组群。

2. 次要组群

次要组群也称为附加组群，一个用户可以属于多个次要组群。

7.3.2 /etc/group 文件

/etc/group 文件是组群的配置文件，内容包括用户和组群，并且能显示出用户归属于哪个组群或哪几个组群。一个用户可以归属于一个或多个不同的组群，同一组群的用户之间具有相似的特征。如把某一用户加入 root 组群，那么这个用户就可以浏览 root 用户主目录的文件。如果把某个文件的读写、执行权限开放给 root 组群，那么 root 组群的所有用户都可以修改此文件。如果是可执行的文件，root 组群的用户也是可以执行的。

组群的特性在系统管理中为系统管理员提供了极大的方便，但安全性也是值得关注的。如某个用户有对系统管理很重要的内容，最好让该用户拥有独立的组群，或者把用户的文件的权限设置为完全私有。

/etc/group 文件的内容包括组群名、组群密码、GID 及该组群包含的用户，每个组群一条记录，一行有 4 个段位，每个段位用“:”分隔。下面是/etc/group 文件的部分内容。

1. /etc/group 文件简介

```
root:x:0:
bin:x:1:
daemon:x:2:
sys:x:3:
adm:x:4:
tty:x:5:
disk:x:6:
lp:x:7:
…（省略）
dovenull:x:971:
tcpdump:x:72:
zhangsan:x:1000:
shanghai:x:1002:
beijing:x:1003:
```

表 7-6 所示为/etc/group 文件中各字段的含义。

表 7-6 /etc/group 文件字段含义

字段	字段含义
组群名	组群名称，如组群名 root
组群密码	存放加密的组群密码，看到的是 x，密码已被映射到/etc/gshadow 文件中
组群标识号（GID）	在系统内用一个整数标识组群 GID，每个组群的 GID 都是唯一的，默认普通组群的 GID 从 1000 开始，root 组群 GID 是 0
组群成员	属于这个组群的成员，如 root 组群的成员有 root 用户

2. GID

GID 和 UID 类似，是一个从 0 开始的正整数，GID 为 0 的组群是 root 组群。Linux 系统会预留 GID 1～999 给系统虚拟组群使用，创建的新组群 GID 是从 1000 开始的，若查看系统创建组群默认的 GID 范围应该查看/etc/login.defs 中的 GID_MIN 和 GID_MAX 值，可以使用以下命令。

```
[root@rhel ~]# cat /etc/login.defs |grep GID
GID_MIN                  1000
GID_MAX                 60000
```

对照/etc/passwd 和/etc/group 两个文件，在/etc/passwd 文件的每条用户记录中会含有用户默认的 GID；在/etc/group 文件中也会发现每个组群下有多少个用户。在创建目录和文件时会使用默认的组群。

7.3.3 /etc/gshadow 文件

/etc/gshadow 是/etc/group 的加密文件，组群密码就存放在这个文件中。/etc/gshadow 和/etc/group 是互补的两个文件；对于大型服务器，针对很多用户和组群，定制一些关系结构比较复杂的权限模型，设置组群密码是很有必要的。如不想让一些非组群成员永久拥有组群的权限和特性，可以通过密码验证的方式来让某些用户临时拥有一些组群特性，这时就要用到组群密码。

/etc/gshadow 文件中每个组群都有一条记录，一行有 4 个段位，每个段位用“:”分隔。下面是/etc/gshadow 文件的部分内容。

```
root:::
bin:::
```

```
daemon:::
sys:::
adm:::
tty:::
…（省略）
slocate:!::
dovecot:!::
dovenull:!::
tcpdump:!::
zhangsan:!::
shanghai:!::
beijing:$1$xxE/KN0e$CJhFYwLFGfFb96cLb2a3A1::ou
```

表 7-7 所示为/etc/gshadow 文件中各字段的含义。

表 7-7　　　/etc/gshadow 文件字段含义

字段	字段含义
组群名	组群的名称
组群密码	密码已经加密，如果有些组群在这里显示的是"!"，表示这个组群没有密码。本例中组群 shanghai 没有密码，组群 beijing 已设置密码
组群管理者	组群的管理者，有权在该组群中添加、删除用户
组群成员	属于该组群的用户成员列表，如有多个用户用逗号分隔

7.4　组群设置

在 Linux 系统字符界面中创建、修改以及删除组群主要使用 groupadd、groupmod 以及 groupdel 这 3 个命令。

7.4.1　创建组群

使用 groupadd 命令可以在 Linux 系统中创建组群。

命令语法：

```
groupadd [选项] [组群名]
```

命令中各选项的含义如表 7-8 所示。

表 7-8　　　groupadd 命令选项含义

选项	选项含义
-g <GID>	为组群设置 GID
-r	创建系统组群
-o	允许使用和别的组群相同的 GID 创建组群
-p <密码>	为新组群设置加密的密码

【例 7.19】 创建名为 china 的组群。

```
[root@rhel ~]# groupadd china
[root@rhel ~]# cat /etc/group|grep china
```

```
china:x:1014:
//查看文件/etc/group，显示已经创建了组群 china
```

【例 7.20】 创建名为 ou 的组群，并且设置该组群的 GID 为 1300。

```
[root@rhel ~]# groupadd -g 1300 ou
[root@rhel ~]# cat /etc/group|grep ou
ou:x:1300:
//查看文件/etc/group，显示已经创建了组群 ou，GID 是 1300
```

【例 7.21】 创建名为 chinese 的系统组群。

```
[root@rhel ~]# groupadd -r chinese
[root@rhel ~]# cat /etc/group|grep chinese
chinese:x:970:
//查看/etc/group 文件，显示系统组群 chinese 的 GID 是 970，是小于 1000 的
```

7.4.2 修改组群

使用 groupmod 命令可以在 Linux 系统中修改组群，如组群名称、GID 等。

命令语法：

```
groupmod [选项][组群名]
```

命令中各选项的含义如表 7-9 所示。

表 7-9 groupmod 命令选项含义

选项	选项含义
-g <GID 号>	设置 GID
-o	允许使用重复的 GID
-n <新组群名>	修改组群名称

【例 7.22】 将组群 ou 的 GID 修改为 1400。

```
[root@rhel ~]# groupmod -g 1400 ou
[root@rhel ~]# cat /etc/group|grep ou
ou:x:1400:
//查看/etc/group 文件，显示组群 ou 的 GID 已经修改为 1400
```

【例 7.23】 修改组群 ou 的新组群名称为 shanghai。

```
[root@rhel ~]# groupmod -n shanghai ou
[root@rhel ~]# cat /etc/group|grep shanghai
shanghai:x:1400:
//查看/etc/group 文件，可以通过原来的 GID 看到组群 ou 的名称已经修改为 shanghai
```

7.4.3 删除组群

使用 groupdel 命令可以在 Linux 系统中删除组群。如果该组群中仍旧包括某些用户，那么必须先删除这些用户后，才能删除组群。

命令语法：

```
groupdel [组群名]
```

【例 7.24】 删除组群 shanghai。

```
[root@rhel ~]# groupdel shanghai
[root@rhel ~]# cat /etc/group|grep shanghai
//查看/etc/group 文件，显示当前组群 shanghai 已经不存在
```

7.5 用户和组群维护

在日常工作中经常需要对 Linux 系统用户和组群进行维护和管理，主要用到 passwd、gpasswd、su、newgrp、groups 以及 id 等命令。

7.5.1 passwd 命令

使用 passwd 命令可以设置或修改用户的密码，普通用户和 root 用户都可以运行 passwd 命令，普通用户只能更改自己的用户密码，root 用户可以设置或修改任何用户的密码。如果 passwd 命令后面不接任何选项或用户名，则表示修改当前用户的密码。

命令语法：

```
passwd [选项] [用户名]
```

命令中各选项的含义如表 7-10 所示。

表 7-10 passwd 命令选项含义

选项	选项含义
-d	删除用户密码，只能 root 用户操作
-k	保持身份验证令牌不过期
-l	锁住用户的密码
-u	为用户解除密码
-e	终止指名用户的密码
-x <天数>	设置密码的最长有效时限
-n <天数>	设置密码的最短有效时限
-w <天数>	在密码过期前多少天开始提醒用户
-i <天数>	当密码过期后经过多少天该用户会被禁用
-S	查询用户的密码状态
-f	强制执行操作

【例 7.25】 更改用户 it 的密码。

```
[root@rhel ~]# useradd it
[root@rhel ~]# passwd it
更改用户 it 的密码。
新的 密码：                    //在此输入用户 it 的密码
重新输入新的 密码：             //在此重复输入用户 it 的密码
passwd: 所有的身份验证令牌已经成功更新。
```

【例 7.26】 锁定用户 it 的密码。

```
[root@rhel ~]# passwd -l it
锁定用户 it 的密码。
```

```
passwd: 操作成功
//用户 it 锁住以后不能登录到系统，但是可以使用 su 命令从其他用户切换到用户 it
[root@rhel ~]# passwd -S it
it LK 2021-12-29 0 99999 7 -1 (密码已被锁定。)
//查看用户密码状态，显示用户 it 的密码是锁定的
[root@rhel ~]# cat /etc/shadow|grep it
it:!!$6$4fT/nKxyGurlOGhv$Leuq69DWHFTFLhlI8WVxkQKD3OWQXLusIKWPxS2ACcLGwrBFFCXVbo7bj
uaC9M2mv4TCjBhNilu6MEkiMUU/Q.:18259:0:99999:7:::
//查看/etc/shadow 文件，显示用户 it 密码锁定以后在密码字段前有字符“!!”
```

【例 7.27】 解锁用户 it 的密码。

```
[root@rhel ~]# passwd -u it
解锁用户 it 的密码。
passwd: 操作成功
//已经成功解锁用户 it，重新设置密码口令也可以解锁用户
[root@rhel ~]# passwd -S it
it PS 2021-12-29 0 99999 7 -1 (密码已设置，使用 SHA512 算法。)
//查看用户密码状态，显示用户 it 的密码已经解锁
[root@rhel ~]# cat /etc/shadow|grep it
it:$6$4fT/nKxyGurlOGhv$Leuq69DWHFTFLhlI8WVxkQKD3OWQXLusIKWPxS2ACcLGwrBFFCXVbo7bjua
C9M2mv4TCjBhNilu6MEkiMUU/Q.:18259:0:99999:7:::
//查看/etc/shadow 文件，显示用户 it 密码解锁以后，密码字段前的“!!”没有了
```

【例 7.28】 删除用户 it 的密码。

```
[root@rhel ~]# cat /etc/shadow|grep it
it:$6$4fT/nKxyGurlOGhv$Leuq69DWHFTFLhlI8WVxkQKD3OWQXLusIKWPxS2ACcLGwrBFFCXVbo7bjua
C9M2mv4TCjBhNilu6MEkiMUU/Q.:18259:0:99999:7:::
//查看/etc/shadow 文件，显示用户 it 设置过密码
[root@rhel ~]# passwd -d it
删除用户 it 的密码。
passwd: 操作成功
[root@rhel ~]# cat /etc/shadow|grep it
it::18259:0:99999:7:::
//查看/etc/shadow 文件，显示用户 it 的密码已经没有了
```

7.5.2 gpasswd 命令

使用 gpasswd 命令可以管理/etc/group 和/etc/gshadow 文件。

命令语法：

```
gpasswd [选项] [组群名]
```

命令中各选项的含义如表 7-11 所示。

表 7-11 gpasswd 命令选项含义

选项	选项含义
-a <用户>	将一个用户加入一个组群中
-d <用户>	将一个用户从一个组群中删除
-r	删除一个组群的组群密码

续表

选项	选项含义
-R	限制其成员访问组群
-A <组群管理员>	指定组群的管理员
-M <用户>	设置组群的成员列表

【例 7.29】 把用户 it 添加到 kk 组群中。

```
[root@rhel ~]# groupadd kk
[root@rhel ~]# gpasswd -a it kk
正在将用户“it”加入“kk”组中
[root@rhel ~]# cat /etc/group|grep kk
kk:x:1016:it
//在/etc/group 文件中显示 kk 组群中有用户 it
```

【例 7.30】 从 kk 组群中删除用户 it。

```
[root@rhel ~]# gpasswd -d it kk
正在将用户“it”从“kk”组中删除
[root@rhel ~]# cat /etc/group|grep kk
kk:x:1016:
//在/etc/group 文件中显示 kk 组群中已经没有用户 it 了
```

7.5.3 su 命令

使用 su 命令可以切换到其他用户进行登录。如果 su 命令不加任何选项，默认为切换到 root 用户，并且不改变 Shell 环境。

命令语法：

```
su [选项] [用户]
```

命令中各选项的含义如表 7-12 所示。

表 7-12 su 命令选项含义

选项	选项含义
-	改变登录 Shell
-l	登录并改变用户 Shell 环境
-m	不重置环境变量
-s <Shell 类型>	指定要执行的 Shell 类型
-c <命令>	执行一个命令，然后退出所在的用户环境

【例 7.31】 把 root 用户切换为普通用户 it 进行登录，并且 Shell 环境也切换。

```
[root@rhel ~]# su - it
//从 root 用户切换到普通用户 it，不需要输入用户的密码
[it@rhel ~]$ pwd
/home/it
//Shell 环境已经切换，所以当前工作目录路径为/home/it
```

【例 7.32】 把 root 用户切换为普通用户 it 进行登录，Shell 环境不需要切换。

```
[root@rhel ~]# su it
[it@rhel root]$ pwd
/root
//Shell 环境没有切换，所以当前工作目录路径为/root
```

【例 7.33】 普通用户 it 使用 su 命令以 root 用户执行 ls /root 命令。

```
[it@rhel ~]$ ls /root
ls: 无法打开目录'/root': 权限不够
//用户 it 没有权限打开/root 目录
[it@rhel ~]$ su - root -c "ls /root"
密码:                       //在此输入 root 用户的密码
公共  视频  文档  音乐  anaconda-ks.cfg
模板  图片  下载  桌面  initial-setup-ks.cfg
```

7.5.4　newgrp 命令

使用 newgrp 命令可以让用户以另一个组群的身份进行登录。newgrp 命令以相同的账户名、不同的组群身份登录系统。如果要使用 newgrp 命令切换组群，用户必须是该组群的用户，否则无法登录指定的组群。单一用户如果要同时隶属于多个组群，需要利用交替用户的设置。如果不指定组群名称，则 newgrp 命令会登录该用户名称的预设组群。

命令语法：

```
newgrp [组群名]
```

【例 7.34】 将用户 ab 以组群 ou 的身份登录系统。

```
[root@rhel ~]# su - ab
//以用户 ab 登录系统
[ab@rhel ~]$ id
uid=1015(ab) gid=1017(ab) 组=1017(ab),1018(ou) 环境=unconfined_u:unconfined_r:unconfined_t:s0-s0:c0.c1023
//当前用户 ab 分别属于组群 ab 和 ou 的成员，现在是以 ab 组群的身份登录系统的
[ab@rhel ~]$ newgrp ou
[ab@rhel ~]$ id
uid=1015(ab) gid=1018(ou) 组=1018(ou),1017(ab) 环境=unconfined_u:unconfined_r:unconfined_t:s0-s0:c0.c1023
//现在用户 ab 是以 ou 组群的身份登录系统
```

7.5.5　groups 命令

使用 groups 命令可以显示指定用户的组群成员身份。

命令语法：

```
groups [用户名]
```

【例 7.35】 查看用户 ab 是属于哪些组群的成员。

```
[root@rhel ~]# groups ab
ab : ab ou
//显示用户 ab 是属于 ab 组群和 ou 组群的用户
```

7.5.6 id 命令

使用 id 命令可以显示用户的 UID 和该用户所属组群的 GID。

命令语法：

```
id [选项] [用户名]
```

命令中各选项的含义如表 7-13 所示。

表 7-13　　　　id 命令选项含义

选项	选项含义
-g	显示用户所属主要组群的 GID
-G	显示用户所属组群的 GID（主要组群和次要组群都会列出来）
-u	显示用户 UID

【例 7.36】 查询用户 ab 的 UID、主要组群的 GID 以及归属组群的情况。

```
[root@rhel ~]# id ab
uid=1015 (ab) gid=1017(ab) 组=1017(ab),1018(ou)
//用户 ab 的 UID 是 1015，主要组群是 ab，主要组群的 GID 是 1017，用户归属于 ab 和 ou 组群
```

【例 7.37】 显示用户 ab 所属主要组群的 GID。

```
[root@rhel ~]# id -g ab
1017
//显示用户 ab 所属主要组群的 GID 是 1017
```

【例 7.38】 显示用户 ab 所属组群的 GID。

```
[root@rhel ~]# id -G ab
1017 1018
//显示用户 ab 所属组群的 GID 是 1017 和 1018
```

【例 7.39】 显示用户 ab 的 UID。

```
[root@rhel ~]# id -u ab
1015
//显示用户 ab 的 UID 是 1015
```

小　结

用户在 Linux 系统中是分角色的，角色不同，每个用户的权限和所能完成的任务也不同。而在实际的管理工作中，用户的角色是通过 UID 来标识的，每个用户的 UID 都是不同的。在 Linux 系统中有三大类用户，分别是 root 用户、系统用户以及普通用户。

用户管理主要是通过修改用户配置文件/etc/passwd 和/etc/shadow 完成的。在 Linux 系统字符界面中创建、修改以及删除用户主要使用 useradd、usermod 以及 userdel 这 3 个命令。

具有某种共同特征的用户集合就是组群，通过组群可以集中设置访问权限和分配管理任务。在 Linux 系统中，有两种组群分类方法，一种方法是将组群分为私有组群和标准组群，另外一种

方法是将组群分为主要组群和次要组群。

组群管理主要是通过组群配置文件/etc/group 和/etc/gshadow 完成的。在 Linux 系统字符界面中创建、修改以及删除组群主要使用 groupadd、groupmod 以及 groupdel 这 3 个命令。

在平时的工作中对用户进行维护主要用到 passwd、gpasswd、su、newgrp、groups、id 等众多命令。

习　题

7-1　简述在 Linux 系统中用户的分类。

7-2　管理用户的配置文件有哪些？描述这些文件各字段的含义。

7-3　管理组群的配置文件有哪些？描述这些文件各字段的含义。

7-4　默认情况下新创建的第一个普通用户 UID 是多少？

7-5　简述对用户设置密码和不设置密码的区别。

上机练习

上机练习

7-1　使用命令创建用户 zhangsan，并设置其密码为 111111，设置用户名全称为张三。

7-2　使用命令修改用户 zhangsan 的 UID 为 1700，其 Shell 类型为/bin/ksh。

7-3　使用命令删除用户 zhangsan，并且在删除该用户的同时一起删除其主目录。

7-4　使用命令创建组群 group1，并且在创建时设置其 GID 为 1800。

7-5　使用命令修改组群 group1 的新组群名称为 shanghai。

第8章 磁盘分区和文件系统管理

在 Linux 系统中，如果需要在某个磁盘上存储数据，则应将磁盘进行分区、创建文件系统、将文件系统挂载到目录下。在安装 Linux 系统后需要添加更多的交换空间，可以通过添加一个交换分区或添加一个交换文件来实现。

8.1 磁盘分区和格式化简介

要对计算机磁盘进行分区，首先需要知道磁盘分区和格式化等相关概念。

8.1.1 什么是磁盘分区

磁盘分区是指对磁盘物理介质的逻辑划分。将磁盘分成多个分区，不仅有利于对文件的管理，而且不同的分区可以建立不同的文件系统。这样才能在不同的分区上安装不同的操作系统。

分区就是磁盘的“段落”，如果用户希望在计算机上安装多个操作系统，将需要更多的分区。假设需要同时安装 Windows 10 和 Windows Server 2019 系统，那么至少需要两个分区，原因是不同的操作系统原则上采用不同的文件系统。如果几个操作系统都支持相同的文件系统，通常为了避免在一个分区下有相同的系统目录，会将它们安装在不同的磁盘分区上。在 Linux 系统中，情况又有所不同，它本身需要更多的磁盘分区，如根分区“/”和 swap 分区。

磁盘分区一共有两种：主分区和扩展分区。扩展分区只不过是逻辑驱动器的“容器”，实际上只有主分区和逻辑驱动器才能进行数据存储。在一块磁盘上最多只能有 4 个主分区，可以另外建立一个扩展分区来代替 4 个主分区的其中一个，然后在扩展分区下可以建立更多的逻辑驱动器。

计算机启动的时候，首先读取主引导记录（Master Boot Record，MBR）中的硬盘分区表，从中选择唯一一个具有活动标记的分区，引导该分区上的操作系统活动。也就是说，无论有几个主分区，其中必须有一个分区是活动的。

不同的操作系统有不同的磁盘分区工具，Windows 系统下常用的分区工具是 fdisk，而在 Linux 系统中进行分区可以使用 fdisk 和 parted 等命令，或者使用相同功能的图形界面程序。

8.1.2 什么是格式化

经过磁盘分区之后，下一个步骤就是要对磁盘分区进行格式化的工作（也就是创建文件系统的工作）。格式化是指对磁盘分区进行初始化的一种操作，这种操作通常会导致现有的分区中所有的数据被清除。简单地说，就是把一张空白的磁盘划分成一个个小区域并编号，供计算机储存和读取数据使用。

格式化是在磁盘中建立磁道和扇区，建立好之后，计算机才可以使用磁盘来储存数据。格式化的动作通常是在磁盘的开端写入启动扇区的数据、在根目录记录磁盘卷标、为文件分配表保留一些空间，以及检查磁盘上是否有损坏的扇区。如果有，则在文件分配表中标上损毁的记号，表示该扇区并不用来储存数据。

每个主分区和逻辑驱动器都会被存储为一个识别文件系统的附加信息。操作系统能通过这些信息非常容易地识别和确认应该使用哪个分区，不能识别的分区将会被忽略。

通过分区当然不能产生任何文件系统。分区只是对磁盘上的磁盘空间进行了保留，还不能直接使用，在分区之后必须要进行格式化。在 Windows 操作系统下可以通过资源管理器下的文件菜单或者 format 程序来执行格式化，而在 Linux 系统中大多使用 mkfs 命令来完成。

Linux 系统支持不同的文件系统，目前应用最广泛的就是 xfs 和 ext4。

注意

对磁盘进行分区和格式化操作将会导致数据丢失，因此在分区和格式化之前一定要对数据进行备份。

8.2　Linux 磁盘分区

使用 fdisk 命令可以对磁盘进行分区，它采用传统的问答式界面。除此之外还可以用来查看磁盘分区的详细信息，也能为每个分区指定分区的类型。

命令语法：

```
fdisk [选项] [磁盘]
```

命令中各选项的含义如表 8-1 所示。

表 8-1　fdisk 命令选项含义

选项	选项含义
-b <扇区大小>	指定磁盘的扇区大小，有效的值是 512、1024、2048 或 4096
-l	列出指定磁盘的分区表信息
-C <柱面数>	指定柱面数
-H <磁头数>	指定磁头数
-S <扇区数>	指定磁盘每磁道的扇区数

在 fdisk 命令的交互式操作方式下有许多子命令，如表 8-2 所示。

表 8-2　fdisk 交互式操作子命令

子命令	功能
m	显示所有能在 fdisk 中使用的子命令
p	显示磁盘分区信息
a	设置磁盘启动分区
n	创建新的分区

续表

子命令	功能
t	更改分区的系统 ID（也就是分区类型 ID）
d	删除磁盘分区
q	退出 fdisk，不保存磁盘分区设置
l	列出已知的分区类型
v	检查分区表
w	保存磁盘分区设置并退出 fdisk
i	显示指定分区的相关信息
F	列出未分区的空闲区

下面以实例的方式讲述在 Linux 系统磁盘/dev/sda 中创建、删除、查看分区以及转换分区类型。

1. 进入 fdisk 界面，显示磁盘分区信息

```
[root@rhel ~]# fdisk /dev/sda

欢迎使用 fdisk (util-linux 2.32.1)。
更改将停留在内存中，直到您决定将更改写入磁盘。
使用写入命令前请三思。

命令(输入 m 获取帮助)：p
Disk /dev/sda：500 GiB，536870912000 字节，1048576000 个扇区
单元：扇区 / 1 * 512 = 512 字节
扇区大小(逻辑/物理)：512 字节 / 512 字节
I/O 大小(最小/最佳)：512 字节 / 512 字节
磁盘标签类型：dos
磁盘标识符：0x98cb7ab2

设备          启动    起点       末尾       扇区    大小  Id  类型
/dev/sda1     *       2048    2099199    2097152    1G  83  Linux
/dev/sda2          2099200    6293503    4194304    2G  82  Linux swap / Solaris
/dev/sda3          6293504  320866303  314572800  150G  83  Linux
```

磁盘分区的表示方法如下。

- 设备：磁盘分区设备名，如/dev/sda1。
- 启动：表示引导分区，在上面的例子中/dev/sda1 是引导分区。
- 起点：表示一个分区的开始扇区。
- 末尾：表示一个分区的结束扇区。
- 扇区：表示磁盘分区的总扇区。
- 大小：表示磁盘分区的大小。
- Id：一个两位的十六进制，表示分区类型。
- 类型：Id 所定义的分区类型。

2. 创建和删除主分区

在创建磁盘分区时，需要指定结束扇区，格式如表 8-3 所示。

表 8-3　　指定结束扇区格式

格式	功能
n	使用结束扇区，n 代表数字
+n	在开始扇区的基础上，加上 n 个扇区，n 代表数字
+nM	在开始扇区的基础上，加上 nMB 容量，n 代表数字。还可以使用 K、G
Enter 键	使用默认的扇区，也就是这个分区的结束扇区就是最后一个扇区

```
命令(输入 m 获取帮助)：n
//在此输入 n，开始创建分区
分区类型
   p   主分区 (3 个主分区，0 个扩展分区，1 空闲)
   e   扩展分区 (逻辑分区容器)
选择 (默认 e)：p
//在此输入 p，开始创建主分区

已选择分区 4
第一个扇区 (320866304-1048575999, 默认 320866304)：
//直接按[Enter]键，从磁盘剩余起始扇区开始创建分区
上个扇区，+sectors 或+size{K,M,G,T,P} (320866304-1048575999, 默认 1048575999)：600000000
//在此输入 600000000，代表分区结束扇区数是 600000000

创建了一个新分区 4，类型为“Linux”，大小为 133.1 GiB。

命令(输入 m 获取帮助)：p
Disk /dev/sda：500 GiB，536870912000 字节，1048576000 个扇区
单元：扇区 / 1 * 512 = 512 字节
扇区大小(逻辑/物理)：512 字节 / 512 字节
I/O 大小(最小/最佳)：512 字节 / 512 字节
磁盘标签类型：dos
磁盘标识符：0x98cb7ab2

设备         启动      起点        末尾        扇区     大小  Id  类型
/dev/sda1    *         2048     2099199     2097152       1G  83  Linux
/dev/sda2           2099200     6293503     4194304       2G  82  Linux swap / Solaris
/dev/sda3           6293504   320866303   314572800     150G  83  Linux
/dev/sda4         320866304   600000000   279133697   133.1G  83  Linux
//查看分区信息，可以看到新创建的主分区为/dev/sda4

命令(输入 m 获取帮助)：n
要创建更多分区，请先将一个主分区替换为扩展分区。
//4 个分区已满，再也无法创建第 5 个分区

命令(输入 m 获取帮助)：d
//在此输入 d，开始删除主分区
分区号 (1-4, 默认 4)：4
```

```
//输入分区号码，在此输入 4，说明要删除/dev/sda4 分区

分区 4 已删除。

命令(输入 m 获取帮助)：p
Disk /dev/sda：500 GiB，536870912000 字节，1048576000 个扇区
单元：扇区 / 1 * 512 = 512 字节
扇区大小(逻辑/物理)：512 字节 / 512 字节
I/O 大小(最小/最佳)：512 字节 / 512 字节
磁盘标签类型：dos
磁盘标识符：0x98cb7ab2

设备          启动      起点        末尾        扇区    大小  Id  类型
/dev/sda1     *         2048     2099199     2097152      1G  83  Linux
/dev/sda2            2099200     6293503     4194304      2G  82  Linux swap / Solaris
/dev/sda3            6293504   320866303   314572800    150G  83  Linux
//再次查看分区信息，之前创建的主分区/dev/sda4 已经被删除
```

3. 创建扩展分区和逻辑驱动器

```
命令(输入 m 获取帮助)：n
分区类型
   p   主分区 (3 个主分区，0 个扩展分区，1 空闲)
   e   扩展分区 (逻辑分区容器)
选择 (默认 e)：e
//在此输入 e，开始创建扩展分区

已选择分区 4
第一个扇区 (320866304-1048575999，默认 320866304)：
//直接按[Enter]键，从磁盘剩余起始扇区开始创建扩展分区
上个扇区，+sectors 或 +size{K,M,G,T,P} (320866304-1048575999，默认 1048575999)：
//直接按[Enter]键，则从第 320866304 个扇区到最后一个扇区均为扩展分区

创建了一个新分区 4，类型为“Extended”，大小为 347 GiB。

命令(输入 m 获取帮助)：n
//在此输入 n，开始创建第一个逻辑驱动器
所有主分区都在使用中。
添加逻辑分区 5
第一个扇区 (320868352-1048575999，默认 320868352)：
//直接按[Enter]键，从磁盘剩余起始扇区开始创建逻辑驱动器
上个扇区，+sectors 或 +size{K,M,G,T,P} (320868352-1048575999，默认 1048575999)：
+100G
//在此输入“+100G”，代表创建容量为 100GB 的逻辑驱动器

创建了一个新分区 5，类型为“Linux”，大小为 100 GiB。

命令(输入 m 获取帮助)：n
```

```
//在此输入 n，开始创建第二个逻辑驱动器
所有主分区都在使用中。
添加逻辑分区 6
第一个扇区 (530585600-1048575999，默认 530585600)：
//直接按[Enter]键，从磁盘剩余起始扇区开始创建逻辑驱动器
上个扇区，+sectors 或 +size{K,M,G,T,P} (530585600-1048575999，默认 1048575999)：
//直接按[Enter]键，则从第 530585600 个扇区到最后一个扇区均为该逻辑驱动器

创建了一个新分区 6，类型为“Linux”，大小为 247 GiB。

命令(输入 m 获取帮助)：p
Disk /dev/sda：500 GiB，536870912000 字节，1048576000 个扇区
单元：扇区 / 1 * 512 = 512 字节
扇区大小(逻辑/物理)：512 字节 / 512 字节
I/O 大小(最小/最佳)：512 字节 / 512 字节
磁盘标签类型：dos
磁盘标识符：0x98cb7ab2

设备        启动    起点        末尾        扇区       大小  Id  类型
/dev/sda1   *           2048    2099199    2097152     1G  83  Linux
/dev/sda2            2099200    6293503    4194304     2G  82  Linux swap / Solaris
/dev/sda3            6293504  320866303  314572800   150G  83  Linux
/dev/sda4          320866304 1048575999  727709696   347G   5  扩展
/dev/sda5          320868352  530583551  209715200   100G  83  Linux
/dev/sda6          530585600 1048575999  517990400   247G  83  Linux
//再次查看分区信息，可以看到刚才所创建的扩展分区/dev/sda4、逻辑驱动器/dev/sda5 和/dev/sda6
```

4. 查看并转换分区类型

在 Linux 系统中有几十种分区类型，常用的分区类型如表 8-4 所示。

表 8-4 常用的分区类型

ID	分区类型	描述
83	Linux	Linux 普通分区
fd	Linux raid 自动	RAID 使用的分区
8e	Linux LVM	LVM 使用的分区
82	Linux swap / Solaris	swap 分区

```
命令(输入 m 获取帮助)：l

 0  空               24  NEC DOS          81  Minix / 旧 Linux bf  Solaris
 1  FAT12            27  隐藏的 NTFS Win  82  Linux swap / So  c1  DRDOS/sec (FAT-
 2  XENIX root       39  Plan 9           83  Linux            c4  DRDOS/sec (FAT-
 3  XENIX usr        3c  PartitionMagic   84  OS/2 隐藏 或 In   c6  DRDOS/sec (FAT-
 4  FAT16 <32M       40  Venix 80286      85  Linux 扩展        c7  Syrinx
 5  扩展              41  PPC PReP Boot    86  NTFS 卷集         da  非文件系统数据
 6  FAT16            42  SFS              87  NTFS 卷集         db  CP/M / CTOS / .
 7  HPFS/NTFS/exFAT  4d  QNX4.x           88  Linux 纯文本      de  Dell 工具
```

```
 8  AIX            4e  QNX4.x 第 2 部分 8e  Linux LVM       df  BootIt
 9  AIX 可启动     4f  QNX4.x 第 3 部分 93  Amoeba          e1  DOS 访问
 a  OS/2 启动管理器 50  OnTrack DM      94  Amoeba BBT      e3  DOS R/O
 b  W95 FAT32      51  OnTrack DM6 Aux 9f  BSD/OS          e4  SpeedStor
 c  W95 FAT32 (LBA) 52  CP/M           a0  IBM Thinkpad 休 ea  Rufus 对齐
 e  W95 FAT16 (LBA) 53  OnTrack DM6 Aux a5  FreeBSD        eb  BeOS fs
 f  W95 扩展 (LBA) 54  OnTrackDM6      a6  OpenBSD         ee  GPT
10  OPUS           55  EZ-Drive        a7  NeXTSTEP        ef  EFI (FAT-12/16/
11  隐藏的 FAT12   56  Golden Bow      a8  Darwin UFS      f0  Linux/PA-RISC
12  Compaq 诊断    5c  Priam Edisk     a9  NetBSD          f1  SpeedStor
13  隐藏的 FAT16 <3 61  SpeedStor      ab  Darwin 启动     f4  SpeedStor
14  隐藏的 FAT16   63  GNU HURD 或 Sys af  HFS / HFS+      f2  DOS 次要
15  隐藏的 HPFS/NTF 64  Novell Netware  b7  BSDI fs        fb  VMware VMFS
16  AST 智能睡眠   65  Novell Netware  b8  BSDI swap       fc  VMware VMKCORE
17  隐藏的 W95 FAT3 70  DiskSecure 多启 bb  Boot Wizard 隐 fd  Linux raid 自动
18  隐藏的 W95 FAT3 75  PC/IX          bc  Acronis FAT32 L fe  LANstep
1b  隐藏的 W95 FAT1 80  旧 Minix       be  Solaris 启动    ff  BBT
```

```
命令(输入 m 获取帮助)：t
//在此输入 t，开始转换分区类型
分区号 (1-6, 默认  6)：6
//输入分区号码，在此输入 6，说明要转换/dev/sda6 分区的类型
Hex 代码(输入 L 列出所有代码)：c
//转换 6 号分区类型为 W95 FAT32 (LBA)

已将分区“Linux”的类型更改为“W95 FAT32 (LBA)”。
```

5. 保存磁盘分区设置信息，并退出 fdisk

```
命令(输入 m 获取帮助)：w
分区表已调整。
Failed to add partition 5 to system: 设备或资源忙
Failed to add partition 6 to system: 设备或资源忙

The kernel still uses the old partitions. The new table will be used at the next reboot.
正在同步磁盘。
```

6. 在非交互式界面下显示当前磁盘的分区信息

```
[root@rhel ~]# fdisk -l /dev/sda
Disk /dev/sda：500 GiB，536870912000 字节，1048576000 个扇区
单元：扇区 / 1 * 512 = 512 字节
扇区大小(逻辑/物理)：512 字节 / 512 字节
I/O 大小(最小/最佳)：512 字节 / 512 字节
磁盘标签类型：dos
磁盘标识符：0x98cb7ab2

设备         启动    起点      末尾       扇区    大小  Id  类型
/dev/sda1    *       2048   2099199    2097152    1G  83  Linux
```

```
/dev/sda2          2099200     6293503    4194304    2G   82   Linux swap / Solaris
/dev/sda3          6293504   320866303  314572800  150G   83   Linux
/dev/sda4        320866304  1048575999  727709696  347G    5   扩展
/dev/sda5        320868352   530583551  209715200  100G   83   Linux
/dev/sda6        530585600  1048575999  517990400  247G    c   W95 FAT32 (LBA)
//查看分区信息，可以看到/dev/sda6 分区类型为 W95 FAT32 (LBA)
```

7. 查看分区情况

使用 partprobe 命令更新分区表，使内核识别分区。

```
[root@rhel ~]# partprobe
```

在执行 partprobe 命令时如果出现以下信息，那么需要重启 Linux 系统，以此来识别分区。

Error: Partition(s) 5, 6 on /dev/sda have been written, but we have been unable to inform the kernel of the change, probably because it/they are in use. As a result, the old partition(s) will remain in use. You should reboot now before making further changes.

使用以下命令查看磁盘分区情况。

```
[root@rhel ~]# ls /dev/sda*
/dev/sda  /dev/sda1  /dev/sda2  /dev/sda3  /dev/sda4  /dev/sda5  /dev/sda6
//所有创建的磁盘分区都已经可以看到了，如果没有，说明磁盘分区没有创建成功
```

8.3 创建文件系统

首先需要确认文件系统的类型，然后才能正确挂载使用，如通过 mount 加载或者通过修改 /etc/fstab 文件开机自动加载都可以实现该功能。

8.3.1 Linux 主流文件系统

对一个新的磁盘进行分区以后，还要对这些分区进行格式化并创建文件系统。一个分区只有建立了某种文件系统后才能使用。建立文件系统的过程就是用相应的格式化工具格式化分区的过程，这个过程和在 Windows 系统中格式化某个分区为 NTFS 分区的过程类似。

文件系统是指文件在硬盘上的存储方法和排列顺序。在 Linux 系统中，每个分区都需要一个文件系统，都有自己的目录层次结构。Linux 系统最重要特征之一就是支持多种文件系统，这样它更加灵活，并可以和其他操作系统共存。

随着 Linux 系统的不断发展，它支持的文件系统类型也在迅速增多，其中有 xfs、ext4、JFS、ReiserFS、ext2、ext3、iso9660、msdos、vfat、nfs 等。

下面介绍 Linux 系统中常用的几种文件系统。

1. xfs

xfs 是一种非常优秀的日志文件系统，它是由 SGI 于 20 世纪 90 年代初开发的。xfs 推出以后被业界称为先进的、最具可升级性的文件系统之一。它是一个 64 位、快速、稳固的日志文件系统。当 SGI 决定支持 Linux 社区时，它将关键的基本架构技术授权于 Linux 社区，以开源形式发布了 xfs 的源代码，并开始进行移植。

2. ext4

Linux 内核自 2.6.28 版本开始正式支持 ext4，它是一种针对 ext3 文件系统的扩展日志式文件系统。ext4 修改了 ext3 中部分重要的数据结构，而不仅像 ext3 对 ext2 那样，只是增加了一个日志功能而已。ext4 可以提供更佳的性能和可靠性，还有更为丰富的功能。

3. JFS

JFS 是一种提供日志的字节级文件系统。该文件系统主要是为满足服务器的高吞吐量和可靠性需求而设计开发的。在 IBM 的 AIX 系统上，JFS 经过较长时间的测试，结果表明它是可靠、快速以及容易使用的。与非日志文件系统相比，它的优点是快速重启能力，使用数据库日志处理技术，JFS 能在几秒或几分钟之内把文件系统恢复到一致状态。而在非日志文件系统中，文件恢复可能花费几小时或几天。JFS 的缺点是系统性能上会有一定损失，系统资源占用率也偏高。

4. ReiserFS

ReiserFS 使用了特殊的、优化的平衡树来组织所有的文件系统数据，这为其自身提供了非常不错的性能改进，也能够减轻文件系统设计上的人为约束。ReiserFS 根据需要动态地分配 inode，而不必在文件系统创建时建立固定的 inode。ReiserFS 的缺点是每升级一个版本都要将磁盘重新格式化一次，而且它的安全性和稳定性与 ext3 相比有一定的差距。ReiserFS 文件系统还不能正确处理超长的文件目录。

8.3.2 创建文件系统

如果在计算机上新增加一块硬盘，需要格式化成 Linux 文件系统，最好选择 xfs 或 ext4 文件系统。使用 mkfs 命令可以在分区上创建各种文件系统。mkfs 命令本身并不执行建立文件系统的工作，而是去调用相关的程序来执行。这里的文件系统是要指定的，如 xfs、ext4、ext3、vfat 或者 msdos 等。

命令语法：

```
mkfs [选项] [设备]
```

命令中各选项的含义如表 8-5 所示。

表 8-5 mkfs 命令选项含义

选项	选项含义
-t <文件系统类型>	指定文件系统类型

【例 8.1】 使用 mkfs 命令为/dev/sda5 磁盘分区创建 xfs 文件系统。

（1）查看磁盘分区情况

在 Linux 系统中查看当前磁盘上的分区情况，该磁盘设备是/dev/sda。

```
 [root@rhel ~]# fdisk -l /dev/sda
Disk /dev/sda: 500 GiB, 536870912000 字节, 1048576000 个扇区
单元: 扇区 / 1 * 512 = 512 字节
扇区大小(逻辑/物理): 512 字节 / 512 字节
I/O 大小(最小/最佳): 512 字节 / 512 字节
磁盘标签类型: dos
磁盘标识符: 0x98cb7ab2
```

```
设备            启动    起点        末尾         扇区        大小  Id  类型
/dev/sda1       *          2048     2099199     2097152     1G  83  Linux
/dev/sda2            2099200     6293503     4194304     2G  82  Linux swap / Solaris
/dev/sda3            6293504   320866303   314572800   150G  83  Linux
/dev/sda4          320866304  1048575999   727709696   347G   5  扩展
/dev/sda5          320868352   530583551   209715200   100G  83  Linux
/dev/sda6          530585600  1048575999   517990400   247G   c  W95 FAT32 (LBA)
//使用 fdisk 工具只是将分区信息写到磁盘。如果需要 mkfs 创建文件系统，则需要先使用 partprobe 命令使内核重新读取分区信息
[root@rhel ~]# ls /dev/sda*
/dev/sda  /dev/sda1  /dev/sda2  /dev/sda3  /dev/sda4  /dev/sda5  /dev/sda6
```

（2）创建文件系统

在磁盘上创建好分区之后，使用 partprobe 命令更新分区，使内核识别分区，然后格式化/dev/sda5 分区，创建 xfs 文件系统。

```
[root@rhel ~]# mkfs -t xfs /dev/sda5
meta-data=/dev/sda5              isize=512    agcount=4, agsize=6553600 blks
         =                       sectsz=512   attr=2, projid32bit=1
         =                       crc=1        finobt=1, sparse=1, rmapbt=0
         =                       reflink=1
data     =                       bsize=4096   blocks=26214400, imaxpct=25
         =                       sunit=0      swidth=0 blks
naming   =version 2              bsize=4096   ascii-ci=0, ftype=1
log      =internal log           bsize=4096   blocks=12800, version=2
         =                       sectsz=512   sunit=0 blks, lazy-count=1
realtime=none                    extsz=4096   blocks=0, rtextents=0
```

当然也可以把磁盘分区格式化成其他的文件系统类型。如可以把/dev/sda5 格式化为 ext4、ext3 或 vfat 文件系统类型。

【例 8.2】 格式化/dev/sda5 分区，创建 ext4 文件系统。

```
[root@rhel ~]# mkfs -t ext4 /dev/sda5
```

【例 8.3】 格式化/dev/sda5 分区，创建 ext3 文件系统。

```
[root@rhel ~]# mkfs -t ext3 /dev/sda5
```

【例 8.4】 格式化/dev/sda5 分区，创建 vfat 文件系统。

```
[root@rhel ~]# mkfs -t vfat /dev/sda5
```

也可以使用 mkfs.xfs、mkfs.ext4、mkfs.ext3、mkfs.ext2、mkfs.msdos、mkfs.vfat 等命令在磁盘分区上创建不同的文件系统。

8.4　挂载和卸载文件系统

如果要挂载一个分区，首先需要确认文件系统的类型，然后才能挂载使用，通过使用 mount 和 umount 命令可以实现文件系统的挂载和卸载。

8.4.1 挂载文件系统

使用 mount 命令可以将指定分区、光盘、U 盘或者移动硬盘挂载到 Linux 系统的目录下。

命令语法：

```
mount [选项] [设备] [挂载目录]
```

命令中各选项的含义如表 8-6 所示。

表 8-6　　mount 命令选项含义

选项	选项含义
-t <文件系统类型>	指定设备的文件系统类型，如 ext2、ext3、ext4、xfs、btrfs、vfat、sysfs、proc、nfs、smbfs 以及 cifs 等
-a	挂载/etc/fstab 文件中定义的所有文件系统
-o <挂载选项>	指定挂载文件系统时的挂载选项
-r	以只读方式挂载文件系统，相当于-o ro 选项
-w	以读写方式挂载文件系统，相当于-o rw 选项
-L <卷标>	以指定卷标挂载文件系统
-U <UUID>	以指定 UUID 挂载文件系统
-n	不把挂载信息记录在/etc/mtab 文件中

mount 命令常用挂载选项如表 8-7 所示。

表 8-7　　mount 命令挂载选项

挂载选项	描述
defaults	相当于 rw、suid、dev、exec、auto、nouser、async 挂载选项
ro	以只读方式挂载
rw	以读写方式挂载
nouser	禁止普通用户挂载文件系统
user	允许普通用户挂载文件系统
users	允许每一位用户挂载和卸载文件系统
remount	尝试重新挂载一个已经挂载的文件系统
exec	在挂载的文件系统上允许直接执行二进制文件
noexec	在挂载的文件系统上不允许直接执行任何二进制文件
atime	在文件系统上更新 inode 访问时间
noatime	在文件系统上不更新 inode 访问时间
owner	如果用户是设备所有者，允许普通用户挂载文件系统
group	如果用户的其中一个组群匹配设备的组群，则允许普通的用户挂载文件系统
auto	能够使用-a 选项挂载
noauto	只能显式挂载（使用-a 选项将不会导致文件系统被挂载）
suid	允许 set-user-ID 或 set-group-ID 位生效
nosuid	不允许 set-user-ID 或 set-group-ID 位生效

【例 8.5】 挂载磁盘分区/dev/sda5 到/mnt/www 目录中。

```
[root@rhel ~]# mkdir /mnt/www
[root@rhel ~]# mount -t xfs /dev/sda5 /mnt/www
//创建需要放置文件系统的目录/mnt/www，然后将/dev/sda5 挂载到该目录中
[root@rhel ~]# touch /mnt/www/abc
//在目录/mnt/www 中创建空文件/mnt/www/abc
[root@rhel ~]# ls /mnt/www
abc
//再次查看目录/mnt/www 的内容，可以看到刚才创建的文件，其实它是存在于/dev/sda5 磁盘分区上
```

【例 8.6】 以只读方式挂载/dev/sda5 磁盘分区到/mnt/www 目录。

```
[root@rhel ~]# mount -t xfs -o ro /dev/sda5 /mnt/www
//以只读方式挂载/dev/sda5 磁盘分区到/mnt/www 目录
[root@rhel ~]# mkdir /mnt/www/a
mkdir: 无法创建目录"/mnt/www/a": 只读文件系统
//在目录/mnt/www 中无法创建目录，因为它是只读的
```

8.4.2 卸载文件系统

使用 umount 命令可以将指定分区、光盘、U 盘或者移动硬盘进行卸载。umount 可以卸载目前挂载在 Linux 目录中的文件系统，除了直接指定文件系统外，也可以使用设备名称或挂载目录来表示文件系统。

命令语法：

```
umount [选项] [设备|挂载目录]
```

命令中各选项的含义如表 8-8 所示。

表 8-8 umount 命令选项含义

选项	选项含义
-a	卸载所有文件系统
-n	卸载时不要将信息存入/etc/mtab 文件
-r	若无法成功卸载，则尝试以只读的方式重新挂载该文件系统
-f	强制卸载文件系统
-t <文件系统类型>	只卸载指定类型的文件系统

【例 8.7】 卸载磁盘分区/dev/sda5 文件系统。

```
[root@rhel ~]# umount /dev/sda5
[root@rhel ~]# ls /mnt/www
//已经看不到之前创建的/mnt/www/abc 文件，因为磁盘分区已经卸载了
```

【例 8.8】 卸载/mnt/www 目录所在的磁盘分区文件系统。

```
[root@rhel ~]# umount /mnt/www
```

8.4.3 查看磁盘分区挂载情况

要查看 Linux 系统上的磁盘分区挂载情况，可以使用 df 命令来获取信息。使用 df 命令可以

显示每个文件所在的文件系统的信息，默认是显示所有文件系统。检查文件系统的磁盘空间使用情况，利用该命令获取硬盘使用了多少空间、目前还剩下多少空间等相关信息。

命令语法：

```
df [选项] [文件]
```

命令中各选项的含义如表 8-9 所示。

表 8-9 df 命令选项含义

选项	选项含义
-a	显示所有文件系统
-i	显示 inode 信息而不是块使用量
-k	以 KB 为单位显示（即块大小为 1KB）
-x <文件系统类型>	显示指定文件系统以外的信息
-T	显示文件系统类型
-t <文件系统类型>	只显示指定文件系统类型的信息
-l	只显示本机的文件系统
-h	以可读性较高的方式来显示信息，在计算时以 1024 字节为换算单位
-H	与-h 选项相同，但是在计算时以 1000 字节而不是 1024 字节为换算单位

【例 8.9】 显示磁盘空间的使用情况。

```
[root@rhel ~]# df
文件系统           1K-块        已用        可用      已用%      挂载点
devtmpfs        394376          0      394376       0%       /dev
tmpfs           408620          0      408620       0%     /dev/shm
tmpfs           408620       6504      402116       2%       /run
tmpfs           408620          0      408620       0%   /sys/fs/cgroup
/dev/sda3    157209600    6705388   150504212       5%       /
/dev/sda1      1038336     170464      867872      17%      /boot
tmpfs            81724         16       81708       1%   /run/user/42
tmpfs            81724          4       81720       1%   /run/user/0
/dev/sda5    104806400        256   104806144       1%    /mnt/www
// /dev/shm 代表系统的虚拟内存文件系统
```

【例 8.10】 以 MB 和 GB（以 1024 字节为换算单位）为单位显示磁盘空间使用情况。

```
[root@rhel ~]# df -h
文件系统       容量     已用     可用    已用%      挂载点
devtmpfs      386M      0     386M     0%      /dev
tmpfs         400M      0     400M     0%    /dev/shm
tmpfs         400M    6.4M    393M     2%      /run
tmpfs         400M      0     400M     0%  /sys/fs/cgroup
/dev/sda3     150G    6.4G    144G     5%       /
/dev/sda1    1014M    167M    848M    17%     /boot
tmpfs          80M     16K     80M     1%  /run/user/42
tmpfs          80M    4.0K     80M     1%   /run/user/0
/dev/sda5     100G    256K    100G     1%    /mnt/www
```

【例 8.11】 在显示磁盘空间使用情况时也显示文件系统类型。

```
[root@rhel ~]# df -T
文件系统       类型       1K-块         已用         可用        已用%        挂载点
```

```
devtmpfs    devtmpfs     394376        0     394376      0%        /dev
tmpfs        tmpfs       408620        0     408620      0%        /dev/shm
tmpfs        tmpfs       408620     6500     402120      2%        /run
tmpfs        tmpfs       408620        0     408620      0%   /sys/fs/cgroup
/dev/sda3     xfs     157209600  6705608  150503992      5%        /
/dev/sda1     xfs       1038336   170464     867872     17%      /boot
tmpfs        tmpfs        81724       16      81708      1%    /run/user/42
tmpfs        tmpfs        81724        4      81720      1%    /run/user/0
/dev/sda5     xfs     104806400      256  104806144      1%      /mnt/www
```

【例 8.12】 显示 xfs 文件系统类型磁盘空间使用情况。

```
[root@rhel ~]# df -t xfs
文件系统          1K-块        已用        可用      已用%      挂载点
/dev/sda3      157209600    6705608   150503992    5%          /
/dev/sda1        1038336     170464      867872   17%        /boot
/dev/sda5      104806400     256      104806144    1%      /mnt/www
```

【例 8.13】 查看/mnt/www 挂载点所在磁盘分区的磁盘空间使用情况。

```
[root@rhel ~]# df /mnt/www
文件系统          1K-块         已用        可用       已用%      挂载点
/dev/sda5      104806400      256     104806144     1%       /mnt/www
```

【例 8.14】 查看/dev/sda5 磁盘分区的磁盘空间使用情况。

```
[root@rhel ~]# df /dev/sda5
文件系统          1K-块         已用        可用       已用%      挂载点
/dev/sda5      104806400      256     104806144     1%       /mnt/www
```

8.5 开机自动挂载文件系统

只有将某个分区或是设备进行挂载以后才能使用，但是当计算机重启以后，又需要重新挂载，这个时候可以通过修改/etc/fstab 文件实现开机自动挂载文件系统。

8.5.1 /etc/fstab 文件简介

/etc/fstab 文件是一个配置文件，它包含所有磁盘分区和存储设备的信息。其中包含磁盘分区和存储设备如何挂载，以及挂载在什么目录上的信息。/etc/fstab 文件是一个简单的文本文件，可以用任何文本编辑器去编辑它，必须要以 root 用户登录才可以编辑该文件。

如果在 Linux 系统中不能访问 Windows 系统的分区，不能挂载光驱和向软盘中写入数据，或者在管理光驱的过程中遇到了问题，有可能是错误地配置了/etc/fstab 文件，通常可以通过编辑/etc/fstab 文件来解决前面提到的问题。

由于每一台计算机系统的磁盘分区和设备属性不同，所以/etc/fstab 文件也不一样，但是基本的结构总是相似的。每一行都包含着一个设备或磁盘分区的信息，每一行又有多个列的信息。

以下是/etc/fstab 文件内容的一个示例。

```
UUID=74855fe9-cb04-4860-97eb-763184f391d1  /          xfs    defaults      0 0
UUID=dcc5db9c-0aff-424f-bbd5-2c07e6e1d27a  /boot      xfs    defaults      0 0
UUID=fe33b768-44fc-4e0c-9ea4-0d21f8ce4d22  swap       swap   defaults      0 0
```

下面将详细讲述/etc/fstab 文件的具体构成。

1. 设备

第 1 列的内容是设备，可以使用设备名和 UUID 来指定设备。

2. 挂载目录

第 2 列的内容是设备的挂载目录（也称为挂载点）。Linux 系统为每个设备或磁盘分区都指定了挂载目录，当 Linux 系统启动时，这些分区和设备同样会被自动地挂载。

3. 文件系统类型

第 3 列指定了设备和磁盘分区的文件系统类型。

4. 挂载选项

第 4 列列出了对于每一个设备或者磁盘分区的所有挂载选项。

（1）auto 和 noauto

通过使用 auto 选项，设备会在系统启动时自动挂载，auto 是默认选项。如果不希望某些设备被自动挂载，在/etc/fstab 文件的对应地方把 auto 改为 noauto 即可。通过使用 noauto 选项，可以在需要的时候才挂载设备。

（2）user 和 nouser

user 选项允许普通用户挂载设备和磁盘分区，nouser 选项仅允许 root 用户挂载设备和磁盘分区。nouser 是默认选项，主要用于防止新用户的越权行为。如果普通用户不能挂载自己的 cdrom、floppy、Windows 分区等，可以在/etc/fstab 文件里加入 user 选项。

（3）exec 和 noexec

exec 是默认选项，允许执行被设为 exec 分区上的二进制文件，而 noexec 选项不允许这样做。

（4）ro

ro 选项是以只读方式挂载文件系统。

（5）rw

rw 选项是以读写方式挂载文件系统。

（6）sync 和 async

这两个选项指定了文件系统的 I/O 将以何种方式进行，sync 选项表示 I/O 将会同步进行。如复制一个文件到移动硬盘时，那些改变将会在执行命令的同时物理性地写入移动硬盘。

当使用 async 选项时，I/O 将会被异步执行。这时当复制一个文件到移动硬盘时，用户所做的改变会在命令执行后的较长时间后才被物理性地写入移动硬盘。

（7）defaults

使用此选项与使用 rw、suid、dev、exec、auto、nouser、async 挂载选项是一样的功能。

（8）owner

允许设备所有者挂载。

5. 转储选项

第 5 列是转储（dump）选项，dump 选项检查文件系统并用一个数字来决定该文件系统是否需要备份。如果它是 0，dump 将会忽略该文件系统，不做备份。

6. 文件系统检查选项

第 6 列是文件系统检查（fsck）选项，fsck 选项通过第 6 列中的数字来决定以哪一种顺序来检查文件系统，如果它是 0，fsck 将不会检查该文件系统。

8.5.2　设置开机自动挂载文件系统

要实现开机自动挂载文件系统，需要在/etc/fstab 文件中添加该磁盘分区的相关信息，可以通过提供设备名、UUID 以及卷标实现，设置完成重启计算机系统以后，文件系统将会自动挂载。

1．使用设备名

编辑/etc/fstab 文件，在该文件末尾添加下列内容。

```
/dev/sda5            /mnt/www           xfs         defaults        1 2
```

2．使用 UUID

全局唯一标识符（Universally Unique Identifier，UUID）是指在一台主机上生成的数字，它保证对在同一时空中的所有主机都是唯一的。按照开放软件基金会制定的标准计算，用到了以太网卡地址、纳秒级时间、芯片 ID 码以及许多可能的数字。它由以下几部分组成：当前日期和时间、时钟序列、全局唯一的 IEEE 机器识别号。

先使用以下命令查看磁盘分区/dev/sda5 的 UUID 信息。

```
[root@rhel ~]# ls -l /dev/disk/by-uuid
总用量 0
lrwxrwxrwx.  1 root root 10 1月   6 03:41 13b92d72-b2ba-4151-adc9-1ce94df81d1d
-> ../../sda3
lrwxrwxrwx.  1 root root  9 1月   6 03:41 2021-04-04-08-40-23-00 -> ../../sr0
lrwxrwxrwx.  1 root root 10 1月   6 03:45 2bff1d9f-b7a0-4d13-9388-7c97640eac60
-> ../../sda5
lrwxrwxrwx.  1 root root 10 1月   6 03:41 6b83ade2-b9b9-4da9-8d25-4d63206d5a52
-> ../../sda1
lrwxrwxrwx.  1 root root 10 1月   6 03:41 ed50cc39-68bf-4eb6-8ba3-dd0c76aa8888
-> ../../sda2
//磁盘分区/dev/sda5 的 UUID 是 2bff1d9f-b7a0-4d13-9388-7c97640eac60
```

然后编辑/etc/fstab 文件，在该文件末尾添加下列内容。

```
UUID= 2bff1d9f-b7a0-4d13-9388-7c97640eac60      /mnt/www      xfs    defaults     1 2
```

3．使用卷标

先使用以下命令查看磁盘分区/dev/sda5 的卷标信息。

```
[root@rhel ~]# xfs_admin -l /dev/sda5
label = "www"
//磁盘分区/dev/sda5 的卷标是 www
```

为 xfs 文件系统/dev/sda5（文件系统需在卸载状态下）设置卷标使用命令 xfs_admin -L www /dev/sda5。为 ext4 文件系统/dev/sda6 设置卷标使用命令 e2label /dev/sda6 ftp。

然后编辑/etc/fstab 文件，在该文件末尾添加下列内容。

```
LABEL=www         /mnt/www        xfs      defaults        1 2
```

8.6　使用交换空间

Linux 系统中的交换空间在物理内存被用完时使用。如果系统需要更多的内存资源，而物理内存已经用完，内存中不活跃的页就会被转移到交换空间中。虽然交换空间可以为带有少量内存的计算机提供帮助，但是这种方法不应该被当作对内存的取代。

用户有时需要在安装 Linux 系统以后添加更多的交换空间，可以通过添加一个交换分区（推荐优先使用）或添加一个交换文件来实现。交换空间的总大小一般为计算机物理内存的 1～2 倍，计算机物理内存越大，倍数越小。

8.6.1 使用交换分区

本节以实例的方式讲解如何添加交换分区和删除交换文件。

1. 添加交换分区

添加一个交换分区/dev/sda5 的具体步骤如下。

（1）创建磁盘分区

已经使用 fdisk 命令创建好/dev/sda5 分区，该分区大小为 1GB，使用以下命令查看/dev/sda5 分区信息。

```
[root@rhel ~]# fdisk -l /dev/sda
Disk /dev/sda: 500 GiB, 536870912000 字节, 1048576000 个扇区
单元: 扇区 / 1 * 512 = 512 字节
扇区大小(逻辑/物理): 512 字节 / 512 字节
I/O 大小(最小/最佳): 512 字节 / 512 字节
磁盘标签类型: dos
磁盘标识符: 0x98cb7ab2

设备        启动    起点       末尾        扇区       大小  Id  类型
/dev/sda1    *       2048    2099199    2097152      1G  83  Linux
/dev/sda2         2099200    6293503    4194304      2G  82  Linux swap / Solaris
/dev/sda3         6293504  320866303  314572800    150G  83  Linux
/dev/sda4       320866304 1048575999  727709696    347G   5  扩展
/dev/sda5       320868352  322965503    2097152      1G  83  Linux
```

（2）创建交换分区

使用 mkswap 命令可以用来将磁盘分区或文件设置为 Linux 系统的交换分区。

假设将分区/dev/sda5 创建为交换分区，在 Shell 提示下以 root 用户身份输入以下命令。

```
[root@rhel ~]# mkswap /dev/sda5
正在设置交换空间版本 1，大小 = 1024 MiB (1073737728  个字节)
无标签，UUID=07f34d84-0b4b-42fc-9c79-e4ac06aefc4a
//将/dev/sda5 分区创建为交换分区
[root@rhel ~]# free
              total       used       free      shared    buff/cache    available
Mem:          817240      483100     146924    2248      187216        199524
Swap:         2097148     133120     1964028
//因为当前还没有启用交换分区，所以使用 free 命令无法看到 swap 容量增加
```

（3）启用交换分区

使用 swapon 命令可以启用 Linux 系统的交换分区。

输入以下命令启用交换分区/dev/sda5。

```
[root@rhel ~]# swapon /dev/sda5
//启用交换分区/dev/sda5
[root@rhel ~]# free
              total         used        free      shared   buff/cache    available
Mem:          817240        484444      144560    2248     188236        198192
Swap:         3145720       133120      3012600
//因为当前已经启用了交换分区/dev/sda5，所以总的交换分区容量已经增加了
```

（4）确认已经启用交换分区

创建并启用了交换分区之后，使用以下命令查看交换分区是否已启用。

```
[root@rhel ~]# cat /proc/swaps
Filename                          Type         Size       Used      Priority
/dev/sda2                         partition    2097148    132864    -2
/dev/sda5                         partition    1048572    0         -3
//可以看到当前计算机的 swap 分区由/dev/sda2 和/dev/sda5 这两个分区构成
```

（5）编辑/etc/fstab 文件

如果需要在系统启动引导时启用交换分区，可编辑/etc/fstab 文件添加以下内容，然后在系统下次引导时，就会启用新建的交换分区。

```
/dev/sda5               swap                    swap    defaults        0 0
```

2. 删除交换分区

当某个交换分区不再需要时，可以使用以下步骤将其删除。

（1）禁用交换分区

使用 swapoff 命令可以用来禁用 Linux 系统的交换分区。

在 Shell 提示下以 root 用户身份输入以下命令禁用交换分区（这里的/dev/sda5 是交换分区）。

```
[root@rhel ~]# swapoff /dev/sda5
              total         used        free      shared   buff/cache    available
Mem:          817240        89096       95668     2276     232476        192468
Swap:         2097148       132620      1964528
```

（2）编辑/etc/fstab 文件

如果需要在系统引导时不启用交换分区，编辑/etc/fstab 文件删除以下内容。然后在系统下次引导时，就不会启用交换分区。

```
/dev/sda5               swap                    swap    defaults        0 0
```

8.6.2 使用交换文件

本节以实例的方式讲解如何添加交换文件和删除交换文件。

1. 添加交换文件

添加一个交换文件/swapfile 的具体步骤如下。

（1）创建/swapfile 文件

在 Shell 提示下以 root 用户身份输入以下命令创建/swapfile 文件，其中的 bs 表示块大小。

```
[root@rhel ~]# dd if=/dev/zero of=/swapfile bs=1G count=1
记录了 1+0 的读入
记录了 1+0 的写出
```

```
1073741824 bytes (1.1 GB, 1.0 GiB) copied, 476.118 s, 2.3 MB/s
//创建/swapfile 文件，该文件大小为 1GB（文件块大小为 1GB，总共 1 个块）
[root@rhel ~]# ls -l /swapfile
-rw-r--r--. 1 root root 1073741824 1月   1 19:41 /swapfile
//可以看到已经创建了/swapfile 文件，该文件大小为 1GB
```

（2）创建交换文件

使用以下命令创建交换文件/swapfile。

```
[root@rhel ~]# mkswap /swapfile
正在设置交换空间版本 1，大小 = 1024 MiB (1073737728  个字节)
无标签，UUID=73a7b36e-d2e0-46ef-97a6-faa10d1d989c
```

（3）启用交换文件

使用以下命令启用交换文件/swapfile。

```
[root@rhel ~]# swapon /swapfile
swapon: /swapfile: 不安全的权限 0644，建议使用 0600。
```

（4）查看交换文件是否启用

新添交换文件并启用它之后，使用以下命令确保交换文件已被启用。

```
[root@rhel ~]# free
              total        used        free      shared  buff/cache   available
Mem:          817240       516736      123228    608     177276       162972
Swap:         3145720      651776      2493944
[root@rhel ~]# cat /proc/swaps
Filename                                Type        Size     Used    Priority
/dev/sda2                               partition   2097148  651776  -2
/swapfile                               file        1048572  0       -3
```

（5）编辑/etc/fstab 文件

如果需要在系统引导时启用交换文件，编辑/etc/fstab 文件添加以下内容。然后在系统下次引导时，就会启用新建的交换文件。

```
/swapfile            swap                swap   defaults       0 0
```

2. 删除交换文件

当某个交换文件不再需要时，可以使用以下步骤将其删除。

（1）禁用交换文件

在 Shell 提示下以 root 用户身份执行以下命令来禁用交换文件（这里的/swapfile 是交换文件）。

```
[root@rhel ~]# swapoff /swapfile
[root@rhel ~]# free
              total        used        free      shared  buff/cache   available
Mem:          817240       580596      63860     2552    172784       102392
Swap:         2097148      45176       2051972
```

（2）删除/swapfile 文件

输入以下命令删除/swapfile 文件。

```
[root@rhel ~]# rm -rf /swapfile
```

（3）编辑/etc/fstab 文件

如果需要在系统引导时不启用交换文件，编辑/etc/fstab 文件删除以下内容。然后在系统下次引导时，就不会启用交换文件。

```
/swapfile               swap                    swap    defaults        0 0
```

小　结

磁盘分区是指对硬盘物理介质的逻辑划分。将磁盘分成多个分区，不仅有利于对文件的管理，而且不同的分区可以建立不同的文件系统，这样才能在不同的分区上安装不同的操作系统。磁盘分区一共有两种：主分区和扩展分区。不同的操作系统具有不同的磁盘分区工具，在 Linux 系统中进行分区可以使用 fdisk 命令。

磁盘经过分区之后，下一个步骤就是对磁盘分区进行格式化的工作（也就是创建文件系统的工作）。格式化是指对磁盘分区进行初始化的一种操作，这种操作通常会导致现有的分区中所有的数据被清除。

文件系统是指文件在硬盘上的存储方法和排列顺序。在 Linux 系统中，每个分区都需要一个文件系统。Linux 系统支持的文件系统类型有 xfs、ext4、ReiserFS、JFS、ext2、ext3、iso9660、msdos、vfat、nfs 等。使用 mkfs 命令可以在分区上创建各种文件系统。

如果要挂载一个分区，首先需要确认文件系统的类型，然后才能挂载使用，通过使用 mount 和 umount 命令可以实现文件系统的挂载和卸载。要查看 Linux 系统上的磁盘分区挂载情况，可以使用 df 命令来获取信息。

只有将某个分区或是设备进行挂载以后才能使用，但是当计算机重启以后，又需要重新挂载，这个时候可以通过修改/etc/fstab 文件实现开机自动挂载文件系统。要实现开机自动挂载文件系统，需要在/etc/fstab 文件中添加该磁盘分区的相关信息，可以通过提供设备名、UUID 以及卷标实现。

Linux 系统中的交换空间在物理内存被用完时使用。如果系统需要更多的内存资源，而物理内存已经用完，内存中不活跃的页就会被转移到交换空间中。用户有时需要在安装 Linux 系统后添加更多的交换空间，可以通过添加一个交换分区或添加一个交换文件来实现。

习　题

8-1　简述磁盘分区的含义。

8-2　简述格式化的含义。

8-3　fdisk 命令有哪些子命令，其含义分别是什么？

8-4　Linux 系统中常用的文件系统有哪些？

8-5　使用新磁盘存储数据，一般要经过哪些操作步骤？

8-6　要实现开机自动挂载文件系统，可以通过哪些方法来实现？

上机练习

上机练习

8-1　对硬盘上的剩余空间进行分区，创建两个逻辑驱动器/dev/sda5 和/dev/sda6，容量分别为 1GB 和 3GB。

8-2　对分区/dev/sda5 创建文件系统为 xfs，并将其以只读的方式挂载到/mnt/kk 目录中。

8-3　修改/etc/fstab 文件，使得分区/dev/sda5 开机自动挂载到/mnt/kk 目录中。

8-4　在计算机上添加交换文件，文件大小为 1GB。

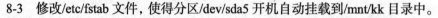

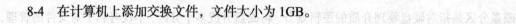

第9章 软件包管理

在 Linux 系统中，常用的软件包是 RPM 包和 tar 包。要管理 RPM 软件包可以使用 rpm 和 dnf 命令，dnf 命令可以查询软件包的信息、从软件仓库中获取软件，安装、删除软件包，并自动处理包依赖。

9.1 RPM 软件包管理

目前在众多的 Linux 系统上都采用 RPM 软件包，这种软件包格式在安装、升级、删除以及查询上非常方便，不需要进行编译即可安装软件包。本节主要讲述 RPM 软件包的使用和管理。

9.1.1 RPM 软件包简介

Red Hat 软件包管理器（Red Hat Package Manager，RPM）是一种开放的软件包管理系统，按照 GPL 条款发行，可以运行于各种 Linux 系统上。

1. 什么是 RPM 软件包

RPM 这一文件格式名称虽然打上了 Red Hat 的标志，但是其原始设计理念是开放式的，现在包括 OpenLinux、SUSE 以及 Turbo Linux 等众多 Linux 发行版都在采用，可以算是公认的行业标准了。

对于终端用户来说，RPM 简化了 Linux 系统安装、卸载、更新以及升级的过程，只需要使用简短的命令就可完成。RPM 维护一个已经安装软件包和它们文件的数据库，因此可以在系统上使用查询和校验软件包功能。

对于开发者来说，RPM 允许把软件编码包装成源码包和程序包，然后提供给终端用户，这个过程非常简单，这种对用户的纯净源码、补丁以及建构指令的清晰描述减轻了发行软件新版本所带来的维护负担。Linux 系统上的所有软件都被分成可被安装、升级或卸载的 RPM 软件包。

2. RPM 软件包用途

RPM 软件包具有以下用途。

- 可以安装、删除、升级、刷新以及查询 RPM 软件包。
- 通过 RPM 软件包管理能知道软件包包含哪些文件，也能知道系统中的某个文件属于哪个 RPM 软件包。
- 可以查询系统中的 RPM 软件包是否安装，并查询其安装的版本。
- 开发者可以把自己的程序打包为 RPM 软件包并发布。

- 软件包签名 GPG 和 MD5 的导入、验证和签名发布。
- 软件包依赖性的检查，查看是否有 RPM 软件包由于不兼容而扰乱系统。

3. RHEL 8 系统软件源

在 RHEL 7 系统上，RPM 实用程序在解压时验证单个文件的有效负载内容。而 RHEL 8 系统上的软件包在压缩负载上使用一个新的 SHA-256 散列，RPM 在开始安装之前验证整个软件包的内容，而且支持软件包弱依赖关系。

RHEL 8 系统把软件源分成了以下两部分。

- BaseOS 存储库：以传统 RPM 软件包的形式提供底层核心操作系统内容。
- AppStream 存储库：提供可能希望在给定用户空间中运行的所有应用程序，包含与应用程序相关的包、开发工具、数据库以及其他包。

9.1.2 管理 RPM 软件包

RPM 软件包管理主要有安装（添加）、删除（卸载）、升级、刷新、查询这 5 种基本操作模式，下面分别进行介绍。

1. 安装 RPM 软件包

RPM 软件包的安装流程如图 9-1 所示。如果软件包满足依赖条件则允许安装，如果不满足依赖条件则需要先安装其他软件包。

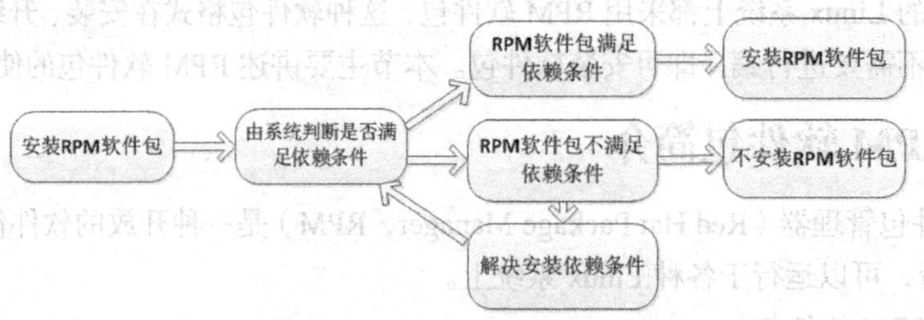

图 9-1 RPM 软件包的安装流程

使用 rpm 命令可以在 Linux 系统中安装、删除、升级、刷新、查询 RPM 软件包。

命令语法：

```
rpm [选项] [RPM软件包文件名称]
```

命令中各选项的含义如表 9-1 所示。

表 9-1 rpm 命令选项含义

选项	选项含义
-i	安装软件包
-v	输出详细信息
-h	安装软件包时输出散列标记
--replacepkge	无论软件包是否已被安装，都重新安装软件
--test	只对安装进行测试，并不实际安装
--nodeps	不验证软件包的依赖关系
--force	忽略软件包和文件的冲突
--percent	以百分比的形式输出安装的进度

续表

选项	选项含义
--justdb	更新数据库，但是不要修改文件系统
--replacefiles	忽略软件包之间冲突的文件
-e	删除软件包
-U	升级软件包
-q	查询软件包
-F	刷新软件包

【例 9.1】 安装 bind-9.11.4-16.P2.el8.x86_64.rpm 软件包，并显示安装过程中的详细信息和水平进度条。

```
[root@rhel ~]# cd /run/media/root/RHEL-8-0-0-BaseOS-x86_64/AppStream/Packages
[root@rhel Packages]# rpm -ivh bind-9.11.4-16.P2.el8.x86_64.rpm
警告：bind-9.11.4-16.P2.el8.x86_64.rpm: 头 V3 RSA/SHA256 Signature, 密钥 ID fd431d51: NOKEY
Verifying...                          ################################# [100%]
准备中...                             ################################# [100%]
正在升级/安装...
   1:bind-32:9.11.4-16.P2.el8         ################################# [100%]
//如果软件包安装成功，系统会显示软件包的名称，并且在软件包安装时显示详细信息和水平进度条
```

【例 9.2】 只对安装进行测试，并不实际安装 bind-9.11.4-16.P2.el8.x86_64.rpm 软件包。

```
[root@rhel Packages]# rpm -ivh --test bind-9.11.4-16.P2.el8.x86_64.rpm
警告：bind-9.11.4-16.P2.el8.x86_64.rpm: 头 V3 RSA/SHA256 Signature, 密钥 ID fd431d51: NOKEY
Verifying...                          ################################# [100%]
准备中...                             ################################# [100%]
```

【例 9.3】 在软件包 bind-9.11.4-16.P2.el8.x86_64.rpm 已经安装的情况下仍旧安装该软件包。

```
[root@rhel Packages]# rpm -ivh --replacepkgs bind-9.11.4-16.P2.el8.x86_64.rpm
警告：bind-9.11.4-16.P2.el8.x86_64.rpm: 头 V3 RSA/SHA256 Signature, 密钥 ID fd431d51: NOKEY
Verifying...                          ################################# [100%]
准备中...                             ################################# [100%]
正在升级/安装...
   1:bind-32:9.11.4-16.P2.el8         ################################# [100%]
```

【例 9.4】 忽略软件包的依赖关系，强行安装 bind-chroot-9.11.4-16.P2.el8.x86_64.rpm 软件包。

```
[root@rhel Packages]# rpm -ivh --nodeps bind-chroot-9.11.4-16.P2.el8.x86_64.rpm
警告：bind-chroot-9.11.4-16.P2.el8.x86_64.rpm: 头 V3 RSA/SHA256 Signature, 密钥 ID fd431d51: NOKEY
Verifying...                               ################################# [100%]
准备中...                                  ################################# [100%]
正在升级/安装...
   1:bind-chroot-32:9.11.4-16.P2.el8       ################################# [100%]
```

2. 删除 RPM 软件包

使用 rpm -e 命令可以在 Linux 系统中删除 RPM 软件包。

命令语法：

```
rpm -e [RPM包名称]
```

【例 9.5】 删除 bind-chroot 软件包。

```
[root@rhel ~]# rpm -e bind-chroot
//在删除软件包时不是使用软件包文件名称bind-chroot-9.11.4-16.P2.el8.x86_64.rpm，而是使用软件包名称bind-chroot
```

在删除软件包时也会遇到依赖关系错误。当另一个已安装的软件包依赖于用户试图删除的软件包时，依赖关系错误就会发生。

要使 RPM 忽略这个错误并强制删除该软件包，可以使用--nodeps 选项，但是依赖于它的软件包可能无法正常运行。

【例 9.6】 强制删除 bind 软件包。

```
[root@rhel ~]# rpm -e bind
错误：依赖检测失败：
      bind(x86-64) = 32:9.11.4-16.P2.el8 被 (已安装) bind-chroot-32:9.11.4-16.P2.el8.x86_64 需要
//bind软件包无法删除，需要在此之前先删除软件包bind-chroot

[root@rhel ~]# rpm -e --nodeps bind
```

3. 升级和刷新 RPM 软件包

将已安装的低版本软件包升级到最新版本，可以使用升级 RPM 软件包和刷新 RPM 软件包两种方式，这两种方式之间有些许区别。

（1）升级 RPM 软件包

使用 rpm -Uvh 命令可以在 Linux 系统中升级 RPM 软件包，升级软件包实际上是删除和安装软件包的组合。不管该软件包的早期版本是否已被安装，升级选项都会安装该软件包。

命令语法：

```
rpm -Uvh [RPM软件包文件名称]
```

【例 9.7】 升级 bind-9.11.4-16.P2.el8.x86_64.rpm 软件包。

```
[root@rhel Packages]# rpm -Uvh bind-9.11.4-16.P2.el8.x86_64.rpm
```

（2）刷新软件包

使用 rpm -Fvh 命令可以在 Linux 系统中刷新 RPM 软件包。刷新 RPM 软件包时，系统会比较指定的软件包的版本和系统上已安装的版本。当 RPM 的刷新选项处理的版本比已安装的版本更新，它就会升级到更新的版本。如果软件包先前没有安装，RPM 的刷新选项将不会安装该软件包，这和 RPM 的升级选项不同。

命令语法：

```
rpm -Fvh [RPM软件包文件名称]
```

【例 9.8】 刷新 bind-9.11.4-16.P2.el8.x86_64.rpm 软件包。

```
[root@rhel Packages]# rpm -Fvh bind-9.11.4-16.P2.el8.x86_64.rpm
```

4. 查询 RPM 软件包

RPM 软件包的查询功能非常强大，使用 rpm -q 相关命令可以查询软件包的众多信息，下面将详细介绍其功能。

（1）查询指定 RPM 软件包是否已经安装

命令语法：

```
rpm -q [RPM包名称]
```

【例 9.9】 查询 bind 和 crontabs 软件包是否已经安装。

```
[root@rhel ~]# rpm -q bind
未安装软件包 bind
//查询到bind软件包没有安装
[root@rhel ~]# rpm -q crontabs
crontabs-1.11-16.20150630git.el8.noarch
//查询到crontabs软件包已经安装
```

（2）查询系统中所有已经安装的 RPM 软件包

命令语法：

```
rpm -qa
```

【例 9.10】 查询系统内所有已经安装的 RPM 软件包。

```
[root@rhel ~]# rpm -qa
cogl-1.22.2-10.el8.x86_64
virt-viewer-7.0-2.el8.x86_64
libsss_nss_idmap-2.0.0-43.el8.x86_64
dotnet-runtime-2.1-2.1.8-1.el8.x86_64
perl-Time-HiRes-1.9758-1.el8.x86_64
pcp-pmda-podman-4.3.0-3.el8.x86_64
bind-license-9.11.4-16.P2.el8.noarch
hicolor-icon-theme-0.17-2.el8.noarch
gutenprint-cups-5.2.14-3.el8.x86_64
source-highlight-3.1.8-16.el8.x86_64
openslp-2.0.0-18.el8.x86_64
userspace-rcu-0.10.1-2.el8.x86_64
alsa-utils-1.1.6-2.el8.x86_64
adobe-mappings-cmap-deprecated-20171205-3.el8.noarch
libqmi-1.20.0-4.el8.x86_64
libevdev-1.5.9-5.el8.x86_64
sssd-krb5-common-2.0.0-43.el8.x86_64
patch-2.7.6-8.el8.x86_64
…（省略）
```

【例 9.11】 查询以 cront 开头的 RPM 软件包是否已经安装。

```
[root@rhel ~]# rpm -qa|grep cront
```

```
crontabs-1.11-16.20150630git.el8.noarch
//结合管道方式查询
```

（3）查询已安装 RPM 软件包的描述信息

命令语法：

```
rpm -qi [RPM包名称]
```

【例 9.12】 查询 crontabs 软件包的描述信息。

```
[root@rhel ~]# rpm -qi crontabs
```

（4）查询指定已安装 RPM 软件包包含的文件列表

命令语法：

```
rpm -ql [RPM包名称]
```

【例 9.13】 查询 crontabs 软件包包含的文件列表。

```
[root@rhel ~]# rpm -ql crontabs
/etc/cron.daily
/etc/cron.hourly
/etc/cron.monthly
/etc/cron.weekly
/etc/crontab
/etc/sysconfig/run-parts
/usr/bin/run-parts
/usr/share/licenses/crontabs
/usr/share/licenses/crontabs/COPYING
/usr/share/man/man4/crontabs.4.gz
/usr/share/man/man4/run-parts.4.gz
```

（5）查询 RPM 软件包的依赖关系

命令语法：

```
rpm -qR [RPM包名称]
```

【例 9.14】 查询 crontabs 软件包的依赖关系。

```
[root@rhel ~]# rpm -qR crontabs
/bin/bash
config(crontabs) = 1.11-16.20150630git.el8
rpmlib(CompressedFileNames) <= 3.0.4-1
rpmlib(FileDigests) <= 4.6.0-1
rpmlib(PayloadFilesHavePrefix) <= 4.0-1
rpmlib(PayloadIsXz) <= 5.2-1
```

（6）查询系统中指定文件属于哪个 RPM 软件包

命令语法：

```
rpm -qf [文件名]
```

【例 9.15】 查询/etc/crontab 文件属于哪个软件包。

```
[root@rhel ~]# rpm -qf /etc/crontab
crontabs-1.11-16.20150630git.el8.noarch
//当指定文件时，必须指定文件的完整路径（如/etc/crontab）
```

9.2 使用 DNF 管理 RPM 软件包

9.2.1 什么是 DNF

在 Linux 系统中安装软件包使用 rpm 命令，但是使用 rpm 命令安装软件包特别麻烦，原因在于需要手动寻找安装该软件包所需要的一系列依赖关系。当软件包不用时需要卸载，由于卸载了某个依赖关系会导致其他软件包不能用。而使用 dnf 命令则会令 Linux 的软件安装变得简单容易。

DNF 是 RHEL 8 系统的软件包管理工具，可以查询软件包的信息、从软件仓库中获取软件包，安装、删除软件包，并自动处理包依赖。它还可以把所有软件更新到最新版本。因为 DNF 能在安装、删除以及更新软件时自动处理包依赖，所以可以自动安装依赖包。DNF 可以配置多个软件仓库，也提供很多增强功能的插件。DNF 能执行与 RPM 相同的任务，而且命令的选项也相似。

DNF 包管理器攻克了 YUM 包管理器的一些瓶颈，提升了用户体验、内存占用、依赖分析、运行速度等多方面的性能。DNF 提供了 GPG 签名工具来管理软件包的安全，可以针对软件仓库，也可以只针对单个的软件包。DNF 拒绝安装任何错误的 GPG 安全签名的软件。

DNF 的关键之处是要有可靠的软件仓库，软件仓库可以是 HTTP 站点、FTP 站点，或者是本地软件池，但必须包含 RPM 的 header。header 包含了 RPM 软件包的各种信息，包括描述、功能、提供的文件以及依赖性等。正是收集了这些 header 并加以分析，RPM 才能自动地完成余下的任务。

9.2.2 DNF 软件仓库配置文件

repo 文件是 Linux 系统中 DNF 源（软件仓库）的配置文件，通常一个 repo 文件定义了一个或者多个软件仓库的细节内容，如从哪里下载需要安装或者升级的软件包，repo 文件中的设置内容将被 DNF 读取和应用。软件仓库配置文件默认存储在/etc/yum.repos.d 目录中。

以下是 DNF 软件仓库配置文件的格式内容。

```
[rhel-source]
//方括号里面的是软件源的名称，会被 DNF 识别
name=Red Hat Enterprise Linux $releasever - $basearch - Source
/*这里定义了软件仓库的名称，通常是为了方便阅读配置文件，$releasever 变量定义了发行版本，$basearch 变量定义了系统的架构，可以是 i386、x86_64 等值，这两个变量根据当前系统的架构不同而有不同的取值，可以方便 DNF 升级的时候选择适合当前系统的软件包*/
baseurl=ftp://ftp.redhat.com/pub/redhat/linux/enterprise/$releasever/en/os/SRPMS/
//指定 RPM 软件包来源，支持的协议有 http://（HTTP 网站）、 ftp://（FTP 网站）以及 file:///（本地源）这三种
enabled=1
//表示软件仓库中定义的源是否启用，0 表示禁用，1 表示启用
gpgcheck=1
//表示这个软件仓库中下载的 RPM 软件包将进行 GPG 校验，以确定该软件包的来源是有效和安全的
gpgkey=file:///etc/pki/rpm-gpg/RPM-GPG-KEY-redhat-release
//定义用于校验的 GPG 密钥
```

9.2.3 创建本地软件仓库

要在本地磁盘上创建本地软件仓库，需要配置软件仓库配置文件，还要将 Linux 系统安装光盘中的软件包复制到系统中。

1. 安装软件包

使用以下命令安装 drpm、createrepo_c 以及 createrepo_c-libs 软件包。

```
[root@rhel ~]# cd /run/media/root/RHEL-8-0-0-BaseOS-x86_64/AppStream/Packages
//进入 Linux 系统安装光盘软件包目录
[root@rhel Packages]# rpm -ivh drpm-0.3.0-14.el8.x86_64.rpm
警告：drpm-0.3.0-14.el8.x86_64.rpm: 头 V3 RSA/SHA256 Signature, 密钥 ID fd431d51: NOKEY
Verifying...                          ################################# [100%]
准备中...                             ################################# [100%]
正在升级/安装...
   1:drpm-0.3.0-14.el8                ################################# [100%]
[root@rhel Packages]# rpm -ivh createrepo_c-0.11.0-1.el8.x86_64.rpm --nodeps
Verifying...                          ################################# [100%]
准备中...                             ################################# [100%]
正在升级/安装...
   1:createrepo_c-0.11.0-1.el8        ################################# [100%]
[root@rhel Packages]# rpm -ivh createrepo_c-libs-0.11.0-1.el8.x86_64.rpm
Verifying...                          ################################# [100%]
准备中...                             ################################# [100%]
正在升级/安装...
   1:createrepo_c-libs-0.11.0-1.el8   ################################# [100%]
```

2. 复制软件包

复制 Linux 系统安装光盘中的软件包到/root/rhel 目录内。

```
[root@rhel ~]# mkdir /root/rhel
//创建/root/rhel 目录用来存放 Linux 系统安装光盘中的软件包
[root@rhel ~]# cp -r /run/media/root/RHEL-8-0-0-BaseOS-x86_64/* /root/rhel
```

3. 创建软件仓库配置文件

创建软件仓库配置文件/etc/yum.repos.d/rhel.repo，文件内容如下所示。

```
[rhel]
name=Red Hat Enterprise Linux 8
baseurl=file:///root/rhel
enabled=1
gpgcheck=1
gpgkey=file:///etc/pki/rpm-gpg/RPM-GPG-KEY-redhat-release
```

4. 创建软件仓库

使用 createrepo 命令创建软件仓库。

```
[root@rhel ~]# createrepo /root/rhel
Directory walk started
Directory walk done - 6647 packages
Temporary output repo path: /root/rhel/.repodata/
Preparing sqlite DBs
```

```
Pool started (with 5 workers)
Pool finished
```

9.2.4 dnf 命令使用

使用 dnf 命令可以安装、更新、删除、显示软件包。DNF 可以自动进行系统更新，基于软件仓库的元数据分析，解决软件包依赖性关系。

命令语法：

```
dnf [选项] [命令]
```

命令中各选项的含义如表 9-2 所示。

表 9-2 dnf 命令选项含义

选项	选项含义
-y	所有问题都回答 yes
-q	安静模式操作
-v	显示详细信息
-c <配置文件>	指定配置文件路径
-x <软件包>	排除指定软件包
--nogpgcheck	禁用 GPG 签名检查
--installroot <路径>	设置安装目标根目录路径
--enablerepo <软件仓库>	从指定软件仓库安装软件

dnf 命令的命令部分描述如表 9-3 所示。

表 9-3 dnf 命令的命令部分描述

命令	描述
autoremove	删除所有因为依赖关系安装的不需要的软件包
check	在包数据库中寻找问题，可以在 check 命令后面跟以下选项。 --all：显示所有问题（默认）。 --dependencies：显示依赖关系的问题。 --duplicates：显示重复的问题。 --obsoleted：显示被放弃的软件包。 --provides：根据提供的信息显示问题
clean	删除已缓存的数据，可以在 clean 命令后面跟以下选项。 metadata：删除软件仓库元数据。 packages：从系统中删除所有缓存的包。 dbcache：删除从软件仓库元数据中生成的缓存文件。 expire-cache：标记软件仓库元数据已过期。 all：执行以上所有操作
check-update	检查是否有软件包升级
distro-sync	同步已经安装的软件包到最新可用版本
deplist	列出软件包的依赖关系和提供这些软件包的源
downgrade	降级软件包

续表

命令	描述
group	显示或使用组信息
info	显示关于软件包或软件包组的详细信息，可以在 info 命令后面跟以下选项。 --all：显示所有的软件包（默认）。 --available：只显示可用的软件包。 --installed：只显示已安装的软件包。 --extras：只显示额外的软件包。 --updates：只显示需要被更新的软件包。 --upgrades：只显示需要被升级的软件包。 --autoremove：只显示需要被删除的软件包。 --recent：限制最近被改变的软件包
install	向系统中安装一个或多个软件包
list	列出一个或一组软件包，可以在 list 命令后面跟以下选项。 --all：显示所有的软件包（默认）。 --available：只显示可用的软件包。 --installed：只显示已安装的软件包。 --extras：只显示额外的软件包。 --updates：只显示需要被更新的软件包。 --upgrades：只显示需要被升级的软件包。 --autoremove：只显示需要被删除的软件包。 --recent：限制最近被改变的软件包
history	显示或使用事务历史
makecache	创建元数据缓存
reinstall	重新安装一个软件包
remove	从系统中移除一个或多个软件包
search	在软件包详细信息中搜索指定字符串
upgrade	升级系统中的一个或多个软件包
update	更新软件包
repoquery	搜索匹配关键字的软件包
repolist	显示已配置的软件仓库
updateinfo	显示软件包的参考建议，可以在 updateinfo 命令后面跟以下选项。 --available：关于已安装软件包新版本的公告（默认）。 --installed：关于已安装软件包相同或更老版本的公告。 --updates：那些已安装，并有可用新版本的软件包的新版本公告。 --all：关于已安装软件包任何版本的公告。 --summary：显示公告概述（默认）。 --list：显示公告列表。 --info：显示公告信息
provides	查找提供指定内容的软件包

【例 9.16】 无须确认直接安装 bind 软件包。

```
[root@rhel ~]# dnf -y install bind
Updating Subscription Management repositories.
Unable to read consumer identity
This system is not registered to Red Hat Subscription Management. You can use subscription-manager to register.
上次元数据过期检查：0:02:32 前，执行于 2020 年 03 月 04 日 星期三 01 时 02 分 21 秒。
依赖关系解决。
==================================================================================
 软件包        架构            版本                    仓库     大小
==================================================================================
Installing:
 Bind         x86_64      32:9.11.4-16.P2.el8        rhel     2.1 M

事务概要
==================================================================================
安装  1 软件包

总计：2.1 M
安装大小：4.7 M
下载软件包：
警告：/root/rhel/AppStream/Packages/bind-9.11.4-16.P2.el8.x86_64.rpm: 头 V3 RSA/SHA256 Signature, 密钥 ID fd431d51: NOKEY
Red Hat Enterprise Linux 8                          312 kB/s | 5.0 kB  00:00
导入 GPG 公钥 0xFD431D51:
 Userid: "Red Hat, Inc. (release key 2) <security@redhat.com>"
 指纹: 567E 347A D004 4ADE 55BA 8A5F 199E 2F91 FD43 1D51
 来自: /etc/pki/rpm-gpg/RPM-GPG-KEY-redhat-release
导入公钥成功
导入 GPG 公钥 0xD4082792:
 Userid: "Red Hat, Inc. (auxiliary key) <security@redhat.com>"
 指纹: 6A6A A7C9 7C88 90AE C6AE BFE2 F76F 66C3 D408 2792
 来自: /etc/pki/rpm-gpg/RPM-GPG-KEY-redhat-release
导入公钥成功
运行事务检查
事务检查成功。
运行事务测试
事务测试成功。
运行事务
  准备中       :                                              1/1
  运行脚本     : bind-32:9.11.4-16.P2.el8.x86_64              1/1
  Installing   : bind-32:9.11.4-16.P2.el8.x86_64              1/1
  运行脚本     : bind-32:9.11.4-16.P2.el8.x86_64              1/1
  验证         : bind-32:9.11.4-16.P2.el8.x86_64              1/1
Installed products updated.

已安装:
```

```
bind-32:9.11.4-16.P2.el8.x86_64

完毕!
```

【例 9.17】 显示 bind 软件包的详细信息。

```
[root@rhel ~]# dnf info bind
```

【例 9.18】 显示所有已经安装的软件包信息。

```
[root@rhel ~]# dnf info --installed
```

【例 9.19】 列出 bind 软件包。

```
[root@rhel ~]# dnf list bind
Updating Subscription Management repositories.
Unable to read consumer identity
This system is not registered to Red Hat Subscription Management. You can use subscription-manager to register.
上次元数据过期检查：0:06:29 前，执行于 2020 年 03 月 04 日 星期三 01 时 02 分 21 秒。
已安装的软件包
bind.x86_64                                     32:9.11.4-16.P2.el8
```

【例 9.20】 列出 bind 软件包的依赖关系。

```
[root@rhel ~]# dnf deplist bind
```

【例 9.21】 显示软件仓库的配置。

```
[root@rhel ~]# dnf repolist
Updating Subscription Management repositories.
Unable to read consumer identity
This system is not registered to Red Hat Subscription Management. You can use subscription-manager to register.
Red Hat Enterprise Linux 8                    59 MB/s | 7.2 MB     00:00
上次元数据过期检查：0:00:02 前，执行于 2020 年 03 月 04 日 星期三 01 时 02 分 21 秒。
仓库标识                   仓库名称                                    状态
rhel                       Red Hat Enterprise Linux 8                  6,647
```

【例 9.22】 查看/etc/named.conf 文件是属于哪个软件包的。

```
[root@rhel ~]# dnf provides /etc/named.conf
Updating Subscription Management repositories.
Unable to read consumer identity
This system is not registered to Red Hat Subscription Management. You can use subscription-manager to register.
上次元数据过期检查：0:09:01 前，执行于 2020 年 03 月 04 日 星期三 01 时 02 分 21 秒。
bind-32:9.11.4-16.P2.el8.x86_64 : The Berkeley Internet Name Domain (BIND) DNS (Domain Name System) server
仓库      : @System
匹配来源:
文件名    : /etc/named.conf

bind-32:9.11.4-16.P2.el8.x86_64 : The Berkeley Internet Name Domain (BIND) DNS (Domain Name System) server
仓库      : rhel
匹配来源:
文件名    : /etc/named.conf
```

【例 9.23】 删除 bind 软件包。

```
[root@rhel ~]# dnf remove bind
Updating Subscription Management repositories.
Unable to read consumer identity
This system is not registered to Red Hat Subscription Management. You can use subscription-manager to register.
依赖关系解决。
================================================================================
 软件包          架构          版本                      仓库          大小
================================================================================
移除:
 Bind           x86_64        32:9.11.4-16.P2.el8       @rhel         4.7 MB

事务概要
================================================================================
移除  1 软件包
将会释放空间: 4.7 MB
确定吗? [y/N]:  y                              //输入 y 确认删除软件包
运行事务检查
事务检查成功。
运行事务测试
事务测试成功。
运行事务
  准备中      :                                                        1/1
  运行脚本    : bind-32:9.11.4-16.P2.el8.x86_64                        1/1
  删除        : bind-32:9.11.4-16.P2.el8.x86_64                        1/1
  运行脚本    : bind-32:9.11.4-16.P2.el8.x86_64                        1/1
  验证        : bind-32:9.11.4-16.P2.el8.x86_64                        1/1
Installed products updated.

已移除:
  bind-32:9.11.4-16.P2.el8.x86_64

完毕!
```

【例 9.24】 显示 dnf 命令使用历史。

```
[root@rhel ~]# dnf history
```

【例 9.25】 删除缓存目录下的软件包和旧的头文件。

```
[root@rhel ~]# dnf clean all
Updating Subscription Management repositories.
Unable to read consumer identity
This system is not registered to Red Hat Subscription Management. You can use subscription-manager to register.
5 文件已删除
```

【例 9.26】 查找匹配字符 bind 的软件包。

```
[root@rhel ~]# dnf search bind
```

【例 9.27】 检查系统中安装的所有软件包的更新。

```
[root@rhel ~]# dnf check-update
```

【例 9.28】 列出所有可供安装的软件包。

```
[root@rhel ~]# dnf list available
```

9.3 tar 包管理

使用 tar 命令可以将文件和目录进行归档或压缩以做备份用，本节主要讲述 tar 包的使用和管理。

9.3.1 tar 包简介

Linux 系统中最常使用的归档程序是 tar，使用 tar 程序归档的包称为 tar 包，tar 包文件的名称通常都是以“.tar”结尾的。生成 tar 包以后，还可以使用其他程序来对 tar 包进行压缩。tar 可以为文件和目录创建备份。利用 tar 命令，用户可以为某一特定文件创建备份，也可以在备份中改变文件，或者向备份中加入新的文件。

tar 包最初被用来在磁带上创建备份，现在用户可以在任何设备上创建备份。利用 tar 命令可以把一大堆的文件和目录打包成一个文件，这对于备份文件或是将几个文件组合成为一个文件进行网络传输是非常有用的。

Linux 系统中的很多压缩程序只能针对一个文件进行压缩，这样当需要压缩一大堆文件时，就得先借助其他的工具（如 tar）将这一大堆文件先打成一个包，然后使用压缩程序进行压缩。

9.3.2 tar 包使用和管理

使用 tar 命令可以将许多文件一起保存到一个单独的磁带或磁盘归档，并能从归档中单独还原所需文件。

命令语法：

```
tar [选项][文件|目录]
```

命令中各选项的含义如表 9-4 所示。

表 9-4 tar 命令选项含义

选项	选项含义
-c	创建新的归档文件
-A	追加 tar 文件至归档
-r	追加文件至归档结尾
-t	列出归档文件的内容，查看已经备份了哪些文件
-u	仅追加比归档中副本更新的文件
-x	从归档文件中释放文件
-f	使用归档文件或设备
-k	保存已经存在的文件。在还原文件时遇到相同的文件，不会进行覆盖
-m	不要解压文件的修改时间

续表

选项	选项含义
-M	创建/列出/解压多卷的归档文件，以便在几个磁盘中存放
-v	详细报告 tar 处理的信息
-w	每一步操作都要求确认
-C <目录>	解压缩到特定目录
-z	通过 gzip 过滤归档
-j	通过 bzip2 过滤归档
-J	通过 xz 过滤归档

【例 9.29】 归档/root/abc 目录，生成文件为/root/abc.tar。

```
[root@rhel ~]# tar cvf /root/abc.tar /root/abc
tar: 从成员名中删除开头的“/”
/root/abc/
/root/abc/a
/root/abc/b
/root/abc/c
[root@rhel ~]# ls -l /root/abc.tar
-rw-r--r--. 1 root root 10240 12月 31 01:11 /root/abc.tar
//可以看到/root/abc.tar 就是/root/abc 目录归档后生成的文件
```

注意

在使用 tar 命令指定选项时可以不在选项前面输入“–”，如 cvf 和–cvf 起到的作用是一样的。

【例 9.30】 查看/root/abc.tar 归档文件的内容。

```
[root@rhel ~]# tar tvf /root/abc.tar
drwxr-xr-x root/root         0 2021-12-31 01:11 root/abc/
-rw-r--r-- root/root         0 2021-12-31 01:11 root/abc/a
-rw-r--r-- root/root         0 2021-12-31 01:11 root/abc/b
-rw-r--r-- root/root         0 2021-12-31 01:11 root/abc/c
//可以看到该归档文件由一个目录和该目录下的 3 个文件打包而成
```

【例 9.31】 将归档文件/root/abc.tar 解压出来。

```
[root@rhel ~]# tar xvf /root/abc.tar
root/abc/
root/abc/a
root/abc/b
root/abc/c
```

【例 9.32】 将文件/root/abc/d 添加到/root/abc.tar 归档文件中。

```
[root@rhel ~]# touch /root/abc/d
//创建/root/abc/d 文件
[root@rhel ~]# tar rvf /root/abc.tar /root/abc/d
tar: 从成员名中删除开头的“/”
/root/abc/d
tar: 从硬连接目标中删除开头的“/”
[root@rhel ~]# tar tvf /root/abc.tar
```

```
drwxr-xr-x root/root        0 2021-12-31 01:11 root/abc/
-rw-r--r-- root/root        0 2021-12-31 01:11 root/abc/a
-rw-r--r-- root/root        0 2021-12-31 01:11 root/abc/b
-rw-r--r-- root/root        0 2021-12-31 01:11 root/abc/c
-rw-r--r-- root/root        0 2021-12-31 01:12 root/abc/d
//查看/root/abc.tar 内容，可以看到文件/root/abc/d 已经添加进去了
```

【例 9.33】 更新/root/abc.tar 归档文件中的/root/abc/d 文件。

```
[root@rhel ~]# tar uvf /root/abc.tar /root/abc/d
tar: 从成员名中删除开头的“/”
/root/abc/d
tar: 从硬连接目标中删除开头的“/”
[root@rhel ~]# tar tvf /root/abc.tar
drwxr-xr-x root/root        0 2021-12-31 01:11 root/abc/
-rw-r--r-- root/root        0 2021-12-31 01:11 root/abc/a
-rw-r--r-- root/root        0 2021-12-31 01:11 root/abc/b
-rw-r--r-- root/root        0 2021-12-31 01:11 root/abc/c
-rw-r--r-- root/root        0 2021-12-31 01:12 root/abc/d
-rw-r--r-- root/root        0 2021-12-31 01:12 root/abc/d
```

9.3.3 tar 包的特殊使用

使用 tar 命令可以在打包或解包的同时调用其他的压缩程序，如调用 gzip、bzip2 以及 xz 等。

1. tar 调用 gzip

使用 tar 命令可以在归档或者解包的同时调用 gzip 压缩程序。gzip 是 GNU 组织开发的一个压缩程序，以“.gz”结尾的文件就是 gzip 压缩的结果。与 gzip 对应的解压缩程序是 gunzip，tar 命令中使用-z 选项来调用 gzip。

【例 9.34】 将/root/abc 目录压缩成/root/abc.tar.gz 文件。

```
[root@rhel ~]# tar zcvf /root/abc.tar.gz /root/abc
tar: 从成员名中删除开头的“/”
/root/abc/
/root/abc/a
/root/abc/b
/root/abc/c
/root/abc/d
[root@rhel ~]# ls -l /root/abc.tar.gz
-rw-r--r--. 1 root root 177 12月 31 01:15 /root/abc.tar.gz
//可以看到/root/abc.tar.gz 文件就是/root/abc 目录归档压缩后的文件
```

【例 9.35】 查看压缩文件/root/abc.tar.gz 的内容。

```
[root@rhel ~]# tar ztvf /root/abc.tar.gz
drwxr-xr-x root/root        0 2021-12-31 01:12 root/abc/
-rw-r--r-- root/root        0 2021-12-31 01:11 root/abc/a
-rw-r--r-- root/root        0 2021-12-31 01:11 root/abc/b
-rw-r--r-- root/root        0 2021-12-31 01:11 root/abc/c
-rw-r--r-- root/root        0 2021-12-31 01:12 root/abc/d
//可以看到该压缩文件由一个目录和该目录下的 4 个文件压缩而成
```

【例 9.36】 将压缩文件/root/abc.tar.gz 解压缩出来。

```
[root@rhel ~]# tar zxvf /root/abc.tar.gz
root/abc/
root/abc/a
root/abc/b
root/abc/c
root/abc/d
```

2. tar 调用 bzip2

使用 tar 命令可以在归档或者解包的同时调用 bzip2 压缩程序。bzip2 是一个压缩能力更强的压缩程序，以".bz2"结尾的文件就是 bzip2 压缩的结果。与 bzip2 相对应的解压程序是 bunzip2。tar 命令中使用-j 选项来调用 bzip2。

【例 9.37】 将/root/abc 目录压缩成/root/abc.tar.bz2 文件。

```
[root@rhel ~]# tar jcvf /root/abc.tar.bz2 /root/abc
tar: 从成员名中删除开头的"/"
/root/abc/
/root/abc/a
/root/abc/b
/root/abc/c
/root/abc/d
[root@rhel ~]# ls -l /root/abc.tar.bz2
-rw-r--r--. 1 root root 176 12月 31 01:16 /root/abc.tar.bz2
```

【例 9.38】 查看压缩文件/root/abc.tar.bz2 的内容。

```
[root@rhel ~]# tar jtvf /root/abc.tar.bz2
drwxr-xr-x root/root        0 2021-12-31 01:12 root/abc/
-rw-r--r-- root/root        0 2021-12-31 01:11 root/abc/a
-rw-r--r-- root/root        0 2021-12-31 01:11 root/abc/b
-rw-r--r-- root/root        0 2021-12-31 01:11 root/abc/c
-rw-r--r-- root/root        0 2021-12-31 01:12 root/abc/d
```

【例 9.39】 将压缩文件/root/abc.tar.bz2 解压出来。

```
[root@rhel ~]# tar jxvf /root/abc.tar.bz2
root/abc/
root/abc/a
root/abc/b
root/abc/c
root/abc/d
```

3. tar 调用 xz

使用 tar 命令可以在归档或者解包的同时调用 xz 压缩程序。xz 是一个使用 LZMA 压缩算法的无损数据压缩文件格式，以".xz"结尾的文件就是 xz 压缩的结果。tar 命令中使用-J 选项来调用。

【例 9.40】 将/root/abc 目录压缩成/root/abc.tar.xz 文件。

```
[root@rhel ~]# tar Jcvf /root/abc.tar.xz /root/abc
tar: 从成员名中删除开头的"/"
/root/abc/
/root/abc/a
/root/abc/b
/root/abc/c
```

```
/root/abc/d
[root@rhel ~]# ls -l /root/abc.tar.xz
-rw-r--r--. 1 root root 208 12月 31 01:17 /root/abc.tar.xz
```

【例 9.41】 查看压缩文件/root/abc.tar.xz 的内容。

```
[root@rhel ~]# tar Jtvf /root/abc.tar.xz
drwxr-xr-x root/root         0 2021-12-31 01:12 root/abc/
-rw-r--r-- root/root         0 2021-12-31 01:11 root/abc/a
-rw-r--r-- root/root         0 2021-12-31 01:11 root/abc/b
-rw-r--r-- root/root         0 2021-12-31 01:11 root/abc/c
-rw-r--r-- root/root         0 2021-12-31 01:12 root/abc/d
```

【例 9.42】 将压缩文件/root/abc.tar.xz 文件解压出来。

```
[root@rhel ~]# tar Jxvf /root/abc.tar.xz
root/abc/
root/abc/a
root/abc/b
root/abc/c
root/abc/d
```

小　结

目前在众多的 Linux 系统上都采用 RPM 软件包，这种软件包格式在安装、删除、升级以及查询上非常方便，不需要进行编译即可安装软件包。RPM 软件包管理主要有安装（添加）、删除（卸载）、升级、刷新、查询这 5 种基本操作模式。

DNF 是 RHEL 8 系统的软件包管理工具，可以查询软件包的信息、从软件仓库中获取软件包，安装、删除软件包，并自动处理包依赖。它还可以把所有软件更新到最新版本。DNF 包管理器克服了 YUM 包管理器的一些瓶颈，提升了用户体验、内存占用、依赖分析、运行速度等多方面的性能。

repo 文件是 Linux 系统中 DNF 源（软件仓库）的配置文件，通常一个 repo 文件定义了一个或者多个软件仓库的细节内容，repo 文件中的设置内容将被 DNF 读取和应用。软件仓库配置文件默认存储在/etc/yum.repos.d 目录中。

要在本地磁盘上创建本地软件仓库，需要配置软件仓库配置文件，还要将 Linux 系统安装光盘中的软件包复制到系统。使用 dnf 命令可以安装、更新、删除、显示软件包。DNF 可以自动进行系统更新，基于软件仓库的元数据分析，解决软件包依赖性关系。

使用 tar 命令可以将许多文件一起保存到一个单独的磁带或磁盘归档，并能从归档中单独还原所需文件。使用 tar 命令可以在打包或解包的同时调用其他的压缩程序，如调用 gzip、bzip2 以及 xz 等。

习　题

9-1　RPM 软件包的用途是什么？

9-2　简述升级 RPM 软件包和刷新 RPM 软件包的区别。

9-3　简述在本地磁盘上创建本地软件仓库的步骤。

9-4　简述 tar 命令可以调用哪些压缩程序。

上机练习

9-1　使用 rpm 命令安装 bind-chroot 软件包，安装完毕后查看该软件包的描述信息。

上机练习

9-2　使用 rpm 命令查询 crontabs 软件包包含的文件列表。

9-3　使用 rpm 命令查询/etc/crontab 文件属于哪个软件包。

9-4　在 Linux 系统上创建本地软件仓库。

9-5　使用 dnf 命令安装 samba 软件包。

9-6　使用 dnf 命令删除 bind 软件包。

9-7　归档/root/abc 目录，生成文件为/root/abc.tar。

9-8　使用 tar 命令调用 gzip 压缩程序将/root/abc 目录压缩成/root/abc.tar.gz 文件。

第 10 章 权限和所有者

为了控制文件和目录的访问，可以设置文件和目录的访问权限，以决定谁能访问以及如何访问这些文件和目录。甚至还可以更改文件和目录的所有者，使别的用户对该文件和目录具有任意操作权限。

10.1 权限设置

为了有效地控制用户对文件和目录的访问，必须对其设置权限以实现安全控制，本节主要讲述如何设置权限。

10.1.1 文件和目录权限简介

在 Linux 系统中，用户对文件或目录具有访问权限，这些访问权限决定谁能访问，以及如何访问。在 Linux 系统中，每一位用户都有对文件或目录的读取、写入、可执行权限。

通过设置权限可以限制或允许以下三种用户访问：文件的用户所有者（属主）、文件的组群所有者（用户所在组的同组用户）、系统中的其他用户。第一套权限控制访问自己的文件权限，即所有者权限。第二套权限控制用户组访问其中一个用户的文件的权限。第三套权限控制其他所有用户访问一个用户的文件的权限。这三套权限赋予用户不同类型（即用户所有者、组群所有者和其他用户）的读取、写入、可执行权限，这就构成了一个有 9 种类型的权限组。

同时，用户能够控制一个给定的文件和目录的访问程度。一个文件和目录可能有读取、写入及执行权限。当创建一个文件时，系统会自动地赋予文件所有者读和写的权限，这样可以允许所有者能够显示和修改文件内容。文件所有者可以将这些权限更改为任何权限。文件也许只有读权限，禁止任何修改；文件也可能只有执行权限，允许它像程序一样执行。

10.1.2 设置文件和目录基本权限

1. 基本权限简介

在 Linux 系统中，使用 ls -l 命令可以显示文件和目录的详细信息，其中包括文件和目录的基本权限，如下所示。

```
[root@rhel ~]# ls -l /root
总用量 8
drwxr-xr-x. 2 root root    6 12月 26 09:08 公共
```

```
drwxr-xr-x. 2 root root    6 12月 26 09:08 模板
drwxr-xr-x. 2 root root    6 12月 26 09:08 视频
drwxr-xr-x. 2 root root    6 12月 26 09:08 图片
drwxr-xr-x. 2 root root    6 12月 26 09:08 文档
drwxr-xr-x. 2 root root    6 12月 26 09:08 下载
drwxr-xr-x. 2 root root    6 12月 26 09:08 音乐
drwxr-xr-x. 2 root root    6 12月 26 09:08 桌面
-rw-------. 1 root root 1753 12月 26 08:18 anaconda-ks.cfg
-rw-r--r--. 1 root root 1908 12月 26 08:26 initial-setup-ks.cfg
```

在 ls -l 命令的显示结果中，最前面的第 2～10 个字符是用来表示权限的。

第 2～10 个字符当中的每三个为一组，左边三个字符表示用户所有者的权限，中间三个字符表示组群所有者的权限，右边三个字符是其他用户的权限。

r、w、x、-字符代表的意义如下。

- r（读取）：对文件而言，该用户具有读取文件内容的权限；对目录来说，该用户具有浏览目录的权限。
- w（写入）：对文件而言，该用户具有新增、修改文件内容的权限；对目录来说，该用户具有删除、移动目录内文件的权限。
- x（执行）：对文件而言，该用户具有执行文件的权限；对目录来说，该用户具有进入目录的权限。
- -：表示不具有该项权限。

表 10-1 举例说明了权限字符组合的描述。

表 10-1　　权限字符组合举例

举例	描述
-rwx------	用户所有者对文件具有读取、写入、可执行权限
-rwxr--r--	用户所有者具有读取、写入、可执行权限，其他用户则具有读取权限
-rw-rw-r-x	用户所有者和组群所有者对文件具有读取、写入权限，而其他用户只具有读取和可执行权限
drwx--x--x	目录的用户所有者具有读写和进入目录权限，其他用户能进入目录，却无法读取任何数据
drwx------	除了目录的用户所有者具有所有的权限之外，其他用户对该目录没有任何权限

每个用户都拥有自己的主目录，通常集中放置在/home 目录下，这些主目录的默认权限为 rwx------。使用以下命令查看主目录权限。

```
[root@rhel ~]# ls -l /home
总用量 0
drwx------. 4 zhangsan zhangsan 124 12月 26 20:20 zhangsan
```

只有系统管理员和文件/目录的所有者才可以更改文件或目录的权限，更改文件或目录的权限一般有两种方法：文字设定法和数字设定法。

2. 文字设定法设置权限

通过文字设定法更改权限需要使用 chmod 命令，在一个命令行中可给出多个权限方式，其间用逗号隔开。

命令语法：

```
chmod [操作对象] [操作符号] [权限] [文件|目录]
```

命令中各选项的含义如表 10-2 所示。

表 10-2　chmod 命令文字设定法选项含义

部分	选项	选项含义
操作对象	u	表示用户所有者，即文件或目录的所有者
	g	表示组群所有者，即与文件的用户所有者有相同 GID 的所有用户
	o	表示其他用户
	a	表示所有用户，它是系统默认值
操作符号	+	添加某个权限
	-	取消某个权限
	=	赋予指定权限并取消原先权限（如果有的话）
权限	r	读取权限
	w	写入权限
	x	可执行权限

【例 10.1】 添加用户所有者对 ah 文件的写入权限。

```
[root@rhel ~]# ls -l ah
-r--r--r--. 1 root root 11 12月 30 23:07 ah
//可以看到 ah 文件现在用户所有者的权限是读取
[root@rhel ~]# chmod u+w ah
[root@rhel ~]# ls -l ah
-rw-r--r--. 1 root root 11 12月 30 23:07 ah
//更改权限以后，用户所有者对 ah 文件多了写入的权限
```

【例 10.2】 取消用户所有者对 ah 文件的读取权限。

```
[root@rhel ~]# chmod u-r ah
[root@rhel ~]# ls -l ah
--w-r--r--. 1 root root 11 12月 30 23:07 ah
//查看文件权限，可以看到文件 ah 的用户所有者权限已经没有读取了
```

【例 10.3】 重新分配组群所有者对 ah 文件有写入的权限。

```
[root@rhel ~]# chmod g=w ah
[root@rhel ~]# ls -l ah
--w--w-r--. 1 root root 11 12月 30 23:07 ah
//可以看到，组群所有者原先的权限没有了，现在重新分配的是写入权限
```

【例 10.4】 更改 ah 文件权限，添加用户所有者为读取、写入权限，组群所有者为读取权限，其他用户读取、写入、可执行的权限。

```
[root@rhel ~]# chmod u+rw,g+r,o+rwx ah
[root@rhel ~]# ls -l ah
-rw-rw-rwx. 1 root root 11 12月 30 23:07 ah
```

【例 10.5】 取消所有用户对 ah 文件的读取、写入、可执行权限。

```
[root@rhel ~]# chmod a-rwx ah
```

```
[root@rhel ~]# ls -l ah
----------. 1 root root 11 12月 30 23:07 ah
//现在谁都没有权限了
```

3. 数字设定法设置权限

文件和目录的权限表中用 r、w、x 这三个字符来为用户所有者、组群所有者和其他用户设置权限。有时候，字符似乎过于麻烦，因此还有另外一种方法是以数字来表示权限，而且仅需三个数字。

使用数字设定法更改文件权限，首先必须了解数字表示的含义：0 表示没有权限，1 表示可执行权限，2 表示写入权限，4 表示读取权限，然后将其相加。

所有数字属性的格式应该是三个 0～7 的数，其顺序是 u、g、o。

- r：对应数值 4。
- w：对应数值 2。
- x：对应数值 1。
- -：对应数值 0。

例如，想让某个文件的所有者有“读/写”两种权限，需要用数字 6 来表示，把 4（可读）+2（可写）= 6（读/写）。

下面举几个例子说明权限字符怎么转换为数字。

- -rwx------：用数字表示为 700。
- -rwxr--r--：用数字表示为 744。
- -rw-rw-r-x：用数字表示为 665。
- drwx--x--x：用数字表示为 711。
- drwx------：用数字表示为 700。

命令语法：

```
chmod [n1n2n3] [文件|目录]
```

命令中各选项的含义如表 10-3 所示。

表 10-3　chmod 命令选项含义

选项	选项含义
n1	用户所有者的权限，n1 代表数字
n2	组群所有者的权限，n2 代表数字
n3	其他用户的权限，n3 代表数字

【例 10.6】 设置 ah 文件权限，用户所有者拥有读取、写入、可执行的权限。

```
[root@rhel ~]# ls -l ah
-r--r--r--. 1 root root 11 12月 30 23:07 ah
[root@rhel ~]# chmod 700 ah
[root@rhel ~]# ls -l ah
-rwx------. 1 root root 11 12月 30 23:07 ah
```

【例 10.7】 设置 ah 文件权限，用户所有者拥有读取，组群所有者有读取、写入、可执行的权限。

```
[root@rhel ~]# chmod 470 ah
```

```
[root@rhel ~]# ls -l ah
-r--rwx---. 1 root root 11 12月 30 23:07 ah
```

【例 10.8】 设置 ah 文件权限，所有用户拥有读取、写入、可执行的权限。

```
[root@rhel ~]# chmod 777 ah
[root@rhel ~]# ls -l ah
-rwxrwxrwx. 1 root root 11 12月 30 23:07 ah
```

【例 10.9】 设置 ah 文件权限，其他用户拥有读取、写入、可执行的权限。

```
[root@rhel ~]# chmod 7 ah
[root@rhel ~]# ls -l ah
-------rwx. 1 root root 11 12月 30 23:07 ah
//在这里和用 chmod 007 ah 命令是一样的效果
```

【例 10.10】 设置/home/user 目录连同他的文件和子目录的权限为 777。

```
[root@rhel ~]# mkdir /home/user
[root@rhel ~]# touch /home/user/abc
//创建目录/home/user 和文件/home/user/abc
[root@rhel ~]# chmod -R 777 /home/user
//表示将整个/home/user 目录和其中的文件和子目录的权限都设置为读取、写入、可执行
[root@rhel ~]# ls -ld /home/user
drwxrwxrwx. 2 root root 17 12月 30 23:13 /home/user
//查看目录/home/user 的权限为 rwxrwxrwx（777）
[root@rhel ~]# ls -l /home/user/abc
-rwxrwxrwx. 1 root root 0 12月 30 23:13 /home/user/abc
//查看文件/home/user/abc 的权限为 rwxrwxrwx（777）
```

10.1.3 设置文件和目录特殊权限

在 Linux 系统中除了基本权限之外，还有三个特殊的权限，分别是 SUID、SGID 以及 Sticky。

1. 特殊权限简介

用户如果没有特殊的需求，一般不需要启用特殊权限，避免出现安全方面的隐患。

特殊权限有以下几种类型。

（1）SUID

对一个可执行文件，不是以发起者身份来获取资源，而是以可执行文件的用户所有者身份来执行。

（2）SGID

对一个可执行文件，不是以发起者身份来获取资源，而是以可执行文件的组群所有者身份来执行。

（3）Sticky

对文件或目录设置 Sticky 之后，尽管其他用户有写权限，但也必须由文件所有者执行删除和移动等操作。

因为 SUID、SGID、Sticky 通过占用 x（可执行权限）的位置来表示，所以在表示上会有大小写之分。假如同时开启执行权限和 SUID、SGID、Sticky，则权限表示字符是小写的，如下所示。

```
-rwsr-sr-t .  1  root root   4096  12月  19   08:17  conf
```

如果关闭可执行权限，开启 SUID、SGID、Sticky，则表示字符会变成大写，如下所示。

```
-rwSr-Sr-T. 1  root root  4096  12月  19  08:17  conf
```

2. 文字设定法设置特殊权限

【例 10.11】 添加 ah 文件的特殊权限为 SUID。

```
[root@rhel ~]# ls -l ah
----------. 1 root root 11 12月 30 23:07 ah
[root@rhel ~]# chmod u+s ah
[root@rhel ~]# ls -l ah
---S------. 1 root root 11 12月 30 23:07 ah
```

【例 10.12】 添加 ah 文件的特殊权限为 SGID。

```
[root@rhel ~]# chmod g+s ah
[root@rhel ~]# ls -l ah
---S--S---. 1 root root 11 12月 30 23:07 ah
```

【例 10.13】 添加 ah 文件的特殊权限为 Sticky。

```
[root@rhel ~]# chmod o+t ah
[root@rhel ~]# ls -l ah
---S--S--T. 1 root root 11 12月 30 23:07 ah
```

3. 数字设定法设置特殊权限

如果要设置特殊权限，就必须使用 4 位数字才能表示。

特殊权限的对应数值如下表示。

- SUID：对应数值 4。
- SGID：对应数值 2。
- Sticky：对应数值 1。

【例 10.14】 设置文件 ah 具有 SUID 权限。

```
[root@rhel ~]# ls -l ah
-r--r--r--. 1 root root 11 12月 30 23:07 ah
[root@rhel ~]# chmod 4000 ah
[root@rhel ~]# ls -l ah
---S------. 1 root root 11 12月 30 23:07 ah
```

【例 10.15】 设置文件 ah 具有 SGID 权限。

```
[root@rhel ~]# chmod 2000 ah
[root@rhel ~]# ls -l ah
------S---. 1 root root 11 12月 30 23:07 ah
```

【例 10.16】 设置文件 ah 具有 Sticky 权限。

```
[root@rhel ~]# chmod 1000 ah
[root@rhel ~]# ls -l ah
---------T. 1 root root 11 12月 30 23:07 ah
```

【例 10.17】 设置文件 ah 具有 SUID、SGID 和 Sticky 权限。

```
[root@rhel ~]# chmod 7000 ah
```

```
[root@rhel ~]# ls -l ah
---S--S--T. 1 root root 11 12月 30 23:07 ah
```

10.2 更改文件和目录所有者

文件和目录的创建者默认就是该文件和目录的所有者。他们对该文件和目录具有任何权限，可以进行任何操作。他们也可以将所有者转交给别的用户，使别的用户对该文件和目录具有任何操作权限。文件和目录的所有者及所属用户组也能修改，可以通过命令来修改。

使用 chown 命令可以更改文件和目录的用户所有者和组群所有者。

命令语法：

```
chown [选项] [用户.组群] [文件|目录]
chown [选项] [用户:组群] [文件|目录]
```

命令中各选项的含义如表 10-4 所示。

表 10-4　　chown 命令选项含义

选项	选项含义
-R	将下级子目录下的所有文件和目录的所有权一起更改

【例 10.18】 将文件 ah 的用户所有者改成 newuser。

```
[root@rhel ~]# ls -l ah
-rw-r--r--. 1 root root 11 12月 30 23:07 ah
//目前文件 ah 的用户所有者和组群所有者是 root
[root@rhel ~]# chown newuser ah
[root@rhel ~]# ls -l ah
-rw-r--r--. 1 newuser root 11 12月 30 23:07 ah
//更改用户所有者后，可以看到当前文件 ah 的用户所有者为 newuser
```

【例 10.19】 将文件 ah 的组群所有者更改成 newuser。

```
[root@rhel ~]# chown :newuser ah
[root@rhel ~]# ls -l ah
-rw-r--r--. 1 newuser newuser 11 12月 30 23:07 ah
//更改组群所有者后，可以看到当前文件 ah 的组群所有者为 newuser
```

【例 10.20】 将文件 ah 的用户所有者和组群所有者一起更改成 root。

```
[root@rhel ~]# chown root.root ah
[root@rhel ~]# ls -l ah
-rw-r--r--. 1 root root 11 12月 30 23:07 ah
//现在文件 ah 的用户所有者和组群所有者都是 root
```

【例 10.21】将目录/root/b 连同它的下级文件/root/b/c 的用户所有者和组群所有者一起更改为 newuser。

```
[root@rhel ~]# ls -ld /root/b
drwxr-xr-x. 2 root root 15 12月 30 23:21 /root/b
```

```
[root@rhel ~]# ls -l /root/b/c
-rw-r--r--. 1 root root 0 12月 30 23:21 /root/b/c
//查看目录/root/b和文件/root/b/c用户所有者和组群所有者，当前为root
[root@rhel ~]# chown -R newuser.newuser /root/b
[root@rhel ~]# ls -ld /root/b
drwxr-xr-x. 2 newuser newuser 15 12月 30 23:21 /root/b
[root@rhel ~]# ls -l /root/b/c
-rw-r--r--. 1 newuser newuser 0 12月 30 23:21 /root/b/c
//查看目录/root/b和文件/root/b/c用户所有者和组群所有者，当前为newuser
```

小　结

在 Linux 系统中，用户对文件或目录具有读取、写入、可执行访问权限，这些访问权限决定了谁能访问，以及如何访问。通过设置权限可以限制或允许文件的用户所有者、文件的组群所有者、系统中的其他用户访问。更改文件或目录权限一般使用文字设定法或数字设定法。

文件和目录的创建者默认就是该文件和目录的所有者，他们对该文件和目录具有任何权限，可以进行任何操作。他们也可以将所有者转交给别的用户，使别的用户对该文件和目录具有任何操作权限。使用 chown 命令可以更改文件和目录的用户所有者和组群所有者。

习　题

10-1　文件有哪些权限？含义分别是什么？

10-2　可以使用哪些方法设置文件的权限？

上机练习

上机练习

10-1　使用文字设定法对/root/ab 文件设置权限，用户所有者有读取、写入、可执行权限，同组用户为读取和写入权限，而其他用户没有任何权限。

10-2　使用数字设定法设置/root/ab 文件的权限，用户所有者只拥有读取和写入权限。

10-3　将/root/ab 文件的用户所有者更改为用户 zhangsan。

第11章 日常管理和维护

Linux 系统是一个多任务的操作系统，可以同时运行多个进程，用户可以使用 ps 和 top 命令查看 Linux 系统中的进程信息，使用 kill 命令来关闭进程。对于系统管理员来说，经常需要定时执行某个程序，使用 cron 可以实现该功能。Linux 系统默认使用的引导装载程序是 GRUB 2，其主配置文件是/boot/grub2/grub.cfg。

11.1 进程管理

Linux 系统上可以同时运行多个进程，正在执行的一个或多个相关进程称为作业。用户可以同时运行多个作业，并可以在需要时在作业之间进行切换。

11.1.1 进程概念

大多数系统都只有一个 CPU 和一个内存，但一个系统可能有多个二级存储磁盘和多个输入/输出设备。操作系统管理这些资源并在多个用户间共享资源，当提出一个请求时，操作系统监控着一个等待执行的任务队列，这些任务包括用户作业、操作系统任务、邮件、输出作业等。操作系统根据每个任务的优先级为每个任务分配合适的时间片，每个时间片大约都有零点几秒，虽然很短，但实际上已经足够计算机完成成千上万的命令集处理。每个任务都会被系统运行一段时间，然后挂起。系统转而处理其他任务，过一段时间以后再回来处理这个任务，直到某个任务完成，从任务队列中去除。

Linux 系统上所有运行的内容都可以称为进程。Linux 系统用分时管理方法使所有的任务共同分享系统资源。我们讨论进程的时候，不会去关心这些进程究竟是如何分配的，或者内核是如何管理、分配时间片的，我们关心的是如何控制这些进程，让它们能够很好地为用户服务。

进程是在自身的虚拟地址空间运行的一个单独的程序。进程与程序之间还是有明显区别的。程序只是一个静态的命令集合，不占系统的运行资源；而进程是一个随时都可能发生变化的、动态的、占用系统运行资源的程序。一个程序可以启动多个进程。和进程相比，作业是一系列按一定顺序执行的命令。一条简单的命令可能会涉及多个进程，尤其是当使用管道和重定向时。

进程一般具有以下特征。

- 动态性：进程的实质是程序在多道程序系统中的一次执行过程，进程是动态产生、动态消亡的。

- 并发性：任何进程都可以同其他进程一起并发执行。
- 独立性：进程是一个能独立运行的基本单位，同时也是系统分配资源和调度的独立单位。
- 异步性：由于进程间相互制约，使得进程具有执行的间断性，即进程按各自独立的、不可预知的速度向前推进。
- 结构特征：进程由程序、数据以及进程控制块 3 个部分组成。
- 多个不同的进程可以包含相同的程序：一个程序在不同的数据集里就构成不同的进程，能得到不同的结果；但是在执行过程中，程序不能发生改变。

在 Linux 系统中有以下三种进程。

- 交互式进程：一个由 Shell 启动并控制的进程。交互式进程既可在前台运行，也可在后台运行。
- 批处理进程：与终端无关，安排在指定时刻完成的一系列进程。
- 守护进程：在引导 Linux 系统时启动，以执行即时的系统任务，如 crond、rsyslogd、named 等。

11.1.2　查看系统进程信息

要对进程进行监测和控制，首先必须了解当前进程的情况，也就是需要查看当前进程。要查看 Linux 系统中的进程信息，可以使用 ps 和 top 命令。

1. ps 命令

ps 命令是基本的同时也是非常强大的进程查看命令。使用该命令可以确定哪些进程正在运行、进程运行的状态、进程是否结束、进程有没有僵死，以及哪些进程占用了过多的资源等。

命令语法：

```
ps [选项]
```

命令中各选项的含义如表 11-1 所示。

表 11-1　ps 命令选项含义

选项	选项含义
-A	显示所有的进程
-N	选择除了那些符合指定条件的所有进程
-a	显示排除会话领导者和进程不与终端相关联的所有进程
-d	显示所有进程（排除会话领导者）
-e	显示所有进程
-c	为-l 选项显示不同的调度程序信息
-C <命令名>	按命令名显示进程
-g <组群名>	按会话或有效的组群名显示进程
-G <真实的组群 GID|组群名>	按真实的组群 GID 或者组群名显示进程
-p <进程 ID>	按进程 ID 显示进程
-s <会话 ID>	显示指定会话 ID 的进程
-t <终端>	按终端显示进程
-u <有效的用户 UID|用户名>	按有效的用户 UID 或者用户名显示进程

续表

选项	选项含义
-U <真实的用户 UID|用户名>	按真实的用户 UID 或者用户名显示进程
-u	输出用户格式，显示用户名和进程的起始时间
-x	显示不带控制终端的进程，同时显示各个命令的具体路径
-t <终端编号>	显示指定终端编号的进程
-H	显示树状结构，表示进程间的相互关系
-y	配合-l 选项使用时，不显示 F（flag）输出字段，并以 RSS 字段取代 ADDR 字段
-f	以完全格式化的清单显示进程信息，显示 UID、PPID、C 以及 STIME 字段
-l	采用详细的格式来显示进程
-w 或 w	按宽格式显示输出
-m 或 m	在进程后面显示线程
c	列出进程时，显示每个进程真正的命令名称，而不包含路径、参数或常驻服务的标示
U<用户名>	显示属于该用户的进程
t <终端>	按终端显示进程
s	采用进程信号的格式显示进程
v	以虚拟内存的格式显示进程
u	以面向用户的格式显示进程
p <进程 ID>	显示指定进程号的进程，效果和-p 选项相同，只在列表格式方面不同
T	显示当前终端下的所有进程
a	显示所有带有终端的进程
x	显示不带控制终端的进程
L	列出输出字段的相关信息
f	用 ASCII 字符显示树状结构，表达进程间的相互关系
r	只显示正在运行的进程
e	列出进程时，显示每个进程所使用的环境变量
n	以数字来表示 USER 和 WCHAN 字段
h	不显示标题列

【例 11.1】 显示所有的进程。

```
[root@rhel ~]# ps -e
```

【例 11.2】 以 BSD 方式显示所有的进程，并显示用户名和进程的起始时间。

```
[root@rhel ~]# ps -aux
USER  PID %CPU %MEM VSZ     RSS  TTY STAT START   TIME COMMAND
root    1  0.1  0.6 255444 4916  ?   Ss   12月30  0:10 /usr/lib/systemd/systemd --
root    2  0.0  0.0 0         0  ?   S    12月30  0:00 [kthreadd]
root    3  0.0  0.0 0         0  ?   I<   12月30  0:00 [rcu_gp]
```

```
root      4  0.0  0.0 0       0    ?   I<   12月30  0:00 [rcu_par_gp]
root      6  0.0  0.0 0       0    ?   I<   12月30  0:00 [kworker/0:0H-kblockd]
root      8  0.0  0.0 0       0    ?   I<   12月30  0:00 [mm_percpu_wq]
root      9  0.0  0.0 0       0    ?   S    12月30  0:02 [ksoftirqd/0]
root     10  0.0  0.0 0       0    ?   I    12月30  0:01 [rcu_sched]
root     11  0.0  0.0 0       0    ?   S    12月30  0:00 [migration/0]
root     12  0.0  0.0 0       0    ?   S    12月30  0:00 [watchdog/0]
…（省略）
```

注意

ps -aux 命令是以 BSD 方式显示进程信息。ps -ef 命令是以 System V 方式显示进程信息，该种方式比 BSD 方式显示的信息多。

【例 11.3】 查看 crond 进程是否正在运行。

```
[root@rhel ~]# ps -ef|grep crond
root       1043      1  0 13:36 ?        00:00:00 /usr/sbin/crond -n
root     108448  53145  0 16:37 pts/1    00:00:00 grep --color=auto crond
//crond 进程正在运行，其进程号为 1043
```

【例 11.4】 按命令名 man 显示进程。

```
[root@rhel ~]# ps -C man
  PID TTY          TIME CMD
 43994 pts/0   00:00:00 man
```

【例 11.5】 显示 root 用户的进程。

```
[root@rhel ~]# ps -u root
```

【例 11.6】 显示 tty1 终端下的进程。

```
[root@rhel ~]# ps -t tty1
1392 tty1     00:00:00 gdm-wayland-ses
2414 tty1     00:00:00 gnome-session-b
2856 tty1     00:00:05 gnome-shell
…（省略）
```

【例 11.7】 显示进程 ID 为 1043 的进程。

```
[root@rhel ~]# ps -p 1043
  PID TTY          TIME     CMD
  1043 ?           00:00:00 crond
```

2. top 命令

使用 top 命令可以显示当前正在运行的进程和关于它们的重要信息，包括它们的内存和 CPU 使用情况。执行 top 命令可以显示当前正在系统中执行的进程，并通过它所提供的互动式界面，用热键加以管理。要退出 top，按 Q 键即可。

命令语法：

```
top [选项]
```

命令中各选项的含义如表 11-2 所示。

表 11-2　　top 命令选项含义

选项	选项含义
-c	列出进程时，显示每个进程的完整命令，包括命令名称、路径以及参数等
-d <间隔时间>	监控进程执行状况的间隔时间，单位为秒
-n <执行次数>	设置监控信息的执行次数
-S	使用累积时间模式
-u <用户名|有效用户 UID>	仅监视指定用户名或有效用户 UID 匹配的进程
-p <进程 ID>	仅监视指定进程 ID 的进程
-U <用户名|用户 UID>	仅监视指定用户名或用户 UID 匹配的进程

【例 11.8】 使用 top 命令动态显示进程信息。

```
[root@rhel ~]# top
top - 01:22:12 up  2:31,  2 users,  load average: 0.00, 0.18, 1.31
Tasks: 391 total,   2 running, 384 sleeping,   5 stopped,   0 zombie
%Cpu(s):  5.9 us,  5.9 sy,  0.0 ni, 88.2 id,  0.0 wa,  0.0 hi,  0.0 si,  0.0 st
MiB Mem :    798.1 total,     51.7 free,    632.3 used,    114.0 buff/cache
MiB Swap:   2048.0 total,   1084.8 free,    963.2 used.     47.7 avail Mem

  PID USER    PR   NI    VIRT    RES    SHR S  %CPU %MEM TIME+    COMMAND
    1 root    20    0  255444   4644   2460 S   0.0  0.6 0:10.32 systemd
    2 root    20    0       0      0      0 S   0.0  0.0 0:00.02 kthreadd
    3 root     0  -20       0      0      0 I   0.0  0.0 0:00.00 rcu_gp
    4 root     0  -20       0      0      0 I   0.0  0.0 0:00.00 rcu_par_gp
    6 root     0  -20       0      0      0 I   0.0  0.0 0:00.00 kworker/0:0H-kblockd
    8 root     0  -20       0      0      0 I   0.0  0.0 0:00.00 mm_percpu_wq
    9 root    20    0       0      0      0 S   0.0  0.0 0:02.54 ksoftirqd/0
   10 root    20    0       0      0      0 I   0.0  0.0 0:01.98 rcu_sched
   11 root    rt    0       0      0      0 S   0.0  0.0 0:00.00 migration/0
   12 root    rt    0       0      0      0 S   0.0  0.0 0:00.00 watchdog/0
   13 root    20    0       0      0      0 S   0.0  0.0 0:00.00 cpuhp/0
   15 root    20    0       0      0      0 S   0.0  0.0 0:00.00 kdevtmpfs
   16 root     0  -20       0      0      0 I   0.0  0.0 0:00.00 netns
   17 root    20    0       0      0      0 S   0.0  0.0 0:00.00 kauditd
   18 root    20    0       0      0      0 S   0.0  0.0 0:00.00 khungtaskd
…（省略）
//按 Q 键可以退出 top
```

【例 11.9】 只显示进程 ID 为 1043 的进程。

```
[root@rhel ~]# top -p 1043
top - 16:39:51 up  3:03,  2 users,  load average: 0.01, 0.07, 0.16
Tasks:   1 total,   0 running,   1 sleeping,   0 stopped,   0 zombie
%Cpu(s):  1.0 us,  0.3 sy,  0.0 ni, 98.0 id,  0.0 wa,  0.3 hi,  0.3 si,  0.0 st
MiB Mem :    798.1 total,     55.5 free,    583.3 used,    159.3 buff/cache
MiB Swap:   2048.0 total,   1414.7 free,    633.3 used.     76.9  avail Mem

  PID USER     PR   NI    VIRT   RES    SHR S  %CPU  %MEM   TIME+   COMMAND
 1043 root     20    0   36296   876    632 S   0.0   0.1   0:00.45 crond
```

【例 11.10】 只显示 root 用户的进程。

```
[root@rhel ~]# top -u root
```

11.1.3 关闭进程

要关闭某个应用程序可以通过关闭其进程的方式实现。如果进程一时无法关闭，可以将其强制关闭。使用 kill 命令可以强制关闭进程。在使用 kill 命令之前，需要得到要被关闭的进程的 PID（进程号）。用户可以使用 ps 命令获得进程的 PID，然后用进程的 PID 作为 kill 命令的参数。

命令语法：

```
kill [选项] [进程 ID]
```

命令中各选项的含义如表 11-3 所示。

表 11-3　　kill 命令选项含义

选项	选项含义
-s <信号>	指定发送的信号
-l	显示信号名称的列表

【例 11.11】 强制关闭进程 ID 为 1043 的进程。

```
[root@rhel ~]# ps -ef|grep crond
root        1043       1  0 13:36 ?        00:00:00 /usr/sbin/crond -n
root      108526   53145  0 16:41 pts/1    00:00:00 grep --color=auto crond
[root@rhel ~]# kill -9 1043
```

11.2 任务计划

如果要在固定的时间上触发某个作业，就需要创建任务计划，按时执行该作业。在 Linux 系统中常用 cron 实现该任务计划。任务计划也可以通过修改/etc/crontab 文件和使用 crontab 命令实现，其结果是一样的。

11.2.1 通过/etc/crontab 文件实现任务计划

root 用户通过修改/etc/crontab 文件可以实现任务计划，而普通用户无法修改该文件。crond 守护进程可以在无须人工干预的情况下，根据时间和日期来调度执行重复任务。

1. 安装 Crontabs 和 Cronie 软件包

使用以下命令安装 Crontabs 和 Cronie 软件包。

```
[root@rhel ~]# cd /run/media/root/RHEL-8-0-0-BaseOS-x86_64/BaseOS/Packages
//进入 Linux 系统安装光盘软件包目录
[root@rhel Packages]# rpm -ivh crontabs-1.11-16.20150630git.el8.noarch.rpm
警告：crontabs-1.11-16.20150630git.el8.noarch.rpm: 头 V3 RSA/SHA256 Signature, 密钥 ID
fd431d51: NOKEY
Verifying...                          ################################# [100%]
准备中...                             ################################# [100%]
正在升级/安装...
```

```
   1:crontabs-1.11-16.20150630git.el8 ################################# [100%]
[root@rhel Packages]# rpm -ivh cronie-1.5.2-2.el8.x86_64.rpm
警告：cronie-1.5.2-2.el8.x86_64.rpm: 头 V3 RSA/SHA256 Signature, 密钥 ID fd431d51: NOKEY
Verifying...                          ################################# [100%]
准备中...                             ################################# [100%]
正在升级/安装...
   1:cronie-1.5.2-2.el8               ################################# [100%]
```

2. 启动 crond 服务

使用以下命令启动 crond 服务。

```
[root@rhel ~]# systemctl start crond.service
```

使用以下命令在重新引导系统时自动启动 crond 服务。

```
[root@rhel ~]# systemctl enable crond.service
[root@rhel ~]# systemctl is-enabled crond.service
enabled
```

3. /etc/crontab 文件详解

/etc/crontab 文件是 cron 的默认配置文件，该文件内容如下所示，其中“#”开头的行是注释内容，不会被处理。

```
SHELL=/bin/bash
PATH=/sbin:/bin:/usr/sbin:/usr/bin
MAILTO=root

# For details see man 4 crontabs

# Example of job definition:
# .---------------- minute (0 - 59)
# |  .------------- hour (0 - 23)
# |  |  .---------- day of month (1 - 31)
# |  |  |  .------- month (1 - 12) OR jan,feb,mar,apr ...
# |  |  |  |  .---- day of week (0 - 6) (Sunday=0 or 7) OR sun,mon,tue,wed,thu,fri,sat
# |  |  |  |  |
# *  *  *  *  * user-name  command to be executed
```

前面 3 行是用来配置 cron 任务运行环境的变量。Shell 变量的值告诉系统要使用哪个 Shell 环境（在这个例子里是/bin/bash）。PATH 变量定义用来执行命令的路径。cron 任务的输出被邮寄给 MAILTO 变量定义的用户名。如果 MAILTO 变量被定义为空白字符串，电子邮件就不会被寄出。

/etc/crontab 文件中的每一行都代表一项任务，它的格式如下。

```
minute  hour  day of month  month  day of week  user-name  command to be executed
```

/etc/crontab 文件内容描述如表 11-4 所示。

表 11-4　/etc/crontab 文件内容

内容	描述
minute	分钟，0～59 的任何整数
hour	小时，0～23 的任何整数
day of month	日期，从 1～31 的任何整数（如果指定了月份，必须是该月份的有效日期）
month	月份，1～12 的任何整数（或使用月份的英文简写，如 jan、feb 等）

续表

内容	描述
day of week	星期，0～7 的任何整数，这里的 0 或 7 代表星期日（或使用星期的英文简写，如 sun、mon 等）
user-name	执行命令的用户
command to be executed	要执行的命令或者自己编写的脚本

在/etc/crontab 文件中可以使用表 11-5 所示的时间格式。

表 11-5 时间格式

时间格式	描述
*	可以用来代表所有有效的值。如月份值中的“*”意味着在满足其他制约条件后每月都执行该命令
-	指定一个整数范围。如 1-4 意味着整数 1、2、3、4
,	指定隔开的一系列值组成一个列表。如 3,4,6,8 表明这 4 个指定的整数
/	可以用来指定间隔频率。在范围后加上/<integer> 意味着在范围内可以跳过 integer。如“0-59/2”可以用来在分钟字段上定义时间间隔为两分钟。间隔频率值还可以和“*”一起使用，如“*/3”的值可以用在月份字段中，表示每 3 个月运行一次任务

4. /etc/crontab 文件配置举例

在/etc/crontab 文件中，每一个命令都给出了绝对路径。当使用 cron 运行 Shell 脚本时，要由用户来给出脚本的绝对路径，设置相应的环境变量。既然是用户向 cron 提交了这些作业，就要向 cron 提供所需的全部环境。cron 其实并不知道所需要的特殊环境。所以要保证在 Shell 脚本中提供所有必要的路径和环境变量，除了一些自动设置的全局变量。

以下是/etc/crontab 配置文件的内容示例。

```
SHELL=/bin/bash
PATH=/sbin:/bin:/usr/sbin:/usr/bin
MAILTO=root

30 21* * * root /root/backup.sh
//在每天晚上的 21:30 执行/root/backup.sh 文件

45 4 1,10,22 * * root /root/backup.sh
//在每月 1、10、22 日的 4:45 执行/root/backup.sh 文件

20 1 * * 6,0 root /bin/find / -name core -exec rm {} \;
//在每星期六、星期日的 1:20 执行一个 find 命令，查找相应的文件

0,30 18-23 * * * root /root/backup.sh
//在每天 18:00～23:00 之间每隔 30 分钟执行/root/backup.sh

0 23 * * 6 root /root/backup.sh
//在每星期六的 23:00 执行/root/backup.sh
```

5. /etc/cron.d 目录

除了通过修改/etc/crontab 文件实现任务计划之外，还可以在/etc/cron.d 目录中创建文件来实现。

使用以下命令查看/etc/cron.d 目录。

```
[root@rhel ~]# ls /etc/cron.d
0hourly  pcp-pmie  pcp-pmlogger  pcp-pmlogger-daily-report  raid-check
```

该目录中的所有文件和/etc/crontab 文件使用一样的配置语法。

以下是/etc/cron.d/0hourly 文件的默认内容。

```
# Run the hourly jobs
SHELL=/bin/bash
PATH=/sbin:/bin:/usr/sbin:/usr/bin
MAILTO=root
01 * * * * root run-parts /etc/cron.hourly
```

11.2.2 使用 crontab 命令实现任务计划

1. crontab 命令简介

root 以外的用户可以使用 crontab 命令配置 cron 任务。所有用户定义的 crontab 都被保存在/var/spool/cron 目录中，并使用创建它们的用户身份来执行。

以某位用户身份创建一个 crontab 项目，登录该用户身份，然后输入 crontab -e 命令，使用 Vi 编辑器来编辑该用户的 crontab。该文件使用的格式和/etc/crontab 相同。当对 crontab 所做的改变被保存后，该 crontab 文件会根据该用户名被保存在/var/spool/cron/<username>文件中。

crond 守护进程每分钟都检查/etc/crontab 文件、/etc/cron.d 目录以及/var/spool/cron 目录中的改变。如果发现了改变，它们就会被载入内存。

2. crontab 命令语法

使用 crontab 命令可以创建、修改、查看以及删除用户的 crontab。

命令语法：

```
crontab [选项]
crontab [选项] [文件]
```

命令中各选项的含义如表 11-6 所示。

表 11-6　crontab 命令选项含义

选项	选项含义
-u <用户名>	要修改指定用户名的 crontab，如果使用自己的用户名登录，就不需要使用该选项
-e	编辑用户的 crontab
-l	列出用户的 crontab 中的内容
-r	删除用户的 crontab
-i	删除用户的 crontab 的提示

3. 创建 crontab

创建新的 crontab，然后提交给 crond 进程，它将每隔一段时间运行一次。同时，新创建的 crontab 的一个副本已经被放在/var/spool/cron 目录中，文件名就是用户名。

【例 11.12】 以用户 zhangsan 登录系统，创建 crontab。

```
[root@rhel ~]# su - zhangsan
//以普通用户 zhangsan 登录系统
```

```
[zhangsan@rhel ~]$ date
2015年 12月 24日 星期四 06:36:43 CST
//查看当前系统时间
[zhangsan@rhel ~]$ crontab -e
//使用 crontab -e 命令打开 Vi 编辑器，编辑用户 zhangsan 的 crontab
40 * * * * touch /home/zhangsan/tt
//在 Vi 编辑器内输入以上 crontab
[zhangsan@rhel ~]$ su - root
密码:                                    //输入 root 用户的密码
//切换为 root 用户登录
[root@rhel ~]# cat /var/spool/cron/zhangsan
40 * * * * touch /home/zhangsan/tt
//可以看到/var/spool/cron/zhangsan 文件的内容就是刚才用 crontab 命令编辑的内容。普通用户没有权限打开该文件
```

4. 编辑 crontab

如果希望添加、删除或编辑/var/spool/cron/zhangsan 文件，可以使用 Vi 编辑器像编辑其他任何文件那样修改/var/spool/cron/zhangsan 文件并保存退出。如果修改了某些条目或添加了新的条目，那么在保存该文件时，crond 会对其进行必要的完整性检查。如果其中的某个地方出现了超出允许范围的值，它会提示用户。

最好在/var/spool/cron/zhangsan 文件的每一个条目之上加入一条注释，这样就可以知道它的功能、运行时间，更为重要的是，知道这是哪位用户的作业。

5. 列出 crontab

【例 11.13】 以 root 用户列出 zhangsan 的 crontab。

```
[root@rhel ~]# crontab -u zhangsan -l
40 * * * * touch /home/zhangsan/tt
```

【例 11.14】 以普通用户 zhangsan 列出自己的 crontab。

```
[zhangsan@rhel ~]$ crontab -l
40 * * * * touch /home/zhangsan/tt
```

【例 11.15】 以普通用户 zhangsan 对/var/spool/cron/zhangsan 文件做备份。

```
[zhangsan@rhel ~]$ crontab -l >/home/zhangsan/zhangsancron
[zhangsan@rhel ~]$ ls /home/zhangsan/zhangsancron
/home/zhangsan/zhangsancron
//这样，万一不小心误删了/var/spool/cron/zhangsan 文件，可以迅速恢复
```

6. 删除 crontab

删除 crontab 时也会删除/var/spool/cron 目录中指定用户的文件。

【例 11.16】 以 root 用户删除 zhangsan 的 crontab。

```
[root@rhel ~]# crontab -u zhangsan -r
//指定命令后会删除/var/spool/cron/zhangsan 文件
```

【例 11.17】 以普通用户 zhangsan 删除自己的 crontab。

```
[zhangsan@rhel ~]$ crontab -r
```

7. 恢复丢失的 crontab 文件

如果不小心误删除了 crontab 文件，且在主目录下还有一个备份，那么可以将其复制到/var/

spool/cron/<username>，其中<username>是用户名。

如果由于权限问题无法完成复制，可以使用以下命令，其中需要指定在用户主目录中复制的副本文件名。

```
crontab [文件]
```

【例 11.18】 以普通用户 zhangsan 登录恢复丢失的 crontab 文件。

```
[zhangsan@rhel ~]$ crontab -r
//删除 crontab 文件
[zhangsan@rhel ~]$ crontab -l
no crontab for zhangsan
[zhangsan@rhel ~]$ crontab /home/zhangsan/zhangsancron
//恢复丢失的 crontab 文件
[zhangsan@rhel ~]$ crontab -l
40 * * * * touch /home/zhangsan/tt
//恢复以后可以看到丢失的 crontab
```

11.3 Linux 系统启动过程

Linux 系统的启动是从计算机开机通电自检开始，一直到登录系统需要经过多个步骤。

1. BIOS 自检

计算机在接通电源之后，首先由 BIOS 进行 POST 自检并对硬件进行检测，然后依据 BIOS 内设置的引导顺序从硬盘、软盘或光盘中读入引导块，进行本地设备的枚举和初始化。BIOS 由两部分组成：POST 代码和运行时的服务。当 POST 完成之后，它被从内存中清理出来，但是 BIOS 运行时服务依然保留在内存中，目标操作系统可以使用这些服务。

Linux 系统通常都是从硬盘上引导的，其中 MBR 中包含主引导装载程序。MBR 是一个 512Byte 大小的扇区，位于磁盘上的第一个扇区中（0 道 0 柱面 1 扇区）。当 MBR 被加载到 RAM 中之后，BIOS 就会将控制权交给 MBR。

2. 启动 GRUB 2

GRUB 2 是 RHEL 8 系统中默认使用的引导装载程序，用于引导操作系统的启动。当计算机引导操作系统时，BIOS 会读取引导介质上最前面的 512Byte（MBR）。

3. 加载内核

接下来的步骤就是加载内核镜像到内存中，内核镜像并不是一个可执行的内核，而是一个压缩过的内核镜像。在这个内核镜像前面是一个例程，它实现少量硬件设置，并对内核镜像中包含的内核进行解压，然后将其放入高端内存中。如果有初始 RAM 磁盘镜像，系统就会将它移动到内存中，并标明以后使用。然后该例程会调用内核，并开始启动内核引导的过程。

4. 执行 systemd 进程

systemd 进程是 Linux 系统所有进程的起点，在完成内核引导以后，即在本进程空间内加载 systemd 程序。systemd 进程是所有进程的发起者和控制者，因为在任何 Linux 系统中，它都是第一个运行的进程，所以 systemd 进程的进程 ID（PID）永远是 1。

5. 初始化系统环境

Linux 系统使用 systemd 作为引导管理程序，之后的引导过程将由 systemd 完成。systemd 使用目标（Target）来处理引导和服务管理过程。这些 systemd 里的目标文件被用于划分不同的引导单元以及启动同步进程。

（1）systemd 执行的第一个目标是 default.target，但实际上 default.target 目标是指向 graphical.target 目标的软链接。graphical.target 目标单元文件的实际位置是/usr/lib/systemd/system/ graphical.target。

（2）在执行 graphical.target 目标阶段，会启动 multi-user.target 目标，而这个目标将自己的子单元存放在/etc/systemd/system/multi-user.target.wants 目录中。这个目标为多用户支持设定系统环境，非 root 用户会在这个阶段的引导过程中启用。防火墙相关的服务也会在这个阶段启动。

（3）multi-user.target 目标会将控制权交给 basic.target 目标。basic.target 目标用于启动普通服务特别是图形管理服务，它通过/etc/systemd/system/basic.target.wants 目录来决定哪些服务会被启动，basic.target 目标之后将控制权交给 sysinit.target 目标。

（4）sysinit.target 目标会启动重要的系统服务，如系统挂载、内存交换空间和设备、内核补充选项等。sysinit.target 目标在启动过程中会传递给 local-fs.target 和 swap.target 目标。

（5）local-fs.target 和 swap.target 目标不会启动用户相关的服务，它只处理底层核心服务。这两个目标会根据/etc/fstab 和/etc/inittab 文件来执行相关操作。

6. 执行/bin/login 程序

login 程序会提示用户输入账号与密码，接着编码并确认密码的正确性。如果账号与密码相符，则为用户初始化环境，并将控制权交给 Shell，即等待用户登录。

login 会接收 mingetty 传来的用户名作为用户名参数，然后对用户名进行分析。如果用户名不是 root，且存在/etc/nologin 文件，login 将输出 nologin 文件的内容，然后退出。这通常用来在系统维护时防止非 root 用户登录。只有在/etc/securetty 中登记了的终端才允许 root 用户登录。如果不存在这个文件，则 root 用户可以在任何终端上登录。/etc/usertty 文件用于对用户做出附加访问限制，如果不存在这个文件，则没有其他限制。

在分析完用户名后，login 将搜索/etc/passwd 和/etc/shadow 来验证密码和设置账户的其他信息，如主目录是什么、使用何种 Shell。如果没有指定主目录，则将主目录默认设置为根目录；如果没有指定 Shell，则将 Shell 类型默认设置为/bin/bash。

login 程序成功后，会向对应的终端再输出最近一次登录的信息（在/var/log/lastlog 文件中有记录），并检查用户是否有新邮件（在/var/spool/mail/的对应用户名目录下），然后开始设置各种环境变量。对于 bash 来说，系统首先寻找/etc/profile 脚本文件，并执行它。然后如果用户的主目录中存在.bash_profile 文件，就执行它。在这些文件中又可能调用了其他配置文件，所有的配置文件执行后，各种环境变量也设好了，这时会出现大家熟悉的命令行提示符，到此整个启动过程就结束了。

11.4　维护 GRUB 2

使用引导装载程序可以引导操作系统的启动，一般情况下引导装载程序都安装在主引导扇区（MBR 导扇区）中，本节主要讲述 Linux 系统中 GRUB 2 的维护。

11.4.1 GRUB 2 简介

1. 什么是 GRUB

当计算机要引导操作系统时，BIOS 会读取引导介质上最前面的 MBR。MBR 本身要包含两类内容：引导装载程序和分区表。

GRUB 是 Linux 系统默认的引导装载程序。在 Linux 系统加载一个系统前，它必须由一个引导装载程序中的特定指令去引导系统。这个程序一般位于系统的主硬盘驱动器或其他介质驱动器。Linux 安装程序允许用户快速、方便地配置引导装载程序，将其存放在主硬盘驱动的 MBR 中来引导操作系统。

GRUB 是一个将引导装载程序安装到 MBR 的程序，MBR 是位于一个硬盘开始的扇区。它允许用位于 MBR 中特定的指令来装载一个 GRUB 菜单或是 GRUB 的命令环境。这使得用户能够选择操作系统，在内核引导时传递特定指令给内核，或是在内核引导前确定一些系统参数。

2. GRUB 2 新功能

GRUB 2 采用模块化进行动态加载，相比 GRUB 来讲，它不用在构建时将所有功能都加入，这使得 GRUB 2 的体积变得很小，整个 GRUB 2 的内核镜像可以控制在 31KB 以内（GRUB 的镜像在百 KB 级别）。

RHEL 8 系统采用 GRBU 2 引导装载程序，GRUB 2 是 GRUB 的升级版，它实现了以下一些 GRUB 中不具备的功能。

（1）图形接口。

（2）使用模块机制，通过动态加载需要的模块来扩展功能。

（3）支持脚本语言，如条件判断、循环、变量以及函数。

（4）支持救援模式，可以用于系统无法引导的情况。

（5）国际化语言，包括支持非 ASCII 的字符集和类似 gettext 的消息分类、字体、图形控制台等。

（6）有一个灵活的命令行接口。如果不存在配置文件，GRUB 2 会自动进入命令模式。

（7）针对文件系统、文件、设备、驱动、终端、命令、分区表、系统加载的模块化、层次化、基于对象的框架。

（8）支持多种文件系统格式。

（9）可以访问已经安装在设备上的数据。

（10）支持自动解压。

3. GRUB 2 中设备和分区命名规则

GRUB 2 同样以 fd 表示软盘，hd 表示硬盘（包含 IDE 和 SCSI 硬盘）。设备是从 0 开始编号，分区则是从 1 开始编号，主分区为 1～4，逻辑驱动器从 5 开始编号。

下面讲解一下设备和分区的使用方法。

- (fd0)：表示第一个软盘。
- (hd0)：表示第一个硬盘（大多数 U 盘与 USB 接口的移动硬盘以及 SD 卡也都被当作硬盘看待）。
- (hd0,1)：表示 BIOS 中的第一个硬盘的第一个分区。
- (hd0,5)/boot/vmlinuz：表示第一个硬盘的第一个逻辑驱动器中的 boot 目录下的 vmlinuz 文件。
- (hd1,1)：表示第二硬盘的第一分区（通用于 MBR 与 GPT 分区）。

- (hd0,msdos1)：第一硬盘的第一个 MBR 分区，也就是传统的 DOS 分区表。
- (hd0,gpt1)：第一硬盘的第一个 GPT 分区。
- (cd) ：启动光盘（仅在从光盘启动 GRUB 时可用）。
- (cd0)：第一个光盘。

11.4.2　GRUB 2 主配置文件

GRUB 2 的配置是通过以下 3 个文件来完成的。

- /boot/grub2/grub.cfg 文件（/etc/grub2.cfg 文件是/boot/grub2/grub.cfg 文件的软链接）。
- /etc/grub.d 目录。
- /etc/default/grub 文件（/etc/sysconfig/grub 文件是/etc/default/grub 文件的软链接）。

它们的关系是/boot/grub2/grub.cfg 文件里面通过"####BEGIN #####"这种格式按照顺序调用/etc/grub.d 目录中的脚本实现不同的功能，/etc/grub.d 目录中有很多数字开头的脚本，按照从小到大的顺序执行。以 00_header 为例，它调用/etc/default/grub 配置文件来实现基本的开机界面配置。

如在/boot/grub2/grub.cfg 文件里面调用/etc/grub.d/10_linux 来配置不同的内核，这里面有两个菜单项（menuentry），所以开机的时候会看见两个默认选项，一个是普通模式，一个是救援模式。

需要注意的是，最好不要直接去修改/boot/grub2/grub.cfg 文件，这是因为如果后期升级内核，所有的配置都会失效。如果需要自定义这个文件，可以修改/etc/grub.d 目录中对应的脚本或者/etc/default/grub 文件，然后通过使用 grub2-mkconfig 命令重新生成/boot/grub2/grub.cfg 文件。

11.4.3　/etc/grub.d 目录

定义每个菜单项的所有脚本都存放在/etc/grub.d 目录中，这些脚本的名称必须以两位数字开头，其目的是在构建 GRUB 2 菜单时定义脚本的执行顺序以及相应菜单项的顺序，如 00_header 文件首先被读取。

在使用 grub2-mkconfig 命令生成配置文件时需要加载/etc/grub.d 目录。/etc/grub.d 目录中的文件描述如表 11-7 所示。

表 11-7　/etc/grub.d 目录

文件	描述
00_header	设置 grub 默认参数
01_users	设置对 GRUB 2 进行加密的 root 用户和加密口令
10_linux	自动搜索当前系统，创建当前系统的启动菜单，包括系统头、内核等信息
20_ppc_terminfo	设置 tty 控制台
30_os_prober	设置其他分区中的系统（硬盘中有多个操作系统时设置）
30_uefi-firmware	设置 UEFI 固件
40_custom 和 41_custom	用户自定义的配置

11.4.4　/etc/default/grub 文件详解

/etc/default/grub 文件是一个文本文件，可以在该文件中设置通用配置变量和 GRUB 2 菜单的其他特性。在更改/etc/default/grub 文件后，需要使用 grub2-mkconfig 命令更新 GRUB 2 配置文件才能使更改生效。

/etc/sysconfig/grub 文件是根据/etc/default/grub 文件生成的软链接文件，两者文件内容是一样的。

```
[root@rhel ~]# ls -l /etc/sysconfig/grub
lrwxrwxrwx. 1 root root 15 12月 20 2018 /etc/sysconfig/grub -> ../default/grub
```

/etc/default/grub 文件默认内容如下所示。

```
GRUB_TIMEOUT=5
GRUB_DISTRIBUTOR="$(sed 's, release .*$,,g' /etc/system-release)"
GRUB_DEFAULT=saved
GRUB_DISABLE_SUBMENU=true
GRUB_TERMINAL_OUTPUT="console"
GRUB_CMDLINE_LINUX="crashkernel=auto resume=UUID=fe33b768-44fc-4e0c-9ea4-0d21f8ce4d22
rhgb quiet"
GRUB_DISABLE_RECOVERY="true"
GRUB_ENABLE_BLSCFG=true
```

下面讲述在/etc/default/grub 文件中可以添加和修改的参数。

（1）GRUB_TIMEOUT=5

设置进入默认启动项的等候时间，默认值 5 秒。可以设置为-1，这样就可无限等待。

（2）GRUB_DISTRIBUTOR="$(sed 's, release .*$,,g' /etc/system-release)"

由 GRUB 的发布者设置他们的标识名。这可用于产生更具信息量的菜单项名称。

（3）GRUB_DEFAULT=saved

设置默认启动项。如要默认从第 1 个菜单项启动，设置为 0；要默认从第 2 个菜单项启动，设置为 1；如果设置为 saved，则默认为上次启动项。

（4）GRUB_TERMINAL_OUTPUT="console"

选择终端输出设备。在这里可以选择多个设备，以空格分开。有效的终端输出依赖于平台，可能包括 PC BIOS 和 EFI 控制台（console）、串行终端（serial）、图形模式输出（gfxterm）、开放固件控制台（ofconsole）或 VGA 文本输出（vga_text，主要用在 Coreboot）。

（5）GRUB_CMDLINE_LINUX="crashkernel=auto resume=UUID=fe33b768-44fc-4e0c-9ea4-0d21f8ce4d22 rhgb quiet"

手动添加内核启动参数。

（6）GRUB_DISABLE_RECOVERY="true"

设置是否启用修复模式。

11.5 设置 GRUB 2 加密

11.5.1 GRUB 2 加密简介

由于 GRUB 2 负责引导 Linux 系统，它作为系统中的第一道屏障，安全性非常重要，对 GRUB 2 进行加密可以实现安全性。

在默认情况下，GRUB 2 对于所有可以在物理上进入控制台的人来说都是可访问的。任何人都可以选择并编辑任意菜单项，并且可以直接访问 GRUB 命令行。要启用认证支持，必须将环境变量 superusers 设置为一组用户名（可以使用空格、逗号、分号作为分隔符），这样将只允许

superusers（超级用户）中的用户使用 GRUB 命令行、编辑菜单项以及执行任意菜单项。

GRUB 2 密码支持以下两种格式。

- 明文密码：密码数据没有经过加密，安全性差。
- PBKDF2 加密密码：密码经过 PBKDF2 散列算法进行加密，在文件中存储的是加密后的密码数据，安全性较高。

11.5.2 设置 GRUB 2 PBKDF2 加密口令

首先使用 grub2-mkpasswd-pbkdf2 命令生成 PBKDF2 加密口令，然后在/etc/grub.d/01_users 文件中添加超级用户和 PBKDF2 加密口令，最后使用 grub2-mkconfig 命令生成 grub 配置文件。

在/etc/grub.d/00_header 文件中添加超级用户和 PBKDF2 加密口令的格式如下。

```
cat <<EOF
set superusers="用户"
//设置超级用户
password_pbkdf2 用户 加密口令
//设置超级用户加密口令，加密口令由 grub2-mkpasswd-pbkdf2 命令生成
EOF
```

按以下步骤在 GRUB 2 中使用 PBKDF2 加密口令保护 GRUB 2。

1. 生成 PBKDF2 加密口令

使用以下命令生成 PBKDF2 加密口令。

```
[root@rhel ~]# grub2-mkpasswd-pbkdf2
输入口令：                                    //输入口令
Reenter password:                             //再次输入口令
BKDF2 hash of your password is grub.pbkdf2.sha512.10000.9BB995187FA7272020514831D9F
8CB305C6C0E1D999D5CE9B98D04B03A0FC2092D608B5C3502967B6B930E8D16A761CC3E61458657AF44646
64156743E9094CE.60491B0AA9390539B2CABEB1F1B6B5ADF71357D5E694E6080F8016D3BA3FFE8748879A
9851795C2BAF0B083931ADB5361235EF44AABFD9FAD54C4CD42FD5ECDE
```

2. 编辑/etc/grub.d/01_users 文件

编辑/etc/grub.d/01_users 文件，在该文件末尾添加以下内容。

```
cat <<EOF
set superusers="zhangsan"
password_pbkdf2 zhangsan
grub.pbkdf2.sha512.10000.9BB995187FA7272020514831D9F8CB305C6C0E1D999D5CE9B98D04B03
A0FC2092D608B5C3502967B6B930E8D16A761CC3E61458657AF4464664156743E9094CE.60491B0AA93905
39B2CABEB1F1B6B5ADF71357D5E694E6080F8016D3BA3FFE8748879A9851795C2BAF0B083931ADB5361235
EF44AABFD9FAD54C4CD42FD5ECDE
EOF
```

3. 生成 GRUB 2 配置文件

使用以下命令生成 GRUB 2 配置文件/boot/grub2/grub.cfg。

```
[root@rhel ~]# grub2-mkconfig -o /boot/grub2/grub.cfg
Generating grub configuration file ...
done
```

11.5.3 设置 GRUB 2 明文密码

按以下步骤在 GRUB 2 中使用明文密码保护 GRUB 2。

1. 修改/etc/grub.d/01_users 文件

修改/etc/grub.d/01_users 文件，在该文件末尾添加以下内容。

```
cat <<EOF
set superusers="zhangsan"
password zhangsan redhatlinux
EOF
```

2. 生成 GRUB 2 配置文件

使用以下命令生成 GRUB 2 配置文件/boot/grub2/grub.cfg。

```
[root@rhel ~]# grub2-mkconfig -o /boot/grub2/grub.cfg
```

11.5.4 GRUB 2 解锁

设置完 GRUB 2 明文密码以后重启 Linux 系统，在图 11-1 所示的 GRUB 2 启动菜单界面按[e]键编辑启动菜单项，按[c]键进入 GRUB 2 命令行界面，此时需要先输入用户名和密码解锁之后才能编辑。

在图 11-2 所示的界面，输入之前设置的超级用户和密码，输入正确即可解锁 GRUB 2，进入启动菜单项的编辑界面。

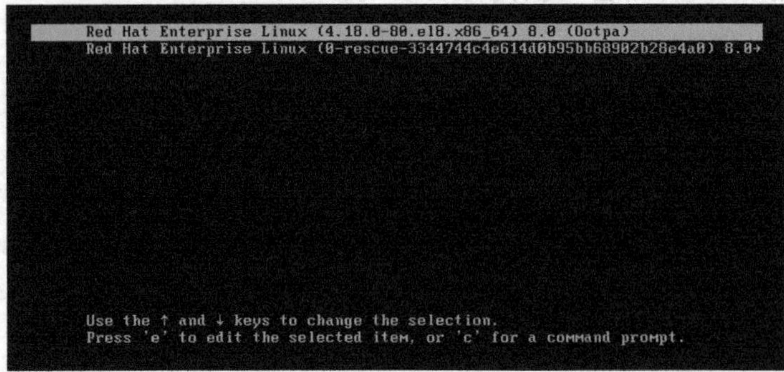

图 11-1 GRUB 2 启动菜单界面

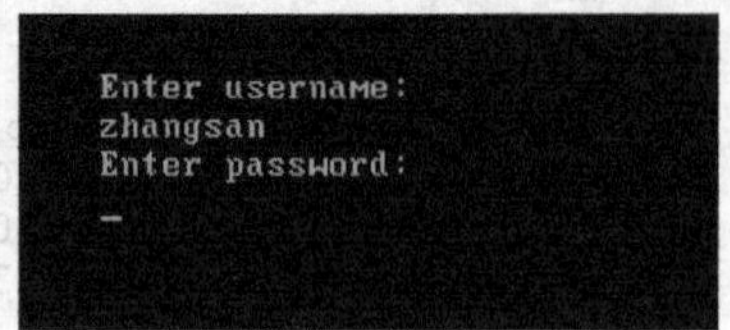

图 11-2 输入超级用户和密码

打开图 11-3 所示的界面，在该界面中可以编辑启动菜单项。编辑完成后在该界面按[Ctrl+x]组合键启动当前的菜单项，按[Ctrl+c]组合键进入 GRUB 2 命令行界面，按[Esc]键返回 GRUB 2 启动菜单界面，取消对当前启动菜单项所做的修改。

```
load_video
set gfx_payload=keep
insmod gzio
linux ($root)/vmlinuz-4.18.0-80.el8.x86_64 root=UUID=74855fe9-cb04-4860-97eb-7\
63184f391d1 ro crashkernel=auto resume=UUID=fe33b768-44fc-4e0c-9ea4-0d21f8ce4d\
22 rhgb quiet
initrd  ($root)/initramfs-4.18.0-80.el8.x86_64.img $tuned_initrd

    Press Ctrl-x to start, Ctrl-c for a command prompt or Escape to
    discard edits and return to the menu. Pressing Tab lists
    possible completions.
```

图 11-3 编辑启动菜单项

要进入 GRUB 2 命令行界面，在图 11-1 所示的界面按[c]键即可，经 GRUB 2 解锁以后打开图 11-4 所示的界面进行操作。GRUB 2 命令行界面提供了类似 Shell 的命令行编辑、命令补全以及命令历史等功能。

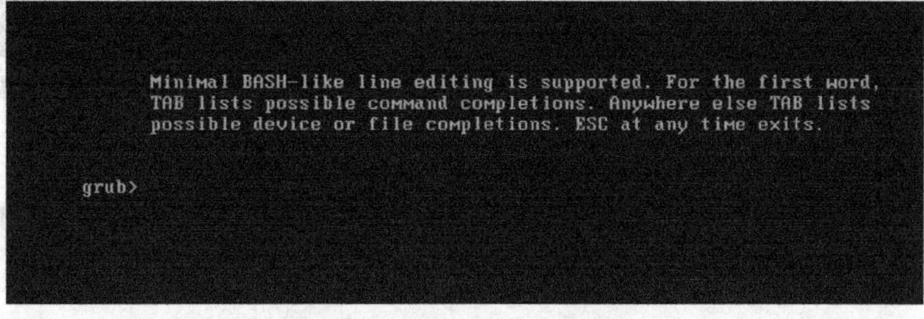

图 11-4　GRUB 2 命令行界面

11.6　GRUB 2 配置案例

11.6.1　破解 root 用户密码

如果用户忘记了 root 用户密码，使得无法登录 Linux 系统，那么可按以下步骤来破解 root 用户的密码。

启动 Linux 系统之后进入 GRUB 2 启动菜单界面，通过方向键切换到第一行内容上，在该界面上按[e]键开始编辑 GRUB 2 启动菜单项。在 quiet 后面空出一格后输入 rd.break console=tty0，如图 11-5 所示。再按[Ctrl+x]组合键启动 Linux 系统。

```
load_video
set gfx_payload=keep
insmod gzio
linux ($root)/vmlinuz-4.18.0-80.el8.x86_64 root=UUID=74855fe9-cb04-4860-97eb-7\
63184f391d1 ro crashkernel=auto resume=UUID=fe33b768-44fc-4e0c-9ea4-0d21f8ce4d\
22 rhgb quiet rd.break console=tty0
initrd  ($root)/initramfs-4.18.0-80.el8.x86_64.img $tuned_initrd
```

图 11-5　编辑 GRUB 2 配置文件

使用图 11-6 所示的命令重新挂载文件系统，并将文件系统设置为读写模式。

```
[    2.246920] sd 2:0:0:0: [sda] Assuming drive cache: write through

Generating "/run/initramfs/rdsosreport.txt"


Entering emergency mode. Exit the shell to continue.
Type "journalctl" to view system logs.
You might want to save "/run/initramfs/rdsosreport.txt" to a USB stick or /boot
after mounting them and attach it to a bug report.


switch_root:/# mount -o remount,rw /sysroot
```

图 11-6　重新挂载文件系统

使用图 11-7 所示的命令改变根目录为/sysroot。

使用图 11-8 所示的命令修改 root 用户的密码，以后登录 Linux 系统就使用新密码。

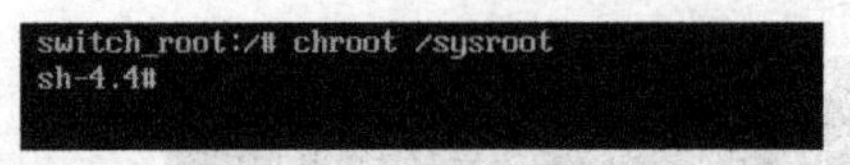

图 11-7　改变根目录

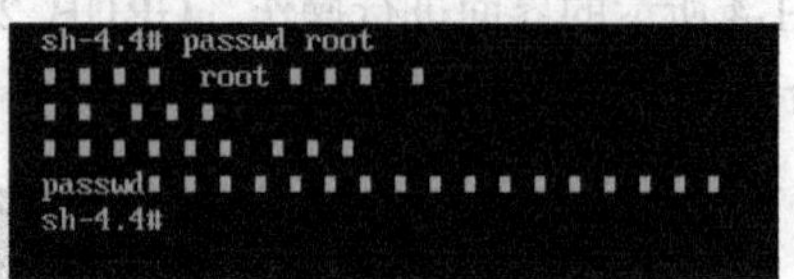

图 11-8　修改 root 用户密码

为了使 SELinux 生效，必须执行图 11-9 所示的 touch /.autorelabel 命令。

使用图 11-10 所示的命令退出 Linux，接着等待片刻时间更新系统信息文件，自动重启 Linux 系统，以后就可以使用新的密码来登录系统。

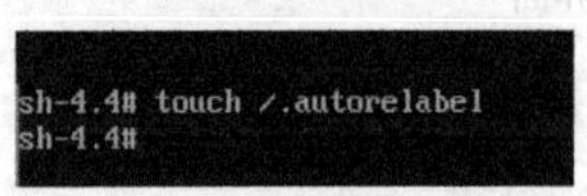

图 11-9　使 SELinux 生效

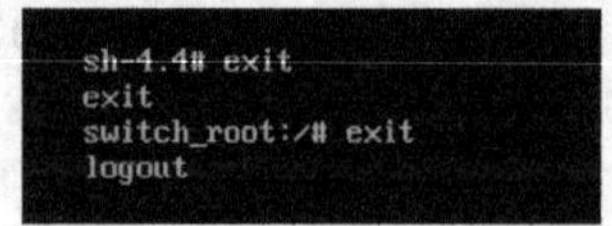

图 11-10　退出

11.6.2　将网卡名称 ens160 更改为 eth0

在 RHEL 8 系统中，默认网卡的名称为 ens160，不再是以前熟悉的 eth0，可按照以下步骤将网卡名称更改为 eth0。

1. 修改/etc/default/grub 文件

修改/etc/default/grub 文件，在该文件的 GRUB_CMDLINE_LINUX 中添加 net.ifnames=0 biosdevname=0，该文件修改后如下所示。

```
GRUB_TIMEOUT=5
GRUB_DISTRIBUTOR="$(sed 's, release .*$,,g' /etc/system-release)"
GRUB_DEFAULT=saved
GRUB_DISABLE_SUBMENU=true
GRUB_TERMINAL_OUTPUT="console"
GRUB_CMDLINE_LINUX="crashkernel=auto
resume=UUID=ed50cc39-68bf-4eb6-8ba3-dd0c76aa8888 rhgb quiet net.ifnames=0 biosdevname=0"
GRUB_DISABLE_RECOVERY="true"
GRUB_ENABLE_BLSCFG=true
```

2. 生成 GRUB 2 配置文件

使用以下命令生成 GRUB 2 配置文件/boot/grub2/grub.cfg。

```
[root@rhel ~]# grub2-mkconfig -o /boot/grub2/grub.cfg
Generating grub configuration file ...
done
```

3. 查看网卡名称

先使用以下命令重启 Linux 系统。

```
[root@rhel ~]# reboot
```

使用以下命令查看网卡名称为 eth0 的相关信息。

```
[root@rhel ~]# ifconfig eth0
eth0: flags=4163<UP,BROADCAST,RUNNING,MULTICAST>  mtu 1500
```

```
        inet 192.168.0.2  netmask 255.255.255.0  broadcast 192.168.0.255
        ether 00:0c:29:e4:3c:24  txqueuelen 1000  (Ethernet)
        RX packets 14  bytes 992 (992.0 B)
        RX errors 0  dropped 0  overruns 0  frame 0
        TX packets 0  bytes 0 (0.0 B)
        TX errors 0  dropped 0 overruns 0  carrier 0  collisions 0
```

11.7 使用 Cockpit 管理 Linux 系统

在 RHEL 8 系统中，将在非最小模式下自动安装 Cockpit，并在防火墙中启用端口 9090。

Cockpit 提供了一个增强的框架，可以用来访问、编辑、更改许多系统设置；提供了通过 Web 接口进行访问，可以使用 Web 浏览器访问 https://IP 地址:9090 网址，对 Linux 系统进行监控和管理（如管理存储、管理服务、软件更新、用户管理、配置网络以及检查日志等操作），还支持远程控制 Linux 系统。

11.7.1 配置 Cockpit

默认 Linux 系统自动安装 Cockpit 相关的软件包，只需启动 Cockpit，确保端口号 9090 已经使用就可以了。

1. 启动 Cockpit

使用以下命令启动 Cockpit。

```
[root@rhel ~]# systemctl start cockpit.socket
```

使用以下命令在重新引导系统时自动启动 Cockpit。

```
[root@rhel ~]# systemctl enable cockpit.socket
Created symlink /etc/systemd/system/sockets.target.wants/cockpit.socket/usr/lib/systemd/
system/cockpit.socket.
[root@rhel ~]# systemctl is-enabled  cockpit.socket
enabled
```

2. 查看 Cockpit 状态

使用以下命令查看 Cockpit 状态。

```
[root@rhel ~]# systemctl status cockpit.socket
● cockpit.socket - Cockpit Web Service Socket
   Loaded: loaded (/usr/lib/systemd/system/cockpit.socket; enabled; vendor pres>
   Active: active (running) since Fri 2020-01-03 22:03:53 CST; 24min ago
     Docs: man:cockpit-ws(8)
   Listen: [::]:9090 (Stream)
    Tasks: 0 (limit: 4929)
   Memory: 728.0K
   CGroup: /system.slice/cockpit.socket

1月 03 22:03:53 rhel systemd[1]: Starting Cockpit Web Service Socket.
1月 03 22:03:53 rhel systemd[1]: Listening on Cockpit Web Service Socket.
```

3. 查看端口号 9090

使用以下命令查看端口号 9090 是否已经使用。

```
[root@rhel ~]# netstat -atnpu|grep 9090
tcp6       0      0 :::9090          :::*           LISTEN      1/systemd
```

11.7.2 使用 Cockpit

打开 Mozilla Firefox，输入网址 https://192.168.0.2:9090，在图 11-11 所示的页面中输入用户名和密码，然后单击【登录】按钮。

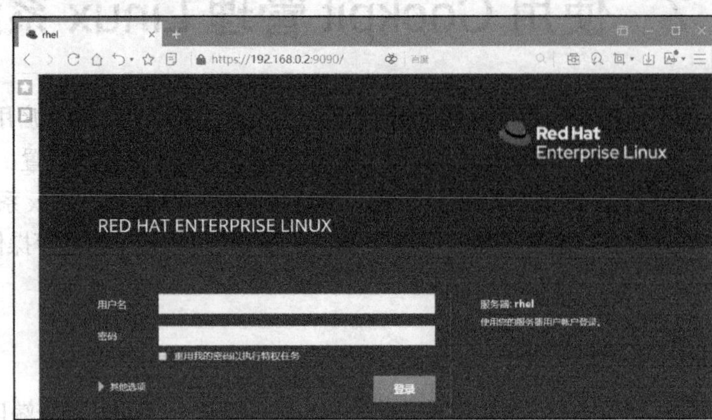

图 11-11　Cockpit 登录页面

登录 Cockpit 以后，在图 11-12 所示的 Cockpit 页面中可以实现对 Linux 系统的监控和配置工作。

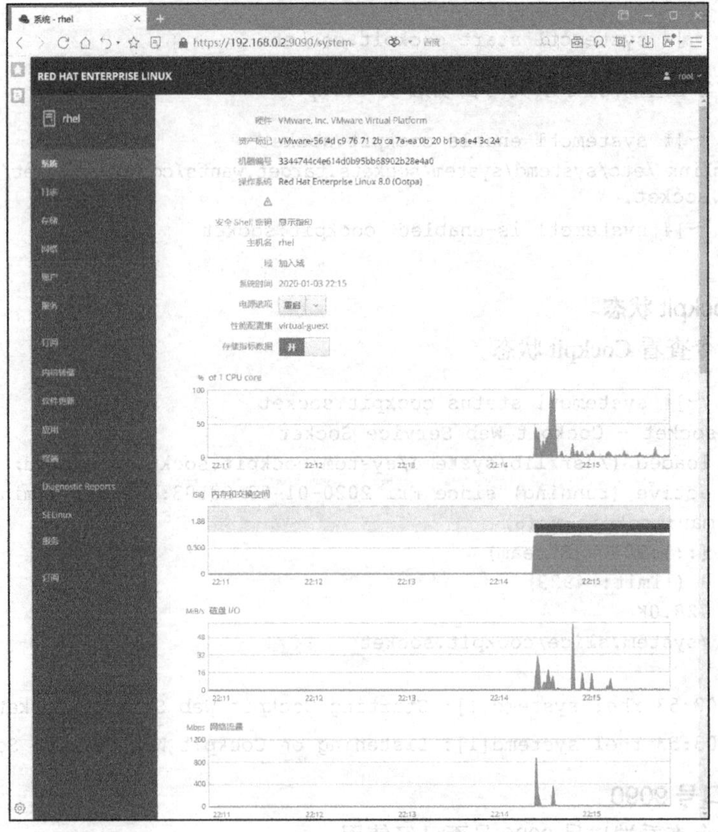

图 11-12　Cockpit 页面

小　结

进程是在自身的虚拟地址空间运行的一个单独的程序。进程与程序还是有明显区别的。程序只是一个静态的命令集合，不占系统的运行资源；而进程是一个随时都可能发生变化的、动态的、占用系统运行资源的程序。一个程序可以启动多个进程。

要查看 Linux 系统中的进程信息，可以使用 ps 和 top 命令。用户可以使用 ps 命令获得进程的 PID，然后用进程的 PID 作为 kill 命令的参数来关闭进程。

如果要在固定的时间上触发某个作业，常用 cron 创建任务计划，按时执行该作业。任务计划也可以通过修改/etc/crontab 文件和使用 crontab 命令实现，其结果是一样的。

Linux 系统的启动其实是一个复杂的过程，分别要经过 BIOS 自检、启动 GRUB 2、加载内核、执行 systemd 进程以及执行/bin/login 程序等步骤。

RHEL 8 系统采用 GRBU 2 引导装载程序，GRUB 2 采用模块化动态加载，这使得 GRUB 2 的体积变得很小。

GRUB 2 的配置是通过/boot/grub2/grub.cfg 文件、/etc/grub.d 目录、/etc/default/grub 文件来完成的。/boot/grub2/grub.cfg 文件里面通过“####BEGIN #####”这种格式按照顺序调用/etc/grub.d 目录中的脚本实现不同的功能。定义每个菜单项的所有脚本都存放在/etc/grub.d 目录中，这些脚本的名称中必须有两位的数字前缀。在/etc/default/grub 文件中设置通用配置变量和 GRUB 2 菜单的其他特性。

对 GRUB 2 进行加密可以实现安全性。在默认情况下，GRUB 2 对于所有可以在物理上进入控制台的人都是可访问的。任何人都可以选择并编辑任意菜单项，并且可以直接访问 GRUB 命令行。GRUB 2 密码支持明文密码、PBKDF2 加密密码两种格式。

本章最后通过两个案例来讲述如何破解 root 用户密码、将网卡名称 ens160 更改为 eth0。

在 RHEL 8 系统中，将在非最小模式下自动安装 Cockpit，并在防火墙中启用端口 9090。Cockpit 提供了通过 Web 接口进行访问，可以使用 Web 浏览器访问 https://IP 地址:9090 网址，对 Linux 系统进行监控和管理（如管理存储、管理服务、软件更新、用户管理、配置网络以及检查日志等操作），还支持远程控制 Linux 系统。

习　题

11-1　简述 Linux 系统的进程分类。

11-2　简述 Linux 系统的启动过程。

11-3　简述 GRUB 2 所具有的新功能。

11-4　简述 GRUB 2 密码支持的两种格式。

上机练习

11-1　使用 ps 命令显示 root 用户的进程。

11-2　强制关闭 crond 进程。

上机练习

11-3　修改/etc/crontab 文件实现自动化，使得在每星期一的 11:00 时将/boot 目录及其子目录和文件复制到/root/abc 目录中。

11-4　将网卡名称 ens160 更改为 eth0。

11-5　使用 GRUB 2 破解 root 用户的密码。

11-6　设置 GRUB 2 PBKDF2 加密口令。

11-7　配置 Cockpit，使得用户可以通过 Web 浏览器对 Linux 系统进行管理。

第 12 章 网络基本配置

要想完成网络配置工作，可以修改相应的配置文件、使用网络命令进行设置。要管理网络服务，可以使用 systemctl 命令来启动和停止服务。

12.1 常用网络配置文件

可以在 Linux 系统中编辑相应的网络配置文件来完成网络配置工作，下面详细介绍这些网络配置文件。

12.1.1 /etc/sysconfig/network-scripts/ifcfg-ens160 文件

在 Linux 系统中，系统网络设备的配置文件保存在/etc/sysconfig/network-scripts 目录下，其中文件 ifcfg-ens160 包含一块网卡的配置信息。

下面是/etc/sysconfig/network-scripts/ifcfg-ens160 文件内容的示例。

```
TYPE=Ethernet
//表示网络类型
PROXY_METHOD=none
BROWSER_ONLY=no
BOOTPROTO=none
//表示为网卡配置静态还是动态 IP 地址
DEFROUTE=yes
//表示是否启用默认路由，yes 为是，no 为否
IPV4_FAILURE_FATAL=yes
IPV6INIT=yes
//是否启用 IPv6 设置
IPV6_AUTOCONF=yes
//是否使用 IPv6 地址的自动配置
IPV6_DEFROUTE=yes
//IPv6 是否启用默认路由
IPV6_FAILURE_FATAL=no
IPV6_ADDR_GEN_MODE=stable-privacy
NAME=ens160

//网卡名称

UUID=03130400-8da3-487c-8817-a83949b7f520
```

```
//表示网卡的 UUID（全局唯一标识符）
DEVICE=ens160
//表示网卡物理设备的名称
ONBOOT=yes
//表示启动系统时是否激活该网卡，yes 激活，no 不激活
IPADDR=192.168.0.2
//表示网卡的 IP 地址
PREFIX=24
//表示子网掩码的位数。如 NETMASK=255.255.255.0 表示为 PREFIX=24。NETMASK 与 PREFIX 起到的作用是一样的，同时存在时，PREFIX 优先级较高
GATEWAY=192.168.0.1
//表示该网络网关地址
DNS1=202.96.209.5
//表示 DNS 服务器的 IP 地址
HWADDR=00:0c:29:e4:3c:24
//表示网卡的 MAC 地址
ROADCAST=192.168.0.255
//表示网络广播地址
NETMASK=255.255.255.0
//表示子网掩码
NETWORK=192.168.0.0
//表示网络地址
IPV6_PRIVACY=no
```

可以为 BOOTPROTO 设置以下几种选项。

- none：表示无须启动协议。
- bootp：表示使用 BOOTP。
- dhcp：表示使用 DHCP 动态获取 IP 地址。
- static：表示手动设置静态 IP 地址。

注意

修改完/etc/sysconfig/network-scripts/ifcfg-ens160 文件之后，需要使用 nmcli connection down ens160 命令先停用网卡，再使用 nmcli connection up ens160 命令启用网卡，所有操作完毕之后配置生效。

12.1.2 /etc/resolv.conf 文件

/etc/resolv.conf 文件是由域名解析器（一个根据主机名解析 IP 地址的库）使用的配置文件，下面是/etc/resolv.conf 文件内容的示例。

```
# Generated by NetworkManager
nameserver 202.96.209.5
search  sh.com
```

该文件中包含的内容如下。

- nameserver：表示解析域名时使用该 IP 地址指定的主机为域名服务器，其中域名服务器是按照文件中出现的顺序来查询的。
- search：表示 DNS 搜索路径，即解析不完整名称时以默认的附加域名结尾，这样可以在解析名称时用简短的主机名而不是完全合格域名（FQDN）。

12.1.3 /etc/hosts 文件

当计算机启动时，在可以查询 DNS 以前，计算机需要查询一些主机名到 IP 地址的匹配信息。这些匹配信息存放在/etc/hosts 文件中。在没有域名服务器的情况下，系统上的所有网络程序都通过查询该文件来解析对应于某个主机名的 IP 地址。

下面是/etc/hosts 文件内容的示例。

```
127.0.0.1     localhost localhost.localdomain localhost4 localhost4.localdomain4
::1           localhost localhost.localdomain localhost6 localhost6.localdomain6
192.168.0.2         rhel.sh.com    rhel
//最左边一列是计算机 IP 地址，中间一列是主机名，最右面的列都是该主机的别名
```

12.1.4 /etc/services 文件

/etc/services 文件定义了 Linux 系统中所有服务的名称、协议类型、服务的端口等信息。/etc/services 文件是一个服务名和服务端口对应的数据库文件，下面是/etc/services 文件内容的示例。

```
# /etc/services:
# $Id: services,v 1.49 2017/08/18 12:43:23 ovasik Exp $
#
# Network services, Internet style
# IANA services version: last updated 2016-07-08
#
# Note that it is presently the policy of IANA to assign a single well-known
# port number for both TCP and UDP; hence, most entries here have two entries
# even if the protocol doesn't support UDP operations.
# Updated from RFC 1700, "Assigned Numbers" (October 1994).  Not all ports
# are included, only the more common ones.
#
# The latest IANA port assignments can be gotten from
#       http://www.iana.org/assignments/port-numbers
# The Well Known Ports are those from 0 through 1023.
# The Registered Ports are those from 1024 through 49151
# The Dynamic and/or Private Ports are those from 49152 through 65535
#
# Each line describes one service, and is of the form:
#
# service-name  port/protocol  [aliases ...]   [# comment]
//服务名称      端口/协议      别名              注释
tcpmux        1/tcp                          # TCP port service multiplexer
tcpmux        1/udp                          # TCP port service multiplexer
rje           5/tcp                          # Remote Job Entry
rje           5/udp                          # Remote Job Entry
echo          7/tcp
echo          7/udp
discard       9/tcp         sink null
discard       9/udp         sink null
…(省略)
```

12.2 常用网络命令

在 Linux 系统中提供了大量的网络命令用于网络配置、网络测试以及网络诊断，如 traceroute、ifconfig、ping、netstat、arp、tcpdump 以及 nmcli 等。

12.2.1 traceroute

使用 traceroute 命令可以显示数据包到目标主机之间的路径。traceroute 命令使用户可以追踪网络数据包的路由途径，预设 IPv4 数据包大小是 60Byte，用户可以另外设置。

命令语法：

```
traceroute [选项] [主机名|IP 地址] [数据包大小]
```

命令中各选项的含义如表 12-1 所示。

表 12-1 traceroute 命令选项含义

选项	选项含义
-F	不要分段数据包
-g <网关>	通过指定网关的路由数据包，最多设置 8 个 IPv4 和 127 个 IPv6
-I	使用 ICMP ECHO 进行路由跟踪
-T	使用 TCP SYN 进行路由跟踪
-m <最大 TTL>	设置最大跳数（最大 TTL），默认为 30
-n	不将 IP 地址解析成域名
-p <端口>	设置目的端口来使用
-s <来源地址>	设置本地主机送出数据包的 IP 地址
-t <tos 数值>	设置检测数据包的 TOS 数值
-N <次数>	设置同时要尝试探测的次数，默认为 16
-w <等待时间>	设置等待远端主机回应的时间
-U	使用 UDP 的特定端口进行路由跟踪
-i <接口>	指定网络接口进行操作

【例 12.1】 跟踪从本地计算机到 163 网站的路径。

```
[root@rhel ~]# traceroute www.163.com
```

要使用 traceroute 命令，需要事先安装 traceroute 软件包。

12.2.2 ifconfig

使用 ifconfig 命令可以显示和配置网络接口，如设置 IP 地址、MAC 地址、激活或关闭网络接口。

命令语法：

```
ifconfig [接口] [选项|IP 地址]
```

命令中各选项的含义如表 12-2 所示。

表 12-2 ifconfig 命令选项含义

选项	选项含义
-a	显示所有网络接口的状态
mtu <字节>	设置网络设备的最大传输单元（MTU）

续表

选项	选项含义
netmask <子网掩码>	为网络接口设置子网掩码
up	激活指定的网络设备
down	关闭指定的网络设备
hw <类型> <硬件地址 >	设置这个接口的硬件地址（MAC 地址）

【例 12.2】 配置网卡 ens160 的 IP 地址， 同时激活该设备。

```
[root@rhel ~]# ifconfig ens160 192.168.0.2 netmask 255.255.255.0 up
```

注意

使用 ifconfig 命令设置网卡 IP 地址的方法在系统重启之后将失效，IP 地址还是原来的。如果需要永久设置，那么需要修改/etc/sysconfig/network-scripts/ifcfg-ens160 文件，更改文件内的 IPADDR 参数值。

【例 12.3】 配置网卡 ens160 的别名设备 ens160:1 的 IP 地址。

```
[root@rhel ~]# ifconfig ens160:1 192.168.0.3
```

【例 12.4】 激活网卡 ens160:1 设备。

```
[root@rhel ~]# ifconfig ens160:1 up
```

【例 12.5】 查看网卡 ens160 设备的配置。

```
[root@rhel ~]# ifconfig ens160
ens160: flags=4163<UP,BROADCAST,RUNNING,MULTICAST>  mtu 1500
        inet 192.168.0.2  netmask 255.255.255.0  broadcast 192.168.0.255
        inet6 fe80::5d43:4860:5aff:85d8  prefixlen 64  scopeid 0x20<link>
        ether 00:0c:29:e4:3c:24  txqueuelen 1000  (Ethernet)
        RX packets 3019  bytes 274014 (267.5 KiB)
        RX errors 0  dropped 0  overruns 0  frame 0
        TX packets 2356  bytes 297029 (290.0 KiB)
        TX errors 0  dropped 0 overruns 0  carrier 0  collisions 0
//ens160 网卡的 IP 地址是 192.168.0.2，MAC 地址是 00:0c:29:e4:3c:24
```

【例 12.6】 查看所有启用的网卡设备。

```
[root@rhel ~]# ifconfig
```

【例 12.7】 查看所有的网卡设备。

```
[root@rhel ~]# ifconfig -a
```

【例 12.8】 关闭网卡 ens160:1 设备。

```
[root@rhel ~]# ifconfig e ens160:1 down
```

【例 12.9】 更改网卡 ens160 的硬件 MAC 地址为 00:0c:29:18:2e:3d。

```
[root@rhel ~]# ifconfig ens160 hw ether 00:0c:29:18:2e:3d
[root@rhel ~]# ifconfig ens160
ens160: flags=4163<UP,BROADCAST,RUNNING,MULTICAST>  mtu 1500
        inet 192.168.0.2  netmask 255.255.255.0  broadcast 192.168.0.255
        inet6 fe80::5d43:4860:5aff:85d8  prefixlen 64  scopeid 0x20<link>
        ether 00:0c:29:18:2e:3d  txqueuelen 1000  (Ethernet)
```

```
        RX packets 3274  bytes 299440 (292.4 KiB)
        RX errors 0  dropped 0  overruns 0  frame 0
        TX packets 2521  bytes 321283 (313.7 KiB)
        TX errors 0  dropped 0  overruns 0  carrier 0  collisions 0
//网卡 ens160 的硬件 MAC 地址已经更改为 00:0c:29:18:2e:3d
```

12.2.3 ping

使用 ping 命令可以用来测试与目标计算机之间的连通性。执行 ping 命令会使用 ICMP 发出要求回应的信息。如果远程主机的网络功能没有问题，就会回应该信息，从而得知该主机是否运作正常。

命令语法：

```
ping [选项] [目标]
```

命令中各选项的含义如表 12-3 所示。

表 12-3 ping 命令选项含义

选项	选项含义
-c <完成次数>	设置完成要求回应的次数
-i <间隔秒数>	在每个数据包发送之间等待的时间（秒数）。默认值为在每个数据包发送之间等待一秒
-s <数据包大小>	指定要发送的数据的字节数。默认值是 56
-t <存活数值>	设置存活数值 ITL 的大小
-I <接口地址|接口名称>	设置源地址为指定接口的地址，或设置源接口到指定接口
-R	只 ping，记录路由

【例 12.10】 测试与新浪网站的连通性。

```
[root@rhel ~]# ping www.sina.com
//在 Linux 系统中用该命令会不间断地返回 ICMP 数据包，要停止测试按[Ctrl+c]组合键
```

【例 12.11】 测试与计算机 192.168.0.200 的连通性，每次发送的 ICMP 数据包大小为 128Byte。

```
[root@rhel ~]# ping -s 128 192.168.0.200
```

【例 12.12】 测试与计算机 192.168.0.200 的连通性，发送 4 个 ICMP 数据包。

```
[root@rhel ~]# ping -c 4 192.168.0.200
```

12.2.4 netstat

使用 netstat 命令可以用来显示网络状态的信息，得知整个 Linux 系统的网络情况，如网络连接、路由表、接口统计、伪装连接和组播成员。

命令语法：

```
netstat [选项] [延迟]
```

命令中各选项的含义如表 12-4 所示。

表 12-4　　netstat 命令选项含义

选项	选项含义
-a	显示所有的 socket
-i	显示网络接口表
-l	显示监控中的服务器 socket
-n	直接使用 IP 地址，而不解析名称
-r	显示路由表信息
-t	显示 TCP 的连接状况
-u	显示 UDP 的连接状况
-v	显示详细信息
-s	显示每个协议的汇总统计信息

【例 12.13】 显示路由表信息。

```
[root@rhel ~]# netstat -r
 Kernel IP routing table
 Destination     Gateway      Genmask          Flags  MSS Window  irtt  Iface
 default         _gateway     0.0.0.0           UG     0    0       0   ens160
 192.168.0.0     0.0.0.0      255.255.255.0     U      0    0       0   ens160
 192.168.122.0   0.0.0.0      255.255.255.0     U      0    0       0   virbr0
```

【例 12.14】 显示端口号为 22 的连接情况。

```
[root@rhel ~]# netstat -antu|grep 22
tcp        0      0 0.0.0.0:22          0.0.0.0:*                 LISTEN
```

【例 12.15】 显示 UDP 的连接状态。

```
[root@rhel ~]# netstat -u
```

12.2.5　arp

使用 arp 命令可以用来增加、删除以及显示 ARP 缓存条目。

命令语法：

```
arp [选项]
```

命令中各选项的含义如表 12-5 所示。

表 12-5　　arp 命令选项含义

选项	选项含义
-a	显示指定主机当前所有的 ARP 缓存
-d <IP 地址>	删除指定的 ARP 条目
-s <IP 地址> <MAC 地址>	添加一条新的 ARP 条目
-n	不解析名称
-i <接口>	指定网络接口

【例 12.16】 查看系统 ARP 缓存信息。

```
[root@rhel ~]# arp
Address                  HWtype       HWaddress          Flags Mask      Iface
192.168.0.200            ether      00:50:56:c0:00:01        C           ens160
_gateway                             (incomplete)                        ens160
```

【例 12.17】 添加一条新的 ARP 条目。

```
[root@rhel ~]# arp -s 192.168.0.99 00:60:08:27:CE:B2
```

【例 12.18】 删除指定的 ARP 条目。

```
[root@rhel ~]# arp -d 192.168.0.99
```

12.2.6 tcpdump

tcpdump 是 Linux 系统中强大的网络数据采集分析工具之一，可以将网络中传送的数据包的头完全截获下来加以分析。它支持针对网络层、协议、主机、网络或端口的过滤，并提供 and、or、not 等逻辑语句来筛选信息。作为互联网上经典的系统管理员必备工具，tcpdump 以其强大的功能，灵活的截取策略，成为每个高级的系统管理员分析网络、排查问题等必备的工具之一。

命令语法：

```
tcpdump [选项] [表达式]
```

命令中各选项的含义如表 12-6 所示。

表 12-6　　tcpdump 命令选项含义

选项	选项含义
-w <文件>	指定将监听到的数据包写入文件中保存
-c <数据包数量>	指定要监听的数据包数量，达到指定数量后自动停止抓包
-r <文件>	从指定文件中读取数据包
-n	不要将主机地址转换为名称
-i <网络接口>	指定要监听的网络接口
-A	指定将每个监听到的数据包以 ACSII 可见字符输出
-e	指定将监听到的数据包链路层的信息输出，包括源 MAC 和目的 MAC，以及网络层的协议
-s <数据包长度>	指定要监听数据包的长度
-t	不显示时间戳
-F <文件>	使用指定文件作为过滤表达式输入
-C <文件大小>	在把原始数据包直接保存到文件之前，检查文件大小是否超过指定文件大小，如果超过将关闭此文件，另外创建一个文件继续用于原始数据包的记录。新创建的文件名与指定的文件名一致，但文件名后多了一个数字。该数字会从 1 开始随着新创建文件的增多而增加。文件大小的单位是百万字节（MB）
-W <文件总数>	与-C 选项配合使用，限制可以打开的文件数目，并且当文件数据超过这里设置的限制时，依次循环替代之前的文件，这相当于一个文件缓冲池。同时使得每个文件名的开头出现足够多并用来占位的 0，这可以方便这些文件被正确地排序

【例 12.19】 指定监听 ens160 的数据包。

```
[root@rhel ~]# tcpdump -i ens160
```

12.2.7 nmcli

以前配置网卡的时候都要修改/etc/sysconfig/network-scripts/ifcfg-ens160 文件，现在只需要使用 nmcli 命令就可以更改网卡配置。

nmcli 是一个命令行工具，用于控制 NetworkManager 和报告网络状态。nmcli 命令可以用于创建、显示、编辑、删除、激活、停用网络连接，以及控制和显示网络设备状态。

在 NetworkManager 里主要有 2 个对象：连接（Connection）和设备（Device），这是多对一的关系。可以为一个设备配置多个连接，每个连接可以理解为一个 ifcfg 配置文件。同一时刻，一个设备只能有一个连接处于活跃状态。

nmcli 命令可以完成网卡上所有的配置工作，并且可以写入网卡配置文件，永久生效。在指定对象和命令时，可以使用全称也可以用简称，最少可以只用一个字母。

命令语法：

```
nmcli [选项] [对象] [命令] [参数]
```

命令中各选项的含义表 12-7 所示。

表 12-7　nmcli 命令选项含义

选项	选项含义
-o	概览模式（隐藏默认值）
-t	简洁输出
-p	整齐输出

在 nmcli 命令中可以指定表 12-8 所示的对象。

表 12-8　对象

对象	描述
g[eneral]	NetworkManager 的常规状态和操作
d[evice]	由 NetworkManager 管理的设备
n[etworking]	整体联网控制
c[onnection]	NetworkManager 的连接
m[onitor]	监视 NetworkManager 更改

在使用 connection 对象时，可以指定表 12-9 所示的命令。

表 12-9　connection 对象的命令

connection 对象的命令	描述
show	列出内存中和磁盘上连接的配置文件
up	启用连接。这个连接通过名称、UUID 或 D-Bus 路径来识别
down	停用连接
delete	删除已配置的连接
monitor	监视连接活动
reload	从磁盘重新加载所有连接的配置文件

续表

connection 对象的命令	描述
load	从磁盘加载/重新加载一个或多个连接的配置文件
modify	在连接的配置文件中添加、修改或删除属性
add	使用指定的属性创建新连接
edit	编辑现有连接
clone	复制一个连接。使用名称、UUID 或 D-Bus 路径来进行复制
import	用 NetworkManager 连接配置文件来导入外部配置
export	导出连接

在使用 device 对象时，可以指定表 12-10 所示的命令。

表 12-10　　device 对象的命令

device 对象的命令	描述
status	显示设备的状态
show	显示设备的详细信息
set	设置设备属性
connect	连接设备
reapply	尝试使用自上次应用以来对当前活动连接所做的更改来更新设备
modify	修改设备上当前激活的设置
disconnect	断开设备
delete	删除设备
monitor	监控设备活动
wifi	列出可用的 Wi-Fi 接入点，连接 Wi-Fi 网络，创建 Wi-Fi 热点
lldp	通过链接层发现协议（LLDP）显示邻近设备的信息

【例 12.20】 查看所有的网络连接。

```
[root@rhel ~]# nmcli connection show
NAME                UUID                              TYPE       DEVICE
ens160    03130400-8da3-487c-8817-a83949b7f520   ethernet    ens160
virbr0    1e13256f-5bab-4a14-9771-c54026db979b    bridge     virbr0
```

【例 12.21】 查看所有活动的网络连接。

```
[root@rhel ~]# nmcli connection show --active
NAME                UUID                              TYPE       DEVICE
ens160    03130400-8da3-487c-8817-a83949b7f520   ethernet    ens160
virbr0    1e13256f-5bab-4a14-9771-c54026db979b    bridge     virbr0
```

【例 12.22】 查看 ens160 网卡的网络连接详细信息。

```
[root@rhel ~]# nmcli connection show ens160
```

【例 12.23】 显示网络设备的连接状态。

```
[root@rhel ~]# nmcli device status
DEVICE        TYPE        STATE        CONNECTION
```

```
ens160       ethernet      已连接      ens160
virbr0        bridge       已连接      virbr0
lo           loopback      未托管      --
virbr0-nic     tun         未托管      --
```

【例 12.24】 显示网络设备的详细信息。

```
[root@rhel ~]# nmcli device show
```

【例 12.25】 显示网络设备 ens160 的详细信息。

```
[root@rhel ~]# nmcli device show ens160
GENERAL.DEVICE:                       ens160
GENERAL.TYPE:                         ethernet
GENERAL.HWADDR:                       00:0C:29:E4:3C:24
GENERAL.MTU:                          1500
GENERAL.STATE:                        100（已连接）
GENERAL.CONNECTION:                   ens160
GENERAL.CON-PATH:                     /org/freedesktop/NetworkManager/ActiveConnection/1
WIRED-PROPERTIES.CARRIER:             开
IP4.ADDRESS[1]:                       192.168.0.2/24
IP4.GATEWAY:                          192.168.0.1
IP4.ROUTE[1]:                         dst=192.168.0.0/24, nh=0.0.0.0, mt=100
IP4.ROUTE[2]:                         dst=0.0.0.0/0, nh=192.168.0.1, mt=100
IP4.DNS[1]:                           202.96.209.5
IP6.ADDRESS[1]:                       fe80::5d43:4860:5aff:85d8/64
IP6.GATEWAY:                          --
IP6.ROUTE[1]:                         dst=fe80::/64, nh=::, mt=100
IP6.ROUTE[2]:                         dst=ff00::/8, nh=::, mt=256, table=255
```

【例 12.26】 启用网络连接 ens160。

```
[root@rhel ~]# nmcli connection up ens160
```

【例 12.27】 停用网络连接 ens160。

```
[root@rhel ~]# nmcli connection down ens160
```

【例 12.28】 断开网络连接 ens160。

```
[root@rhel ~]# nmcli device disconnect ens160
```

【例 12.29】 删除网络连接 ens160 的配置文件。

```
[root@rhel ~]# nmcli connection delete ens160
```

【例 12.30】 重新加载网络连接的配置文件。

```
[root@rhel ~]# nmcli connection reload
```

【例 12.31】 设置自动启动网络连接 ens160。

```
[root@rhel ~]# nmcli connection modify ens160 connection.autoconnect yes
//实际修改的是网卡配置文件中的 ONBOOT 参数
```

【例 12.32】 设置网络连接 ens160 的 IP 地址为 192.168.0.2/24。

```
[root@rhel ~]# nmcli connection modify ens160 ipv4.method manual ipv4.addresses 192.168.0.2/24
//实际修改的是网卡配置文件中的 IPADDR 和 PREFIX 参数
```

注意

使用 nmcli 命令设置 IP 地址，只是同步更改/etc/sysconfig/network-scripts/ifcfg-ens160 文件内的 IPADDR 参数值而已。如果需要使 IP 地址更改立即生效，需要使用 nmcli connection down ens160 命令先停用网卡，再使用 nmcli connection up ens160 命令启用网卡，所有操作完毕之后配置立即生效。

【例 12.33】 设置网络连接 ens160 的 IP 地址从 DHCP 服务器上获取。

```
[root@rhel ~]# nmcli connection modify ens160 ipv4.method auto
//实际修改的是网卡配置文件的 BOOTPROTO 参数
```

【例 12.34】 修改网络连接 ens160 的 IP 地址为 192.168.0.2/24。

```
[root@rhel ~]# nmcli connection modify ens160 ipv4.addresses 192.168.0.2/24
//实际修改的是网卡配置文件中的 IPADDR 和 PREFIX 参数
```

【例 12.35】 修改网络连接 ens160 的网关地址为 192.168.0.1。

```
[root@rhel ~]# nmcli connection modify ens160 ipv4.gateway 192.168.0.1
//实际修改的是网卡配置文件中的 GATEWAY 参数
```

【例 12.36】 添加网络连接 ens160 的第二个 IP 地址 192.168.0.3/24。

```
[root@rhel ~]# nmcli connection modify ens160 +ipv4.addresses 192.168.0.3/24
//实际修改的是网卡配置文件中的 IPADDR1 和 PREFIX1 参数
```

【例 12.37】 添加网络连接 ens160 的首选 DNS 服务器 IP 地址为 202.96.209.5。

```
[root@rhel ~]# nmcli connection modify ens160 ipv4.dns 202.96.209.5
//实际修改的是网卡配置文件中的 DNS1 参数
```

【例 12.38】 添加网络连接 ens160 的第二个 DNS 服务器 IP 地址为 202.96.209.6。

```
[root@rhel ~]# nmcli connection modify ens160 +ipv4.dns 202.96.209.6
//实际修改的是网卡配置文件中的 DNS2 参数
```

【例 12.39】 删除网络连接 ens160 的第二个 DNS 服务器 IP 地址。

```
[root@rhel ~]# nmcli connection modify ens160 -ipv4.dns 202.96.209.6
```

【例 12.40】 显示 NetworkManager 的常规状态。

```
[root@rhel ~]# nmcli general status
STATE    CONNECTIVITY      WIFI-HW  WIFI     WWAN-HW  WWAN
已连接    完全               已启用    已启用    已启用    已启用
```

【例 12.41】 创建网络连接 ens161，配置静态 IP 地址为 192.168.0.20/24，网关地址为 192.168.0.1。

```
[root@rhel ~]# nmcli connection add type ethernet con-name ens161 ifname ens161 ipv4.addr 192.168.0.20/24 ipv4.gateway 192.168.0.1 ipv4.method manual
连接 "ens161" (7be0b498-bc07-4597-8adb-c8e2c6b8af40) 已成功添加。
```

【例 12.42】 创建网络连接 ens162，配置动态 IP 地址。

```
[root@rhel ~]# nmcli connection add type ethernet con-name ens162 ifname ens162 ipv4.method auto
连接 "ens162" (733a1585-a2b7-4226-a591-ed9c8de43f0f) 已成功添加。
```

12.3　管理网络服务

RHEL 8 系统使用 systemd，它提供更优秀的框架以表示系统服务间的依赖关系，并实现系统初始化时服务的并行启动，同时达到降低 Shell 系统开销的效果，最终代替 System V。

在 RHEL 7 系统之前，服务管理工作是由 System V 通过/etc/rc.d/init.d 目录下的 Shell 脚本来完成的，通过这些脚本允许管理员控制服务的状态。在 RHEL 8 系统中，这些脚本被服务单元文件替换。在 systemd 中，服务、设备、挂载等资源统一被称为单元，所以 systemd 中有许多单元类型，服务单元文件的扩展名是.service，同 Shell 脚本的功能相似，如有查看、启动、停止、重启、启用或者禁止服务的参数。

一个单元的配置文件可以描述系统服务（.service）、挂载点（.mount）、sockets（.sockets）、系统设备（.device）、交换分区（.swap）、文件路径（.path）、启动目标（.target）、由 systemd 管理的计时器（.timer）等。

systemd 单元文件放置位置有以下两个地方。

- /usr/lib/systemd/system：systemd 默认单元文件安装目录。
- /etc/systemd/system：系统管理员创建和管理的单元目录，优先级最高。

管理 Linux 系统服务的方法有很多，常用的是 systemctl 命令，用来替代 chkconfig 和 service 命令。

使用 systemctl 控制单元时，通常需要使用单元文件的全名，包括扩展名（如 sshd.service）。如果没有指定扩展名，systemctl 默认把扩展名当作.service。

命令语法：

```
systemctl [选项] [单元命令|单元文件命令]
```

命令中各选项的含义如表 12-11 所示。

表 12-11　systemctl 命令选项含义

选项	选项含义
-r	显示主机和本地容器的单元列表
-a	显示所有加载的单元/属性，包括 dead/empty
-H <用户@]主机>	在远程主机上操作
-t <类型>	列出特定类型的单元，类型可以指定为 service、mount、device 或 socket 等

单元命令及描述如表 12-12 所示。

表 12-12　单元命令及描述

单元命令	描述
start <名称>	表示启动单元
stop <名称>	表示停止单元
status <名称>	表示查看单元状态
restart <名称>	表示重启单元
reload <名称>	表示重新加载一个或多个单元

续表

单元命令	描述
list-units <模式>	列出加载的单元
kill <名称>	发送信号到一个单元的进程
is-active <模式>	检查单元是否激活
is-failed <模式>	检查单元是否失败
status <模式|PID>	显示一个或多个单元的运行状态

单元文件命令及描述如表 12-13 所示。

表 12-13　单元文件命令及描述

单元文件命令	描述
list-unit-files <模式>	列出安装的单元文件
enable <名称>	启用一个或多个单元文件
disable <名称>	禁用一个或多个单元文件
is-enabled <名称>	检查单元文件是否启用

【例 12.43】 启动 sshd 服务。

```
[root@rhel ~]# systemctl start sshd.service
```

【例 12.44】 查看 sshd 服务当前状态。

```
[root@rhel ~]# systemctl status sshd.service
● sshd.service - OpenSSH server daemon
   Loaded: loaded (/usr/lib/systemd/system/sshd.service; enabled; vendor preset:
enabled)
    Active: active (running) since Sun 2021-12-26 20:14:54 CST; 4 days ago
      Docs: man:sshd(8)
            man:sshd_config(5)
 Main PID: 992 (sshd)
    Tasks: 1 (limit: 4929)
   Memory: 2.0M
   CGroup: /system.slice/sshd.service
           └─992 /usr/sbin/sshd -D
-oCiphers=aes256-gcm@openssh.com,chacha20-poly1305@openssh.com,aes256-ctr,aes256-cbc,
aes128-gcm@openssh.com,aes128-ctr,aes128-cbc -oMACs=hmac-sha2-256-et>

  12月 26 20:14:53 rhel systemd[1]: Starting OpenSSH server daemon...
  12月 26 20:14:54 rhel sshd[992]: Server listening on 0.0.0.0 port 22.
  12月 26 20:14:54 rhel sshd[992]: Server listening on :: port 22.
  12月 26 20:14:54 rhel systemd[1]: Started OpenSSH server daemon.
  12月 26 20:25:21 rhel sshd[19599]: Accepted password for root from 192.168.0.200 port
50284 ssh2
  12月 26 20:25:22 rhel sshd[19599]: pam_unix(sshd:session): session opened for user root
by (uid=0)
  12月 30 23:03:08 rhel sshd[20160]: Accepted password for root from 192.168.0.200 port
51610 ssh2
  12月 30 23:03:08 rhel sshd[20160]: pam_unix(sshd:session): session opened for user root
by (uid=0)
```

【例 12.45】 停止 sshd 服务。

```
[root@rhel ~]# systemctl stop sshd.service
```

【例 12.46】 重启 sshd 服务。

```
[root@rhel ~]# systemctl restart sshd.service
```

【例 12.47】 重新加载 sshd 服务配置文件。

```
[root@rhel ~]# systemctl reload sshd.service
```

【例 12.48】 设置 sshd 服务开机自动启动。

```
[root@rhel ~]# systemctl enable sshd.service
Created symlink /etc/systemd/system/multi-user.target.wants/sshd.service to /usr/lib/
systemd/system/sshd.service.
```

【例 12.49】 查询 sshd 服务是否开机自动启动。

```
[root@rhel ~]# systemctl is-enabled sshd.service
enabled
```

【例 12.50】 停止 sshd 服务开机自动启动。

```
[root@rhel ~]# systemctl disable sshd.service
Removed /etc/systemd/system/multi-user.target.wants/sshd.service.
[root@rhel ~]# systemctl is-enabled sshd.service
disabled
```

【例 12.51】 查看所有加载的服务。

```
[root@rhel ~]# systemctl list-units -t service
UNIT                                LOAD   ACTIVE SUB     DESCRIPTION
abrt-ccpp.service                   loaded active exited  Install ABRT coredump hook
abrt-oops.service                   loaded active running ABRT kernel log watcher
abrt-xorg.service                   loaded active running ABRT Xorg log watcher
abrtd.service                       loaded active running ABRT Automated Bug Report>
accounts-daemon.service             loaded active running Accounts Service
alsa-state.service                  loaded active running Manage Sound Card State (>
atd.service                         loaded active running Job spooling tools
auditd.service                      loaded active running Security Auditing Service
avahi-daemon.service                loaded active running Avahi mDNS/DNS-SD Stack
bluetooth.service                   loaded active running Bluetooth service
bolt.service                        loaded active running Thunderbolt system service
colord.service                      loaded active running Manage, Install and Gener>
crond.service                       loaded active running Command Scheduler
cups.service                        loaded active running CUPS Scheduler
dbus.service                        loaded active running D-Bus System Message Bus
dracut-shutdown.service             loaded active exited  Restore /run/initramfs on>
fwupd.service                       loaded active running Firmware update daemon
gdm.service                         loaded active running GNOME Display Manager
gssproxy.service                    loaded active running GSSAPI Proxy Daemon
import-state.service                loaded active exited  Import network configurat>
iscsi-shutdown.service              loaded active exited  Logout off all iSCSI sess>
kdump.service                       loaded active exited  Crash recovery kernel arm>
kmod-static-nodes.service           loaded active exited  Create list of required s>
ksm.service                         loaded active exited  Kernel Samepage Merging
ksmtuned.service                    loaded active running Kernel Samepage Merging (>
…（省略）
```

小 结

用户可以在 Linux 系统中编辑相应的网络配置文件来完成配置工作，这些文件主要有/etc/sysconfig/network-scripts/ifcfg-ens160、/etc/resolv.conf、/etc/hosts 以及/etc/services。

在 Linux 系统中提供了大量的网络命令用于网络配置、网络测试以及网络诊断，如 traceroute、ifconfig、ping、netstat、arp、tcpdump 以及 nmcli 等。

RHEL 8 系统使用 systemd，它提供更优秀的框架以表示系统服务间的依赖关系，并实现系统初始化时服务的并行启动，同时达到降低 Shell 的系统开销的效果，最终代替现在常用的 System V。

在 systemd 中，服务、设备、挂载等资源统一被称为单元，所以 systemd 中有许多单元类型，服务单元文件的扩展名是.service，同 Shell 脚本的功能相似，如有查看、启动、停止、重启、启用或者禁止服务的参数。

管理 Linux 系统服务的方法有很多，常用的是 systemctl 命令，它是 RHEL 8 系统中的管理服务的命令，用来替代 chkconfig 和 service 命令。

习 题

12-1 简述网卡配置文件的内容。

12-2 测试网络连通可以使用哪些命令？

12-3 DNS 服务使用什么端口号？

12-4 简述 nmcli 命令可以管理的对象。

上机练习

12-1 通过修改/etc/sysconfig/network-scripts/ifcfg-ens160 文件，设置计算机 IP 地址为 192.168.0.2，网关 IP 地址为 192.168.0.1。

上机练习

12-2 设置计算机解析域名时所指向的主 DNS 服务器 IP 地址为 202.96.209.5。

12-3 配置网卡 ens160 的别名设备 ens160:1 的 IP 地址为 192.168.0.3，并且激活网卡 ens160:1 设备。

12-4 使用命令显示当前计算机系统的内核路由表信息。

12-5 显示端口号为 22 的连接情况。

12-6 捕获经过网络接口 ens160 的数据包。

12-7 使用命令启动 named 服务，并且设置该服务在计算机启动时一起启动。

12-8 使用 nmcli 命令为网络连接 ens160 配置 IP 地址 192.168.0.2，子网掩码 255.255.255.0，网关地址 192.168.0.1，首选 DNS 服务器 IP 地址 202.96.209.5。

第 13 章 远程连接服务器配置

使用 OpenSSH 可以用加密的方式连接到远程服务器，以提高数据传输的安全性，这种方法可以替代 telnet 技术。使用 VNC 可以用图形界面的方式连接到远程服务器，以达到远程控制的目的。

13.1 SSH 和 OpenSSH 简介

使用 SSH 可以在本地主机和远程服务器之间进行加密的数据传输，实现数据的安全。而 OpenSSH 是 SSH 的免费开源实现，它采用安全、加密的网络连接工具代替了 telnet、ftp、rlogin、rsh 以及 rcp 工具。

13.1.1 什么是 SSH

ftp 和 telnet 在本质上是不安全的，因为它们在网络上使用明文传输口令和数据，别有用心的人非常容易就可以截获这些口令和数据。而且这些程序的安全验证方式也是有弱点的，很容易受到“中间人”这种方式的攻击。所谓“中间人”攻击方式，就是指“中间人”冒充真正的服务器接收你传给服务器的数据，然后冒充你把数据传给真正的服务器。服务器和你之间传送的数据被“中间人”一转手做了手脚之后，就会出现很严重的安全问题。

安全 Shell（Secure Shell，SSH）是由国际互联网工程任务组（The Internet Engineering Task Force，IETF）所制定，是建立在应用层和传输层基础上的安全协议。SSH 是目前较可靠，专为远程登录会话和其他网络服务提供安全性的协议。利用 SSH 可以有效防止远程管理过程中的信息泄露问题。

通过使用 SSH 可以把所有传输的数据进行加密，这样“中间人”这种攻击方式就不可能实现了，而且可以防止 DNS 和 IP 欺骗。还有一个额外的好处就是传输的数据是经过压缩的，所以可以加快传输的速度。SSH 有很多功能，它既可以代替 telnet，又可以为 ftp 提供一个安全的通道。

13.1.2 什么是 OpenSSH

因为 SSH 受版权和加密算法的限制，现在很多人都转而使用开放安全 Shell（Open Secure Shell，OpenSSH，是 SSH 的替代软件。而且 OpenSSH 是免费的，它采用安全、加密的网络连接工具代替 telnet、ftp、rlogin、rsh 以及 rcp 工具。

使用 OpenSSH 将增进系统安全性，在使用 OpenSSH 进行通信时，登录验证口令会被加密。OpenSSH 提供了服务端后台程序和客户端工具，用来加密远程控件和文件传输过程中的数据，并由此来代替原来的类似服务。

telnet 和 ftp 使用纯文本口令，并以明文进行发送。这些信息可能会被截取，口令可能会被检索，未经授权的人员可能会使用截取的口令登录用户的系统，而对系统产生危害，所以应该尽可能地使用 OpenSSH 工具来避免这些安全问题。

另一个使用 OpenSSH 的原因是，它自动把 DISPLAY 变量转发给客户主机。如果在本地主机上运行 X 窗口系统，并且使用 ssh 命令登录到远程主机上，当在远程主机上执行一个需要 X 的程序时，该程序会在本地主机上执行。

在 RHEL 8 系统中的 OpenSSH 版本是 7.8p1，包含对用户名枚举漏洞的修复，此外私钥文件的默认格式也已经更改，已删除对运行 ssh setuid root 的支持，还添加了新的签名算法 ECDSA 和 ED25519。

与早期版本相比，新版本 OpenSSH 具有以下多项改进。

- 不再支持 SSH v1。
- 默认不开启 DNS 支持。
- 最小可接受 RSA 密钥大小设置为 1024 位。
- 移除 Blowfish、CAST、RC4 算法。
- 默认关闭 DSA 公钥算法。

13.2 OpenSSH 服务器安装和配置

13.2.1 安装 OpenSSH 服务器软件包

要配置 OpenSSH 服务器，需要在 Linux 系统中查看 openssh-server、openssh、openssh-clients 以及 openssh-askpass 软件包是否已经安装。如果没有请事先安装好。

```
[root@rhel ~]# rpm -qa|grep openssh
openssh-server-7.8p1-4.el8.x86_64
//OpenSSH 服务器端软件包
openssh-7.8p1-4.el8.x86_64
//包括 OpenSSH 服务器和客户端的核心文件
openssh-clients-7.8p1-4.el8.x86_64
//OpenSSH 客户端软件包
openssh-askpass-7.8p1-4.el8.x86_64
```

使用以下命令安装 openssh-server、openssh、openssh-clients 以及 openssh-askpass 软件包。

```
[root@rhel ~]# cd /run/media/root/RHEL-8-0-0-BaseOS-x86_64/BaseOS/Packages
//进入 Linux 系统安装光盘软件包目录
[root@rhel Packages]# rpm -ivh openssh-7.8p1-4.el8.x86_64.rpm
警告：openssh-7.8p1-4.el8.x86_64.rpm: 头 V3 RSA/SHA256 Signature, 密钥 ID fd431d51: NOKEY
Verifying...                          ################################# [100%]
准备中...                             ################################# [100%]
正在升级/安装...
   1:openssh-7.8p1-4.el8              ################################# [100%]
```

```
[root@rhel Packages]# rpm -ivh openssh-server-7.8p1-4.el8.x86_64.rpm
警告:openssh-server-7.8p1-4.el8.x86_64.rpm: 头 V3 RSA/SHA256 Signature, 密钥 ID fd431d51: NOKEY
Verifying...                          ################################# [100%]
准备中...                         ################################# [100%]
正在升级/安装...
   1:openssh-server-7.8p1-4.el8        ################################# [100%]
[root@rhel Packages]# rpm -ivh openssh-clients-7.8p1-4.el8.x86_64.rpm
警告: openssh-clients-7.8p1-4.el8.x86_64.rpm: 头 V3 RSA/SHA256 Signature, 密钥 ID fd431d51: NOKEY
Verifying...                          ################################# [100%]
准备中...                         ################################# [100%]
正在升级/安装...
   1:openssh-clients-7.8p1-4.el8       ################################# [100%]
[root@rhel ~]# cd /run/media/root/RHEL-8-0-0-BaseOS-x86_64/AppStream/Packages
//进入 Linux 系统安装光盘软件包目录
[root@rhel Packages]# rpm -ivh openssh-askpass-7.8p1-4.el8.x86_64.rpm
警告: openssh-askpass-7.8p1-4.el8.x86_64.rpm: 头 V3 RSA/SHA256 Signature, 密钥 ID fd431d51: NOKEY
Verifying...                          ################################# [100%]
准备中...                         ################################# [100%]
正在升级/安装...
   1:openssh-askpass-7.8p1-4.el8       ################################# [100%]
```

13.2.2 /etc/ssh/sshd_config 文件详解

OpenSSH 服务器的主配置文件是/etc/ssh/sshd_config 文件，这个文件的每一行都是“关键词值”的格式。一般情况下不需要配置该文件即可让用户在客户端计算机上进行连接。

在/etc/ssh/sshd_config 配置文件中，以“#”开头的行是注释行，它为用户配置参数起到解释作用，这样的语句默认不会被系统执行。

下面将讲述在/etc/ssh/sshd_config 文件中可以添加和修改的主要参数。

（1）Port 22

设置 OpenSSH 服务器监听的端口号，默认为 22。

（2）ListenAddress 0.0.0.0

设置 OpenSSH 服务器绑定的 IP 地址。

（3）HostKey /etc/ssh/ssh_host_rsa_key

设置包含计算机私有主机密钥的文件。

（4）LoginGraceTime 2m

设置如果用户不能成功登录，在切断连接之前服务器需要等待的时间。

（5）PermitRootLogin yes

设置 root 用户是否能够使用 ssh 登录。

（6）HostbasedAuthentication no

指定是否在 rhosts 或/etc/hosts.equiv 身份验证时，允许与成功的公钥客户端主机身份验证一起使用（host-based 身份验证）。默认为 no。

（7）HostbasedAcceptedKeyTypes ecdsa-sha2-nistp256

指定基于主机的身份验证的密钥类型。

（8）IgnoreRhosts yes

设置在 HostbasedAuthentication 验证的时候是否不使用.rhosts 和.shosts 文件，仍旧使用/etc/hosts.equiv 和/etc/ssh/shosts。默认为 yes。

（9）IgnoreUserKnownHosts no

设置 sshd 是否在进行 HostbasedAuthentication 安全验证的时候忽略用户的~/.ssh/known_hosts，只使用系统范围内的已知主机文件/etc/ssh/known_hosts.。默认为 no。

（10）StrictModes yes

设置 ssh 在接收登录请求之前是否检查用户主目录和 rhosts 文件的权限和所有权。这通常是必要的，因为新手经常会把自己的目录和文件设成任何人都有写权限。

（11）PrintMotd no

设置 sshd 是否在用户登录的时候显示/etc/motd 文件中的信息。

（12）LogLevel INFO

设置记录 sshd 日志消息的级别。

（13）PubkeyAuthentication yes

指定是否允许公钥身份验证。

（14）PasswordAuthentication yes

设置是否允许口令验证。

（15）PermitEmptyPasswords no

设置是否允许用户口令为空字符串的账号登录，默认为 no。

（16）AllowGroups

设置允许连接的组群。

（17）AllowUsers

设置允许连接的用户。

（18）DenyGroups

设置拒绝连接的组群。

（19）DenyUsers

设置拒绝连接的用户。如果模式写成 USER@HOST，则 USER 和 HOST 将同时被检查，限制特定用户在特定主机上连接 OpenSSH 服务器。如 zhangsan@192.168.0.5 表示拒绝用户 zhangsan 在主机 192.168.0.5 上连接 OpenSSH 服务器。

（20）MaxSessions 10

指定允许每个网络连接打开的最大会话数，默认为 10。

（21）ClientAliveCountMax 3

指定从客户端断开连接之前，在没有接收到响应时能够发送客户端活跃消息的次数。这个参数设置允许超时的次数。

（22）MaxStartups 10:30:100

指定 SSH 守护进程未经身份验证的并发连接的最大数量。

（23）PermitListen host:port

远程转发可以使用哪些侦听地址和端口号。

13.2.3 OpenSSH 服务器配置实例

在公司内部配置一台 OpenSSH 服务器，为公司网络内的客户端计算机提供远程 SSH 登录服务，具体参数如下。

- OpenSSH 服务器 IP 地址：192.168.0.2。
- OpenSSH 服务器监听端口：22。
- 不允许空口令用户登录。
- 禁止用户 lisi 登录。

1. 编辑/etc/ssh/sshd_config 文件

编辑/etc/ssh/sshd_config 文件，该文件编辑后内容如下所示。

```
Port 22
ListenAddress 192.168.0.2
HostKey /etc/ssh/ssh_host_rsa_key
HostKey /etc/ssh/ssh_host_ecdsa_key
HostKey /etc/ssh/ssh_host_ed25519_key
SyslogFacility AUTHPRIV
PermitEmptyPasswords no
PermitRootLogin yes
AuthorizedKeysFile      .ssh/authorized_keys
PasswordAuthentication yes
DenyUsers lisi
ChallengeResponseAuthentication no
GSSAPIAuthentication yes
GSSAPICleanupCredentials no
UsePAM yes
X11Forwarding yes
PrintMotd no
AcceptEnv LANG LC_CTYPE LC_NUMERIC LC_TIME LC_COLLATE LC_MONETARY LC_MESSAGES
AcceptEnv LC_PAPER LC_NAME LC_ADDRESS LC_TELEPHONE LC_MEASUREMENT
AcceptEnv LC_IDENTIFICATION LC_ALL LANGUAGE
AcceptEnv XMODIFIERS
Subsystem sftp /usr/libexec/openssh/sftp-server
```

2. 启动 sshd 服务

使用以下命令启动 sshd 服务。

```
[root@rhel ~]# systemctl start sshd.service
```

3. 开机自动启动 sshd 服务

使用以下命令在开机时自动启动 sshd 服务。

```
[root@rhel ~]# systemctl enable sshd.service
[root@rhel ~]# systemctl is-enabled sshd.service
enabled
```

13.3 配置 OpenSSH 客户端

在 Linux 系统中配置的 OpenSSH 服务器可以支持 Linux 客户端和非 Linux 客户端(如 Windows

系统）进行远程连接。

13.3.1 Linux 客户端连接

在 Linux 系统中可以使用 ssh、scp 命令连接到 OpenSSH 服务器并复制、传输文件。

1. 安装软件包

要从 Linux 客户端连接到 OpenSSH 服务器，必须在该客户端计算机上安装 openssh-clients 和 openssh 软件包。

在 Linux 系统中查看 openssh-clients 和 openssh 软件包是否已经安装，如果没有请事先安装好。

```
[root@linux ~]# rpm -q openssh-clients
openssh-clients-7.8p1-4.el8.x86_64
//OpenSSH 客户端软件包
[root@linux ~]# rpm -q openssh
openssh-7.8p1-4.el8.x86_64
//OpenSSH 服务器和客户端的核心文件
```

使用以下命令安装 openssh-clients 和 openssh 软件包。

```
[root@linux ~]# cd /run/media/root/RHEL-8-0-0-BaseOS-x86_64/BaseOS/Packages
//进入 Linux 系统安装光盘软件包目录
[root@linux Packages]# rpm -ivh openssh-clients-7.8p1-4.el8.x86_64.rpm
警告：openssh-clients-7.8p1-4.el8.x86_64.rpm: 头 V3 RSA/SHA256 Signature, 密钥 ID fd431d51: NOKEY
Verifying...                          ################################# [100%]
准备中...                          ################################# [100%]
正在升级/安装...
   1:openssh-clients-7.8p1-4.el8      ################################# [100%]
[root@linux Packages]# rpm -ivh openssh-7.8p1-4.el8.x86_64.rpm
警告：openssh-7.8p1-4.el8.x86_64.rpm: 头 V3 RSA/SHA256 Signature, 密钥 ID fd431d51: NOKEY
Verifying...                          ################################# [100%]
准备中...                          ################################# [100%]
正在升级/安装...
   1:openssh-7.8p1-4.el8              ################################# [100%]
```

2. 使用 ssh 命令

使用 ssh 命令可以登录远程主机并在远程主机上执行命令，它是为了取代 rlogin 和 rsh 而设置的。ssh 连接并登录到指定的主机名（带有可选的用户名），用户必须证明身份以便能使用。

命令语法：

```
ssh [选项] [用户@] 主机 [命令]
```

命令中各选项的含义如表 13-1 所示。

表 13-1　　ssh 命令选项含义

选项	选项含义
-p <端口号>	指定连接到远程主机的端口号
-l <登录名>	指定登录到远程主机的用户名
-q	安静模式

续表

选项	选项含义
-N	不执行远程命令
-g	允许远程主机连接到本地的转发端口
-W <主机:端口号>	要求将在客户端上的标准输入和输出转发到指定主机上通过安全通道的端口
-L <绑定地址:>端口号:主机:主机端口	指定本地（客户端）主机上的特定端口将被转发到远程端指定的主机和端口上
-R <绑定地址:>端口:主机:主机端口	指定远程（服务器）主机上的特定端口将被转发到本地端指定的主机和端口上
-D <绑定地址:>端口	指定本地动态应用程序级的端口转发
-b <绑定地址>	在本地计算机上使用指定绑定地址作为连接的源地址

使用 ssh 命令允许用户在远程主机上登录并执行相关命令，使用 ssh 命令登录到远程主机和使用 telnet 相似。若要登录到一台 IP 地址为 192.168.0.2 的远程主机上，在命令行窗口下输入以下命令即可。

```
[root@linux~]# ssh 192.168.0.2
```

第一次使用 ssh 在远程主机上登录时，会看到下列相关信息。

```
The authenticity of host '192.168.0.2 (192.168.0.2)' can't be established.
ECDSA key fingerprint is SHA256:B0g37YBP7fNI918xQ2VAFQLDswp42G4D1vj9YfDYJvI.
Are you sure you want to continue connecting (yes/no)? yes          //输入 yes 表示同意连接
```

输入 yes 后继续，这时会把该 SSH 服务器密钥添加到本地已知主机的列表中，如下面的消息所示。

```
Warning: Permanently added '192.168.0.2' (ECDSA) to the list of known hosts.
root@192.168.0.2's password:                    //输入 root 用户的密码
Activate the web console with: systemctl enable --now cockpit.socket

Last login: Mon Dec 30 23:03:09 2021 from 192.168.0.200
[root@rhel ~]#
//已经登录到 rhel 计算机了
[root@rhel ~]# exit                              //输入命令 exit 退出
注销
Connection to 192.168.0.2 closed.
[root@linux ~]#
//又回到名为 linux 的主机
```

系统会将 SSH 服务器的信息记录到用户主目录下的～/.ssh/known_hosts 文件中，下一次进行登录时，因为有该信息，所以不会再提示信息。

使用以下命令查看/root/.ssh/known_hosts 文件内容。

```
[root@linux ~]# cat /root/.ssh/known_hosts
192.168.0.2 ecdsa-sha2-nistp256 AAAAE2VjZHNhLXNoYTItbmlzdHAyNTYAAAAIbmlzdHAyNTYAAA
BBBPeyj6OvhFElPBUPQY7s/kr9h4LuyyQby31JkRBfSnczE9YctT4HMUXgqnVYL27RBQCgqsXamvjI289bzbMJI4o=
```

注意　如果客户端无法连接和访问服务器，很多情况下都是因为没有设置好防火墙和 SELinux，在学习其他章节的时候也请注意这个问题。

当以后再次使用 ssh 命令连接到远程主机时会出现询问远程主机密码的提示，正确输入密码后，就可以登录到远程主机了，如下所示。

```
[root@linux ~]# ssh 192.168.0.2
root@192.168.0.2's password:              //在此输入 root 用户的密码
Last login: Sat Feb 29 22:16:24 2020 from 192.168.0.5
[root@rhel ~]#
```

如果在登录时没有指定用户名，在本地客户端上登录的用户名就会被传递给远程主机。如果希望指定不同的用户名，使用下面的命令。

```
[root@linux ~]# ssh zhangsan@192.168.0.2
zhangsan@192.168.0.2's password:          //在此输入用户 zhangsan 的密码
Last login: Sat Feb 29 22:16:35 2020 from 192.168.0.5
[zhangsan@rhel~]$
```

【例 13.1】 以用户账号 zhangsan 登录 IP 地址为 192.168.0.2 的远程主机。

```
[root@linux ~]# ssh -l zhangsan 192.168.0.2
zhangsan@192.168.0.2's password:          //在此输入用户 zhangsan 的密码
Last login: Sat Feb 29 22:18:01 2020 from 192.168.0.5
[zhangsan@rhel ~]$
```

使用 ssh 命令可以用来在远程主机上不经 Shell 提示登录而执行命令。

它的语法格式是：

```
ssh [用户名@远程主机 IP 地址] [Shell 命令]
```

【例 13.2】 以 root 账户连接远程主机 192.168.0.2，并执行 ls /boot 命令。

```
[root@linux ~]# ssh root@192.168.0.2 ls /boot
root@192.168.0.2's password:              //在此输入 root 用户的密码
config-4.18.0-80.el8.x86_64
efi
extlinux
grub2
initramfs-0-rescue-3344744c4e614d0b95bb68902b28e4a0.img
initramfs-4.18.0-80.el8.x86_64.img
initramfs-4.18.0-80.el8.x86_64kdump.img
loader
System.map-4.18.0-80.el8.x86_64
vmlinuz-0-rescue-3344744c4e614d0b95bb68902b28e4a0
vmlinuz-4.18.0-80.el8.x86
[root@linux ~]#
//执行该命令后会显示远程主机/boot 目录下的内容，然后就会返回到本地 Shell 提示下
```

3. 使用 scp 命令

使用 scp 命令可以用来通过安全、加密的连接在不同主机之间传输文件。

命令语法：

```
scp [选项] [[用户@]主机 1:]文件 1 [[用户@]主机 2:]文件 2
```

命令中各选项的含义如表 13-2 所示。

表 13-2 scp 命令选项含义

选项	选项含义
-C	启用压缩
-o <ssh 选项>	指定可以用来使用的 ssh 选项
-r	递归复制整个目录
-q	不显示传输进度条
-p	保留源文件的修改时间、访问时间和访问权限
-P <端口号>	指定远程主机上要连接的端口
-c <密码>	选择要使用的加密数据传输的密码

【例 13.3】 用 root 用户把本地文件/root/a 传送到远程主机 192.168.0.2 的/root 目录下，并改名为 b。

```
[root@linux ~]# scp /root/a root@192.168.0.2:/root/b
root@192.168.0.2's password:          //在此输入主机 192.168.0.2 的 root 用户的密码
a                                    100% 1908    1.3MB/s   00:00
[root@linux ~]# ssh root@192.168.0.2 ls /root/b
root@192.168.0.2's password:          //在此输入主机 192.168.0.2 的 root 用户的密码
/root/b
//可以在远程主机 192.168.0.2 的/root 目录下看到刚才传送的文件 b
```

【例 13.4】 用 root 用户把/home 目录和该目录下所有的文件和子目录传送到远程主机 192.168.0.2 的/root 目录下。

```
[root@linux ~]# scp -r /home root@192.168.0.2:/root
.bash_logout                          100%   18    18.4KB/s    00:00
.bash_profile                         100%  141   177.5KB/s    00:00
.bashrc                               100%  312   263.3KB/s    00:00
.zshrc                                100%  658   530.1KB/s    00:00
[root@linux ~]# ssh root@192.168.0.2 ls -ld /root/home
root@192.168.0.2's password:             //在此输入 root 用户的密码
drwxr-xr-x. 3 root root 22 2月  29 22:22 /root/home
//可以在远程主机 192.168.0.2 的/root 目录下看到目录 home
```

【例 13.5】 用 root 用户把远程主机 192.168.0.2 上的目录/home 传送到本地主机/root 目录下。

```
[root@linux ~]# scp -r root@192.168.0.2:/home /root
root@192.168.0.2's password:             //在此输入 root 用户的密码
.bash_logout                              100%   18    26.7KB/s    00:00
.bash_profile                             100%  141   286.6KB/s    00:00
.bashrc                                   100%  312   650.5KB/s    00:00
.zshrc                                    100%  658     1.3MB/s    00:00
3344744c4e614d0b95bb68902b28e4a0-device-v 100% 8192    29.2MB/s    00:00
3344744c4e614d0b95bb68902b28e4a0-stream-v 100%  696     1.3MB/s    00:00
3344744c4e614d0b95bb68902b28e4a0-card-dat 100%  696     1.3MB/s    00:00
cookie                                    100%  256   363.4KB/s    00:00
3344744c4e614d0b95bb68902b28e4a0-default- 100%    1     1.6KB/s    00:00
3344744c4e614d0b95bb68902b28e4a0-default- 100%    1     2.0KB/s    00:00
.esd_auth                                 100%   16    30.6KB/s    00:00
.bash_history                             100%   99   207.1KB/s    00:00
```

```
[root@linux ~]# ls -ld /root/home
drwxr-xr-x. 3 root root 22 2月  29 22:22 /root/home
//可以在本地主机的/root 目录下看到刚才传送的目录 home
```

13.3.2 Windows 客户端连接

在 Windows 系统下连接 OpenSSH 服务器可以通过 PuTTY 等软件实现。PuTTY 是 Windows 系统下的一个免费的 telnet、rlogin 和 SSH 客户端，其功能丝毫不逊色于商业类的工具。

1. 登录 OpenSSH 服务器

在 Windows 系统下运行 PuTTY 软件，打开【PuTTY Configuration】对话框，在【Host Name (or IP address)】文本框中输入 OpenSSH 服务器的 IP 地址或者主机名，选择连接类型为 SSH 方式，确保登录端口为 22，如图 13-1 所示。然后单击右下角的【Open】按钮即可。

第一次使用 PuTTY 连接远程服务器时，PuTTY 会出现图 13-2 所示的【PuTTY Security Alert】对话框，询问是否要将远程服务器的公钥（为了避免远程服务器被仿冒，每台 OpenSSH 服务器均有不同的公钥）储存在本地计算机的登录文件中。若要继续，请单击【是】按钮。

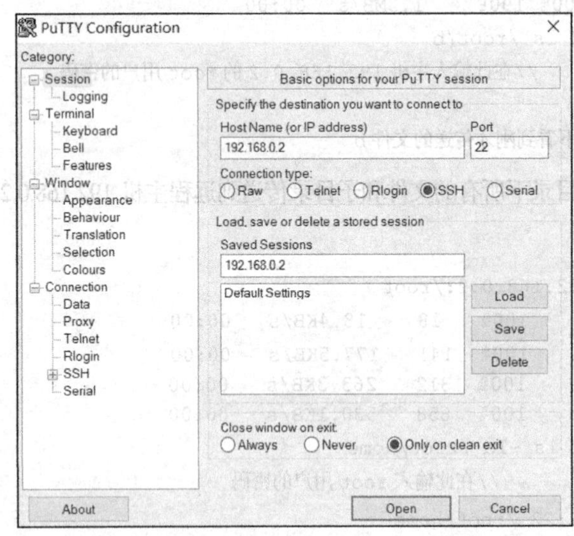

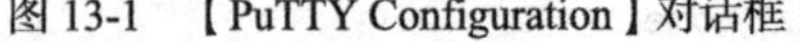

图 13-1 【PuTTY Configuration】对话框

图 13-2 【PuTTY Security Alert】对话框

在 PuTTY 界面中输入需要登录 Linux 系统的用户名和密码即可连接到远程 OpenSSH 服务器，效果如图 13-3 所示。

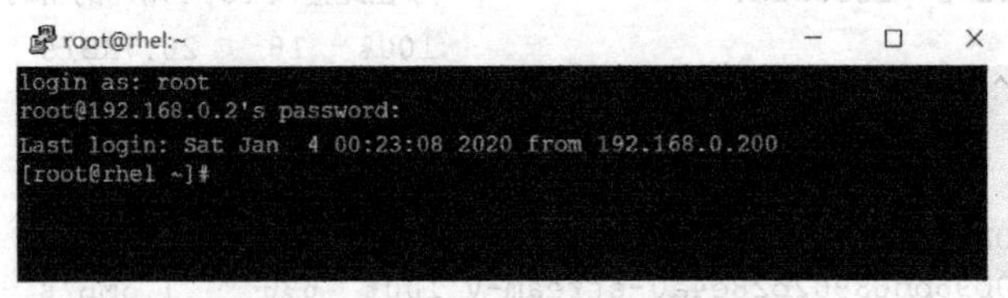

图 13-3 登录 OpenSSH 服务器

2. 显示中文字符

在使用 PuTTY 软件时，界面中有可能会显示乱码。如果用户希望在使用 PuTTY 软件时显示中文字符，可在 PUTTY 软件界面中选择【Translation】选项卡，在【Remote character set】下拉列表框中选择【UTF-8】，如图 13-4 所示。

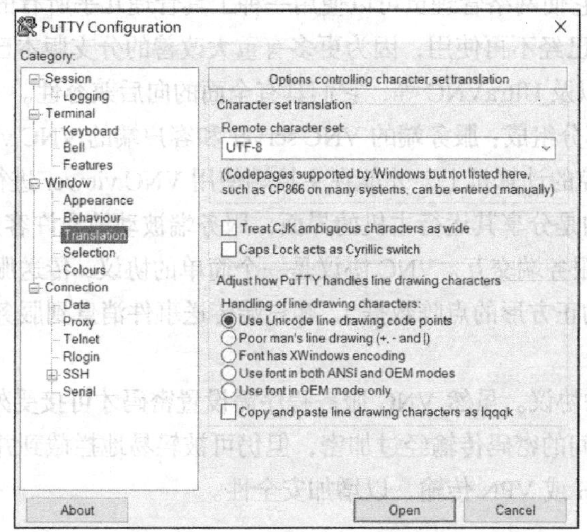

图 13-4　选择 UTF-8 字符编码

设置完字符编码之后，单击【Open】按钮，再次尝试，如图 13-5 所示，现在能正常显示中文字符。

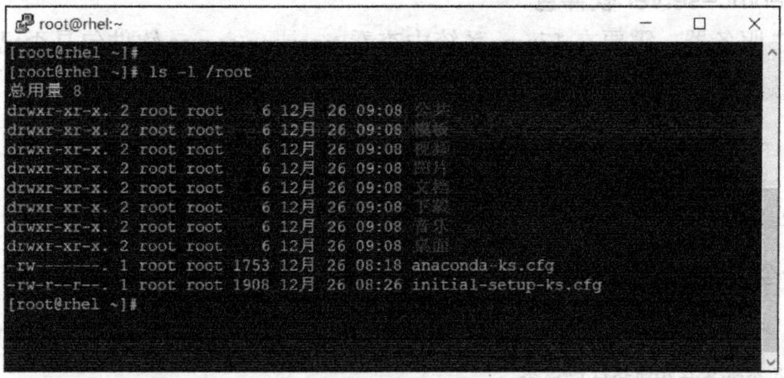

```
root@rhel:~
[root@rhel ~]#
[root@rhel ~]# ls -l /root
总用量 8
drwxr-xr-x. 2 root root    6 12月 26 09:08 公共
drwxr-xr-x. 2 root root    6 12月 26 09:08 模板
drwxr-xr-x. 2 root root    6 12月 26 09:08 视频
drwxr-xr-x. 2 root root    6 12月 26 09:08 图片
drwxr-xr-x. 2 root root    6 12月 26 09:08 文档
drwxr-xr-x. 2 root root    6 12月 26 09:08 下载
drwxr-xr-x. 2 root root    6 12月 26 09:08 音乐
drwxr-xr-x. 2 root root    6 12月 26 09:08 桌面
-rw-------. 1 root root 1753 12月 26 08:18 anaconda-ks.cfg
-rw-r--r--. 1 root root 1908 12月 26 08:26 initial-setup-ks.cfg
[root@rhel ~]#
```

图 13-5　正常显示中文字符

13.4　VNC 服务器配置

虚拟网络计算机（Virtual Network Computing，VNC）是一款由 AT&T 欧洲研究实验室开发的远程控制软件，允许用户在网络的任何地方使用简单的程序来和一个特定的计算机进行交互。

13.4.1　VNC 简介

VNC 是基于 UNIX/Linux 系统的免费开源软件，远程控制能力强大，高效实用，其性能可以和 Windows 系统中的任何远程控制软件媲美。

VNC 属于一种显示系统，也就是说它能将完整的窗口界面通过网络传输到某一台计算机的屏幕上。Windows 系统上的 Terminal Server 和 PCAnywhere 都是属于这种原理的软件，同时这些软件在 VNC 的原理基础上做了各自相应改进，提高了易用性、连通率以及可穿透内网。

VNC 是免费的，并且可以用于不同的操作系统。简单、可靠和向后兼容性，使它成为被广泛使用的远程控制软件，它使网络管理员可以使用一种工具管理几乎所有的系统。

原来的 AT&T 版本已经不再使用，因为更多有重大改善的分支版本已经出现，如 RealVNC、VNC tight、TigerVNC 以及 UltraVNC 等，它们具有全面的向后兼容性。

VNC 软件由两个部分组成：服务端的 VNC server 和客户端的 VNC viewer。用户需先将 VNC server 安装在被远程操控的计算机上，才能在主控端使用 VNC viewer 进行远程操控。

VNC 服务端的目的是分享其运行主机的界面，服务端被动地允许客户端控制它。VNC 客户端观察控制服务端，与服务端交互。VNC 协议是一个简单的协议，传送服务端的原始图像到客户端（一个 x、y 位置上的正方形的点阵数据），客户端传送事件消息到服务端。服务器发送小方块的帧缓存给客户端。

VNC 并非是安全的协议。虽然 VNC 服务程序需设置密码才可接受外来连接，且 VNC 客户端与 VNC 服务程序之间的密码传输经过加密，但仍可被轻易地拦截到并使用暴力搜索法破解。不过 VNC 可设计用 SSH 或 VPN 传输，以增加安全性。

13.4.2 VNC 服务器配置实例

安装 tigervnc-server 软件包，然后运行 vncserver 命令启动 VNC 服务器，这样就可以配置一个简单的 VNC 服务器。

1. 安装 tigervnc-server 软件包

要配置 VNC 服务器，需要在 Linux 系统中查看 tigervnc-server 软件包是否已经被安装。如果没有需事先安装好。

```
[root@rhel ~]# rpm -q tigervnc-server
tigervnc-server-1.9.0-9.el8.x86_64
//TigerVNC 远程显示系统
```

使用以下命令安装 tigervnc-server 软件包。

```
[root@rhel ~]# cd /run/media/root/RHEL-8-0-0-BaseOS-x86_64/AppStream/Packages
//进入 Linux 系统安装光盘软件包目录
[root@rhel Packages]# rpm -ivh tigervnc-server-1.9.0-9.el8.x86_64.rpm
警告：tigervnc-server-1.9.0-9.el8.x86_64.rpm: 头 V3 RSA/SHA256 Signature, 密钥 ID fd431d51:
NOKEY
Verifying...                 ################################# [100%]
准备中...                    ################################# [100%]
正在升级/安装...
   1:tigervnc-server-1.9.0-9.el8  ################################# [100%]
```

2. 启动 VNC 服务器

在 Linux 系统终端中运行 vncserver 命令启动 VNC 服务器。

```
[root@rhel ~]# vncserver

You will require a password to access your desktops.

Password:                        //设置 root 用户的 VNC 登录密码
Verify:                          //再次输入 root 用户的 VNC 登录密码
Would you like to enter a view-only password (y/n)? y    //输入 y 将创建仅限查看的密码
```

```
Password:                                          //设置仅限查看的密码
Verify:                                            //再次输入仅限查看的密码
xauth:  file /root/.Xauthority does not exist

New 'rhel:1 (root)' desktop is rhel:1

Creating default startup script /root/.vnc/xstartup
Creating default config /root/.vnc/config
Starting applications specified in /root/.vnc/xstartup
Log file is /root/.vnc/rhel:1.log
```

输入 vncserver 命令之后，首先会被要求设置密码。这时候需要为服务器设立一个保护密码，这是非常重要的步骤。如果密码设置成功，那么结果信息中就会显示这样一个信息：rhel:1。这里的 1 表示当前用户分配的是 VNC 的第 1 个虚拟桌面。

3. 查看进程

使用以下命令查看 Xvnc 进程是否存在。

```
[root@rhel ~]# ps -ef|grep Xvnc
root       117190          1   2 00:46 pts/1     00:00:00 /usr/bin/Xvnc :1 -auth
/root/.Xauthority -desktop rhel:1 (root) -fp catalogue:/etc/X11/fontpath.d -geometry
1024x768 -pn -rfbauth /root/.vnc/passwd -rfbport 5901 -rfbwait 30000
//显示进程号为 117190，使用的端口号为 5901，虚拟桌面号码是 1
```

4. 查看端口号

使用以下命令查看端口号 5901，5901 是第一个虚拟桌面使用的端口号。

```
[root@rhel ~]# netstat -antu|grep 5901
tcp        0      0 0.0.0.0:5901            0.0.0.0:*               LISTEN
```

13.4.3　创建或更改 VNC 登录密码

使用 vncpasswd 命令可以创建或更改一个 VNC 的登录密码，这将同时在用户的主目录下创建一个隐藏的目录“.vnc”，该目录内有一个文件 passwd 保存着 VNC 登录密码。

命令语法：

```
vncpasswd [密码文件]
vncpasswd [选项]
```

【例 13.6】 创建或更改 VNC 登录密码。

```
[root@rhel ~]# vncpasswd
Password:                                        //设置 root 用户的 VNC 登录密码
Verify:                                          //再次输入 root 用户的 VNC 登录密码
Would you like to enter a view-only password (y/n)? y   //输入 y 将创建仅限查看的密码
Password:                                        //设置仅限查看的密码
Verify:                                          //再次输入仅限查看的密码
```

13.4.4　管理 VNC 服务器

使用 vncserver 命令可以管理 VNC 服务器，如启动和停止 VNC 服务器。

命令语法：

```
vncserver [:虚拟桌面号码] [选项]
```

命令中各选项的含义如表 13-3 所示。

表 13-3　vncserver 命令选项含义

选项	选项含义
-name <桌面名称>	每个 VNC 桌面具有可以由 viewer 显示的名称
-kill:<虚拟桌面号码>	关闭一个之前使用 vncserver 启动的 VNC 桌面
-geometry 宽×高	指定 VNC 桌面要创建的尺寸。默认为 1024×768
-depth <深度>	指定 VNC 桌面要创建的像素深度（位）。默认为 24
-list	列出 VNC 虚拟桌面

【例 13.7】 列出当前用户的 VNC 虚拟桌面。

```
[root@rhel ~]# vncserver -list

TigerVNC server sessions:

X DISPLAY #    PROCESS ID
:1             117190
//第一个虚拟桌面使用的进程号为 117190
```

【例 13.8】 关闭号码为 1 的 VNC 虚拟桌面。

```
[root@rhel ~]# vncserver -kill :1
Killing Xvnc process ID 117190
//关闭后面的 1 指的是虚拟桌面号码
```

【例 13.9】 启动号码为 5 的 VNC 虚拟桌面。

```
[root@rhel ~]# vncserver :5

New 'rhel:5 (root)' desktop is rhel:5

Starting applications specified in /root/.vnc/xstartup
Log file is /root/.vnc/rhel:5.log
```

13.5　连接 VNC 服务器

在 Linux 系统中配置的 VNC 服务器可以支持 Linux 客户端和非 Linux 客户端（如 Windows 系统）以图形界面方式远程登录。

13.5.1　Linux 客户端连接

在 Linux 客户端通过安装 TigerVNC 软件包，才可以连接到 VNC 服务器。

1. 安装 TigerVNC 软件包

在 Linux 系统中查看 TigerVNC 软件包是否已经安装，如果没有请事先安装好。

```
[root@linux ~]# rpm -q tigervnc
tigervnc-1.9.0-9.el8.x86_64
//VNC 客户端软件包
```

使用以下命令安装 TigerVNC 软件包。

```
[root@linux ~]# cd /run//media/root/RHEL-8-0-0-BaseOS-x86_64/AppStream/Packages
//进入 Linux 系统安装光盘软件包目录
[root@linux Packages]# rpm -ivh tigervnc-1.9.0-9.el8.x86_64.rpm
警告：tigervnc-1.9.0-9.el8.x86_64.rpm: 头 V3 RSA/SHA256 Signature, 密钥 ID fd431d51:
NOKEY
Verifying...                          ################################# [100%]
准备中...                             ################################# [100%]
正在升级/安装...
   1:tigervnc-1.9.0-9.el8             ################################# [100%]
```

2. 连接 VNC 服务器

安装完客户端软件包之后，在 Linux 系统图形界面中单击面板上的【活动】→【显示应用程序】→【TigerVNC 查看器】，打开图 13-6 所示的对话框。输入 VNC 服务器的 IP 地址和虚拟桌面号码，在这里“1”指的是第 1 个虚拟桌面，然后单击【连接】按钮。

接着出现图 13-7 所示的对话框，输入 VNC 登录密码然后单击【确定】按钮就可以连接到 VNC 服务器，对服务器进行管理。

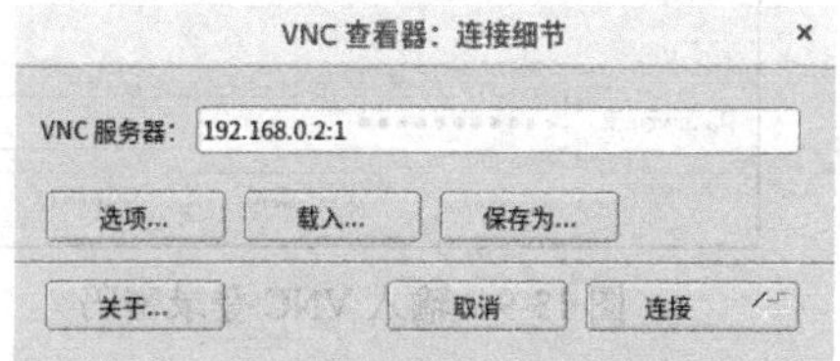

图 13-6　连接 VNC 服务器

图 13-7　输入 VNC 登录密码

3. 使用 vncviewer 命令连接 VNC 服务器

使用 vncviewer 命令可以连接到 VNC 服务器。

命令语法：

```
vncviewer [选项] [主机] [:虚拟桌面号码]
vncviewer [选项] [主机] [:端口号]
vncviewer [选项]
```

命令中各选项的含义如表 13-4 所示。

表 13-4　vncviewer 命令选项含义

选项	选项含义
-display <X 显示>	指定在其上的 VNC viewer 窗口应该出现 X 显示
-geometry <几何>	标准的 X 位置和尺寸规格
-passwd <密码文件>	指定访问服务器所使用的密码文件
-Shared	当连接到 VNC 服务器时，所有其他现有的连接正常关闭

也可以在图形界面下的终端中输入以下命令，接着输入 VNC 登录密码就可以连接到 VNC 服务器。

```
[root@linux ~]# vncviewer 192.168.0.2:1
//连接到 IP 地址为 192.168.0.2 的 VNC 服务器的一号虚拟桌面
```

除了可以使用虚拟桌面号码之外，还可以使用 VNC 服务器的端口号进行连接。

```
[root@linux ~]# vncviewer 192.168.0.2:5901
//连接到 IP 地址为 192.168.0.2 的 VNC 服务器的 5901 端口（也就是一号虚拟桌面）
```

13.5.2 Windows 客户端连接

Windows 系统下的 VNC 客户端软件有很多，这里主要讲解 VNC Viewer 软件。该软件是一款优秀的远程控制软件，远程控制能力强大，高效实用。

以下是连接 VNC 服务器的操作步骤。

运行 VNC Viewer 软件出现图 13-8 所示的界面，输入 VNC 服务器的 IP 地址和虚拟桌面号码（192.168.0.2:1）后单击【Connect】按钮。

接着在图 13-9 所示的界面中输入 VNC 登录密码，然后单击【OK】按钮即可连接到 VNC 服务器。

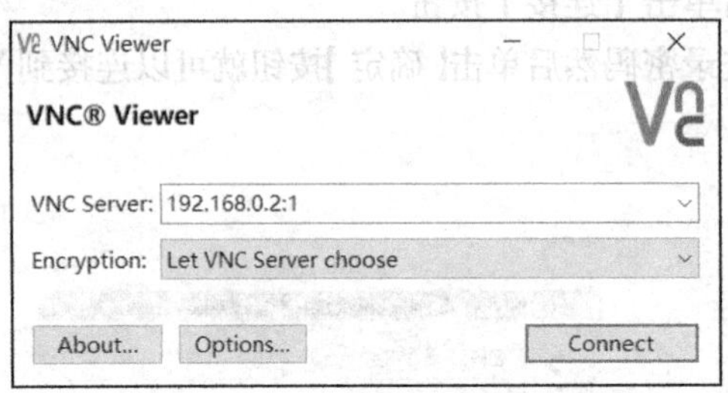

图 13-8 Windows 客户端连接 VNC 服务器

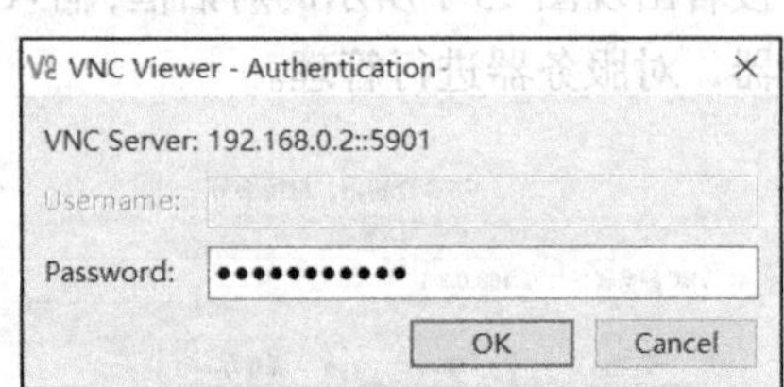

图 13-9 输入 VNC 登录密码

小 结

使用 SSH 可以在本地主机和远程服务器之间进行加密的数据传输，实现数据的安全。而 OpenSSH 是 SSH 协议的免费开源实现，它采用安全、加密的网络连接工具代替了 telnet、ftp、rlogin、rsh 以及 rcp 工具。

OpenSSH 服务器的主配置文件是/etc/ssh/sshd_config 文件，这个文件的每一行都是“关键词 值”的格式。一般情况下不需要配置该文件即可让用户在客户端计算上进行连接。

在 Linux 系统中可以使用 ssh、scp 命令连接到 OpenSSH 服务器并复制、传输文件。在 Windows 系统下连接 OpenSSH 服务器可以通过 PuTTY 和 SSH Secure Shell Client 等软件实现。

VNC 是一款由 AT&T 欧洲研究实验室开发的远程控制软件，允许用户在网络的任何地方使用简单的程序来和一个特定的计算机进行交互。原来的 AT&T 版本已经不再使用，因为更多有重大改善的分支版本已经出现，如 RealVNC、VNC tight、TigerVNC 以及 UltraVNC 等。VNC 软件由两个部分组成：服务端的 VNC server 和客户端的 VNC viewer。

安装 tigervnc-server 软件包，然后运行 vncserver 命令启动 VNC 服务器，这样就可以配置一个简单的 VNC 服务器。使用 vncpasswd 命令可以创建或更改一个 VNC 的登录密码。使用 vncserver 命令可以管理 VNC 服务器，如启动和停止 VNC 服务器。

在 Linux 系统中配置的 VNC 服务器可以支持 Linux 客户端（使用 vncviewer 命令）和非 Linux 客户端（使用 VNC Viewer 软件）以图形界面方式远程登录。

习　题

13-1　简述 OpenSSH 替代 telnet 的主要原因。

13-2　简述 VNC 软件的组成部分。

上机练习

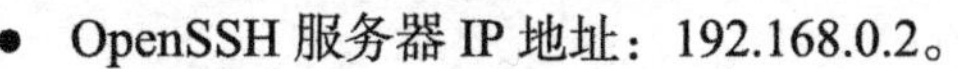

13-1　在 Linux 系统中按以下要求配置 OpenSSH 服务器，然后在 Windows 系统中使用 PuTTY 软件连接到该服务器上，而且要求能显示中文字符。

上机练习

- OpenSSH 服务器 IP 地址：192.168.0.2。
- OpenSSH 服务器监听端口：22。
- 不允许空口令用户登录。
- 禁止用户 lisi 登录。

13-2　用 root 账户把主机 192.168.0.5 上的本地文件/root/a 传送到远程主机 192.168.0.2 的/root 目录下，并改名为 b。

13-3　在 Linux 系统中配置 VNC 服务器，然后在 Windows 系统中使用 VNC Viewer 软件连接到该服务器。

第 14 章 NFS 服务器配置

通过配置 NFS 服务器，可以让客户端挂载服务器上的共享目录。使用 NFS 可以很方便地实现在同一网络上的多个用户间共享目录，用户和程序可以像访问本地文件一样访问远程系统上的文件。

14.1 NFS 简介

通过配置 NFS 服务器，可以让客户端计算机挂载 NFS 服务器上的共享目录，文件就如同位于客户端的本地硬盘上一样。

14.1.1 什么是 NFS

网络文件系统（Network File System，NFS）是由 Sun 公司开发，并于 1984 年推出的技术。NFS 对于在同一个网络上的多个用户间共享目录和文件很有用，通过使用 NFS，用户和程序可以像访问本地文件一样访问远程主机上的文件。

如一组致力于同一工程项目的用户，可以通过使用 NFS 文件系统中的一个挂载为/it 的共享目录来存取该工程项目的文件。要存取共享的文件，用户进入各自计算机上的/it 目录。这种方法既不用输入密码又不用记忆特殊命令，就像该目录位于用户的本地主机上一样。

NFS 本身的服务并没有提供文件传递的协议，但是 NFS 能让我们进行文件的共享，这其中的原因就是 NFS 使用 RPC 协议。所以只要用到 NFS 的地方都要启动 RPC 服务，不论是 NFS 服务器还是 NFS 客户端。

可以这么理解 RPC 和 NFS 的关系：NFS 是一个文件系统，而 RPC 负责信息的传输。这样 NFS 服务器端与 NFS 客户端才能由 RPC 协议来进行端口的对应。NFS 主要管理分享出来的目录，而至于文件的传递，就直接将它交给 RPC 协议来运作。

14.1.2 NFS 协议

客户端使用 NFS 可以透明地访问服务器中的文件系统，这不同于提供文件传输的 FTP。FTP 会产生文件的一个完整副本。NFS 只访问一个进程引用文件部分，并且其中一个目的就是使得这种访问透明。这意味着任何能够访问一个本地文件的客户端程序不需要做任何修改，就应该能够访问一个 NFS 文件。

NFS 是一个使用 SunRPC 构造的客户端/服务器应用程序，其客户端通过向一台 NFS 服务器发送 RPC 请求来访问其中的文件。尽管这一工作可以使用一般的用户进程来实现，即 NFS 客户端可以是一个用户进程，对服务器进行显式调用，而服务器也可以是一个用户进程。

首先，访问一个 NFS 文件必须对客户端透明，因此 NFS 的客户端调用是由客户端操作系统代表用户进程来完成的；其次，出于效率的考虑，NFS 服务器在服务器操作系统中实现。如果 NFS 服务器是一个用户进程，每个客户端请求和服务器应答（包括读和写的数据）将不得不在内核和用户进程之间进行切换，这个代价太大。

14.2　NFS 服务器安装和配置

14.2.1　安装 NFS 服务器软件包

要配置 NFS 服务器，需要在 Linux 系统中查看 nfs-utils 软件包是否已经安装。如果没有请事先安装好。

```
[root@rhel ~]# rpm -q nfs-utils
nfs-utils-2.3.3-14.el8.x86_64
//NFS 服务的主程序包，提供 rpc.nfsd、rpc.mountd 等工具
```

使用以下命令安装 nfs-utils 软件包。

```
[root@rhel ~]# cd /run/media/root/RHEL-8-0-0-BaseOS-x86_64/BaseOS/Packages
//进入 Linux 系统安装光盘软件包目录
[root@rhel Packages]# rpm -ivh nfs-utils-2.3.3-14.el8.x86_64.rpm
警告：nfs-utils-2.3.3-14.el8.x86_64.rpm: 头 V3 RSA/SHA256 Signature, 密钥 ID fd431d51: NOKEY
Verifying...                          ################################# [100%]
准备中...                              ################################# [100%]
正在升级/安装...
   1:nfs-utils-1:2.3.3-14.el8         ################################# [100%]
```

14.2.2　/etc/exports 文件详解

/etc/exports 文件控制着 NFS 服务器要导出的共享目录和访问控制。/etc/exports 文件默认是空白的，没有任何内容。也就是说 NFS 服务器默认不共享任何目录，需要手动编辑添加。

/etc/exports 文件内容的格式如下所示：

```
共享目录        客户端（导出选项）
```

下面详细讲述/etc/exports 文件内容的格式。

1．共享目录

在/etc/exports 文件中添加的共享目录必须使用绝对路径，不可以使用相对路径。而且该目录必须事先创建好，因为该目录将作为 NFS 服务器上的共享目录并提供给客户端使用。

使用以下命令创建目录/it 和文件/it/a 作为 NFS 共享资源。

```
[root@rhel ~]# mkdir /it
//创建目录/it
[root@rhel ~]# touch /it/a
//在/it 目录下创建空文件/it/a
```

2. 客户端

客户端通常是指可以访问 NFS 服务器共享目录的客户端计算机，客户端可以是一台计算机，也可以是一个网段，甚至是一个域。要指定客户端，可以使用表 14-1 所示的方式。

表 14-1　　NFS 客户端指定方式

客户端指定方式	举例
使用 IP 地址指定客户端	192.168.0.5
使用 IP 地址指定网段	192.168.0.0/24、192.168.0.0/255.255.255.0
使用 IP 地址指定网段	192.168.0.*
使用域名指定客户端	linux.sh.com
使用域名指定域内所有客户端	*.sh.com
使用通配符指定所有客户端	*

3. 导出选项

在/etc/exports 文件中可以使用众多的选项来设置客户端访问 NFS 服务器共享目录的权限。/etc/exports 文件中可以使用的导出选项如表 14-2 所示。

表 14-2　　/etc/exports 文件导出选项

导出选项	描述
rw	共享目录具有读取和写入的权限
ro	共享目录具有只读的权限
root_squash	root 用户的所有请求映射成如匿名用户一样的权限
no_root_squash	关闭 root_squash
all_squash	映射所有的 UID 和 GID 为匿名用户
no_all_squash	保留共享文件的 UID 和 GID（默认）
anonuid	指定匿名访问用户的本地用户 UID，默认为 nobody（65534）
anongid	指定匿名访问用户的本地组群 GID，默认为 nobody（65534）
sync	所有数据在请求时写入共享，在请求所做的改变被写入磁盘之前不会处理其他请求。适合大量写请求的情况下效率低，但可以保证数据的一致性
async	NFS 在写入数据前可以响应请求，写入和读取可同时进行，由 NFS 保证其一致性。适合少量写请求并且对数据一致性要求不高的情况下
secure（默认）	限制客户端只能从小于 1024 的 TCP/IP 端口连接服务器
insecure	允许客户端从大于 1024 的 TCP/IP 端口连接服务器
wdelay（默认）	如果有多个用户要写入 NFS 目录，则归组一起写入，这样可以提高效率
no_wdelay	如果有多个用户要写入 NFS 目录，则立即写入，当使用 async 时，不需要设置
subtree_check（默认）	若输出目录是一个子目录，则强制 NFS 服务器检查其父目录的权限
no_subtree_check	即使输出目录是一个子目录，NFS 服务器也不检查其父目录的权限，这样可以提高效率
hide	在 NFS 共享目录中不共享其子目录
nohide	共享 NFS 目录的子目录
mp	如果它已经成功挂载，那么使得它只导出一个目录

4. NFS 服务器配置实例

接下来举例说明如何通过在/etc/exports 文件中添加 NFS 共享目录来配置 NFS 服务器。

```
/it                    192.168.0.5(ro,sync)
//允许来自主机 192.168.0.5 的用户以默认的只读权限来挂载/it 目录

/it                    192.168.0.5(rw,sync)
//允许来自主机 192.168.0.5 的用户以读写权限来挂载/it 目录

/it                    * (ro,all_squash,anonuid=65534,anongid=65534)
//允许所有客户端的用户以只读权限来挂载/it 目录，使用 NFS 服务器共享目录的用户都将映射为匿名用户，匿
名用户将使用 UID 和 GID 为 65534 的系统账户（必须事先存在）

/it                    *.sh.com(ro)
//允许 sh.com 域内的客户端的用户以只读权限来挂载/it 目录

/it                    linux.sh.com(ro)
//允许来自主机 linux.sh.com 的用户以只读权限来挂载/it 目录

/it                    192.168.0.0/24(ro) 192.168.1.0/24(ro)
//允许来自 192.168.0.0 和 192.168.1.0 网段客户端的用户以只读权限来挂载/it 目录

/it                    192.168.0.*(ro,root_squash)
//允许来自 192.168.0.0 网段客户端的用户以只读权限来挂载/it 目录，并且将 root 用户映射成匿名用户

/it                    proj*.sh.com(rw)
//允许 sh.com 域内主机名以 proj 开头的客户端的用户以读写权限来挂载/it 目录

/it                    cl[0-9].sh.com(rw)
//允许 sh.com 域内主机名以 cl0～cl9 开头的客户端的用户以读写权限来挂载/it 目录
```

14.2.3　控制 nfs-server 服务

使用 systemctl 命令可以控制 nfs-server 服务的状态和当 NFS 服务器启动时自动启动服务。

1. 启动 nfs-server 服务

使用以下命令启动 nfs-server 服务。

```
[root@rhel ~]# systemctl start nfs-server.service
```

2. 查看 nfs-server 服务运行状态

使用以下命令查看 nfs-server 服务运行状态。

```
[root@rhel ~]# systemctl status nfs-server.service
● nfs-server.service - NFS server and services
   Loaded: loaded (/usr/lib/systemd/system/nfs-server.service; disabled; vendor
preset: disabled)
   Active: active (exited) since Wed 2021-12-29 15:47:07 CST; 11s ago
  Process: 51690 ExecStart=/bin/sh -c if systemctl -q is-active gssproxy; then systemctl
reload g>
  Process: 51677 ExecStart=/usr/sbin/rpc.nfsd (code=exited, status=0/SUCCESS)
  Process: 51676 ExecStartPre=/usr/sbin/exportfs -r (code=exited, status=0/SUCCESS)
 Main PID: 51690 (code=exited, status=0/SUCCESS)
```

```
12月 29 15:47:06 rhel systemd[1]: Starting NFS server and services...
12月 29 15:47:07 rhel systemd[1]: Started NFS server and services.
```

3. 停止 nfs-server 服务

使用以下命令停止 nfs-server 服务。

```
[root@rhel ~]# systemctl stop nfs-server.service
```

4. 重启 nfs-server 服务

使用以下命令重启 nfs-server 服务。

```
[root@rhel ~]# systemctl restart nfs-server.service
```

5. 开机自动启动 nfs-server 服务

使用以下命令在重新引导系统时自动启动 nfs-server 服务。

```
[root@rhel ~]# systemctl enable nfs-server.service
Created symlink /etc/systemd/system/multi-user.target.wants/nfs-server.service to /usr/lib/systemd/system/nfs-server.service.
[root@rhel ~]# systemctl is-enabled nfs-server.service
enabled
```

14.3 管理 NFS 共享目录

14.3.1 维护 NFS 共享目录

使用 exportfs 命令可以维护导出的 NFS 文件系统表，如导出 NFS 服务器上的共享目录、显示共享目录，或者取消导出共享目录。

命令语法：

```
exportfs [选项] [共享目录]
```

命令中各选项的含义如表 14-3 所示。

表 14-3 exportfs 命令选项含义

选项	选项含义
-a	导出或取消导出所有的目录
-v	显示导出列表的同时，也显示导出选项的列表
-u	取消导出指定的目录
-i	忽略/etc/exports 文件，只使用默认选项和命令上给出的选项
-r	重新导出所有的目录
-o <选项>	指定导出选项列表

【例 14.1】 显示 NFS 服务器上的共享目录和导出选项信息。

```
[root@rhel ~]# exportfs -v
/it      192.168.0.5(sync,wdelay,hide,no_subtree_check,sec=sys,rw,secure,root_squash,no_all_squash)
```

【例 14.2】 重新导出 NFS 服务器上所有的共享目录。

```
[root@rhel ~]# exportfs -rv
exporting 192.168.0.5:/it
```

【例 14.3】 取消导出 NFS 服务器上所有的共享目录。

```
[root@rhel ~]# exportfs -au
[root@rhel ~]# exportfs -v
```

【例 14.4】 取消导出 NFS 服务器上指定的共享目录/it。

```
[root@rhel ~]# exportfs -u 192.168.0.5:/it
[root@rhel ~]# exportfs -v
```

【例 14.5】 将/it 目录导出共享给 192.168.0.5 主机，允许其匿名写入。

```
[root@rhel ~]# exportfs -o async,rw 192.168.0.5:/it
[root@rhel ~]# exportfs -v
/it     192.168.0.5(async,wdelay,hide,no_subtree_check,sec=sys,rw,secure,root_squash,
no_all_squash)
```

14.3.2　查看 NFS 共享目录信息

使用 showmount 命令可以显示 NFS 服务器的挂载信息，如查看 NFS 服务器上有哪些共享目录，这些共享目录可以被哪些客户端访问，以及哪些共享目录已经被客户端挂载了。

命令语法：

showmount [选项] [*NFS 服务器*]

命令中各选项的含义如表 14-4 所示。

表 14-4　showmount 命令选项含义

选项	选项含义
-a	同时显示客户端的主机名或 IP 地址以及所挂载的目录
-e	显示 NFS 服务器的导出列表
-d	只显示已经被挂载的 NFS 共享目录信息

【例 14.6】 查看 NFS 服务器 192.168.0.2 上共享目录的信息。

```
[root@rhel ~]# showmount -e 192.168.0.2
Export list for 192.168.0.2:
/it 192.168.0.5
//NFS 服务器上的共享目录是/it，该目录可以让客户端 192.168.0.5 访问
```

14.4　挂载和卸载 NFS 共享目录

要挂载 NFS 服务器上的共享目录，可以通过使用 mount 命令和修改/etc/fstab 文件这两种方法实现，其区别在于修改/etc/fstab 文件后在 Linux 系统启动时会自动挂载 NFS 共享目录。

14.4.1　挂载和卸载 NFS 文件系统

在客户端上使用 mount 命令可以挂载 NFS 共享目录，使用 umount 命令可以卸载 NFS 共享目录。

1. 安装 nfs-utils 软件包

在 Linux 系统中查看 nfs-utils 软件包是否已经安装，如果没有请事先安装好。

```
[root@linux ~]# rpm -q nfs-utils
nfs-utils-2.3.3-14.el8.x86_64
```

使用以下命令安装 nfs-utils 软件包。

```
[root@linux ~]# cd /run/media/root/RHEL-8-0-0-BaseOS-x86_64/BaseOS/Packages
//进入 Linux 系统安装光盘软件包目录
[root@linux Packages]# rpm -ivh nfs-utils-2.3.3-14.el8.x86_64.rpm
警告：nfs-utils-2.3.3-14.el8.x86_64.rpm: 头 V3 RSA/SHA256 Signature, 密钥 ID fd431d51:
NOKEY
Verifying...                          ################################# [100%]
准备中...                          ################################# [100%]
正在升级/安装...
   1:nfs-utils-1:2.3.3-14.el8          ################################# [100%]
```

2. 查看 NFS 服务器上的共享目录

在客户端上使用 showmount -e 命令可以查看 NFS 服务器上的输出共享目录。

使用以下命令查看 IP 地址为 192.168.0.2 的 NFS 服务器上的所有输出共享目录信息。

```
[root@linux ~]# showmount -e 192.168.0.2
Export list for 192.168.0.2:
/it 192.168.0.5
//可以看到共享目录/it 可以被 192.168.0.5 客户端挂载
```

3. 挂载和卸载 NFS 文件系统

（1）挂载 NFS 文件系统

在客户端上使用 mount 命令可以挂载 NFS 服务器上的共享目录。

```
mount -t nfs [NFS 服务器 IP 地址或者主机名:NFS 共享目录] [本地挂载目录]
```

使用以下命令挂载 NFS 服务器 192.168.0.2 的共享目录/it 到本地主机的目录/mnt/it 上。

```
[root@linux ~]# mkdir /mnt/it
//创建目录/mnt/it
[root@linux ~]# mount -t nfs 192.168.0.2:/it /mnt/it
//将 NFS 服务器 192.168.0.2 上的共享目录/it 挂载到本地/mnt/it 目录下
[root@linux ~]# ls /mnt/it
a
//查看本地 NFS 挂载目录/mnt/it，可以看到里面有文件，说明已经挂载成功
[root@linux ~]# df /mnt/it
文件系统            1K-块      已用      可用       已用% 挂载点
192.168.0.2:/it 157209600 6716472 150493128    5%   /mnt/it
//查看 NFS 文件系统挂载情况
```

（2）卸载 NFS 文件系统

在客户端上使用以下 umount 命令可以卸载 NFS 服务器上的共享目录/it（该目录当前被挂载在本地的/mnt/it 目录下）。

```
[root@linux ~]# umount /mnt/it
[root@linux ~]# ls -l /mnt/it
总用量 0
//再次查看目录/mnt/it，看到已经没有文件了，说明卸载成功
[root@linux ~]# umount 192.168.0.2:/it
//也可以使用这种方法卸载 NFS 文件系统
```

14.4.2　开机自动挂载 NFS 文件系统

挂载 NFS 服务器上的 NFS 共享目录的第二种方法是在/etc/fstab 文件中添加内容。这样每次启动客户端时都将挂载 NFS 共享目录。内容中必须声明 NFS 服务器的主机名、要导出的目录以及要挂载 NFS 共享的本地主机目录。

在客户端的/etc/fstab 文件中添加以下一行内容，然后重启系统。

```
192.168.0.2:/it    /mnt/it   nfs    rsize=8192,wsize=8192,timeo=14,intr
```

登录系统以后使用以下命令查看到 NFS 共享目录已经挂载。

```
[root@linux ~]# df /mnt/it
文件系统              1K-块        已用        可用            已用% 挂载点
192.168.0.2:/it  157209600  6716472  150493128   5%   /mnt/it
//使用 df 命令查看 NFS 文件系统挂载情况，可以看到已经被挂载
```

小　　结

通过配置 NFS 服务器，可以让客户端挂载 NFS 服务器上的共享目录，文件就如同位于客户端的本地硬盘上一样。

/etc/exports 文件控制着 NFS 服务器要导出的共享目录和访问控制。在/etc/exports 文件中添加的共享目录必须使用绝对路径，不可以使用相对路径，该目录将作为 NFS 服务器上的共享目录并提供给客户端使用。客户端通常是指可以访问 NFS 服务器共享目录的客户端计算机，客户端可以是一台计算机，也可以是一个网段，甚至是一个域。在/etc/exports 文件中可以使用众多的选项来设置客户端访问 NFS 服务器共享目录的权限。

使用 exportfs 命令可以维护导出的 NFS 文件系统表，如导出 NFS 服务器上的共享目录、显示共享目录，或者取消导出共享目录。使用 showmount 命令可以显示 NFS 服务器的挂载信息。

要挂载 NFS 服务器上的共享目录，可以通过使用 mount 命令和修改/etc/fstab 文件这两种方法实现，其区别在于修改/etc/fstab 文件后在 Linux 系统启动时会自动挂载 NFS 共享目录。使用 umount 命令可以卸载 NFS 共享目录。

习　　题

14-1　简述 NFS 的含义。

14-2　简述/etc/exports 文件内容的格式。

上机练习

上机练习

14-1 在 Linux 系统中按以下要求配置 NFS 服务器，然后在 NFS 客户端 192.168.0.5 上将共享目录挂载到本地的/mnt/it 目录下。

- 共享目录：/it。
- 客户端：192.168.0.5。
- 导出选项：共享目录具有读取和写入的权限。

14-2 在 NFS 客户端上设置开机自动挂载 NFS 文件系统，将 NFS 服务器上的共享目录以读取和写入的权限自动挂载到本地的/mnt/it 目录下。

第 15 章 DHCP 服务器配置

在 Linux 系统中配置 DHCP 服务器，可为网络上的计算机分配、管理动态 IP 地址和其他相关配置信息，降低重新配置计算机 IP 地址的难度，减少管理工作量。

15.1 DHCP 简介

在一个大型公司局域网内，要分别为每一台计算机分配和设置 IP 地址、子网掩码、默认网关等是一件非常麻烦的事情，甚至会产生 IP 地址冲突。

15.1.1 什么是 DHCP

动态主机配置协议（Dynamic Host Configuration Protocol，DHCP）是一种用于简化计算机 IP 地址配置管理的标准。通过采用 DHCP 标准，可以使用 DHCP 服务器为网络上的计算机分配、管理动态 IP 地址以及其他相关配置信息。

TCP/IP 网络上的每一台计算机都必须有唯一的 IP 地址，IP 地址和与之相关的子网掩码等可以标识计算机及其连接的子网。在将计算机移动到不同的子网时，必须更改 IP 地址。DHCP 允许通过本地网络上的 DHCP 服务器 IP 地址数据库为客户端动态指派 IP 地址。

对于基于 TCP/IP 的网络，DHCP 降低了重新配置计算机 IP 地址的难度，减少了涉及的管理工作量。

由于 DHCP 服务器需要固定的 IP 地址和 DHCP 客户端进行通信，所以 DHCP 服务器必须配置为使用静态 IP 地址。

在 DHCP 服务器上的 IP 地址数据库包含以下项目。

- 对公司网络内的所有客户端的有效配置参数。
- 在缓冲池中指定给客户端的有效 IP 地址和手动指定的保留地址。
- 服务器提供租约时间，租约时间即指定 IP 地址可以使用的时间。

15.1.2 DHCP 服务优缺点

在企业中使用 DHCP 服务既有优点又有缺点。

1. DHCP 服务优点

在企业网络中配置 DHCP 服务具有以下优点。

- 管理员可以集中为整个公司网络指定通用和特定子网的 TCP/IP 参数，并且可以定义使用保留地址的客户端的参数。

- 提供安全可信的配置。DHCP 避免了在每一台计算机上手动输入数值引起的配置错误，还能防止网络上计算机配置地址的冲突。
- 使用 DHCP 服务器能大大减少配置网络上计算机的时间，服务器可以在指派地址租约时配置所有的附加配置值。
- 客户端不需要手动配置 TCP/IP。
- 客户端在子网间移动时，旧的 IP 地址自动释放以便再次使用。再次启动客户端时，DHCP 服务器会自动为客户端重新配置 TCP/IP。
- 大部分路由器可以转发 DHCP 配置请求，因此互联网的每个子网并不都需要 DHCP 服务器。

2. DHCP 服务缺点

在企业网络中配置 DHCP 服务具有以下缺点。

- DHCP 不能发现网络上非 DHCP 客户端已经在使用的 IP 地址。
- 当网络上存在多个 DHCP 服务器时，一个 DHCP 服务器不能查出已被其他服务器出租的 IP 地址。
- DHCP 服务器不能跨路由器与客户端通信，除非路由器允许 BOOTP 转发。

15.2 DHCP 服务器安装和配置

15.2.1 安装 DHCP 服务器软件包

要配置 DHCP 服务器，需要在 Linux 系统中查看 dhcp-server 和 dhcp-common 软件包是否已经安装，如果没有请事先安装好。

```
[root@rhel ~]# rpm -qa|grep dhcp
dhcp-server-4.3.6-30.el8.x86_64
//DHCP 服务的主程序包，包括 DHCP 服务和 DHCP 中继代理程序
dhcp-common-4.3.6-30.el8.noarch
//被 ISC DHCP 服务器和客户端使用的共同文件
```

使用以下命令安装 dhcp-server 和 dhcp-common 软件包。

```
[root@rhel ~]# cd /run/media/root/RHEL-8-0-0-BaseOS-x86_64/BaseOS/Packages
//进入 Linux 系统安装光盘软件包目录
[root@rhel Packages]# rpm -ivh dhcp-server-4.3.6-30.el8.x86_64.rpm
警告:dhcp-server-4.3.6-30.el8.x86_64.rpm: 头 V3 RSA/SHA256 Signature, 密钥 ID fd431d51:
NOKEY
Verifying...                          ################################# [100%]
准备中...                          ################################# [100%]
正在升级/安装...
   1:dhcp-server-12:4.3.6-30.el8       ################################# [100%]
[root@rhel Packages]# rpm -ivh dhcp-common-4.3.6-30.el8.noarch.rpm
警告:dhcp-common-4.3.6-30.el8.noarch.rpm: 头 V3 RSA/SHA256 Signature, 密钥 ID fd431d51:
NOKEY
Verifying...                          ################################# [100%]
```

```
准备中...                          ################################# [100%]
正在升级/安装...
   1:dhcp-common-12:4.3.6-30.el8    ################################# [100%]
```

15.2.2　/etc/dhcp/dhcpd.conf 文件详解

DHCP服务器的主配置文件是/etc/dhcp/dhcpd.conf,默认情况下该文件中没有内容。但是DHCP服务器提供了一个配置模板文件，该文件是/usr/share/doc/dhcp-server/dhcpd.conf.example。在实际配置 DHCP 服务器过程中，常将该模板文件复制到/etc/dhcp/dhcpd.conf 文件。

使用以下命令将/usr/share/doc/dhcp-server/dhcpd.conf.example 文件复制到/etc/dhcp/dhcpd.conf。

```
[root@rhel ~]# cp /usr/share/doc/dhcp-server/dhcpd.conf.example /etc/dhcp/dhcpd. conf
cp: 是否覆盖'/etc/dhcp/dhcpd.conf'? y                //输入 y 确认覆盖文件
```

/etc/dhcp/dhcpd.conf 文件的内容由全局配置和局部配置两部分构成。全局配置主要用来设置 DHCP 服务器整体运行环境的选项，而局部配置用来设置作用域内容。在/etc/dhcp/dhcpd.conf 文件中，以“#”开头的行是注释行，它为用户配置参数起到解释作用，这样的语句默认不会被系统执行。

默认/etc/dhcp/dhcpd.conf 配置文件内容和文件结构如下所示，读者看到的是已经将部分注释行删除的内容。

```
//第一部分：设置全局配置内容

option domain-name "example.org";
option domain-name-servers ns1.example.org, ns2.example.org;
default-lease-time 600;
max-lease-time 7200;
#ddns-update-style none;
log-facility local7;

//第二部分：设置局部配置内容

//在下面这个子网中没有服务，但它帮助 DHCP 服务器，了解网络的拓扑结构
subnet 10.152.187.0 netmask 255.255.255.0 {
}

//下面是一个非常基本的子网声明
subnet 10.254.239.0 netmask 255.255.255.224 {
  range 10.254.239.10 10.254.239.20;
  option routers rtr-239-0-1.example.org, rtr-239-0-2.example.org;
}

//下面的子网声明允许 BOOTP 客户端获得动态地址
subnet 10.254.239.32 netmask 255.255.255.224 {
  range dynamic-bootp 10.254.239.40 10.254.239.60;
  option broadcast-address 10.254.239.31;
  option routers rtr-239-32-1.example.org;
}

//下面是一个内部子网的子网声明
```

```
subnet 10.5.5.0 netmask 255.255.255.224 {
  range 10.5.5.26 10.5.5.30;
  option domain-name-servers ns1.internal.example.org;
  option domain-name "internal.example.org";
  option routers 10.5.5.1;
  option broadcast-address 10.5.5.31;
  default-lease-time 600;
  max-lease-time 7200;
}

//在主机声明中主机需要特殊的配置选项可以列出
host passacaglia {
  hardware ethernet 0:0:c0:5d:bd:95;
  filename "vmunix.passacaglia";
  server-name "toccata.example.com";
}

//设置保留 IP 地址
host fantasia {
  hardware ethernet 08:00:07:26:c0:a5;
  fixed-address fantasia.example.com;
}

//定义类
class "foo" {
  match if substring (option vendor-class-identifier, 0, 4) = "SUNW";
}

//声明类的客户端，然后做地址分配
shared-network 224-29 {
  subnet 10.17.224.0 netmask 255.255.255.0 {
    option routers rtr-224.example.org;
  }
  subnet 10.0.29.0 netmask 255.255.255.0 {
    option routers rtr-29.example.org;
  }
  pool {
    allow members of "foo";
    range 10.17.224.10 10.17.224.250;
  }
  pool {
    deny members of "foo";
    range 10.0.29.10 10.0.29.230;
  }
}
```

DHCP 服务器配置文件通常包括三个部分，分别是声明、参数以及选项。

1. DHCP 服务声明部分

声明部分是用来描述网络布局和提供客户端的 IP 地址的。下面将讲述在/etc/dhcp/dhcpd.conf 文件中可以添加和修改的声明部分的参数。

（1）shared-network

用来告知是否一些子网络分享相同网络，也就是超级作用域。

（2）subnet

描述一个 IP 地址是否属于该子网。

（3）range

提供动态分配 IP 地址的范围。

（4）host

参考特别的主机。

（5）group

为一组参数提供声明。

（6）allow unknown-clients

允许动态分配 IP 地址给未知的客户端。

（7）deny unknown-client

拒绝动态分配 IP 地址给未知的客户端。

（8）allow bootp

允许响应 bootp 查询。

（9）deny bootp

拒绝响应 bootp 查询。

（10）filename

开始启动文件的名称，应用于无盘工作站。

（11）next-server

设置服务器从初始引导文件中加载指定服务器的主机地址，服务器名称应该是 IP 地址或域名，应用于无盘工作站。

2. DHCP 服务参数部分

参数部分表明如何执行任务，是否要执行任务，或将哪些网络配置选项发送给客户。下面将讲述在/etc/dhcp/dhcpd.conf 文件中可以添加和修改的参数部分的参数。

（1）ddns-update-style none

设置动态 DNS 更新模式，none 表示不支持动态更新，interim 表示支持临时性 DNS 动态更新模式，standard 表示支持标准 DNS 动态更新模式。

（2）ignore client-updates

忽略客户端更新 DNS 记录。

（3）default-lease-time 600

指定客户端租约 IP 地址的默认时间长度，单位是秒。

（4）max-lease-time 7200

指定客户端租约 IP 地址的最大时间长度，单位是秒。

（5）hardware ethernet 08:00:07:26:c0:a5

指定网卡接口类型和 MAC 地址。

（6）server-name

通知 DHCP 客户端服务器的名称。

（7）get-lease-hostnames

是否检查客户端使用的 IP 地址。true 表示检查，false 表示不检查。

（8）fixed-address

为客户端保留一个固定的 IP 地址。保留地址提供了一个将动态地址和其 MAC 地址相关联的手段，用于保证此网卡长期使用某个 IP 地址。

（9）log-facility local7

将 dhcp 日志消息发送到另一个日志文件，默认为/var/log/boot.log 文件。

3. DHCP 服务选项部分

选项部分是用来配置 DHCP 可选参数，全部用 option 关键字作为开始。

下面将讲述在/etc/dhcp/dhcpd.conf 文件中可以添加和修改的选项部分的参数。

（1）subnet-mask

为客户端指定子网掩码。

（2）domain-name

为客户端指定 DNS 域名。

（3）domain-name-servers

为客户端指定 DNS 服务器的 IP 地址。

（4）host-name

为客户端指定主机名称。

（5）routers

为客户端指定默认网关。

（6）broadcast-address

为客户端指定广播地址。

（7）time-offset

为客户端指定格林威治时间的偏移时间，单位是秒。

如果客户端计算机使用的是 Windows 系统，不要选择 host-name 参数，即不要为其指定主机名称。

15.2.3 DHCP 服务器配置实例

在公司内部配置一台 DHCP 服务器，为公司网络内的客户端自动分配 IP 地址等信息，具体参数如下。

- 分配 IP 地址池：192.168.0.60～192.168.0.160。
- 子网掩码：255.255.255.0。
- 网关地址：192.168.0.1。
- DNS 服务器：192.168.0.2。
- DNS 域名：sh.com。
- 默认租约有效期：1 天（86400 秒）。
- 最大租约有效期：7 天（604800 秒）。
- 给主机名为 windows 的客户端（MAC 地址为 00:50:56:C0:00:01）保留使用 IP 地址 192.168.0.150。
- 支持 DNS 动态更新模式。
- 忽略客户端更新 DNS 记录。

1. 复制 DHCP 模板文件

使用以下命令复制 DHCP 模板文件/usr/share/doc/dhcp-server/dhcpd.conf.example 到/etc/dhcp/dhcpd.conf 文件。

```
[root@rhel ~]# cp /usr/share/doc/dhcp-server/dhcpd.conf.example /etc/dhcp/dhcpd.
conf
cp: 是否覆盖'/etc/dhcp/dhcpd.conf'? y                    //输入 y 确认覆盖文件
```

2. 编辑/etc/dhcp/dhcpd.conf 文件

编辑/etc/dhcp/dhcpd.conf 文件，该文件编辑后内容如下所示。

```
ddns-update-style interim;
ignore client-updates;
log-facility local7;
subnet 192.168.0.0 netmask 255.255.255.0 {
    option routers                  192.168.0.1;
    option subnet-mask              255.255.255.0;
    option domain-name              "sh.com";
    option domain-name-servers      192.168.0.2;
    option time-offset              -18000;
    range 192.168.0.60 192.168.0.160;
    default-lease-time 86400;
    max-lease-time 604800;
}
host windows {
    hardware ethernet 00:50:56:C0:00:01;
    fixed-address 192.168.0.150;
}
```

3. 启动 dhcpd 服务

使用以下命令启动 dhcpd 服务。

```
[root@rhel ~]# systemctl start dhcpd.service
```

4. 开机自动启动 dhcpd 服务

使用以下命令在重新引导系统时自动启动 dhcpd 服务。

```
[root@rhel ~]# systemctl enable dhcpd.service
Created symlink /etc/systemd/system/multi-user.target.wants/dhcpd.service to /usr/
lib/systemd/system/dhcpd.service.
[root@rhel ~]# systemctl is-enabled dhcpd.service
enabled
```

15.3　配置 DHCP 客户端

在 Linux 系统中配置的 DHCP 服务器可以支持 Linux 客户端和非 Linux 客户端（如 Windows 系统）自动获取 IP 地址。

15.3.1　Linux 客户端配置

在 Linux 客户端需要修改/etc/sysconfig/network-scripts/ifcfg-ens160 文件，使得该客户端能从 DHCP 服务器处获取到 IP 地址。

1. 修改网卡配置文件

修改网卡配置文件/etc/sysconfig/network-scripts/ifcfg-ens160，使得该客户端的 IP 地址为自动从 DHCP 服务器处获取，而不是静态手动设置，文件修改后内容如下所示。

```
TYPE=Ethernet
PROXY_METHOD=none
BROWSER_ONLY=no
BOOTPROTO=dhcp                          //将 BOOTPROTO 参数设置成 dhcp
DEFROUTE=yes
IPV4_FAILURE_FATAL=yes
NAME=ens160
UUID=39330625-2b28-4b6e-a6e9-86e8ab6d3400
DEVICE=ens160
ONBOOT=yes
IPV6INIT=no
```

2. 重新启用 ens160 网卡并申请 IP 地址

修改完/etc/sysconfig/network-scripts/ifcfg-ens160 文件之后，使用 nmcli 命令重新启用 ens160 网卡，这时该客户端在网卡重启时从 DHCP 服务器处申请并获取到 IP 地址。

```
[root@linux ~]# nmcli connection down ens160;nmcli connection up ens160
成功停用连接 "ens160"（D-Bus 活动路径：/org/freedesktop/NetworkManager/ActiveConnection/1）
连接已成功激活（D-Bus 活动路径：/org/freedesktop/NetworkManager/ActiveConnection/2）
```

3. 查看获取的 IP 地址

使用 ifconfig 命令查看该客户端获取到的 IP 地址信息，该客户端获取的 IP 地址为 192.168.0.60，如下所示。

```
[root@linux ~]# ifconfig ens160
ens160: flags=4163<UP,BROADCAST,RUNNING,MULTICAST>  mtu 1500
        inet 192.168.0.60  netmask 255.255.255.0  broadcast 192.168.0.255
        inet6 fe80::20c:29ff:fe7b:7fe6  prefixlen 64  scopeid 0x20<link>
        ether 00:0c:29:7b:7f:e6  txqueuelen 1000  (Ethernet)
        RX packets 117  bytes 11538 (11.2 KiB)
        RX errors 0  dropped 0  overruns 0  frame 0
        TX packets 214  bytes 19884 (19.4 KiB)
        TX errors 0  dropped 0 overruns 0  carrier 0  collisions 0
```

15.3.2 Windows 客户端配置

本节以 Windows 10 系统为例，讲述如何将该计算机配置为 DHCP 客户端，使得该计算机能从 DHCP 服务器上获取到 IP 地址。

1. 设置自动获得 IP 地址

打开【网络和共享中心】窗口，单击该界面左侧的【更改适配器设置】，打开图 15-1 所示的【网络连接】窗口。

右击【以太网】图标，在弹出的快捷菜单中选择【属性】，打开图 15-2 所示的【以太网 属性】对话框。

在【此连接使用下列项目】列表中双击【Internet 协议版本 4（TCP/IPv4）】，打开【Internet 协议版本 4（TCP/IPv4）属性】对话框。在该对话框中选择【自动获得 IP 地址】和【自动获得

DNS 服务器地址】单选按钮，如图 15-3 所示，最后单击【确定】按钮。这样设置以后该客户端才会立即从 DHCP 服务器处申请并获取 IP 地址。

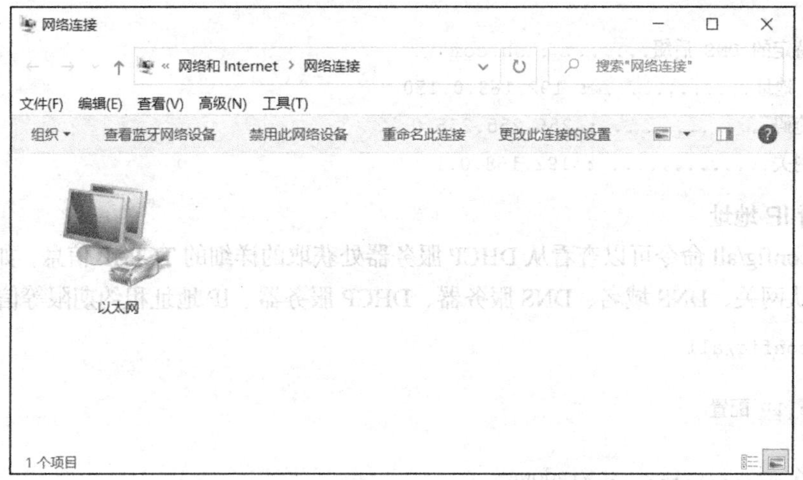

图 15-1 【网络连接】窗口

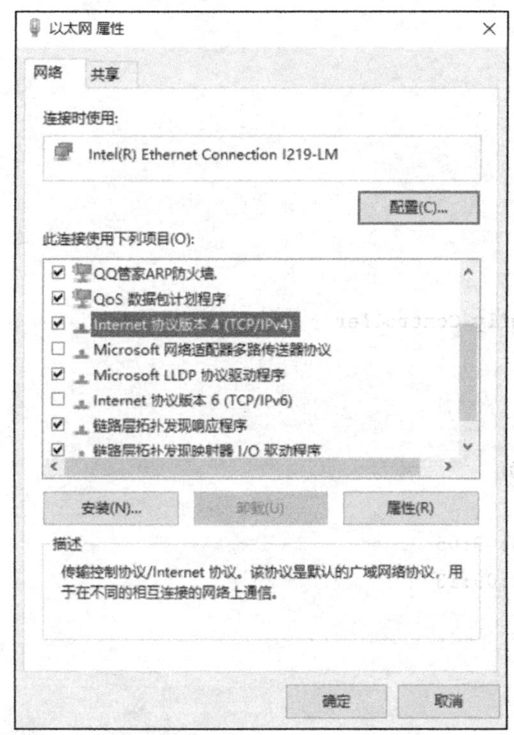

图 15-2 【以太网 属性】对话框

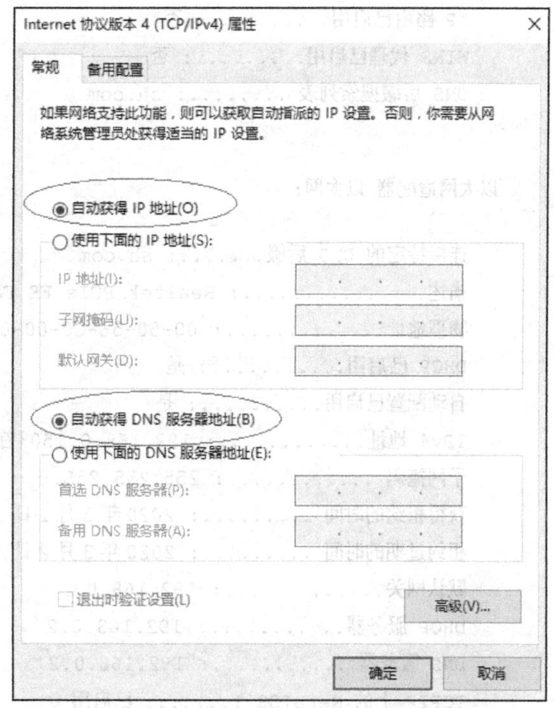

图 15-3 设置自动获得 IP 地址和 DNS 服务器地址

2. 申请 IP 地址

如果客户端没有立即向 DHCP 服务器申请 IP 地址，也可以使用 ipconfig/renew 命令申请，获取的 IP 地址是 192.168.0.150。

```
C:\>ipconfig/renew
```

```
Windows IP 配置

以太网适配器 以太网:

   连接特定的 DNS 后缀....... : sh.com
   IPv4 地址............ : 192.168.0.150
   子网掩码 ............ : 255.255.255.0
   默认网关............. : 192.168.0.1
```

3. 查看 IP 地址

使用 ipconfig/all 命令可以查看从 DHCP 服务器处获取的详细的 TCP/IP 信息，如 IP 地址、子网掩码、默认网关、DNS 域名、DNS 服务器、DHCP 服务器、IP 地址租约期限等信息。

```
C:\>ipconfig/all

Windows IP 配置

   主机名 .............: windows
   主 DNS 后缀...........:
   节点类型 ............: 混合
   IP 路由已启用..........: 否
   WINS 代理已启用.........: 否
   DNS 后缀搜索列表 ........: sh.com

以太网适配器 以太网:

   连接特定的 DNS 后缀.......: sh.com
   描述...............: Realtek PCIe FE Family Controller
   物理地址.............: 00-50-56-C0-00-01
   DHCP 已启用...........: 是
   自动配置已启用..........: 是
   IPv4 地址...........: 192.168.0.150(首选)
   子网掩码 ............: 255.255.255.0
   获得租约的时间 .........: 2020 年 3 月 1 日 18:09:05
   租约过期的时间 .........: 2020 年 3 月 2 日 18:09:13
   默认网关.............: 192.168.0.1
   DHCP 服务器...........: 192.168.0.2
   DNS 服务器 ...........: 192.168.0.2
   TCPIP 上的 NetBIOS .......: 已启用
```

4. 释放 IP 地址

如果不再需要从 DHCP 服务器处获取 IP 地址，可以使用 ipconfig/release 命令释放该 IP 地址，如下所示。

```
C:\>ipconfig/release

Windows IP 配置
```

```
以太网适配器 以太网:
   连接特定的 DNS 后缀.......:
   默认网关..............:
```

15.4 查看 DHCP 地址租约信息

在 DHCP 服务器上，/var/lib/dhcpd/dhcpd.leases 文件中存放着 DHCP 地址租约数据库。每一个最近分配给客户端的 IP 地址租约信息都会自动储存在该数据库中，该信息包括分配给客户端的 IP 地址、租约的开始和结束时间、客户端的 MAC 地址、客户端的主机名等。租约数据库中所用的时间是格林威治标准时间（GMT），不是本地时间。

如果通过 RPM 软件包安装 DHCP，则第一次运行 DHCP 服务器时，/var/lib/dhcpd/dhcpd.leases 是一个空文件，不用手动创建。租约数据库不时被重建，首先所有已知的租约会被储存到一个临时的租约数据库中，/var/lib/dhcpd/dhcpd.leases 文件被重命名为/var/lib/dhcpd/dhcpd.leases～，然后临时租约数据库被写入/var/lib/dhcpd/dhcpd.leases 文件。

在租约数据库被重命名为备份文件，新文件被写入之前，dhcpd 守护进程有可能被关闭，系统也有可能会崩溃。如果发生了这种情况，表示/var/lib/dhcpd/dhcpd.leases 文件不存在，但这个文件是启动服务所必需的。这时请不要创建新租约文件。因为这样做会丢失所有原有的旧租约文件，从而导致更多的问题。正确的办法是把/var/lib/dhcpd/dhcpd.leases～备份文件重命名为/var/lib/dhcpd/dhcpd.leases，然后启动守护进程。

/var/lib/dhcpd/dhcpd.leases 文件的格式如下所示。

```
leases 分配的 IP 地址 {
声明
}
```

以下是/var/lib/dhcpd/dhcpd.leases 文件的内容示例。

```
# The format of this file is documented in the dhcpd.leases(5) manual page.
# This lease file was written by isc-dhcp-4.3.6

# authoring-byte-order entry is generated, DO NOT DELETE
authoring-byte-order little-endian;

server-duid "\000\001\000\001%\356:h\000\014)\344<$";

lease 192.168.0.60 {
//DHCP 服务器分配给客户端的 IP 地址，这里分配了 192.168.0.60
  starts 0 2020/03/01 09:21:20;
//租约的开始时间，是格林威治标准时间（GMT），时间格式是：年/月/日 时:分:秒
  ends 1 2020/03/02 09:21:20;
//租约的结束时间，是格林威治标准时间（GMT）
  cltt 0 2020/03/01 09:21:20;
//客户端的最后事务时间
  binding state active;
//租约的绑定状态
  next binding state free;
```

```
  rewind binding state free;
  hardware ethernet 00:0c:29:7b:7f:e6;
//客户端的 MAC 地址
  uid "\001\000\014){\177\346";
//客户端用于获取租约的客户端标识符，用于与 MAC 地址匹配
  client-hostname "linux";
//客户端的主机名
}
```

小　结

DHCP 是一种用于简化计算机 IP 地址配置管理的标准，降低了重新配置计算机 IP 地址的难度，减少了涉及的管理工作量。DHCP 允许通过本地网络上的 DHCP 服务器 IP 地址数据库为客户端动态指派 IP 地址。

DHCP 服务器的主配置文件是/etc/dhcp/dhcpd.conf，默认情况下该文件中没有内容。在实际配置 DHCP 服务器过程中，常将模板文件/usr/share/doc/dhcp-server/dhcpd.conf.example 复制到/etc/dhcp/dhcpd.conf 文件。/etc/dhcp/dhcpd.conf 文件的内容由全局配置和局部配置两部分构成。全局配置主要是用来设置 DHCP 服务器整体运行环境的选项，而局部配置用来设置作用域内容。

在 Linux 系统中配置的 DHCP 服务器可以支持 Linux 客户端和非 Linux 客户端自动获取 IP 地址。在 Linux 客户端需要修改/etc/sysconfig/network-scripts/ifcfg-ens160 文件，使得该客户端能从 DHCP 服务器处获取到 IP 地址。

在 Windows 10 系统中可以使用 ipconfig/renew 命令申请 IP 地址，使用 ipconfig/all 命令查看 IP 地址，使用 ipconfig/release 命令释放 IP 地址。

在 DHCP 服务器上，/var/lib/dhcpd/dhcpd.leases 文件中存放着 DHCP 地址租约数据库。每一个最近分配给客户端的 IP 地址租约信息都会自动储存在该数据库中，该信息包括分配给客户端的 IP 地址、租约的开始和结束时间、客户端的 MAC 地址、客户端的主机名等。

习　题

15-1　在企业中使用 DHCP 服务器有哪些优点？

15-2　简述 DHCP 地址租约数据库的内容。

15-3　在 Windows 系统中申请、查看、释放 IP 地址分别使用什么命令？

上机练习

在 Linux 系统中按以下要求配置 DHCP 服务器，然后在 DHCP 客户端上获取 IP 地址。

- 分配 IP 地址池：192.168.0.60～192.168.0.160。
- 子网掩码：255.255.255.0。

上机练习

- 网关地址：192.168.0.1。
- DNS 服务器：192.168.0.2。
- DNS 域名：sh.com。
- 默认租约有效期：1 天。
- 最大租约有效期：7 天。
- 支持 DNS 动态更新模式。
- 忽略客户端更新 DNS 记录。

第16章 Samba服务器配置

Samba 通过 SMB 协议在网络上的计算机之间远程共享 Linux 文件和输出服务，通过 Samba 共享的 Linux 资源就像在另一台 Windows 服务器上一样，不需要任何其他的桌面客户软件就可以访问。可以通过使用 Samba 来实现文件服务器的功能。

16.1 Samba 简介

在 Linux 系统中，Samba 是指通过服务器信息块（Server Message Block，SMB）协议在网络上的计算机之间远程共享 Linux 文件和输出服务。

SMB 是基于网络基本输入/输出系统（Network Basic Input/Output System，NetBIOS）的协议，传统上用在 Linux、Windows 网络中访问远程文件和打印机，统称为共享服务。SMB 为网络资源和桌面应用之间提供了紧密的接口，与使用 NFS、FTP 和 LPR 等协议相比，使用 SMB 协议能把二者结合得更加紧密。通过 Samba 共享的 Linux 资源就像在另一台 Windows 服务器上一样，不需要任何其他的桌面客户软件就可以访问。

Linux 系统可以与各种操作系统轻松连接，实现多种网络服务。在一些中小型网络或企业的内部网中，利用 Linux 建立文件服务器是一个很好的解决方案。针对企业内部网中的绝大部分客户端都采用 Windows 的情况，我们可以通过使用 Samba 来实现文件服务器的功能。

Samba 是在 Linux 和 UNIX 系统上实现 SMB 协议的一个免费软件，由服务器和客户端程序构成。SMB 协议是建立在 NetBIOS 协议之上的应用协议，是指基于 TCP 的 138 和 139 两个端口的服务。NetBIOS 出现之后，微软公司就使用 NetBIOS 实现了一个网络文件/输出服务系统。

SMB 协议被用于局域网管理和 Windows 服务器系统管理中，可实现不同计算机之间共享打印机和文件等。因此，为了让 Windows 和 UNIX/Linux 计算机集成，最好的办法就是在 UNIX/Linux 计算机中安装支持 SMB 协议的软件。这样使用 Windows 的客户端时不需要更改设置就能像使用 Windows 一样使用 UNIX/Linux 系统上的共享资源了。

Samba 的核心是 smbd 和 nmbd 两个守护进程，它们在服务器启动时持续运行。smbd 和 nmbd 使用的全部配置信息都保存在/etc/samba/smb.conf 文件中。/etc/samba/smb.conf 文件向守护进程 smbd 和 nmbd 说明共享的内容、共享输出给谁以及如何进行输出。smbd 进程的作用是让使用该软件包资源的客户端与 Linux 服务器进行协商，nmbd 进程的作用是使客户端能浏览 Linux 服务器的共享资源。

16.2 Samba 服务器安装和配置

16.2.1 安装 Samba 服务器软件包

要配置 Samba 服务器，需要在 Linux 系统中查看 samba-common、samba-client、samba 以及 samba-libs 软件包是否已经安装，如果没有请事先安装好。

```
[root@rhel ~]# rpm -qa|grep samba
samba-common-4.9.1-8.el8.noarch
//存放服务器和客户端通用的工具和宏文件的软件包，必须安装在服务器和客户端
samba-client-4.9.1-8.el8.x86_64
//Samba 客户端软件包，该软件包必须安装在客户端
samba-4.9.1-8.el8.x86_64
//Samba 服务主程序软件包，该软件包必须安装在服务器
samba-libs-4.9.1-8.el8.x86_64
//Samba 库
```

使用以下命令安装 samba-common、samba-client、samba 以及 samba-libs 软件包。

```
[root@rhel ~]# cd /run/media/root/RHEL-8-0-0-BaseOS-x86_64/BaseOS/Packages
//进入 Linux 系统安装光盘软件包目录
[root@rhel Packages]# rpm -ivh samba-common-4.9.1-8.el8.noarch.rpm
警告:samba-common-4.9.1-8.el8.noarch.rpm: 头 V3 RSA/SHA256 Signature, 密钥 ID fd431d51:
NOKEY
Verifying...                          ################################# [100%]
准备中...                          ################################# [100%]
正在升级/安装...
   1:samba-common-0:4.9.1-8.el8          ################################# [100%]
[root@rhel Packages]# rpm -ivh samba-client-4.9.1-8.el8.x86_64.rpm
警告: samba-client-4.9.1-8.el8.x86_64.rpm: 头 V3 RSA/SHA256 Signature, 密钥 ID fd431d51: NOKEY
Verifying...                          ################################# [100%]
准备中...                          ################################# [100%]
正在升级/安装...
   1:samba-client-0:4.9.1-8.el8          ################################# [100%]
[root@rhel Packages]# rpm -ivh samba-4.9.1-8.el8.x86_64.rpm
警告: samba-4.9.1-8.el8.x86_64.rpm: 头 V3 RSA/SHA256 Signature, 密钥 ID fd431d51: NOKEY
Verifying...                          ################################# [100%]
准备中...                          ################################# [100%]
正在升级/安装...
   1:samba-0:4.9.1-8.el8                 ################################# [100%]
[root@rhel Packages]# rpm -ivh samba-libs-4.9.1-8.el8.x86_64.rpm
警告: samba-libs-4.9.1-8.el8.x86_64.rpm: 头 V3 RSA/SHA256 Signature, 密钥 ID fd431d51:
NOKEY
Verifying...                          ################################# [100%]
准备中...                          ################################# [100%]
正在升级/安装...
   1:samba-libs-0:4.9.1-8.el8            ################################# [100%]
```

16.2.2 /etc/samba/smb.conf 文件详解

Samba 服务器的主配置文件是/etc/samba/smb.conf，默认情况下该文件中内容很少。但是 Samba 服务器提供了一个配置模板文件，该文件是/etc/samba/smb.conf.example。在实际配置 Samba 服务器的过程中，常将该模板文件复制到/etc/samba/smb.conf 文件。

使用以下命令将/etc/samba/smb.conf.example 文件复制到/etc/samba/smb.conf。

```
[root@rhel ~]# cp /etc/samba/smb.conf.example /etc/samba/smb.conf
cp: 是否覆盖'/etc/samba/smb.conf'? y          //输入 y 确认覆盖文件
```

/etc/samba/smb.conf 配置文件的内容由全局设置（Global Settings）和共享定义（Share Definitions）两部分构成。Global Settings 主要是用来设置 Samba 服务器整体运行环境的选项，而 Share Definitions 是用来设置文件共享和打印机共享资源。

在/etc/samba/smb.conf 配置文件中，以“#”开头的行是注释行，它为用户配置参数起到解释作用，这样的语句默认不会被系统执行。以“;”开头的行都是配置的参数范例，这样的语句默认不会被系统执行。如果将“;”去掉并对该范例进行设置，那么该语句会被系统执行。在/etc/samba/smb.conf 配置文件中，所有的配置参数都是以“配置项目=值”这样的格式表示。

默认/etc/samba/smb.conf 配置文件内容和文件结构如下所示，读者看到的是已经将部分注释行删除的内容。

```
#======================= Global Settings
//第一部分：设置全局参数内容

[global]

# ---------------------- Network-Related Options -------------------------
//设置网络相关选项

        workgroup = MYGROUP
        server string = Samba Server Version %v
;       netbios name = MYSERVER
;       interfaces = lo eth0 192.168.12.2/24 192.168.13.2/24
;       hosts allow = 127. 192.168.12. 192.168.13.

# -------------------------- Logging Options -----------------------------
//设置服务器日志记录选项

        log file = /var/log/samba/log.%m
        max log size = 50

# ---------------------- Standalone Server Options ------------------------
//设置独立服务器选项

        security = user
        passdb backend = tdbsam


# ---------------------- Domain Members Options ------------------------
//设置域成员选项
```

```
;       security = domain
;       passdb backend = tdbsam
;       realm = MY_REALM
;       password server = <NT-Server-Name>

# ----------------------- Domain Controller Options ------------------------
//设置域控制器选项

;       security = user
;       passdb backend = tdbsam
;       domain master = yes
;       domain logons = yes
;       logon script = %m.bat
;       logon script = %u.bat
;       logon path = \\%L\Profiles\%u
;       logon path =
;       add user script = /usr/sbin/useradd "%u" -n -g users
;       add group script = /usr/sbin/groupadd "%g"
;       add machine script = /usr/sbin/useradd -n -c "Workstation (%u)" -M -d /nohome
-s /bin/false "%u"
;       delete user script = /usr/sbin/userdel "%u"
;       delete user from group script = /usr/sbin/userdel "%u" "%g"
;       delete group script = /usr/sbin/groupdel "%g"

# ----------------------- Browser Control Options ----------------------------
//设置浏览器控制选项

;       local master = no
;       os level = 33
;       preferred master = yes

#---------------------------- Name Resolution -----------------------------
//设置名称解析

;       wins support = yes
;       wins server = w.x.y.z
;       wins proxy = yes
;       dns proxy = yes

# --------------------------- Printing Options -----------------------------
//设置打印机选项

        load printers = yes
        cups options = raw
;       printcap name = /etc/printcap
;       printcap name = lpstat
;       printing = cups

# --------------------------- File System Options ---------------------------
//设置文件系统选项

;       map archive = no
;       map hidden = no
;       map read only = no
```

```
;       map system = no
;       store dos attributes = yes

#========================== Share Definitions
//第二部分：设置共享资源

[homes]
        comment = Home Directories
        browseable = no
        writable = yes
;       valid users = %S
;       valid users = MYDOMAIN\%S

[printers]
        comment = All Printers
        path = /var/spool/samba
        browseable = no
        guest ok = no
        writable = no
        printable = yes

;       [netlogon]
;       comment = Network Logon Service
;       path = /var/lib/samba/netlogon
;       guest ok = yes
;       writable = no
;       share modes = no

;       [Profiles]
;       path = /var/lib/samba/profiles
;       browseable = no
;       guest ok = yes

;       [public]
;       comment = Public Stuff
;       path = /home/samba
;       public = yes
;       writable = no
;       printable = no
;       write list = +staff
```

下面分别从全局设置和共享定义设置方面来讲述/etc/samba/smb.conf 文件。

1．全局设置

下面将讲述在/etc/samba/smb.conf 文件中可以添加和修改的主要全局参数。

（1）workgroup = MYGROUP

设置 Samba 服务器所在的工作组或域名。

（2）server string = Samba Server Version %v

设置 Samba 服务器的描述信息。

（3）netbios name = MYSERVER

设置 Samba 服务器的 NetBIOS 名称。

（4）interfaces = lo eth0 192.168.12.2/24 192.168.13.2/24

设置 Samba 服务器所使用的网卡接口，可以使用网卡接口的名称或 IP 地址。

（5）hosts allow = 127. 192.168.12. 192.168.13.

设置允许访问 Samba 服务器的网络地址、主机地址以及域，多个参数以空格隔开。

① 表示某 IP 地址主机，使用如 hosts allow = 192.168.0.5 的方式以允许该主机访问 Samba 服务器。

② 表示某网络，使用如 hosts allow = 192.168.0.的方式以允许该网络访问 Samba 服务器。

③ 表示某域，使用如 hosts allow = .sh.com 的方式以允许该域访问 Samba 服务器。

④ 表示所有主机，使用如 hosts allow = ALL 的方式以允许所有主机访问 Samba 服务器。

（6）hosts deny = 127. 192.168.12. 192.168.13.

设置不允许访问 Samba 服务器的网络地址、主机地址以及域，多个参数以空格隔开。

（7）guert account = pcguest

设置访问 Samba 服务器的默认匿名账户。如果设置为 pcguest 则默认为 nobody 用户。

（8）log file = /var/log/samba/log.%m

设置日志文件保存路径和名称。%m 代表客户端主机名。

（9）max log size = 50

设置日志文件的最大值，单位为 KB。当值为 0 时，表示不限制日志文件的大小。

（10）username map = /etc/samba/smbusers

设置 Samba 用户和 Linux 系统用户映射的文件。

（11）security = user

设置用户访问 Samba 服务器的安全级别。共有以下 5 种安全级别。

① share：不需要提供用户名和密码就可以访问 Samba 服务器。

② user：需要提供用户名和密码，而且身份验证由 Samba 服务器负责。

③ server：需要提供用户名和密码，可以指定其他 Windows 服务器或另一台 Samba 服务器作身份验证。

④ domain：需要提供用户名和密码，指定 Windows 域控制器作身份验证。Samba 服务器只能成为域的成员客户端。

⑤ ads：需要提供用户名和密码，指定 Windows 域控制器作身份验证。具有 domain 级别的所有功能，Samba 服务器可以成为域控制器。

（12）encrypt passwords = yes

设置是否对 Samba 的密码进行加密。

（13）smb passwd file = /etc/samba/smbpasswd

设置 Samba 密码文件的路径和名称。

（14）passdb backend = tdbsam

设置如果使用加密密码，指定所使用的密码数据库类型，类型可以是 smbpasswd、tdbsam 或 ldapsam。

① smbpasswd：使用 smbpasswd 命令来给系统用户设置一个用于访问 Samba 服务器的密码，客户端就用这个密码访问 Samba 共享资源。还要使用一个 smb passwd file = /etc/samba/smbpasswd 参数来指定保存用户名和密码的文件，该文件需要手动建立。不推荐使用此方法。

② tdbsam：使用一个数据库文件来建立用户数据库，数据库文件名为 passdb.tdb。使用 smbpasswd 命令来建立 Samba 用户。

③ ldapsam：使用基于 LADP 的账户管理方式来验证用户，需要先创建 LDAP 服务。

（15）password server = 192.168.0.100

设置身份验证服务器的名称。该项只有在设置 security 为 ads、server 或 domain 时才会生效。

（16）domain master = yes

指定 Samba 服务器是域主浏览器。这允许 Samba 在子网之间比较浏览列表。如果已经有了一个 Windows NT 的主域控制器，就不要设置这个选项。

（17）logon script = %m.bat

设置启用指定登录脚本。

（18）local master = no

设置 Samba 服务器是否要担当 LMB（本地主浏览器）角色（LMB 负责收集本地网络的浏览目录资源），通常没有特殊原因设为 no。

（19）os level = 33

设置 Samba 服务器参加主浏览器选举的优先级。

（20）preferred master = yes

设置 Samba 服务器是否要担当 PDC 角色，通常没有特殊原因设为 no。

（21）wins support = yes

设置是否启用 WINS 服务支持。

（22）wins server = w.x.y.z

设置 Samba 服务器使用的 WINS 服务器 IP 地址。

（23）wins proxy = yes

设置是否启用 WINS 代理支持。

（24）dns proxy = yes

设置是否启用 DNS 代理支持。

（25）load printers = yes

设置是否允许 Samba 打印机共享。

（26）printcap name = /etc/printcap

设置 Samba 打印机配置文件的路径。

（27）printing = cups

设置 Samba 打印机的类型。

（28）deadtime = 15

客户端没有操作多少分钟以后 Samba 服务器将中断该连接。

（29）max open files = 16384

设置每一个客户端最多能打开的文件数量。

2. 共享定义设置

下面将讲述在/etc/samba/smb.conf 配置文件中可以添加和修改的共享定义参数。

（1）[ ]

设置共享目录的共享名称。

（2）comment

设置共享目录的注释说明。

（3）path

设置共享目录的完整路径名称。

（4）browseable

设置在浏览资源时显示共享目录，显示 yes，不显示 no。

（5）printable

设置是否允许打印，允许 yes，不允许 no。

（6）public

设置是否允许匿名用户访问共享资源，允许 yes，不允许 no。只有当设置参数 security = share 时此项才起作用。

（7）guest ok

设置是否允许匿名用户访问共享资源，允许 yes，不允许 no。和 public 起到一样的功能。只有当设置参数 security = share 时此项才起作用。

（8）guest only

设置是否只允许匿名用户访问，允许 yes，不允许 no。

（9）guest account

指定访问共享目录的用户账户。

（10）read only

设置是否允许以只读方式读取目录，允许 yes，不允许 no。

（11）writable

设置是否允许以可写的方式修改目录，允许 yes，不允许 no。

（12）vaild users

设置只有此名单内的用户才能访问共享资源。

（13）invalid users

设置只有此名单内的用户不能访问共享资源，该参数要优先于 vaild users 参数。

（14）read list

设置只有此名单内的用户和组群才能以只读方式访问共享资源。

（15）write list

设置只有此名单内的用户和组群才能以可写方式访问共享资源。

（16）create mode

设置默认创建文件时的权限。类似于 create mask。

（17）directory mode

设置默认创建目录时的权限。类似于 directory mask。

（18）force group

设置默认创建的文件的组群。

（19）force user

设置默认创建的文件的所有者。

（20）hosts allow

设置只有此网段/IP 地址的用户才能访问共享资源。

（21）hosts deny

设置只有此网段/IP 地址的用户不能访问共享资源。

16.2.3　Samba 共享目录配置实例

如果要在 Linux 系统上创建 Samba 共享目录，用户需要在/etc/samba/smb.conf 文件中添加相应内容。下面举例说明如何设置 Samba 共享目录。

1. 允许匿名用户读取/it 共享目录

修改/etc/samba/smb.conf 文件，在该文件末尾添加以下内容。

```
[it]
//指定共享名为 it
comment = it
//指定对共享目录的备注
path = /it
//指定共享目录的路径是/it
public = yes
//允许匿名用户访问
read only = yes
//指定了这个目录是只读的权限
```

2. 允许匿名用户读写/it 共享目录

修改/etc/samba/smb.conf 文件，在该文件末尾添加以下内容。

```
[it]
comment = it
path = /it
guest ok = yes
//允许匿名用户访问
writable = yes
//指定了这个目录是可写的权限
```

3. 只允许用户 zhangsan 和组群 jishu 的用户访问/it 共享目录

修改/etc/samba/smb.conf 文件，在该文件末尾添加以下内容。

```
[it]
comment = it
path = /it
valid users = @jishu,zhangsan
//指定能够使用该共享目录的用户是 zhangsan 和组群 jishu 的用户
public = no
//指定该共享目录不允许匿名访问
create mask = 0765
//设置默认创建文件时的权限是 0765
browseable=no
//浏览资源时不能显示共享目录
```

4. 只允许用户 zhangsan 和组群 jishu 的用户读写/it 共享目录

修改/etc/samba/smb.conf 文件，在该文件末尾添加以下内容。

```
[it]
comment = it
path = /it
public = no
//指定该共享资源不允许匿名访问
writable = yes
write list = @jishu, zhangsan
//指定能够读写该共享目录的用户是 zhangsan 和组群 jishu 的用户
```

16.3　Samba 服务器配置实例

16.3.1　share 级别 Samba 服务器配置

在公司内部配置一台 Samba 服务器，为公司网络内的客户端计算机提供 share 级别 Samba 服务，具体参数如下。

- Samba 服务器所在工作组：workgroup。
- Samba 服务器描述信息：Samba Server。
- Samba 服务器 NetBIOS 名称：rhel。
- Samba 服务器网卡 IP 地址：192.168.0.2。
- 允许访问 Samba 服务器的网络：192.168.0.0。
- 日志文件路径：/var/log/samba/log.%m。
- 日志文件大小：50000KB。
- Samba 服务器安全模式：share。
- 共享目录：/it。
- 访问权限：读写权限。

1. 创建共享目录

使用以下命令创建共享目录/it，并递归设置该目录的权限为 757。

```
[root@rhel ~]# mkdir /it
//创建目录/it
[root@rhel ~]# chmod -R 757 /it
//递归设置目录/it 的权限为 757
```

2. 编辑/etc/samba/smb.conf 文件

编辑/etc/samba/smb.conf 文件，该文件编辑后内容如下所示。

```
[globa]
        workgroup = workgroup
         server string = Samba Server
         netbios name = rhel
         interfaces = lo ens160 192.168.0.2/24
         hosts allow = 127. 192.168.0.
         log file = /var/log/samba/log.%m
         max log size = 50000
         security = share
[it]
         comment = it
         path = /it
         public = yes
         writable = yes
```

3. 启动 SMB 服务

使用以下命令启动 SMB 服务。

```
[root@rhel ~]# systemctl start smb.service
```

4. 开机自动启动 SMB 服务

使用以下命令在重新引导系统时自动启动 SMB 服务。

```
[root@rhel ~]# systemctl enable smb.service
[root@rhel ~]# systemctl is-enabled smb.service
enabled
```

16.3.2 user 级别 Samba 服务器配置

在公司内部配置一台 Samba 服务器，为公司网络内的客户端计算机提供 user 级别 Samba 服务，具体参数如下。

- Samba 服务器所在工作组：workgroup。
- Samba 服务器描述信息：Samba Server。
- Samba 服务器 NetBIOS 名称：rhel。
- Samba 服务器网卡 IP 地址：192.168.0.2。
- 允许访问 Samba 服务器的网络：192.168.0.0。
- 日志文件路径：/var/log/samba/log.%m。
- 日志文件大小：50000KB。
- Samba 服务器安全模式：user。
- 对 Samba 密码进行加密。
- 密码数据库类型：tdbsam。
- 共享目录：/it。
- /it 目录的用户所有者和组群所有者为 zhangsan。
- 访问权限：读写权限。

1. 创建系统用户

使用以下命令创建用户 zhangsan，并为其设置密码。

```
[root@rhel ~]# useradd zhangsan
[root@rhel ~]# passwd zhangsan
更改用户 zhangsan 的密码。
新的 密码:                              //输入要为用户账户 zhangsan 设置的密码
重新输入新的 密码:                      //再次输入用户账户 zhangsan 的密码
passwd: 所有的身份验证令牌已经成功更新。
```

2. 创建 Samba 账户

当用户访问 Samba 服务器共享资源时需要提供用户名和密码进行身份验证，身份验证通过才允许访问共享资源。

使用以下命令创建 Samba 账户并设置密码。

```
[root@rhel ~]# smbpasswd -a zhangsan
New SMB password:                   //输入要为 Samba 账户 zhangsan 设置的密码
Retype new SMB password:            //再次输入 Samba 账户 zhangsan 的密码
Added user zhangsan.
```

3. 创建共享目录

使用以下命令创建共享目录/it，并递归设置用户所有者和组群所有者为 zhangsan。

```
[root@rhel ~]# mkdir /it
  //创建目录/it
[root@rhel ~]# chown -R zhangsan.zhangsan /it
//递归设置目录/it 的用户所有者和组群所有者是 zhangsan
```

4. 编辑/etc/samba/smb.conf 文件

编辑/etc/samba/smb.conf 文件，该文件编辑后内容如下所示。

```
[global]
        workgroup = workgroup
        server string = Samba Server
        netbios name = rhel
        interfaces = lo ens160 192.168.0.2/24;
        hosts allow = 127. 192.168.0.
        log file = /var/log/samba/log.%m
        max log size = 50000
        security = user
        passdb backend = tdbsam
        encrypt passwords = yes
[it]
        comment = it
        path = /it
        public = no
        writable = yes
```

5. 启动 SMB 服务

使用以下命令启动 SMB 服务。

```
[root@rhel ~]# systemctl start smb.service
```

6. 开机自动启动 SMB 服务

使用以下命令在重新引导系统时自动启动 SMB 服务。

```
[root@rhel ~]# systemctl enable smb.service
[root@rhel ~]# systemctl is-enabled smb.service
enabled
```

16.4　配置 Samba 客户端

在 Linux 系统中配置的 Samba 服务器可以支持 Linux 客户端和非 Linux 客户端（如 Windows 系统）访问共享资源。

16.4.1　Linux 客户端配置

在 Linux 客户端使用 smbclient 命令可以显示和连接共享目录，使用 mount 命令可以挂载 Samba 目录。

1. 安装软件包

在 Linux 系统中查看 samba-common 和 samba-client 软件包是否已经安装，如果没有请事先安装好。

```
[root@linux ~]# rpm -qa|grep samba
samba-common-4.9.1-8.el8.noarch
```

```
//存放服务器和客户端通用的工具和宏文件的软件包，必须安装在服务器端和客户端
samba-client-4.9.1-8.el8.x86_64
//Samba 客户端软件包，该软件包必须安装在客户端
```

使用以下命令安装 samba-common 和 samba-client 软件包。

```
[root@linux ~]# cd /run/media/root/RHEL-8-0-0-BaseOS-x86_64/BaseOS/Packages
//进入 Linux 系统安装光盘软件包目录
[root@linux Packages]# rpm -ivh samba-common-4.9.1-8.el8.noarch.rpm
警告:samba-common-4.9.1-8.el8.noarch.rpm: 头 V3 RSA/SHA256 Signature, 密钥 ID fd431d51: NOKEY
Verifying...                          ################################# [100%]
准备中...                             ################################# [100%]
正在升级/安装...
   1:samba-common-0:4.9.1-8.el8       ################################# [100%]
[root@linux Packages]# samba-client-4.9.1-8.el8.x86_64.rpm
Verifying...                          ################################# [100%]
准备中...                             ################################# [100%]
正在升级/安装...
   1:samba-client-0:4.9.1-8.el8       ################################# [100%]
```

2. 使用 smbclient 命令显示和连接共享目录

在客户端计算机上使用 smbclient 命令，可以显示 Samba 服务器上的共享资源，也可以连接到该共享资源上。

命令语法：

```
smbclient [服务名] [密码] [选项]
```

命令中各选项的含义如表 16-1 所示。

表 16-1 smbclient 命令选项含义

选项	选项含义
-L <主机>	在指定主机上获取可用的共享列表
-U <用户名>	指定用户名
-I <IP 地址>	使用指定 IP 地址进行连接
-e	加密 SMB 传输
-N	不用询问密码
-W <工作组>	设置工作组名称
-p <端口>	指定连接端口
-n <NetBIOS 名称>	指定主 NetBIOS 名称
-R <名称解析顺序>	设置 NetBIOS 名称解析的顺序

【例 16.1】 显示 Samba 服务器 192.168.0.2 上的共享资源。

```
[root@linux ~]# smbclient -L 192.168.0.2
Enter WORKGROUP\root's password:          //不用输入密码，直接按[Enter]键
Anonymous login successful

        Sharename       Type      Comment
        ---------       ----      -------
```

```
        it              Disk      it
        IPC$            IPC       IPC Service (Samba Server)
Reconnecting with SMB1 for workgroup listing.
Anonymous login successful

        Server               Comment
        ---------            -------

        Workgroup            Master
        ---------            -------
```

【例 16.2】 指定 Samba 用户 zhangsan，显示 Samba 服务器 192.168.0.2 上的共享资源。

```
[root@linux ~]# smbclient -L 192.168.0.2 -U zhangsan
Enter WORKGROUP\zhangsan's password:      //输入 Samba 用户 zhangsan 的密码

        Sharename       Type      Comment
        ---------       ----      -------
        it              Disk      it
        IPC$            IPC       IPC Service (Samba Server)
Reconnecting with SMB1 for workgroup listing.

        Server               Comment
        ---------            -------

        Workgroup            Master
        ---------            -------
```

如果出现错误信息"session setup failed: NT_STATUS_LOGON_FAILURE"，则在 Samba 服务器上使用命令 smbpasswd -a zhangsan 创建 Samba 账户。

如果在 Shell 提示下输入以下命令即可连接 Samba 服务器上的共享目录。

```
smbclient [//Samba 服务器 IP 地址/共享目录名] [-U Samba 用户名]
```

如果可以看到"smb: \>"提示，则说明已经成功登录。登录后输入"?"获得一个命令列表。在"smb:\>"提示下输入命令 exit，即可退出 smbclient。

【例 16.3】 以用户 zhangsan 连接 Samba 服务器 192.168.0.2 上的共享目录/it。

```
[root@linux ~]# smbclient //192.168.0.2/it -U zhangsan
Enter WORKGROUP\zhangsan's password:      //输入 Samba 用户 zhangsan 的密码
Try "help" to get a list of possible commands.
smb: \>
smb: \> exit
//输入命令 exit 退出
[root@linux ~]#
```

常用的 smbclient 子命令描述如表 16-2 所示。

表 16-2　　smbclient 子命令

子命令	功能
allinfo	显示文件或目录的信息
cancel	取消指定 ID 的打印作业

续表

子命令	功能
chmod	客户端请求服务器更改权限
chown	更改用户和组群所有者
close	关闭由 open 命令显式打开的文件，用于 Samba 内部测试目的
del	删除所有匹配的文件
dir	列出服务器上当前目录的内容
du	计算当前目录的磁盘使用情况
exit	终止与服务器的连接并退出程序
get	从服务器上下载一个文件
help	显示子命令的帮助信息，和?子命令功能一样
history	显示命令历史
lcd	更改本地主机的当前工作目录
listconnect	显示当前连接
ls	列出服务器上当前目录的内容，和 dir 子命令功能一样
mask	在使用 mget 和 mput 子命令递归操作时设置将要使用的掩码
md	在服务器上创建一个目录，和 mkdir 子命令功能一样
mget	从服务器上下载多个文件
mkdir	在服务器上创建一个目录
more	获取远程文件并查看 PAGER 环境变量的内容
mput	向服务器上传多个文件
print	从本地主机通过服务器上的打印服务，打印指定的文件
put	向服务器上传一个文件
q	注销，和 quit 子命令一样功能
queue	显示打印队列，显示作业 ID、名称、大小和当前状态
quit	和 exit 子命令一样的功能
rd	删除一个目录，和 rmdir 子命令功能一样
recurse	为 mget 和 mput 子命令切换目录递归
rename	在服务器上的当前工作目录中重命名文件
rm	在服务器上的当前工作目录中删除文件
rmdir	在服务器上删除一个目录
setmode	设置文件权限
stat	显示文件的信息
showconnect	显示当前活动的连接
logon	会话登录
logoff	用户注销，关闭会话
!Shell 命令	执行本地 Shell 命令

【例 16.4】 以用户 zhangsan 在 Samba 服务器共享目录/it 中创建文件夹 abc。

```
[root@linux ~]# smbclient -c "mkdir abc" //192.168.0.2/it  -U zhangsan
Enter WORKGROUP\zhangsan's password:        //输入 Samba 用户 zhangsan 的密码
```

注意

如果出现错误信息“NT_STATUS_ACCESS_DENIED making remote directory \abc”，则在 Samba 服务器上使用命令 chcon –t samba_share_t /it 修改/it 目录的安全上下文。

3. 使用 mount 命令挂载 Samba 目录

用户可以在客户端计算机上把 Samba 共享目录挂载到本地目录上，这样该目录内的文件就如同本地文件系统的一部分。把 Samba 共享挂载到本地目录中时，如果该目录不存在，则需要先创建它，然后执行以下命令。

```
mount -o [username=Samba 用户名] [//Samba 服务器 IP 地址/共享目录名] [本地挂载点]
```

【例 16.5】 挂载 Samba 服务器 192.168.0.2 上的共享目录/it 到客户端目录/mnt/samba 下。

```
[root@linux ~]# mkdir /mnt/samba
//在本地创建目录/mnt/samba
[root@linux ~]# mount -o username=zhangsan //192.168.0.2/it /mnt/samba
Password for zhangsan@//192.168.0.2/it:  ***********  //输入 Samba 用户 zhangsan 的密码

[root@linux ~]# df -h /mnt/samba
文件系统              容量  已用  可用 已用% 挂载点
//192.168.0.2/it  150G   12G  139G    8% /mnt/samba
//使用 df 命令查看 Samba 共享目录的挂载情况
```

16.4.2 Windows 客户端配置

在 Windows 系统中，可以通过多种方法访问 Samba 服务器上的共享资源，如【运行】工具。

在 Windows 10 系统中，打开【运行】工具，输入 Samba 服务器的通用命名规范（Universal Naming Convention，UNC）路径，如图 16-1 所示，即可访问 Samba 服务器上的共享资源。

如果 Samba 服务器不允许匿名访问，接着会要求输入用户名和密码，输入完毕后按[Enter]键即可访问 Samba 资源，如图 16-2 所示。

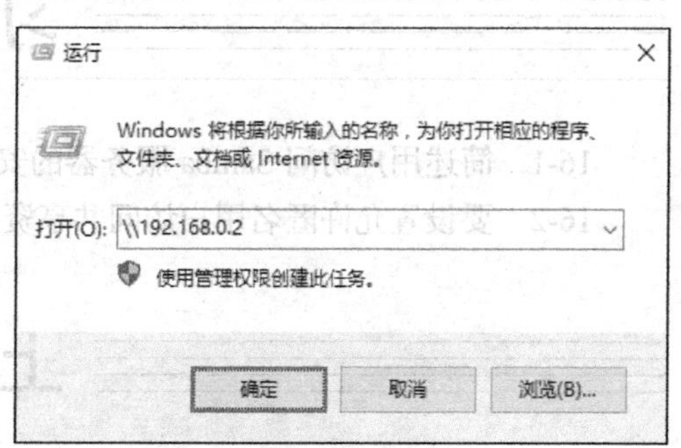

图 16-1 运行

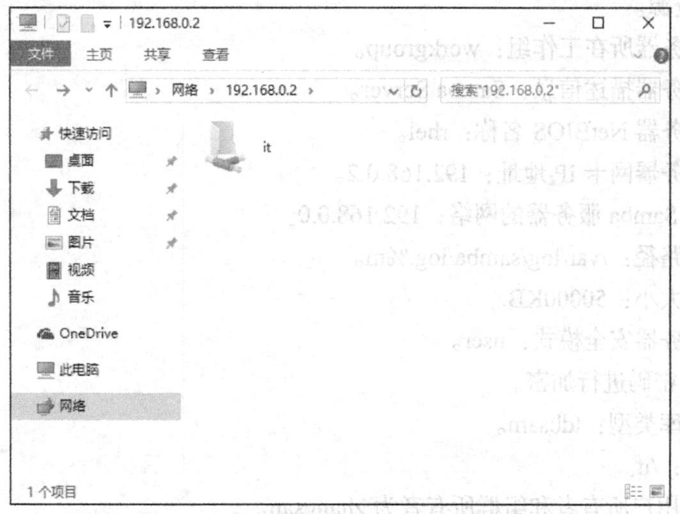

图 16-2 通过网络访问 Samba 共享资源

小　结

在 Linux 系统中，Samba 是指通过 SMB 协议在网络上的计算机之间远程共享 Linux 文件和打印服务。通过 Samba 共享的 Linux 资源就像在另一台 Windows 服务器上一样，不需要任何其他的桌面客户软件就可以访问，以此来实现文件服务器的功能。

Samba 服务器的主配置文件是/etc/samba/smb.conf 文件，该配置文件的内容由全局设置（Global Settings）和共享定义（Share Definitions）两部分构成。Global Settings 部分主要是用来设置 Samba 服务器整体运行环境的选项，而 Share Definitions 部分是用来设置文件共享和打印共享资源。在/etc/samba/smb.conf 配置文件中所有的配置参数都是以“配置项目=值”这样的格式表示。

在 Linux 客户端使用 smbclient 命令，可以显示 Samba 服务器上的共享资源，也可以连接到该共享资源上。在 Linux 客户使用 mount 命令把 Samba 共享目录挂载到本地目录上，这样该目录内的文件就如同本地文件系统的一部分。在 Windows 系统中，可以通过【运行】工具访问 Samba 服务器上的共享资源。

习　题

16-1　简述用户访问 Samba 服务器的安全级别。

16-2　要设置允许匿名用户访问共享资源，在/etc/samba/smb.conf 文件中修改哪个参数？

上机练习

在 Linux 系统中按以下要求配置 user 级别 Samba 服务器，然后在 Windows 系统下访问共享资源。

上机练习

- Samba 服务器所在工作组：workgroup。
- Samba 服务器描述信息：Samba Server。
- Samba 服务器 NetBIOS 名称：rhel。
- Samba 服务器网卡 IP 地址：192.168.0.2。
- 允许访问 Samba 服务器的网络：192.168.0.0。
- 日志文件路径：/var/log/samba/log.%m。
- 日志文件大小：50000KB。
- Samba 服务器安全模式：user。
- 对 Samba 密码进行加密。
- 密码数据库类型：tdbsam。
- 共享目录：/it。
- /it 目录的用户所有者和组群所有者为 zhangsan。
- 访问权限：读写权限。

第 17 章 DNS 服务器配置

在 Linux 系统中配置 DNS 服务器，为客户端提供域名解析服务，将计算机域名解析为 IP 地址来化解无法记住 IP 地址的困境。

17.1 DNS 简介

TCP/IP 通信是基于 IP 地址的，但是网络管理员通常无法记住那一串单调的数字。因此大家基本上都是通过访问计算机域名，然后通过 DNS 服务器将计算机域名解析为 IP 地址的。

17.1.1 什么是 DNS

域名系统（Domain Name System，DNS）用于命名组织到域层次结构中的计算机和网络服务。DNS 命名用于 TCP/IP 网络中，通过用户友好的名称查找计算机和服务。当用户在应用程序中输入 DNS 名称时，DNS 服务可以将此名称解析为与之相关的 IP 地址。

如用户喜欢使用友好的名称（如 rhel.sh.com）来查找计算机，友好的名称更容易记住和了解。但是计算机是使用 IP 地址在网络上进行通信的，为了更容易地使用网络资源，DNS 命名系统将计算机或服务的用户友好名称映射为 IP 地址。

在图 17-1 所示的例子中，DNS 客户端计算机查询 DNS 服务器，要求获得某台计算机（已将其 DNS 域名配置为 rhel.sh.com）的 IP 地址。由于 DNS 服务器能够根据其本地数据库应答此查询，因此，它将以包含所请求信息的应答来回复客户端，即一条主机资源记录，其中含有 rhel.sh.com 的 IP 地址信息。

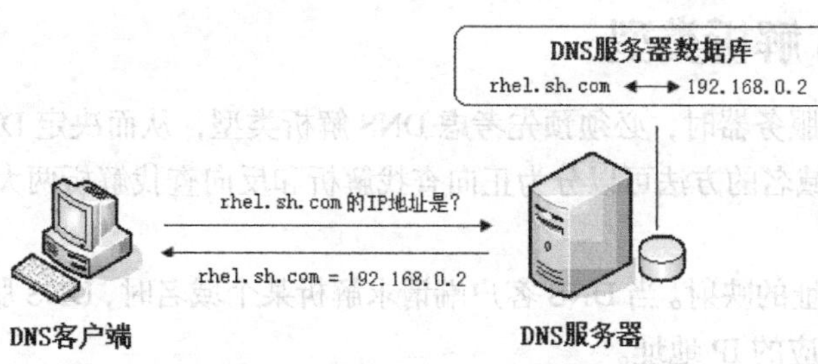

图 17-1　DNS 客户端查询

17.1.2 DNS 服务器类型

根据管理的 DNS 区域的不同，DNS 服务器具有不同的类型。一台 DNS 服务器可以同时管理多个区域，因此也可以同时属于多种 DNS 服务器类型。

目前在企业网络中主要部署以下 4 种类型的 DNS 服务器。

1. 主 DNS 服务器

当 DNS 服务器管理主要区域时，它被称为主 DNS 服务器。主 DNS 服务器是主要区域的集中更新源。

主要区域的区域数据存放在本地文件中，只有主 DNS 服务器可以管理此主要区域（单点更新）。这意味如果当主 DNS 服务器出现故障时，此主要区域不能再进行修改；但是位于辅助服务器上的辅助 DNS 服务器还可以答复 DNS 客户端的解析请求。

2. 辅助 DNS 服务器

在 DNS 服务器设计中，针对每一个区域，总是建议至少使用两台 DNS 服务器来进行管理。其中一台作为主 DNS 服务器，而另外一台作为辅助 DNS 服务器。

当 DNS 服务器管理辅助区域时，它将成为辅助 DNS 服务器。使用辅助 DNS 服务器的好处在于实现负载均衡和避免单点故障。辅助 DNS 服务器用于获取区域数据的源 DNS 服务器称为主服务器，当创建辅助区域时，将要求指定主服务器。在辅助 DNS 服务器和主服务器之间存在着区域复制，用于从主服务器更新区域数据。

3. 缓存 DNS 服务器

缓存 DNS 服务器既没有管理任何区域的 DNS 服务器，也不会产生区域复制，它只能缓存 DNS 名称并且使用缓存的信息来答复 DNS 客户端的解析请求。当刚安装好 DNS 服务器时，它就是一个缓存 DNS 服务器。缓存 DNS 服务器可以通过缓存减少 DNS 客户端访问外部 DNS 服务器的网络流量，并且可以降低 DNS 客户端解析域名的时间，因此在网络中被广泛使用。

可以部署一台缓存 DNS 服务器，将所有其他 DNS 域转发到 ISP 的 DNS 服务器，然后配置客户使用此缓存 DNS 服务器，从而减少解析客户端请求所需要的时间和客户访问外部 DNS 服务的网络流量。

4. 转发 DNS 服务器

当本地 DNS 服务器无法对 DNS 客户端的解析请求进行本地解析时，转发 DNS 服务器允许转发 DNS 客户端发送的解析请求到上游 DNS 服务器。此时本地 DNS 服务器又称为转发 DNS 服务器，而上游 DNS 服务器又称为转发器。在 Linux 系统中还提供了条件转发功能，可以针对不同域名的解析请求转发到不同的转发器。

17.1.3 DNS 解析类型

在部署一台 DNS 服务器时，必须预先考虑 DNS 解析类型，从而决定 DNS 服务器类型。DNS 服务器解析域名的方法可以分为正向查找解析和反向查找解析两大类。

1. 正向查找解析

用于域名到 IP 地址的映射。当 DNS 客户端请求解析某个域名时，DNS 服务器通过正向查找，返回给 DNS 客户端对应的 IP 地址。

2. 反向查找解析

用于 IP 地址到域名的映射。当 DNS 客户端请求解析某个 IP 地址时，DNS 服务器通过反向查找，返回给 DNS 客户端对应的域名。

17.2 DNS 服务器安装和配置

17.2.1 安装 DNS 服务器软件包

要配置 DNS 服务器，需要在 Linux 系统中查看 BIND 和 bind-libs 软件包是否已经安装，如果没有请事先安装好。

```
[root@rhel ~]# rpm -qa|grep bind
bind-9.11.4-16.P2.el8.x86_64
//DNS 服务器软件包
bind-libs-9.11.4-16.P2.el8.x86_64
//BIND 软件包所使用的库
```

使用以下命令安装 BIND 和 bind-libs 软件包。

```
[root@rhel ~]# cd /run/media/root/RHEL-8-0-0-BaseOS-x86_64/AppStream/Packages
//进入 Linux 系统安装光盘软件包目录
[root@rhel Packages]# rpm -ivh bind-9.11.4-16.P2.el8.x86_64.rpm
警告: bind-9.11.4-16.P2.el8.x86_64.rpm: 头 V3 RSA/SHA256 Signature, 密钥 ID fd431d51:
NOKEY
Verifying...                          ################################# [100%]
准备中...                         ################################# [100%]
正在升级/安装...
   1:bind-32:9.11.4-16.P2.el8          ################################# [100%]
[root@rhel Packages]# rpm -ivh bind-libs-9.11.4-16.P2.el8.x86_64.rpm
警告:bind-libs-9.11.4-16.P2.el8.x86_64.rpm: 头V3 RSA/SHA256 Signature, 密钥ID fd431d51:
NOKEY
Verifying...                          ################################# [100%]
准备中...                         ################################# [100%]
正在升级/安装...
   1:bind-libs-32:9.11.4-16.P2.el8     ################################# [100%]
```

17.2.2 /etc/named.conf 文件详解

DNS 服务器的主配置文件是/etc/named.conf 文件，该文件的内容由全局配置和局部配置两部分构成。全局配置主要用来设置对 DNS 服务器整体生效的内容，而局部配置主要用来设置区域名、区域类型以及区域文件名等内容。

在/etc/named.conf 配置文件中，以“#”开头的行是注释行，它为用户配置参数起到解释作用，这样的语句默认不会被系统执行。

默认/etc/named.conf 文件内容和文件结构如下所示，读者看到的是已经将部分注释行删除的内容。

```
//第一部分：设置全局配置内容

options {
        listen-on port 53 { 127.0.0.1; };
```

```
        listen-on-v6 port 53 { ::1; };
        directory       "/var/named";
        dump-file       "/var/named/data/cache_dump.db";
        statistics-file "/var/named/data/named_stats.txt";
        memstatistics-file "/var/named/data/named_mem_stats.txt";
        secroots-file   "/var/named/data/named.secroots";
        recursing-file  "/var/named/data/named.recursing";
        allow-query     { localhost; };
        recursion yes;
        dnssec-enable yes;
        dnssec-validation yes;
        managed-keys-directory "/var/named/dynamic";
        pid-file "/run/named/named.pid";
        session-keyfile "/run/named/session.key";
        include "/etc/crypto-policies/back-ends/bind.config";
};

logging {
        channel default_debug {
                file "data/named.run";
                severity dynamic;
        };
};
//第二部分：设置局部配置内容

zone "." IN {
        type hint;
        file "named.ca";
};

include "/etc/named.rfc1912.zones";
include "/etc/named.root.key";
```

下面分别从全局配置、局部配置和区域类型三部分来讲述/etc/named.conf 文件。

1. 全局配置

下面将讲述在/etc/named.conf 文件中可以添加和修改的主要全局配置参数。

（1）options { }部分

设置服务器的全局配置选项和一些默认设置。

（2）listen-on port 53 { 127.0.0.1; }

设置监听的 DNS 服务器 IPv4 端口和 IP 地址，这里必须将 127.0.0.1 改为 DNS 服务器的 IPv4 地址。

（3）listen-on-v6 port 53 { ::1; }

设置监听的 DNS 服务器 IPv6 端口和 IP 地址，这里必须将::1 改为 DNS 服务器的 IPv6 地址。

（4）directory "/var/named"

设置 DNS 服务器区域文件存储目录。

（5）dump-file "/var/named/data/cache_dump.db"

设置失效时候的 dump 文件。

（6）statistics-file "/var/named/data/named_stats.txt"

设置 named 服务的记录文件。

（7）allow-query　{ localhost; }

指定允许进行查询的主机。

（8）allow-transfer { address_match_element; ... }

指定允许接受区域传输的辅助服务器。

（9）recursion yes

设置是否启用递归式 DNS 服务器。

（10）forwarders　{ 192.168.0.30; }

设置 DNS 转发器。

（11）forward only

设置在转发查询前是否进行本地查询。其中设置 only 表示 DNS 服务器只进行转发查询，first 表示 DNS 服务器在做本地查询失败后转发查询到其他 DNS 服务器。

（12）datasize　　　　100M

设置 DNS 缓存大小。

2. 局部配置

下面将讲述在/etc/named.conf 文件中可以添加和修改的主要局部配置参数。

（1）zone "." IN { }部分

设置区域的相关信息。

（2）type hint;

设置区域的类型。

（3）file "named.ca";

设置区域文件名称。

3. 区域类型

默认在/etc/named.conf 文件中有以下这行内容，这说明要定义区域类型。

```
type hint;
```

在 DNS 服务器上可以创建表 17-1 所示的 DNS 区域类型。

表 17-1　DNS 区域类型

区域类型	描述
主要区域（Master）	在主要区域中可以创建、修改、读取以及删除资源记录
辅助区域（Slave）	从主要区域处复制区域数据库文件，在辅助区域中只能读取资源记录，不能创建、修改以及删除资源记录
存根区域（Stub）	只从主要区域处复制区域数据库文件中的 SOA、NS 和 A 记录，在存根区域中只能读取资源记录，不能创建、修改以及删除资源记录
转发区域（Forward）	当客户端需要解析资源记录时，DNS 服务器将解析请求转发到其他 DNS 服务器
根区域（Hint）	从根服务器中解析资源记录

17.2.3　配置 DNS 区域文件

编辑完/etc/named.conf 文件后，必须在/var/named 目录下为每一个区域创建区域文件，在区域文件中添加各类资源记录，这样才能为客户端提供域名解析服务。

1. 本地域区域文件

在/var/named 目录下默认有 named.localhost 和 named.loopback 两个文件。named.localhost 文

件是本地域正向区域文件，用于将名字 localhost 转换为本地回路 IP 地址 127.0.0.1 的区域文件。named.loopback 文件是本地域反向区域文件，用于将本地回路 IP 地址 127.0.0.1 转换为名字 localhost 的区域文件。

下面这个就是/var/named/named.localhost 区域文件的内容，其中“@”用来定义本地域，域名结尾以“.”结束。

```
$TTL 1D
//设置资源记录默认使用的 TTL 值

@       IN SOA  @ rname.invalid. (
                                        0       ; serial
                                        1D      ; refresh
                                        1H      ; retry
                                        1W      ; expire
                                        3H )    ; minimum
//设置 SOA 记录

        NS      @
//设置 NS 记录

        A       127.0.0.1
//设置 A 记录

        AAAA    ::1
//设置 AAAA 记录
```

2. 资源记录

资源记录是用于答复 DNS 客户端请求的 DNS 数据库记录，每一个 DNS 服务器包含了它管理的 DNS 命名空间的所有资源记录。资源记录包含和特定主机有关的信息，如 IP 地址、提供服务的类型等。

常见的 DNS 资源记录类型有 SOA、A、AAAA、CNAME、MX、NS 以及 PTR，如表 17-2 所示。

表 17-2　　DNS 资源记录类型

资源记录类型	说明	描述
起始授权结构（SOA）	起始授权机构	SOA 记录指定区域的起点。它包含区域名、区域管理员电子邮件地址，以及指示辅助 DNS 服务器如何更新区域数据文件的设置等信息
主机（A）	IPv4 地址	A 记录是名称解析的重要记录，用于将计算机的完全合格域名映射到对应主机的 IP 地址上。可以在 DNS 服务器中手动创建或通过 DNS 客户端动态更新来创建
主机（AAAA）	IPv6 地址	AAAA 记录是用于将域名解析到 IPv6 地址的 DNS 记录
别名（CNAME）	标准名称	CNAME 记录用于将某个别名指向某个 A 记录，从而无须为某个需要新名称解析的主机额外创建 A 记录
邮件交换器（MX）	邮件交换器	MX 记录列出了负责接收发送到域中的电子邮件的主机，通常用于邮件的收发，需要指定优先级
名称服务器（NS）	名称服务器	NS 记录指定负责此 DNS 区域的权威名称服务器
指针（PTR）	指针记录	和 A 记录相反，它是记录 IP 地址映射为计算机的完全合格域名

3. SOA 记录描述

在 DNS 区域文件中首先需要写入的是 SOA 记录，该记录用来定义主 DNS 服务器域名，以及与辅助 DNS 服务器更新时的版本和时间信息。这些信息将控制辅助 DNS 服务器区域更新时的频繁程度。

SOA 记录的语法格式如下所示。一般区域名可以用@表示；IN 是指将记录标识为一个 Internet DNS 记录。

```
区域名 记录类型 SOA 主 DNS 服务器域名 管理员邮件地址 (
                                                序列号
                                                刷新时间
                                                重试时间
                                                过期时间
                                                最小 TTL)
```

下面这个就是/var/named/named.localhost 区域文件中的 SOA 资源记录的内容。默认时间为秒，D 表示天，H 表示小时，W 表示星期。

```
@       IN SOA  @ rname.invalid. (
                                        0       ; serial
                                        1D      ; refresh
                                        1H      ; retry
                                        1W      ; expire
                                        3H )    ; minimum
```

在 SOA 记录中需要添加表 17-3 所示的字段内容。

表 17-3　　SOA 记录字段

字段	字段描述
主 DNS 服务器域名	管理此区域的主 DNS 服务器的完全合格域名
管理员邮件地址	管理此区域的负责人的电子邮件地址。请注意，在电子邮件地址名称中使用“.”，而不使用“@”
序列号（Serial）	此区域文件的修改版本号，每次更改区域文件时都将增加此数字。这样所做的更改都将复制到任何辅助 DNS 服务器上
刷新时间（Refresh）	辅助 DNS 服务器等待多长时间将连接到主 DNS 服务器复制资源记录。辅助 DNS 服务器比较自己和主 DNS 服务器的 SOA 记录的序列号。如果两者不一样，则辅助 DNS 服务器开始从主 DNS 服务器上复制资源记录
重试时间（Retry）	如果辅助 DNS 服务器连接主 DNS 服务器失败，等待多长时间后再次连接到主 DNS 服务器。通常情况下重试时间小于刷新时间
过期时间（Expire）	当这个时间到期后，如果辅助 DNS 服务器一直无法连接到主 DNS 服务器，则辅助 DNS 服务器会把它的区域文件内的资源记录当作不可靠数据
最小 TTL（默认）（Minimum）	区域文件中的所有资源记录的生存时间的最小值，这些记录应在 DNS 缓存中保留的时间

17.2.4　主 DNS 服务器配置实例

在公司内部配置一台主 DNS 服务器，为公司网络内的客户端计算机提供正向域名和反向域名解析服务，具体参数如下。

- 主 DNS 服务器 IP 地址：192.168.0.2。
- 主 DNS 服务器主机名：rhel。
- 正向区域名：sh.com。
- 反向区域名：0.168.192.in-addr.arpa。
- 正向区域文件名称：/var/named/sh.com.hosts。
- 反向区域文件名称：/var/named/192.168.0.rev。
- 在正向区域中指定相关的资源记录。
- 在反向区域中指定相关的资源记录。
- 允许进行 DNS 查询的网络：192.168.0.0/24。

1. 编辑/etc/named.conf 文件

编辑 DNS 服务器的/etc/named.conf 文件。在该文件内设置 DNS 服务器监听的网卡 IP 地址为 192.168.0.2，以及正向区域 sh.com 和反向区域 0.168.192.in-addr.arpa 的区声明，编辑后文件内容如下所示。

```
options {
        listen-on port 53 { 192.168.0.2; };
        listen-on-v6 port 53 { ::1; };
        directory       "/var/named";
        dump-file       "/var/named/data/cache_dump.db";
        statistics-file "/var/named/data/named_stats.txt";
        memstatistics-file "/var/named/data/named_mem_stats.txt";
        secroots-file   "/var/named/data/named.secroots";
        recursing-file  "/var/named/data/named.recursing";
        allow-query     { 192.168.0.0/24; };
        recursion yes;
        dnssec-enable yes;
        dnssec-validation yes;
        managed-keys-directory "/var/named/dynamic";
        pid-file "/run/named/named.pid";
        session-keyfile "/run/named/session.key";
        include "/etc/crypto-policies/back-ends/bind.config";
};

logging {
        channel default_debug {
                file "data/named.run";
                severity dynamic;
        };
};

zone "." IN {
        type hint;
        file "named.ca";
};

zone "sh.com" IN {
        type master;
        file "sh.com.hosts";
};

zone "0.168.192.in-addr.arpa" IN {
```

```
        type master;
        file "192.168.0.rev";
};

include "/etc/named.rfc1912.zones";
include "/etc/named.root.key";
```

2. 创建正向区域文件

创建正向区域 sh.com 的区域文件/var/named/sh.com.hosts，这里的区域文件名必须和/etc/named.conf 文件中指定的区域文件名保持一致，该文件内容如下所示。

```
$ttl 38400
@       IN      SOA     rhel.sh.com.    root.sh.com. (
                                                1268360234
                                                10800
                                                3600
                                                604800
                                                38400 )
@       IN      NS      rhel.sh.com.
rhel    IN      A       192.168.0.2
linux   IN      A       192.168.0.5
www     IN      CNAME   rhel.sh.com.
mail    IN      CNAME   rhel.sh.com.
ftp     IN      CNAME   rhel.sh.com.
@       IN      MX10    mail.sh.com.
```

注意

域名最后面要以“.”结尾，如 rhel.sh.com.。

“@”代表本域，如果用域名表示就是 sh.com.。

3. 创建反向区域文件

创建反向区域 0.168.192.in-addr.arpa 的区域文件/var/named/192.168.0.rev，这里的区域文件名必须和/etc/named.conf 文件中指定的区域文件名保持一致，该文件内容如下所示。

```
$ttl 38400
@       IN      SOA     rhel.sh.com.    root.sh.com. (
                                                1268360612
                                                10800
                                                3600
                                                604800
                                                38400 )
@       IN      NS      rhel.sh.com.
2       IN      PTR     rhel.sh.com.
5       IN      PTR     linux.sh.com.
```

4. 启动 named 服务

使用以下命令启动 named 服务。

```
[root@rhel ~]# systemctl start named.service
```

5. 开机自动启动 named 服务

使用以下命令在重新引导系统时自动启动 named 服务。

```
[root@rhel ~]# systemctl enable named.service
[root@rhel ~]# systemctl is-enabled named.service
enabled
```

17.3 配置 DNS 客户端

在 Linux 系统中配置的 DNS 服务器可以支持 Linux 客户端和非 Linux 客户端（如 Windows 系统）解析 DNS 资源记录。

17.3.1 Linux 客户端配置

在 Linux 系统上要配置 DNS 客户端，首先需要安装 bind-utils 软件包，然后编辑/etc/resolv.conf 文件。

1. 安装软件包

在 Linux 系统中查看 bind-utils 软件包是否已经安装，如果没有请事先安装好。

```
[root@linux ~]# rpm -q bind-utils
bind-utils-9.11.4-16.P2.el8.x86_64
//DNS 客户端测试工具，如 dig、host 和 nslookup
```

使用以下命令安装 bind-utils 软件包。

```
[root@linux ~]# cd /run/media/root/RHEL-8-0-0-BaseOS-x86_64/AppStream/Packages
//进入 Linux 系统安装光盘软件包目录
[root@linux Packages]# rpm -ivh bind-utils-9.11.4-16.P2.el8.x86_64.rpm
警告：bind-utils-9.11.4-16.P2.el8.x86_64.rpm: 头 V3 RSA/SHA256 Signature, 密钥 ID fd431d51: NOKEY
Verifying...                          ################################# [100%]
准备中...                             ################################# [100%]
正在升级/安装...
   1:bind-utils-32:9.11.4-16.P2.el8   ################################# [100%]
```

2. 编辑/etc/resolv.conf 文件

在 Linux 客户端需要编辑/etc/resolv.conf 文件，设置 nameserver 参数指向 DNS 服务器的 IP 地址，使得该客户端能从 DNS 服务器处解析记录，如下所示。

```
nameserver 192.168.0.2
```

17.3.2 Windows 客户端配置

本小节以 Windows 10 系统为例，讲述如何将该计算机配置为 DNS 客户端，使得该计算机能从 DNS 服务器上解析到记录。

打开【网络和共享中心】窗口，单击该界面左侧的【更改适配器设置】，打开图 17-2 所示的【网络连接】窗口。

右击【以太网】图标，在弹出的快捷菜单中选择【属性】，打开图 17-3 所示的【以太网 属性】对话框。

在【此连接使用下列项目】列表中双击【Internet 协议版本 4（TCP/IPv4）】，打开【Internet 协议版本 4（TCP/IPv4）属性】对话框。在该对话框中输入首选 DNS 服务器 IP 地址为 192.168.0.2，如图 17-4 所示，最后单击【确定】按钮。这样设置以后该客户端才能向 DNS 服务器解析记录。

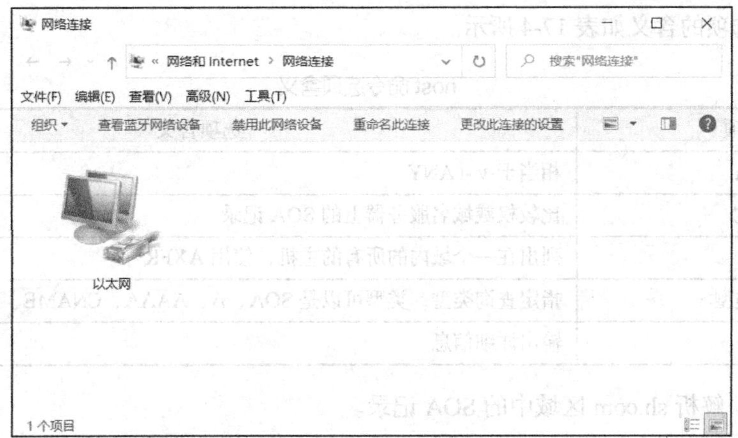

图 17-2　【网络连接】窗口

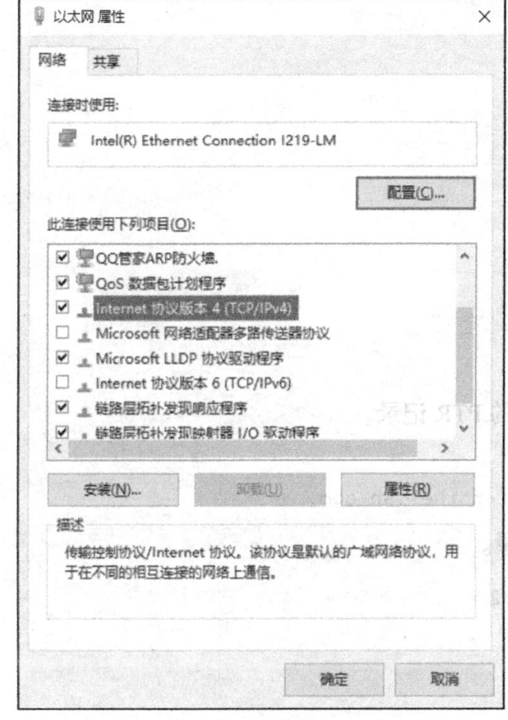

图 17-3　【以太网 属性】对话框

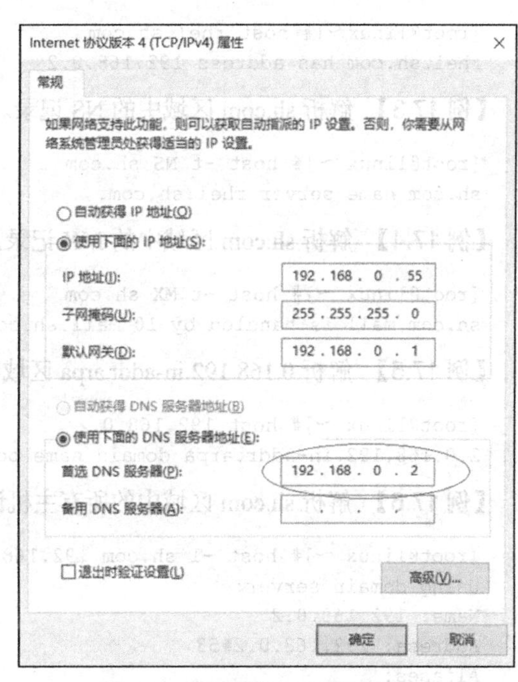

图 17-4　设置首选 DNS 服务器地址

17.4　DNS 客户端域名解析测试

在 Linux 客户端计算机上安装 bind-utils 软件包之后，可以使用 host 或 nslookup（Windows 系统中也能使用）命令解析 DNS 资源记录。

使用 host 命令可以执行 DNS 查找，进行域名解析。

命令语法：

```
host [选项] [名称] [服务器]
```

命令中各选项的含义如表 17-4 所示。

表 17-4 host 命令选项含义

选项	选项含义
-a	相当于-v -t ANY
-C	比较权威域名服务器上的 SOA 记录
-l	列出在一个域内的所有的主机，使用 AXFR
-t <类型>	指定查询类型，类型可以是 SOA、A、AAAA、CNAME、NS、MX、PTR
-v	输出详细信息

【例 17.1】 解析 sh.com 区域中的 SOA 记录。

```
[root@linux ~]# host -t SOA sh.com
sh.com has SOA record rhel.sh.com. root.sh.com. 1268360234 10800 3600 604800 38400
```

【例 17.2】 解析 sh.com 区域中的 A 记录。

```
[root@linux~]# host rhel.sh.com
rhel.sh.com has address 192.168.0.2
```

【例 17.3】 解析 sh.com 区域中的 NS 记录。

```
[root@linux ~]# host -t NS sh.com
sh.com name server rhel.sh.com.
```

【例 17.4】 解析 sh.com 区域中的 MX 记录。

```
[root@linux ~]# host -t MX sh.com
sh.com mail is handled by 10 mail.sh.com.
```

【例 17.5】 解析 0.168.192.in-addr.arpa 区域中的 PTR 记录。

```
[root@linux ~]# host 192.168.0.2
2.0.168.192.in-addr.arpa domain name pointer rhel.sh.com.
```

【例 17.6】 解析 sh.com 区域中的所有主机记录。

```
[root@linux ~]# host -l sh.com 192.168.0.2
Using domain server:
Name: 192.168.0.2
Address: 192.168.0.2#53
Aliases:
sh.com name server rhel.sh.com.
rhel.sh.com has address 192.168.0.2
linux.sh.com has address 192.168.0.5
```

【例 17.7】 解析 sh.com 区域中 A 记录的详细信息。

```
[root@linux ~]# host -a rhel.sh.com
Trying "rhel.sh.com"
;; ->>HEADER<<- opcode: QUERY, status: NOERROR, id: 57032
;; flags: qr aa rd ra; QUERY: 1, ANSWER: 1, AUTHORITY: 1, ADDITIONAL: 0

;; QUESTION SECTION:
;rhel.sh.com.                    IN      ANY

;; ANSWER SECTION:
```

```
rhel.sh.com.          38400   IN     A      192.168.0.2

;; AUTHORITY SECTION:
sh.com.               38400   IN     NS     rhel.sh.com.

Received 59 bytes from 192.168.0.2#53 in 0 ms
```

17.5 DNS 服务器高级配置

17.5.1 辅助 DNS 服务器

在企业中为了减轻主 DNS 服务器的工作负荷和为主 DNS 服务器提供容错功能，可以配置多台辅助 DNS 服务器。辅助 DNS 服务器上的区域文件是从主 DNS 服务器上复制而来的，所以区域文件内的资源记录只能读取，而不能修改和删除。这样一来客户端计算机也可以从辅助 DNS 服务器上解析资源记录。

在公司内部配置一台辅助 DNS 服务器，为公司网络内的客户端计算机提供正向和反向域名解析服务，具体参数如下。

- 主 DNS 服务器 IP 地址：192.168.0.2。
- 辅助 DNS 服务器 IP 地址：192.168.0.4。
- 主 DNS 服务器主机名：rhel。
- 辅助 DNS 服务器主机名：rhel2。
- 正向区域名：sh.com。
- 反向区域名：0.168.192.in-addr.arpa。
- 正向区域文件名称：/var/named/sh.com.hosts。
- 反向区域文件名称：/var/named/192.168.0.rev。

1. 安装软件包

在辅助 DNS 服务器上使用以下命令安装 bind 和 bind-libs 软件包。

```
[root@rhel2 ~]# cd /run/media/root/RHEL-8-0-0-BaseOS-x86_64/AppStream/Packages
//进入 Linux 系统安装光盘软件包目录
[root@rhel2 Packages]# rpm -ivh bind-9.11.4-16.P2.el8.x86_64.rpm
警告: bind-9.11.4-16.P2.el8.x86_64.rpm: 头 V3 RSA/SHA256 Signature, 密钥 ID fd431d51:
NOKEY
Verifying...                          ################################# [100%]
准备中...                             ################################# [100%]
正在升级/安装...
   1:bind-32:9.11.4-16.P2.el8         ################################# [100%]
[root@rhel2 Packages]# rpm -ivh bind-libs-9.11.4-16.P2.el8.x86_64.rpm
警告:bind-libs-9.11.4-16.P2.el8.x86_64.rpm: 头V3 RSA/SHA256 Signature, 密钥ID fd431d51:
NOKEY
Verifying...                          ################################# [100%]
准备中...                             ################################# [100%]
正在升级/安装...
   1:bind-libs-32:9.11.4-16.P2.el8    ################################# [100%]
```

2. 编辑/etc/named.conf 配置文件

编辑辅助 DNS 服务器的配置文件/etc/named.conf，在该配置文件内设置辅助 DNS 服务器监听的网卡 IP 地址为 192.168.0.4，以及正向区域 sh.com 和反向区域 0.168.192.in-addr.arpa 的区声明，修改后文件内容如下所示。

```
options {
        listen-on port 53 { 192.168.0.4; };
        listen-on-v6 port 53 { ::1; };
        directory       "/var/named";
        dump-file       "/var/named/data/cache_dump.db";
        statistics-file "/var/named/data/named_stats.txt";
        memstatistics-file "/var/named/data/named_mem_stats.txt";
        secroots-file   "/var/named/data/named.secroots";
        recursing-file  "/var/named/data/named.recursing";
        allow-query     { 192.168.0.0/24; };
        recursion yes;
        dnssec-enable yes;
        dnssec-validation yes;
        managed-keys-directory "/var/named/dynamic";
        pid-file "/run/named/named.pid";
        session-keyfile "/run/named/session.key";
        include "/etc/crypto-policies/back-ends/bind.config";
};

logging {
        channel default_debug {
                file "data/named.run";
                severity dynamic;
        };
};

zone "." IN {
        type hint;
        file "named.ca";
};

zone "sh.com" IN {
         type slave;
         masters {192.168.0.2; };
         file "slaves/sh.com.hosts";
};

zone "0.168.192.in-addr.arpa" IN {
         type slave;
         masters {192.168.0.2; };
         file "slaves/192.168.0.rev";
};

include "/etc/named.rfc1912.zones";
include "/etc/named.root.key";
```

3. 启动 named 服务

使用 systemctl 命令启动辅助 DNS 服务器的 named 服务，这样辅助 DNS 服务器就会和主 DNS 服务器进行数据同步，如下所示。

```
[root@rhel2 ~]# systemctl start named.service
```

4. 查看辅助 DNS 区域文件

自动从主 DNS 服务器上复制完区域之后，在辅助 DNS 服务器上使用以下命令在/var/named/slaves 目录下查看区域文件 sh.com.hosts 和 192.168.0.rev，这代表辅助 DNS 服务器配置完毕。

```
[root@rhel2 ~]# ls /var/named/slaves
sh.com.hosts  192.168.0.rev
```

如果在/var/named/slaves 目录中没有出现这两个文件，则需要在主 DNS 服务器上查看防火墙是否已经开放 53 端口（TCP）。

5. DNS 客户端域名解析

在 Linux 客户端修改/etc/resolv.conf 文件，将 DNS 服务器指向 192.168.0.4，该文件修改后内容如下所示。

```
nameserver 192.168.0.4
```

在 Linux 客户端使用以下命令解析域名 rhel.sh.com。

```
[root@linux ~]# nslookup rhel.sh.com
Server:      192.168.0.4
Address:     192.168.0.4#53

Name:    rhel.sh.com
Address: 192.168.0.2
//出现解析结果，表明辅助 DNS 服务器配置成功
```

17.5.2 虚拟子域

使用区域委派方式能够减轻 DNS 服务器的负担，但是相对来说成本比较高。因为实现子域委派需要另外配置一台 DNS 服务器，而虚拟子域只需在同一台服务器上管理子域，配置比较简单，只需要在父域正向区域文件中加入$ORIGIN 即可。

在公司内部配置一台 DNS 服务器，将父域和子域的内容都配置在该服务器上，具体参数如下。

- DNS 服务器 IP 地址：192.168.0.2。
- DNS 服务器主机名：rhel。
- 父域域名：sh.com。
- 子域域名：product.sh.com。

1. 编辑/etc/named.conf 文件

在父域 DNS 服务器上编辑/etc/named.conf 文件，在该文件内添加 sh.com 区域声明，如下所示。

```
options {
        listen-on port 53 { 192.168.0.2; };
        listen-on-v6 port 53 { ::1; };
        directory       "/var/named";
        dump-file       "/var/named/data/cache_dump.db";
        statistics-file "/var/named/data/named_stats.txt";
```

```
        memstatistics-file "/var/named/data/named_mem_stats.txt";
        secroots-file   "/var/named/data/named.secroots";
        recursing-file  "/var/named/data/named.recursing";
        allow-query     { 192.168.0.0/24; };
        recursion yes;
        dnssec-enable yes;
        dnssec-validation yes;
        managed-keys-directory "/var/named/dynamic";
        pid-file "/run/named/named.pid";
        session-keyfile "/run/named/session.key";
        include "/etc/crypto-policies/back-ends/bind.config";
};

logging {
        channel default_debug {
                file "data/named.run";
                severity dynamic;
        };
};

zone "." IN {
        type hint;
        file "named.ca";
};

zone "sh.com" IN {
        type master;
        file "sh.com.hosts";
};

include "/etc/named.rfc1912.zones";
include "/etc/named.root.key";
```

2. 编辑/var/named/sh.com.hosts 文件

在父域 DNS 服务器上编辑/var/named/sh.com.hosts 文件，该文件编辑后，内容如下所示。

```
$ttl 38400
$ORIGIN sh.com.
@       IN      SOA     rhel.sh.com.   root.sh.com. (
                                        1268360234
                                        10800
                                        3600
                                        604800
                                        38400 )
@       IN      NS      rhel.sh.com.
rhel    IN      A       192.168.0.2
$ORIGIN product.sh.com.
        IN      NS      zi.product.sh.com.
zi      IN      A       192.168.0.20
```

3. 重启 named 服务

使用以下命令重启 named 服务。

```
[root@rhel ~]# systemctl restart named.service
```

4. DNS 客户端域名解析

（1）编辑/etc/resolv.conf 文件

在 Linux 客户端编辑/etc/resolv.conf 文件，指向父域 DNS 服务器 192.168.0.2，该文件编辑后内容如下所示。

```
nameserver 192.168.0.2
```

（2）域名解析

在 Linux 客户端使用以下命令解析域名 zi.product.sh.com。

```
[root@linux ~]# nslookup zi.product.sh.com
Server:         192.168.0.2
Address:        192.168.0.2#53

Name:   zi.product.sh.com
Address: 192.168.0.20
//子域域名解析成功
```

小　　结

TCP/IP 通信是基于 IP 地址的，但是网络管理员通常无法记住那一串单调的数字。因此大家基本上都是通过访问计算机域名，然后通过 DNS 服务器将计算机域名解析为 IP 地址的。DNS 命名用于 TCP/IP 网络中，通过用户友好的名称查找计算机和服务。当用户在应用程序中输入 DNS 名称时，DNS 服务可以将此名称解析为与之相关的 IP 地址。

根据管理的 DNS 区域的不同，DNS 服务器具有主 DNS 服务器、辅助 DNS 服务器、缓存 DNS 服务器、转发 DNS 服务器等类型。

在部署一台 DNS 服务器时，必须预先考虑到 DNS 解析类型，从而决定 DNS 服务器类型。DNS 服务器解析域名的方法可以分为正向查找解析和反向查找解析两大类。

资源记录是用于答复 DNS 客户端请求的 DNS 数据库记录。资源记录包含和特定主机有关的信息，如 IP 地址、提供服务的类型等。常见的 DNS 资源记录类型有 SOA、A、AAAA、CNAME、MX、NS 以及 PTR。

在 DNS 区域文件中首先需要写入的是 SOA 记录，该记录用来定义主 DNS 服务器域名，以及与辅助 DNS 服务器更新时的版本和时间信息。这些信息将控制辅助 DNS 服务器区域更新时的频繁程度。

在 Linux 系统中配置的 DNS 服务器可以支持 Linux 客户端和非 Linux 客户端解析 DNS 资源记录。在 Linux 系统上要配置 DNS 客户端，首先需要安装 bind-utils 软件包，然后编辑/etc/resolv.conf 文件，最后使用 host 命令可以执行 DNS 查找，进行域名解析。而 Windows 10 系统中使用 nslookup 命令可以执行 DNS 查找，进行域名解析。

在企业中为了减轻主 DNS 服务器的工作负荷和为主 DNS 服务器提供容错功能，可以配置多台辅助 DNS 服务器。辅助 DNS 服务器上的区域文件是从主 DNS 服务器上复制而来的，所以区域文件内的资源记录只能读取，而不能修改和删除。这样一来客户端计算机也可以从辅助 DNS 服务器上解析资源记录。

虚拟子域只需在同一台服务器上管理子域，且配置比较简单，能够减轻 DNS 服务器的负担，在父域正向区域文件中加入$ORIGIN 即可。

习　题

17-1　简述 DNS 服务器的类型。

17-2　简述 DNS 解析的类型。

17-3　简述 DNS 资源记录的类型。

17-4　简述 SOA 记录字段的含义。

17-5　简述辅助 DNS 服务器的作用。

上机练习

17-1　在 Linux 系统中按以下要求配置主 DNS 服务器，然后在 DNS 客户端进行域名解析。

上机练习 1

- 主 DNS 服务器 IP 地址：192.168.0.2。
- 主 DNS 服务器主机名：rhel。
- 正向区域名：sh.com。
- 反向区域名：0.168.192.in-addr.arpa。
- 正向区域文件名称：/var/named/sh.com.hosts。
- 反向区域文件名称：/var/named/192.168.0.rev。
- 在正向区域中指定相关的资源记录。
- 在反向区域中指定相关的资源记录。
- 允许进行 DNS 查询的网络：192.168.0.0/24。

17-2　在 Linux 系统中按以下要求配置辅助 DNS 服务器，然后在 DNS 客户端进行域名解析。

上机练习 2

- 主 DNS 服务器 IP 地址：192.168.0.2。
- 辅助 DNS 服务器 IP 地址：192.168.0.4。
- 主 DNS 服务器主机名：rhel。
- 辅助 DNS 服务器主机名：rhel2。
- 正向区域名：sh.com。
- 反向区域名：0.168.192.in-addr.arpa。
- 正向区域文件名称：/var/named/sh.com.hosts。
- 反向区域文件名称：/var/named/192.168.0.rev。

17-3　在 Linux 系统中按以下要求配置虚拟子域，将父域和子域的内容都配置在该服务器上。

上机练习 3

- DNS 服务器 IP 地址：192.168.0.2。
- DNS 服务器主机名：rhel。
- 父域域名：sh.com。
- 子域域名：product.sh.com。

第 18 章 Web 服务器配置

使用 Apache 可以在 Linux 系统中搭建 Web 服务器。Apache 由于其跨平台和安全性被广泛使用，几乎是目前使用排名第一的 Web 服务器软件。

18.1 Web 简介

万维网（World Wide Web，WWW，也叫 Web）是英国人蒂姆·伯纳斯李（Tim Berners-Lee）在 1989 年的一个大型科研机构工作时发明的。通过 Web，互联网上的资源可以比较直观地通过一个网页表示出来，而且在网页上可以互相链接。

Web 是一种超文本信息系统，其主要实现方式是超文本链接，它使得文本不再像一本书一样是固定的、线性的，而是可以从一个位置跳转到另外一个位置。想要了解某一个主题的内容，只要在这个主题上单击，就可以跳转到包含这一主题的文本上。

超文本是一种用户接口范式，用于显示文本及与文本相关的内容。超文本中的文字包含可以链接到其他字段或者文档的超文本链接，它允许从当前阅读位置直接切换到超文本链接所指向的文字。超文本的格式有很多，常用的是超文本标记语言，我们日常浏览的网页都属于超文本。

超文本链接是一种全局性的信息结构，它将文档中的不同部分通过关键字建立链接，使信息得以用交互方式搜索。

18.2 Web 服务器安装和配置

18.2.1 安装 Web 服务器软件包

要配置 Web 服务器，需要在 Linux 系统中查看 httpd、httpd-tools 以及 httpd-manual 软件包是否已经安装，如果没有请事先安装好。

```
[root@rhel ~]# rpm -qa|grep httpd
httpd-2.4.37-10.module+el8+2764+7127e69e.x86_64
//Apache 服务主程序软件包
httpd-tools-2.4.37-10.module+el8+2764+7127e69e.x86_64
//Apache 服务器使用工具
```

```
httpd-manual-2.4.37-10.module+el8+2764+7127e69e.noarch
//Apache 服务器手册
```

使用以下命令安装 httpd、httpd-tools 以及 httpd-manual 软件包。

```
[root@rhel ~]# cd /run/media/root/RHEL-8-0-0-BaseOS-x86_64/AppStream/Packages
//进入 Linux 系统安装光盘软件包目录
[root@rhel Packages]# rpm -ivh httpd-2.4.37-10.module+el8+2764+7127e69e.x86_64.rpm
警告：httpd-2.4.37-10.module+el8+2764+7127e69e.x86_64.rpm: 头 V3 RSA/SHA256 Signature, 密钥 ID fd431d51: NOKEY
Verifying...                          ################################# [100%]
准备中...                          ################################# [100%]
正在升级/安装...
   1:httpd-2.4.37-10.module+el8+2764+7################################# [100%]
[root@rhel Packages]# rpm -ivh httpd-tools-2.4.37-10.module+el8+2764+7127e69e.x86_64.rpm
警告：httpd-tools-2.4.37-10.module+el8+2764+7127e69e.x86_64.rpm: 头 V3 RSA/SHA256 Signature, 密钥 ID fd431d51: NOKEY
Verifying...                          ################################# [100%]
准备中...                          ################################# [100%]
正在升级/安装...
   1:httpd-tools-2.4.37-10.module+el8+################################# [100%]
[root@rhel Packages]# rpm -ivh httpd-manual-2.4.37-10.module+el8+2764+7127e69e.noarch.rpm
警告：httpd-manual-2.4.37-10.module+el8+2764+7127e69e.noarch.rpm: 头 V3 RSA/SHA256 Signature, 密钥 ID fd431d51: NOKEY
Verifying...                          ################################# [100%]
准备中...                          ################################# [100%]
正在升级/安装...
   1:httpd-manual-2.4.37-10.module+el8################################# [100%]
```

18.2.2　/etc/httpd/conf/httpd.conf 文件详解

Apache 服务器的主配置文件是/etc/httpd/conf/httpd.conf 文件。该文件由全局环境、主服务器配置以及虚拟主机 3 个部分构成。在/etc/httpd/conf/httpd.conf 配置文件中，以“#”开头的行是注释行，它对用户配置参数起到解释作用，这样的语句默认不会被系统执行。

默认/etc/httpd/conf/httpd.conf 配置文件内容和文件结构如下所示，读者看到的是已经将部分注释行删除的内容。

```
ServerRoot "/etc/httpd"
#Listen 12.34.56.78:80
Listen 80
Include conf.modules.d/*.conf
User apache
Group apache
ServerAdmin root@localhost
#ServerName www.example.com:80

//设置 Apache 服务器的根目录访问权限
<Directory />
    AllowOverride none
    Require all denied
```

```
</Directory>

DocumentRoot "/var/www/html"

//设置 Apache 服务器中/var/www 目录访问权限
<Directory "/var/www">
    AllowOverride None
    # Allow open access:
    Require all granted
</Directory>

//设置 Apache 服务器中存放网页内容的根目录（/var/www/html）访问权限
<Directory "/var/www/html">
    Options Indexes FollowSymLinks
    AllowOverride None
    Require all granted
</Directory>

<IfModule dir_module>
    DirectoryIndex index.html
</IfModule>

//拒绝访问以.ht 开头的文件，保证.htaccess 不被访问
<Files ".ht*">
    Require all denied
</Files>

ErrorLog "logs/error_log"
LogLevel warn

//定义记录日志的格式
<IfModule log_config_module>
    LogFormat "%h %l %u %t \"%r\" %>s %b \"%{Referer}i\" \"%{User-Agent}i\"" combined
    LogFormat "%h %l %u %t \"%r\" %>s %b" common

    <IfModule logio_module>
     LogFormat "%h %l %u %t \"%r\" %>s %b \"%{Referer}i\" \"%{User-Agent}i\" %I %O"
combinedio
    </IfModule>

//设置访问日志的记录格式和访问日志存放位置
    #CustomLog "logs/access_log" common
    CustomLog "logs/access_log" combined
</IfModule>

//设置 CGI 目录（/var/www/cgi-bin）的访问别名
<IfModule alias_module>
    # Alias /webpath /full/filesystem/path
    ScriptAlias /cgi-bin/ "/var/www/cgi-bin/"
</IfModule>

//设置 CGI 目录（/var/www/cgi-bin）的访问权限
<Directory "/var/www/cgi-bin">
```

```
    AllowOverride None
    Options None
    Require all granted
</Directory>

<IfModule mime_module>
    TypesConfig /etc/mime.types

//添加新的 MIME 类型
    #AddType application/x-gzip .tgz
    #AddEncoding x-compress .Z
    #AddEncoding x-gzip .gz .tgz
    AddType application/x-compress .Z
    AddType application/x-gzip .gz .tgz

//设置 Apache 对某些扩展名的处理方式
    #AddHandler cgi-script .cgi
    #AddHandler type-map var

   AddType text/html .shtml

//使用过滤器执行 SSI
    AddOutputFilter INCLUDES .shtml
</IfModule>

//设置默认字符集
AddDefaultCharset UTF-8

<IfModule mime_magic_module>
    MIMEMagicFile conf/magic
</IfModule>

//设置当用户在浏览 Web 页面发生错误时，显示的错误信息
#ErrorDocument 500 "The server made a boo boo."
#ErrorDocument 404 /missing.html
#ErrorDocument 404 "/cgi-bin/missing_handler.pl"
#ErrorDocument 402 http://www.example.com/subscription_info.html

#EnableMMAP off
EnableSendfile on

IncludeOptional conf.d/*.conf
```

下面分别从全局环境设置、主服务器配置设置以及虚拟主机设置 3 个方面讲述/etc/httpd/conf/httpd.conf 文件的参数。

1. 全局环境设置

下面将讲述在/etc/httpd/conf/httpd.conf 配置文件中可以添加和修改的全局环境设置参数。

（1）ServerRoot "/etc/httpd"

设置 Apache 服务器的根目录，也就是设置服务器主配置文件和日志文件的位置。

（2）PidFile "/run/httpd/httpd.pid"

设置运行 Apache 时使用的 PID 文件位置，记录 httpd 进程执行时的 PID。

（3）Timeout 60

设置响应超时，如果在指定时间内没有收到或发出任何数据则断开连接，单位为秒。

（4）KeepAlive On/Off

设置是否启用保持连接。On 为启用，这样客户一次请求连接，能响应多个文件；Off 为不启用，这样客户一次请求连接，只能响应一个文件。建议使用 On 来提高访问性能。

（5）MaxKeepAliveRequests 100

设置在启用 KeepAlive On 时，可以限制客户一次请求连接能响应的文件数量，设置为 0 将不限制。

（6）KeepAliveTimeout 5

设置在启用 KeepAlive On 时，可以限制相邻的两个请求连接的时间间隔，在指定时间外则断开连接。

（7）Listen 80

设置服务器的监听端口。

（8）IncludeOptional conf.d/*.conf

设置将/etc/httpd/conf.d 目录下的所有以“.conf”结尾的配置文件包含进来。

（9）ExtendedStatus On/Off

设置服务器是否生成完整的状态信息。On 为生成完整信息，Off 为生成基本信息。

（10）User apache

设置运行 Apache 服务器的用户。

（11）Group apache

设置运行 Apache 服务器的组。

2. 主服务器配置设置

下面将讲述在/etc/httpd/conf/httpd.conf 配置文件中可以添加和修改的主服务器配置参数。

（1）ServerAdmin root@localhost

设置 Apache 服务器管理员的电子邮件地址，如果 Apache 有问题，会发送邮件通知管理员。

（2）ServerName www.example.com:80

设置 Apache 服务器主机名称，如果没有域名，也可以用 IP 地址。

（3）UseCanonicalName On/Off

设置该参数为 Off 时，需要指向本身的链接时使用 ServerName:Port 作为主机名；若设置该参数为 On 时，则需要使用 Port 将主机名和端口号隔开。

（4）DocumentRoot "/var/www/html"

设置 Apache 服务器中存放网页内容的根目录位置。

（5）Options Indexes FolloeSymLinks

设置该参数值为 Indexes 时，在目录中找不到 DirectoryIndex 列表中指定的文件就生成当前目录的文件列表；设置该参数值为 FolloeSymLinks 时，将允许访问软链接，访问不在本目录内的文件。

（6）DirectoryIndex index.html

设置网站默认文档首页名称。

（7）AccessFileName .htaccess

设置保护目录配置文件的名称。

（8）TypesConfig /etc/mime.types

指定负责处理 MIME 对应格式的配置文件的存储位置。

（9）HostnameLookups On/Off

设置记录连接 Apache 服务器的客户端的 IP 地址还是主机名。Off 为记录 IP 地址，On 为记录主机名。

（10）ErrorLog "logs/error_log"

设置错误日志文件的保存位置。

（11）LogLevel warn

设置要记录的错误信息的等级为 warn。

（12）ServerSignature On/Off

设置服务器是否在自动生成的 Web 页面中加上服务器的版本和主机名。On 为加上，Off 为不加上。

（13）Options Indexes MultiViews FollowSymLinks

设置使用内容协商功能决定被发送的网页的性质。

（14）ReadmeName README.html

当服务器自动列出目录列表时，在所生成的页面之后显示 README.html 的内容。

（15）HeaderName HEADER.html

当服务器自动列出目录列表时，在所生成的页面之前显示 HEADER.html 的内容。

3. 虚拟主机设置

下面将讲述在/etc/httpd/conf/httpd.conf 配置文件中可以添加和修改的虚拟主机设置参数。

（1）NameVirtualHost *:80

设置基于域名的虚拟主机。

（2）ServerAdmin webmaster@dummy-host.example.com

设置虚拟主机管理员的电子邮件地址。

（3）DocumentRoot /www/docs/dummy-host.example.com

设置虚拟主机根文档目录。

（4）ServerName dummy-host.example.com

设置虚拟主机的名称和端口号。

（5）ErrorLog logs/dummy-host.example.com-error_log

设置虚拟主机的错误日志文件。

（6）CustomLog logs/dummy-host.example.com-access_log common

设置虚拟主机的访问日志文件。

注意　也可以通过创建或修改/etc/httpd/conf.d 目录中的以".conf"结尾的文件，以此来达到修改 Apache 服务器配置的效果。

18.2.3 Web 服务器配置实例

在公司内部配置一台 Apache 服务器，为公司网络内的客户端计算机提供能通过域名访问的 Apache Web 网站，具体参数如下。

- Apache 服务器 IP 地址：192.168.0.2。

- Web 网站域名：sh 官网。
- Apache 服务器默认文档首页名称：index.html 和 index.htm。
- Apache 服务器中存放网页内容的根目录位置：/var/www/html。
- Apache 服务器监听端口：80。
- 默认字符集：UTF-8。
- 运行 Apache 服务器的用户和组：apache。
- 管理员邮件地址：root@sh.com。

1. 配置 DNS 服务器

（1）编辑/etc/named.conf 文件

编辑 DNS 服务器的配置文件/etc/named.conf，编辑后文件内容如下所示。

```
options {
        listen-on port 53 { 192.168.0.2; };
        listen-on-v6 port 53 { ::1; };
        directory       "/var/named";
        dump-file       "/var/named/data/cache_dump.db";
        statistics-file "/var/named/data/named_stats.txt";
        memstatistics-file "/var/named/data/named_mem_stats.txt";
        secroots-file   "/var/named/data/named.secroots";
        recursing-file  "/var/named/data/named.recursing";
        allow-query     { 192.168.0.0/24; };
        recursion yes;
        dnssec-enable yes;
        dnssec-validation yes;
        managed-keys-directory "/var/named/dynamic";
        pid-file "/run/named/named.pid";
        session-keyfile "/run/named/session.key";
        include "/etc/crypto-policies/back-ends/bind.config";
};

logging {
        channel default_debug {
                file "data/named.run";
                severity dynamic;
        };
};

zone "." IN {
        type hint;
        file "named.ca";
};

zone "sh.com" IN {
        type master;
        file "sh.com.hosts";
};

include "/etc/named.rfc1912.zones";
include "/etc/named.root.key";
```

（2）编辑区域文件/var/named/sh.com.hosts

编辑区域文件/var/named/sh.com.hosts，编辑后文件内容如下所示。

```
$ttl 38400
@        IN      SOA     rhel.sh.com. root.sh.com. (
                                        1268360234
                                        10800
                                        3600
                                        604800
                                        38400 )
@        IN      NS      rhel.sh.com.
rhel     IN      A       192.168.0.2
www      IN      CNAME   rhel.sh.com.
```

（3）重启 named 服务

使用以下命令重启 named 服务。

```
[root@rhel ~]# systemctl restart named.service
```

2. 编辑/etc/httpd/conf/httpd.conf 文件

编辑 Apache 服务器的配置文件/etc/httpd/conf/httpd.conf，编辑以下参数的内容。

```
ServerRoot "/etc/httpd"
Listen 80
ServerAdmin root@sh.com
ServerName www.sh.com:80
DocumentRoot "/var/www/html"
DirectoryIndex index.html index.htm
AddDefaultCharset UTF-8
User apache
Group apache
```

3. 将网页保存到/var/www/html 目录中

编辑完/etc/httpd/conf/httpd.conf 文件之后，将已经制作好的 Apache 站点网页全部保存到/var/www/html 目录中，这里为测试简单使用以下 echo 命令生成 index.html 文件。

```
[root@rhel ~]# echo This is www.sh.com >/var/www/html/index.html
```

4. 启动 httpd 服务

使用以下命令启动 httpd 服务。

```
[root@rhel ~]# systemctl start httpd.service
```

5. 开机自动启动 httpd 服务

使用以下命令在重新引导系统时自动启动 httpd 服务。

```
[root@rhel ~]# systemctl enable httpd.service
Created symlink /etc/systemd/system/multi-user.target.wants/httpd.service to /usr/lib/systemd/system/httpd.service.
[root@rhel ~]# systemctl is-enabled httpd.service
enabled
```

18.3 访问 Web 服务器

在 Linux 系统中配置的 Apache 服务器可以支持在 Linux 客户端和非 Linux 客户端（如 Windows 系统）中使用浏览器访问 Web 网站。

18.3.1　Linux 客户端配置

Mozilla Firefox 是一款在 Linux 和 Windows 系统下都能安装和运行的浏览器，可以从互联网上分别下载它的 Linux 版本和 Windows 版本。

如果希望在客户端使用域名的方式访问 Web 网站，在客户端需要修改/etc/resolv.conf 文件，指向 DNS 服务器，如下所示。

```
nameserver 192.168.0.2
```

图 18-1 所示为使用 Linux 版本的 Mozilla Firefox 访问 Web 网站的截图（使用域名访问）。

注意　通过域名来访问 Web 网站，需要配置好 DNS 服务器和 DNS 客户端，否则只能通过 IP 地址来访问。

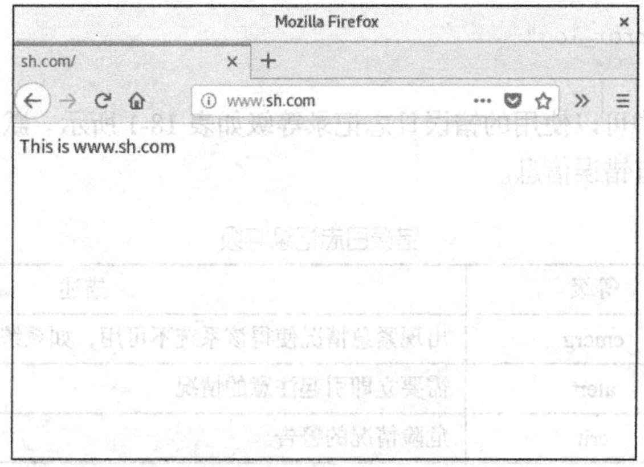

图 18-1　访问 Apache 服务器（1）

18.3.2　Windows 客户端配置

在 Windows 10 系统中，打开 Microsoft Edge，输入网址 http://192.168.0.2 访问 Web 网站，如图 18-2 所示。

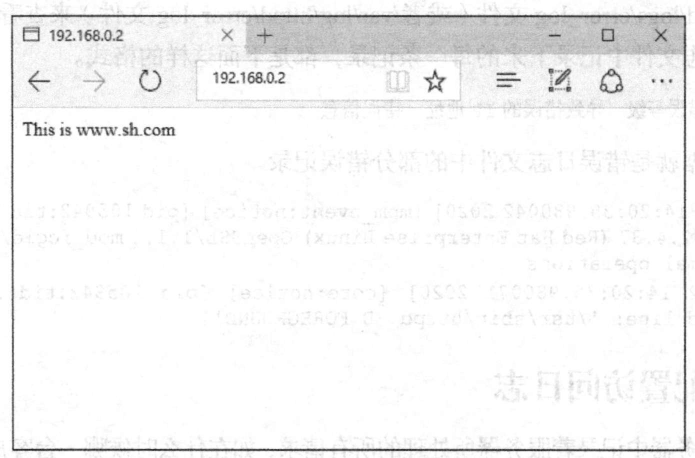

图 18-2　访问 Apache 服务器（2）

18.4 日志文件管理和分析

在 Apache 服务器中的日志文件有错误日志和访问日志这两种。服务器在运行过程中，用户在客户端访问 Web 网站都会被记录下来。

18.4.1 配置错误日志

在 Apache 服务器运行过程中发生的各种错误都将记录在错误日志文件中，可以通过该文件获取错误信息并分析原因。

在 Apache 服务器的配置文件/etc/httpd/conf/httpd.conf 中有以下两行内容，这说明了错误日志的保存位置和当前错误日志的记录等级。

```
ErrorLog "logs/error_log"
LogLevel warn
```

在 Apache 服务器中可以使用的错误日志记录等级如表 18-1 所示。默认等级为 warn，该等级可记录 1～5 等级的所有错误信息。

表 18-1 错误日志记录等级

紧急程度	等级	描述
1	emerg	出现紧急情况使得该系统不可用，如系统宕机
2	alert	需要立即引起注意的情况
3	crit	危险情况的警告
4	error	除了 emerg、alert 以及 crit 的其他错误
5	warn	警告信息
6	notice	需要引起注意的情况，但不如 error 和 warn 等级重要
7	info	值得报告的一般信息
8	debug	由运行于 debug 模式的程序所产生的信息

通过/etc/httpd/logs/error_log 文件（或者/var/log/httpd/error_log 文件）来查看 Apache 错误日志信息，在错误日志文件中记录下来的每一条记录，都是下面这样的格式。

```
日期和时间 错误等级 导致错误的 IP 地址 错误信息
```

下面这些数据就是错误日志文件中的部分错误记录。

```
    [Mon Mar 02 14:20:35.980042 2020] [mpm_event:notice] [pid 105942:tid 139858713282816]
AH00489: Apache/2.4.37 (Red Hat Enterprise Linux) OpenSSL/1.1.1 mod_fcgid/2.3.9 configured
-- resuming normal operations
    [Mon Mar 02 14:20:35.980071 2020] [core:notice] [pid 105942:tid 139858713282816]
AH00094: Command line: '/usr/sbin/httpd -D FOREGROUND'
```

18.4.2 配置访问日志

在 Apache 服务器中记录着服务器所处理的所有请求，如在什么时候哪一台客户端连接到 Web 网站访问了什么网页。

在 Apache 服务器的配置文件/etc/httpd/conf/httpd.conf 中有以下内容，这说明了访问日志的保存位置和格式分类。

```
<IfModule log_config_module>
    LogFormat "%h %l %u %t \"%r\" %>s %b \"%{Referer}i\" \"%{User-Agent}i\"" combined
    LogFormat "%h %l %u %t \"%r\" %>s %b" common

    <IfModule logio_module>
     LogFormat "%h %l %u %t \"%r\" %>s %b \"%{Referer}i\" \"%{User-Agent}i\" %I %O"
combinedio
    </IfModule>

    CustomLog "logs/access_log" combined
</IfModule>
```

使用 LogFormat 指令设置访问日志记录内容时，将使用表 18-2 所示的各个参数。

表 18-2　访问日志参数

参数	描述
%h	访问 Web 网站的客户端 IP 地址
%l	从 identd 服务器中获取远程登录名称，“-”表示没有取得信息
%u	来自认证的远程用户，“-”表示没有取得信息
%t	连接的日期和时间
%r	HTTP 请求的首行信息
%>s	服务器返回给客户端的状态代码
%b	传送的字节数
%{Referer}i	发送给服务器的请求头信息，“-”表示没有取得信息
%{User-Agent}i	客户端使用的浏览器信息
%I	接收的字节数，包括请求头的数据，并且不能为零。要使用这个参数必须启用 mod_logio 模块
%O	发送的字节数，包括请求头的数据，并且不能为零。要使用这个参数必须启用 mod_logio 模块

通过/etc/httpd/logs/access_log 文件（或者/var/log/httpd/access_log 文件）来查看 Apache 访问日志信息，在 IP 地址为 192.168.0.5 的 Linux 主机上访问 192.168.0.2 的 Web 网站后，获得以下访问日志内容。

```
    192.168.0.5 - - [02/Mar/2020:14:25:15 +0800] "GET / HTTP/1.1" 304 - "-" "Mozilla/5.0
(X11; Linux x86_64; rv:60.0) Gecko/20100101 Firefox/60.0"
```

18.5　Web 服务器高级配置

18.5.1　访问控制

在 Apache 2.4 中，使用 mod_authz_host 模块来实现访问控制，其他授权检查也以同样的方式来完成。旧的访问控制语句应当被新的授权认证机制所取代，即便 Apache 已经提供了 mod_access_compat 这一新模块来兼容旧语句。

在 Apache 2.4 之前实现客户端访问控制，使用 Allow、Deny、Order 指令来实现，而在 Apache 2.4 中使用 Require 指令来实现。

默认在/etc/httpd/conf/httpd.conf 配置文件中，有以下含有 Require 参数的内容，这些设置将控制指定目录的访问控制权限。

```
<Directory "/var/www/html">
    Options Indexes FollowSymLinks
    AllowOverride None
    Require all granted
</Directory>
```

1. 访问控制配置指令

在 Apache 服务器中可以使用表 18-3 所示的访问控制指令。

表 18-3　访问控制指令

指令	描述
Require all granted	允许所有访问
Require all denied	拒绝所有访问
Require ip [IP 地址|网络地址]	允许特定 IP 地址或网络地址访问
Require not ip [IP 地址|网络地址]	拒绝特定 IP 地址或网络地址访问，not 逻辑上表示非
Require local	允许本地访问
Require host [域名|完全合格域名]	允许特定域名或完全合格域名访问
Require not host [域名|完全合格域名]	拒绝特定域名或完全合格域名访问

在 Require 指令后面需要添加访问列表，可以使用表 18-4 所示的访问列表。

表 18-4　访问列表方式

控制形式	描述
all	表示所有客户端
域名	表示特定域内的所有客户端，如 sh.com
完全合格域名	表示指定完全合格域名的客户端，如 www.sh.com
IP 地址	可以指定完整的 IP 地址或者部分 IP 地址的客户端，如 192.168.0.5 或 192.168.0
网络地址/子网掩码	指定网络地址或者子网地址，如 192.168.0.0/255.255.255.0
网络地址/子网掩码（CIDR 规范）	指定网络地址或者子网地址，如 192.168.0.0/24

2. 访问控制配置实例

下面以两个实例讲述 Apache 服务器的访问控制配置。

（1）允许所有客户端访问 Web 网站，只有 IP 地址为 192.168.0.5 的客户端不能访问 Web 网站。

在/etc/httpd/conf/httpd.conf 文件中可按以下内容修改 Web 网站的根目录/var/www/html 的访问控制权限。

```
<Directory "/var/www/html">
    Options Indexes FollowSymLinks
    AllowOverride None
    <RequireAll>
```

```
        Require all granted
        Require not ip 192.168.0.5
    </RequireAll>
</Directory>
```

（2）允许所有客户端访问 Web 网站，只有完全合格域名为 rhel.sh.com 的客户端不能访问 Web 网站。

在/etc/httpd/conf/httpd.conf 文件中可按以下内容修改 Web 网站的根目录/var/www/html 的访问控制权限。

```
<Directory "/var/www/html">
     Options Indexes FollowSymLinks
     AllowOverride None
    <RequireAll>
      Require all granted
      Require not host rhel.sh.com
    </RequireAll>
</Directory>
```

（3）拒绝所有客户端访问 Web 网站，只有 IP 地址为 192.168.0.5 的客户端才能访问 Web 网站。

在/etc/httpd/conf/httpd.conf 文件中可按以下内容修改 Web 网站的根目录/var/www/html 的访问控制权限。

```
<Directory "/var/www/html">
     Options Indexes FollowSymLinks
     AllowOverride None
     Require all denied
     Require ip 192.168.0.5
</Directory>
```

（4）拒绝所有客户端访问 Web 网站，只有 192.168.0.0/24 网络的客户端才能访问 Web 网站。

在/etc/httpd/conf/httpd.conf 文件中可按以下内容修改 Web 网站的根目录/var/www/html 的访问控制权限。

```
<Directory "/var/www/html">
     Options Indexes FollowSymLinks
     AllowOverride None
     Require all denied
     Require ip 192.168.0.0/24
</Directory>
```

18.5.2　用户认证和授权

在 Apache 服务器中有基本认证和摘要认证两种认证类型。一般来说，使用摘要认证要比基本认证更加安全，但是因为有些浏览器不支持使用摘要认证，所以在大多数情况下用户只能使用基本认证。

1. 认证配置指令

所有的认证配置指令既可以在主配置文件的 Directory 容器中出现，也可以在./htaccess 文件中出现，表 18-5 所示为所有可以使用的认证配置指令。

表 18-5　认证配置指令

指令	指令语法	描述
AuthName	AuthName 领域名称	定义受保护领域的名称
AuthType	AuthType Basic 或者 Digest	定义使用的认证方式

续表

指令	指令语法	描述
AuthUserFile	AuthUserFile 文件名	定义认证口令文件位置
AuthGroupFile	AuthGroupFile 文件名	定义认证组文件位置

2. 授权

使用认证配置指令配置认证以后，需要使用 Require 指令为指定的用户和组进行授权。Require 指令的使用格式如表 18-6 所示。

表 18-6 Require 指令的使用格式

指令语法格式	描述
Require user 用户名 [用户名]	给指定的一个或多个用户授权
Require group 组名 [组名]	给指定的一个或多个组授权
Require valid-user	给认证口令文件中的所有用户授权

3. 用户认证和授权配置实例

按以下步骤为 Apache 服务器中的/var/www/html/test 目录设置用户认证和授权。

（1）创建访问目录

使用以下命令创建/var/www/html/test 目录。

```
[root@rhel ~]# mkdir /var/www/html/test
```

（2）创建认证口令文件并添加用户

使用以下命令创建认证口令文件/var/www/passwd/sh，并添加用户 zhangsan。

```
[root@rhel ~]# mkdir /var/www/passwd
//创建目录/var/www/passwd
[root@rhel ~]# htpasswd -c /var/www/passwd/sh zhangsan
New password:                                //输入用户 zhangsan 的认证口令
Re-type new password:                        //再次输入用户 zhangsan 的认证口令
Adding password for user zhangsan
```

不需要在 Linux 系统中创建用户账户 zhangsan。

使用以下命令查看认证口令文件/var/www/passwd/sh 内容。

```
[root@rhel ~]# cat /var/www/passwd/sh
zhangsan:$apr1$TblPYko1$5MHBOKrQc0Vz./tW5chHl/
```

使用以下命令为认证口令文件/var/www/passwd/sh 设置所有者为 apache。

```
[root@rhel ~]# chown apache.apache /var/www/passwd/sh
```

（3）编辑/etc/httpd/conf/httpd.conf 文件

编辑/etc/httpd/conf/httpd.conf 文件，在该文件内添加以下内容，对/var/www/html/test 目录设置认证和授权。

```
<Directory "/var/www/html/test">
AllowOverride None
```

```
//不使用.htaccess 文件
AuthType basic
//设置使用基本认证方式
AuthName "sh"
//设置认证领域名称
AuthUserFile /var/www/passwd/sh
//设置认证口令文件存储位置
require valid-user
//设置授权给认证口令文件中的所有用户
</Directory>
```

（4）重启 httpd 服务

使用以下命令重启 httpd 服务。

```
[root@rhel ~]# systemctl restart httpd.service
```

（5）客户端测试

在 Linux 客户端计算机上打开 Mozilla Firefox，输入网址 http://192.168.0.2/test 测试所配置的用户认证和授权，如图 18-3 所示，出现验证对话框，需要输入用户名 zhangsan 和密码，然后单击【OK】按钮访问 Web 网站。

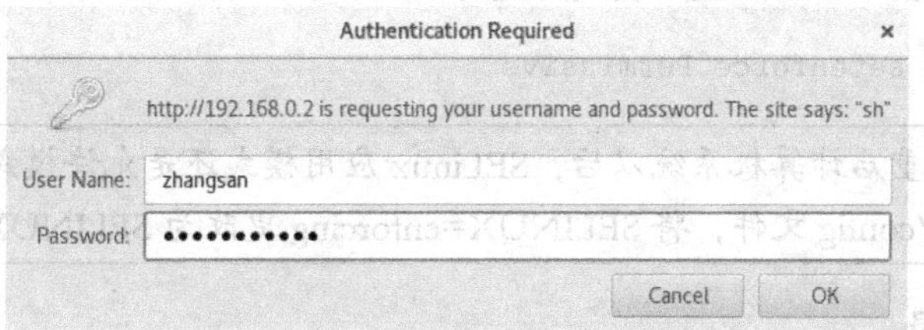

图 18-3　测试用户认证和授权

18.5.3　虚拟目录

在 Apache 服务器中，默认网站根目录是/var/www/html，所以可以将网站的网页内容存储在该目录中。如果网页内容不是存储在/var/www/html 目录内，可以通过别名方式创建虚拟目录。

虚拟目录是为服务器硬盘上不在主目录下的一个物理目录或者其他计算机上的主目录而指定的好记的名称，或“别名”。因为别名通常比物理目录的路径短，所以它更便于用户输入。同时，使用别名更加安全，因为用户不知道文件在服务器上的物理位置，所以无法使用该信息来修改文件。通过使用别名，还可以更轻松地移动站点中的目录。无须更改目录的 URL，只需更改别名与目录物理位置之间的映射。

表 18-7 显示了文件的物理位置与访问这些文件的 URL 之间的映射关系。

表 18-7　　文件物理位置和虚拟目录

物理位置	虚拟目录	URL
/var/www/html	主目录（无）	http://www.sh.com
/var/xuni	xuni	http://www.sh.com/xuni

在 Apache 服务器中为/var/xuni 目录创建虚拟目录，从而实现通过网址的方式进行访问。

1. 创建虚拟目录

使用以下命令创建/var/xuni 目录和/var/xuni/index.html 文件。

```
[root@rhel ~]# mkdir /var/xuni
[root@rhel ~]# echo This is /var/xuni Directory > /var/xuni/index.html
```

2. 编辑/etc/httpd/conf/httpd.conf 文件

编辑/etc/httpd/conf/httpd.conf 文件，在该文件内添加以下内容。

```
Alias /xuni "/var/xuni/"
<Directory "/var/xuni">
    AllowOverride None
    Options Indexes
    Require all granted
</Directory>
```

3. 重启 httpd 服务

使用以下命令重启 httpd 服务。

```
[root@rhel ~]# systemctl restart httpd.service
```

4. 更改 SELinux 应用模式

使用以下命令更改 SELinux 应用模式为允许模式。

```
[root@rhel ~]# setenforce Permissive
```

希望在重启计算机系统以后，SELinux 应用模式还是允许模式，只需修改/etc/selinux/config 文件，将 SELINUX=enforcing 更改为 SELINUX= Permissive。

5. 访问虚拟目录

在 Mozilla Firefox 中，输入虚拟目录的网址，打开图 18-4 所示的网页访问虚拟目录。

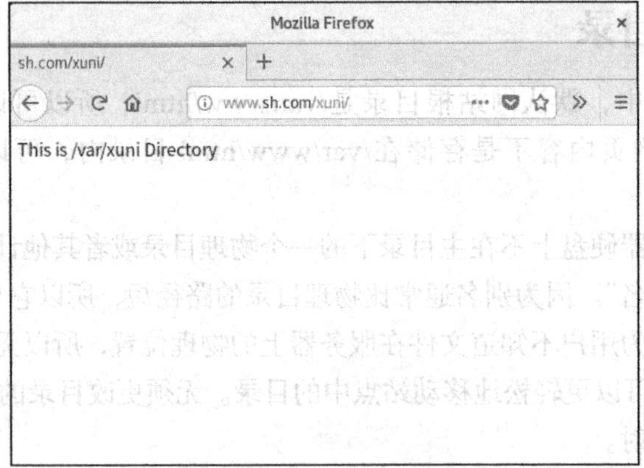

图 18-4　访问虚拟目录

18.6　配置 Apache 虚拟主机

在一台服务器上可以创建多个 Apache 网站，这样可以节约硬件资源、节省空间以及降低资源成本。通过为每个 Web 网站配置 IP 地址、TCP 端口号以及域名中的任何一种方法可以区分网站。

18.6.1　基于 IP 地址的虚拟主机

如果在同一台服务器上使用多个 IP 地址来区分不同的 Web 网站，则必须为网卡绑定多个 IP 地址，并且给每个网站指派唯一的 IP 地址。

在公司内部一台服务器上通过基于 IP 地址的虚拟主机配置两个 Web 网站，为公司网络内的客户端计算机提供 Web 服务，具体参数如下。

（1）第一个 Web 网站

- 网站根目录：/var/www/html/www1.sh.com。
- 网站首页：index.html。
- 网站 IP 地址：192.168.0.3。

（2）第二个 Web 网站

- 网站根目录：/var/www/html/www2.sh.com。
- 网站首页：index.html。
- 网站 IP 地址：192.168.0.4。

1. 创建 Web 网站目录

使用以下命令为两个 Web 网站创建存放网页的根目录。

```
[root@rhel ~]# mkdir /var/www/html/www1.sh.com
[root@rhel ~]# mkdir /var/www/html/www2.sh.com
```

2. 创建 Web 网站首页

使用以下命令在两个 Web 网站根目录内创建网站首页。

```
[root@rhel ~]# echo This is www1.sh.com>/var/www/html/www1.sh.com/index.html
[root@rhel ~]# echo This is www2.sh.com>/var/www/html/www2.sh.com/index.html
```

3. 设置 IP 地址

使用以下命令为计算机网卡设置两个 IP 地址。

```
[root@rhel ~]# ifconfig ens160:0 192.168.0.3 netmask 255.255.255.0
[root@rhel ~]# ifconfig ens160:1 192.168.0.4 netmask 255.255.255.0
```

使用 ifconfig 命令查看计算机网卡设置的 IP 地址。

```
[root@rhel ~]# ifconfig
ens160: flags=4163<UP,BROADCAST,RUNNING,MULTICAST>  mtu 1500
        inet 192.168.0.2  netmask 255.255.255.0  broadcast 192.168.0.255
        inet6 fe80::5d43:4860:5aff:85d8  prefixlen 64  scopeid 0x20<link>
        ether 00:0c:29:e4:3c:24  txqueuelen 1000  (Ethernet)
        RX packets 10214  bytes 970272 (947.5 KiB)
        RX errors 0  dropped 0  overruns 0  frame 0
        TX packets 8774  bytes 2951552 (2.8 MiB)
        TX errors 0  dropped 0 overruns 0  carrier 0  collisions 0

ens160:0: flags=4163<UP,BROADCAST,RUNNING,MULTICAST>  mtu 1500
        inet 192.168.0.3  netmask 255.255.255.0  broadcast 192.168.0.255
        ether 00:0c:29:e4:3c:24  txqueuelen 1000  (Ethernet)

ens160:1: flags=4163<UP,BROADCAST,RUNNING,MULTICAST>  mtu 1500
```

```
        inet 192.168.0.4  netmask 255.255.255.0  broadcast 192.168.0.255
        ether 00:0c:29:e4:3c:24  txqueuelen 1000  (Ethernet)

lo: flags=73<UP,LOOPBACK,RUNNING>  mtu 65536
        inet 127.0.0.1  netmask 255.0.0.0
        inet6 ::1  prefixlen 128  scopeid 0x10<host>
        loop  txqueuelen 1000  (Local Loopback)
        RX packets 1475  bytes 136719 (133.5 KiB)
        RX errors 0  dropped 0  overruns 0  frame 0
        TX packets 1475  bytes 136719 (133.5 KiB)
        TX errors 0  dropped 0 overruns 0  carrier 0  collisions 0
```

4. 编辑/etc/httpd/conf/httpd.conf 文件

编辑/etc/httpd/conf/httpd.conf 文件，在该文件末尾添加以下内容，将创建两个 Web 网站。

```
<VirtualHost 192.168.0.3:80>
    ServerAdmin root@sh.com
    DocumentRoot /var/www/html/www1.sh.com
    ServerName www1.sh.com
    ErrorLog logs/www1.sh.com-error_log
    CustomLog logs/www1.sh.com-access_log common
</VirtualHost>
<VirtualHost 192.168.0.4:80>
    ServerAdmin root@sh.com
    DocumentRoot /var/www/html/www2.sh.com
    ServerName www2.sh.com
    ErrorLog logs/www2.sh.com-error_log
    CustomLog logs/www2.sh.com-access_log common
</VirtualHost>
```

5. 重启 httpd 服务

使用以下命令重启 httpd 服务。

```
[root@rhel ~]# systemctl restart httpd.service
```

6. 访问虚拟主机

在 Linux 客户端计算机上，使用 Mozilla Firefox 访问虚拟主机的 Web 网站 192.168.0.3，如图 18-5 所示。

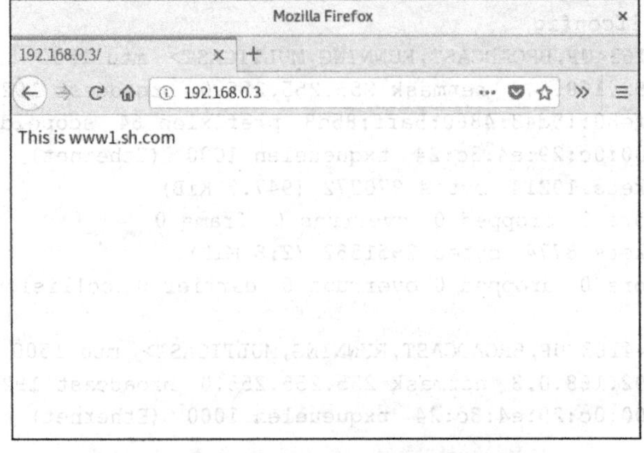

图 18-5 访问 http://192.168.0.3 网站

在 Linux 客户端计算机上，使用 Mozilla Firefox 访问虚拟主机的 Web 网站 192.168.0.4，如图 18-6 所示。

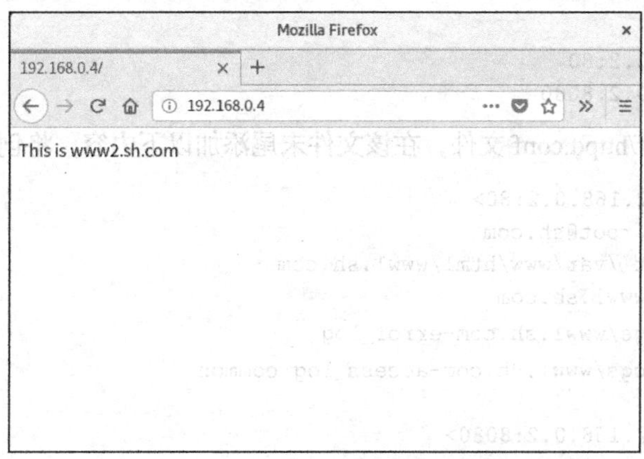

图 18-6　访问 http://192.168.0.4 网站

18.6.2　基于 TCP 端口号的虚拟主机

可以使用非标准 TCP 端口号来创建用于站点开发和测试的唯一网站标识符。标准网站将默认的 TCP 端口 80 用于 HTTP 连接。由于 TCP/IP 端点是用 IP 地址（或相应名称）和端口号的组合来定义的，而使用非标准端口号配置网站可以给每个站点创建唯一的端点（或标识）。

如果使用非标准 TCP 端口号来标识网站，则用户无法通过标准名或 URL 来访问站点。另外，用户必须知道指派给网站的非标准 TCP 端口号，以及在其 Web 浏览器地址栏中附加网站的名称或 IP 地址。

在公司内部的一台服务器上通过基于端口号的虚拟主机配置两个 Web 网站，为公司网络内的客户端计算机提供 Web 服务，具体参数如下。

（1）第一个 Web 网站

- 网站根目录：/var/www/html/www1.sh.com。
- 网站首页：index.html。
- 网站端口号：80。

（2）第二个 Web 网站

- 网站根目录：/var/www/html/www2.sh.com。
- 网站首页：index.html。
- 网站端口号：8080。

1. 创建 Web 网站目录

使用以下命令为两个 Web 网站创建存放网页的根目录。

```
[root@rhel ~]# mkdir /var/www/html/www1.sh.com
[root@rhel ~]# mkdir /var/www/html/www2.sh.com
```

2. 创建 Web 网站首页

使用以下命令在两个 Web 网站根目录内创建网站的首页。

```
[root@rhel ~]# echo This is www1.sh.com>/var/www/html/www1.sh.com/index.html
[root@rhel ~]# echo This is www2.sh.com>/var/www/html/www2.sh.com/index.html
```

3. 编辑/etc/httpd/conf/httpd.conf 文件

编辑/etc/httpd/conf/httpd.conf 文件，在该文件内添加和修改以下参数，用来监听服务器上的 80 和 8080 这两个端口。

```
Listen 192.168.0.2:80
Listen 192.168.0.2:8080
```

编辑/etc/httpd/conf/httpd.conf 文件，在该文件末尾添加以下内容，将创建两个 Web 网站。

```
<VirtualHost 192.168.0.2:80>
    ServerAdmin root@sh.com
    DocumentRoot /var/www/html/www1.sh.com
    ServerName www1.sh.com
    ErrorLog logs/www1.sh.com-error_log
    CustomLog logs/www1.sh.com-access_log common
</VirtualHost>
<VirtualHost 192.168.0.2:8080>
    ServerAdmin root@sh.com
    DocumentRoot /var/www/html/www2.sh.com
    ServerName www2.sh.com
    ErrorLog logs/www2.sh.com-error_log
    CustomLog logs/www2.sh.com-access_log common
</VirtualHost>
```

4. 重启 httpd 服务

使用以下命令重启 httpd 服务。

```
[root@rhel ~]# systemctl restart httpd.service
```

5. 查看端口

使用以下命令查看 Web 网站正在使用的端口 80 和 8080。

```
[root@rhel ~]# netstat -antu|grep 80
tcp        0      0   192.168.0.2:8080        0.0.0.0:*              LISTEN
tcp        0      0   192.168.0.2:80          0.0.0.0:*              LISTEN
```

6. 访问虚拟主机

在 Linux 客户端计算机上，使用 Mozilla Firefox 访问虚拟主机的 Web 网站 192.168.0.2:80，如图 18-7 所示。

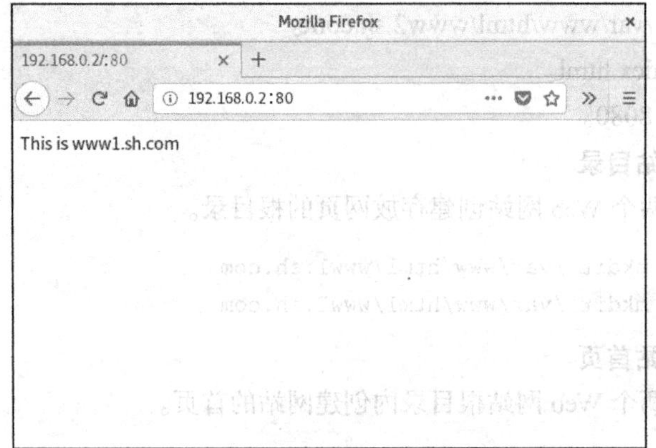

图 18-7 访问 http://192.168.0.2:80 网站

在 Linux 客户端计算机上，使用 Mozilla Firefox 访问虚拟主机的 Web 网站 192.168.0.2:8080，如图 18-8 所示。

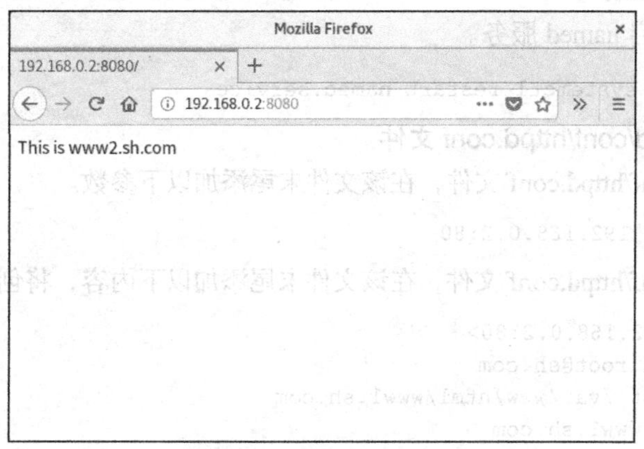

图 18-8　访问 http://192.168.0.2:8080 网站

18.6.3　基于域名的虚拟主机

在一台服务器上创建多个 Web 网站的单位通常使用域名，因为这种方法不必使用每个站点的唯一 IP 地址。Web 服务必须分配非页面缓冲池内存来管理每个 IP 地址的端点，使用域名的好处是可以避免由于使用唯一 IP 地址标识多个网站而引起的潜在性能降低。

在公司内部一台服务器上通过基于域名的虚拟主机配置两个 Web 网站，为公司网络内的客户端计算机提供 Web 服务，具体参数如下。

（1）第一个 Web 网站

- 网站根目录：/var/www/html/www1.sh.com。
- 网站首页：index.html。
- 网站域名：www1.sh.com。

（2）第二个 Web 网站

- 网站根目录：/var/www/html/www2.sh.com。
- 网站首页：index.html。
- 网站域名：www2.sh.com。

1. 创建 Web 网站目录

使用以下命令为两个 Web 网站创建存放网页的根目录。

```
[root@rhel ~]# mkdir /var/www/html/www1.sh.com
[root@rhel ~]# mkdir /var/www/html/www2.sh.com
```

2. 创建 Web 网站首页

使用以下命令在两个 Web 网站根目录内创建网站的首页。

```
[root@rhel ~]# echo This is www1.sh.com>/var/www/html/www1.sh.com/index.html
[root@rhel ~]# echo This is www2.sh.com>/var/www/html/www2.sh.com/index.html
```

3. 配置 DNS 服务器

（1）编辑/var/named/sh.com.hosts 区域文件

在已经配置好的 DNS 服务器上的/var/named/sh.com.hosts 区域文件内添加以下两条别名记录。

```
www1          IN        CNAME      rhel.sh.com.
www2          IN        CNAME      rhel.sh.com.
```

（2）重启 named 服务

使用以下命令重启 named 服务。

```
[root@rhel ~]# systemctl restart named.service
```

4. 编辑/etc/httpd/conf/httpd.conf 文件

编辑/etc/httpd/conf/httpd.conf 文件，在该文件末尾添加以下参数。

```
NameVirtualHost 192.168.0.2:80
```

编辑/etc/httpd/conf/httpd.conf 文件，在该文件末尾添加以下内容，将创建两个 Web 网站。

```
<VirtualHost 192.168.0.2:80>
    ServerAdmin root@sh.com
    DocumentRoot /var/www/html/www1.sh.com
    ServerName www1.sh.com
    ErrorLog logs/www1.sh.com-error_log
    CustomLog logs/www1.sh.com-access_log common
</VirtualHost>
<VirtualHost 192.168.0.2:80>
    ServerAdmin root@sh.com
    DocumentRoot /var/www/html/www2.sh.com
    ServerName www2.sh.com
    ErrorLog logs/www2.sh.com-error_log
    CustomLog logs/www2.sh.com-access_log common
</VirtualHost>
```

5. 重启 httpd 服务

使用以下命令重启 httpd 服务。

```
[root@rhel ~]# systemctl restart httpd.service
```

6. 访问虚拟主机

在 Linux 客户端计算机上，使用 Mozilla Firefox 访问虚拟主机的 Web 网站 www1.sh.com，如图 18-9 所示。

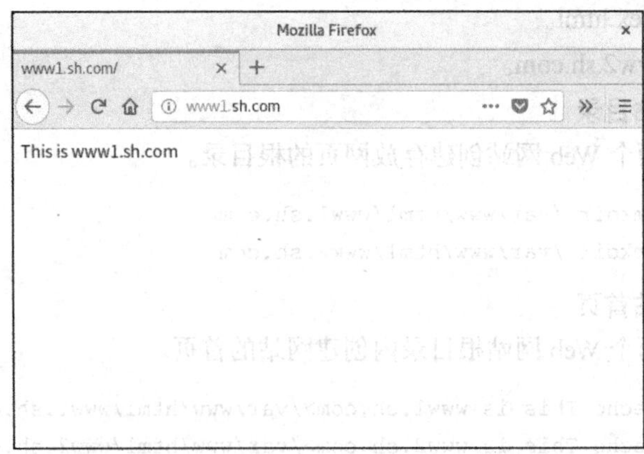

图 18-9 访问 http://www1.sh.com 网站

在 Linux 客户端计算机上，使用 Mozilla Firefox 访问虚拟主机的 Web 网站 www2.sh.com，如图 18-10 所示。

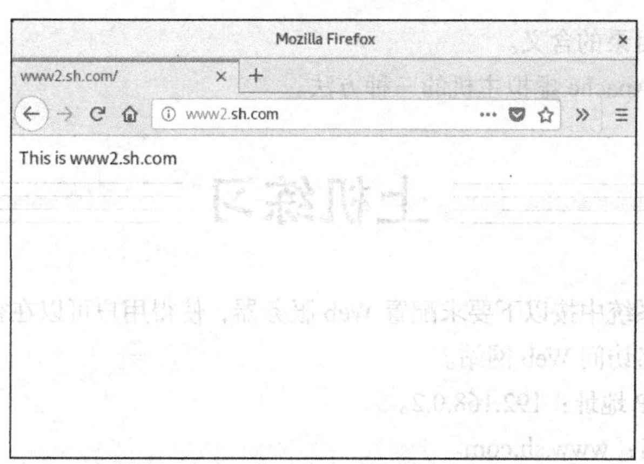

图 18-10 访问 http://www2.sh.com 网站

小 结

通过 Web，互联网上的资源可以比较直观地在一个网页里表示出来，而且在网页上可以互相链接。超文本是一种用户接口范式，用以显示文本及与文本相关的内容。超文本的格式有很多，常用的是超文本标记语言，我们日常浏览的网页都属于超文本。超文本链接是一种全局性的信息结构，它将文档中的不同部分通过关键字建立链接，使信息得以被用交互方式搜索。

Apache 服务器的主配置文件是/etc/httpd/conf/httpd.conf 文件，该文件由全局环境、主服务器配置以及虚拟主机 3 个部分构成。

在 Linux 系统中配置的 Apache 服务器可以支持 Linux 客户端（使用 Mozilla Firefox）和非 Linux 客户端（使用 Microsoft Edge）访问 Web 网站。

在 Apache 2.4 中，使用 mod_authz_host 模块来实现访问控制，其他授权检查也以同样的方式来完成。旧的访问控制语句应当被新的授权认证机制所取代，即便 Apache 已经提供了 mod_access_compat 这一新模块来兼容旧语句。在 Apache 2.4 之前使用 Allow、Deny、Order 指令实现访问控制，而在 Apache 2.4 时使用 Require 指令来实现。

在 Apache 服务器中有基本认证和摘要认证两种认证类型。所有的认证配置指令既可以在主配置文件的 Directory 容器中出现，也可以在./htaccess 文件中出现。使用认证配置指令配置认证以后，需要使用 Require 指令为指定的用户和组进行授权。

在 Apache 服务器中，默认网站根目录是/var/www/html，所以可以将网站的网页内容存储在该目录中。如果网站内容不是存储在/var/www/html 目录内，可以通过别名方式创建虚拟目录。

在一台服务器上可以创建多个 Apache 网站，这样可以节约硬件资源、节省空间以及降低资源成本。通过为每个 Web 网站配置 IP 地址、TCP 端口号和域名中的任何一种方法可以区分网站。

习 题

18-1 简述 WWW、超文本以及超文本链接的含义。

18-2　简述虚拟目录的含义。

18-3　简述配置 Apache 虚拟主机的三种方法。

上机练习

上机练习

18-1　在 Linux 系统中按以下要求配置 Web 服务器，使得用户可以在客户端通过 www.sh.com 域名访问 Web 网站。

- Web 服务器 IP 地址：192.168.0.2。
- Web 网站域名：www.sh.com。
- 默认文档首页名称：index.html 和 index.htm。
- 存放网页内容的根目录位置：/var/www/html。
- 服务器监听端口：80。
- 默认字符集：UTF-8。
- 运行 Apache 服务器的用户和组：apache。
- 管理员邮件地址：root@sh.com。

18-2　配置 Web 服务器，使得允许所有客户端访问 Web 网站，只有 IP 地址为 192.168.0.5 的客户端不能访问 Web 网站。

18-3　在 Web 服务器中为/var/xuni 目录创建别名，从而实现通过网址 http://www.sh.com/xuni 进行访问。

18-4　在 Linux 系统中按以下要求配置基于域名的虚拟主机，创建两个 Web 网站。

（1）第一个 Web 网站

- 网站根目录：/var/www/html/www1.sh.com。
- 网站首页：index.html。
- 网站域名：www1.sh.com。

（2）第二个 Web 网站

- 网站根目录：/var/www/html/www2.sh.com。
- 网站首页：index.html。
- 网站域名：www2.sh.com。

第 19 章 FTP 服务器配置

在 Linux 系统中配置 FTP 服务器，这样用户可以将文件存储在 FTP 服务器上的主目录中，而其他用户可以建立 FTP 连接，将文件下载到本地计算机上。

19.1 FTP 简介

在企业中，将文件存储在 FTP 服务器上的主目录中，以便用户可以建立 FTP 连接，然后通过 FTP 客户端进行文件传输以便访问。

19.1.1 什么是 FTP

通过文件传输协议（File Transfer Protocol，FTP）可以在网络中传输文档、图像、音频、视频以及应用程序等多种类型的文件。如果用户需要将文件从自己的计算机发送给另一台计算机，可以使用 FTP 进行上传操作；而在更多的情况下，用户使用 FTP 从服务器上下载文件。

一个完整的 FTP 文件传输需要建立两种类型的连接：一种为控制文件传输的命令，称为控制连接；另一种实现真正的文件传输，称为数据连接。

1. FTP 控制连接

客户端希望与 FTP 服务器建立上传、下载的数据传输连接时，它首先向服务器 TCP 的 21 端口发起一个建立连接的请求，FTP 服务器接受来自客户端的请求，完成连接的建立过程，这样的连接就称为 FTP 控制连接。

2. FTP 数据连接

FTP 控制连接建立之后，即可开始传输文件，传输文件的连接称为 FTP 数据连接。FTP 数据连接就是 FTP 传输数据的过程，它有主动模式和被动模式两种传输模式。

19.1.2 FTP 传输模式

在建立数据连接传输数据的时候有两种传输模式，即主动模式和被动模式。

1. 主动模式

主动模式（PORT 模式）的数据传输专有连接是在建立控制连接（用户身份验证完成）后，首先由 FTP 服务器使用 20 端口主动向客户端进行连接，建立专用于传输数据的连接，这种方式在网络管理上比较好控制。FTP 服务器上的端口 21 用于用户验证，端口 20 用于数据传输，只要将这两个端口开放就可以使用 FTP 功能，此时客户端只是处于接收状态。

2. 被动模式

被动模式（PASV 模式）与主动模式不同，数据传输专有连接是在建立控制连接（用户身份验证完成）后，由客户端向 FTP 服务器发起连接的。客户端使用哪个端口、连接到 FTP 服务器的哪个端口都是随机的。服务器并不参与数据的主动传输，只是被动接受。

19.1.3 FTP 用户

在访问 FTP 服务器时提供了三类用户，不同的用户具有不同的访问权限和操作方式。

1. 匿名用户

使用这类用户可以匿名访问 FTP 服务器。匿名用户是指在 FTP 服务器中没有指定账户，但是它仍然可以匿名访问某些公开的资源。通过匿名用户访问 FTP 服务器时使用账户 anonymous 或 ftp。

2. 本地用户

这类用户是指在 FTP 服务器上拥有账户。当这类用户访问 FTP 服务器的时候，其默认的主目录就是其账户命名的目录，但是它还可以变更到其他目录中去。

3. 虚拟用户

在 FTP 服务器中，使用这类用户只能够访问其主目录下的文件，而不能访问主目录以外的文件。FTP 服务器通过这种方式来保障服务器上其他文件的安全性。

19.2 FTP 服务器安装和配置

19.2.1 安装 FTP 服务器软件包

要配置 FTP 服务器，需要在 Linux 系统中查看 vsftpd 软件包是否已经安装，如果没有请事先安装好。

```
[root@rhel ~]# rpm -q vsftpd
vsftpd-3.0.3-28.el8.x86_64
// vsftpd 服务主程序软件包
```

使用以下命令安装 vsftpd 软件包。

```
[root@rhel ~]# cd /run/media/root/RHEL-8-0-0-BaseOS-x86_64/AppStream/Packages
//进入 Linux 系统安装光盘软件包目录
[root@rhel Packages]# rpm -ivh vsftpd-3.0.3-28.el8.x86_64.rpm
警告:vsftpd-3.0.3-28.el8.x86_64.rpm: 头 V3 RSA/SHA256 Signature, 密钥 ID fd431d51: NOKEY
Verifying...                          ################################# [100%]
准备中...                             ################################# [100%]
正在升级/安装...
   1:vsftpd-3.0.3-28.el8              ################################# [100%]
```

19.2.2 /etc/vsftpd/vsftpd.conf 文件详解

vsftpd 服务器的主配置文件是/etc/vsftpd/vsftpd.conf 文件，一般无须修改该文件就可以启动 vsftpd 服务器使用。在/etc/vsftpd/vsftpd.conf 文件中，以“#”开头的行是注释行，它为用户配置参数起到解释作用，这样的语句默认不会被系统执行。在该配置文件中所有的配置参数都是以“配置项目=值”这样的格式表示。

下面将讲述在/etc/vsftpd/vsftpd.conf 文件中可以添加和修改的主要参数。

（1）anonymous_enable=YES/NO

设置是否允许匿名用户登录，YES 允许，NO 不允许。

（2）local_enable=YES/NO

设置是否允许本地用户登录，YES 允许，NO 不允许。

（3）write_enable=YES/NO

设置是否允许用户有写入权限，YES 允许，NO 不允许。

（4）local_umask=022

设置本地用户新建文件时的 umask 值。

（5）local_root=/home

设置本地用户的根目录。

（6）anon_upload_enable=YES/NO

设置是否允许匿名用户上传文件，YES 允许，NO 不允许。

（7）anon_mkdir_write_enable=YES/NO

设置是否允许匿名用户有创建目录的权限，YES 允许，NO 不允许。

（8）anon_other_write_enable=YES/NO

设置是否允许匿名用户有更改的权限，如重命名和删除文件权限，YES 允许，NO 不允许。

（9）anon_world_readable_only=YES/NO

设置是否允许匿名用户下载可读的文件，YES 允许，NO 不允许。

（10）dirmessage_enable=YES/NO

设置是否显示目录说明文件，需要手工创建.message 文件允许为目录配置显示信息，显示每个目录下面的 message_file 文件的内容。

（11）message_file=.message

设置提示信息文件，该参数只有在 dirmessage_enable 启用时才有效。

（12）download_enable=YES/NO

设置是否允许下载，YES 允许，NO 不允许。

（13）chown_upload=YES/NO

设置是否允许修改上传文件的用户所有者，YES 允许，NO 不允许。

（14）chown_username=whoever

设置想要修改的上传文件的用户所有者。

（15）idle_session_timeout=600

设置用户会话空闲超过指定时间后断开连接，单位为秒。

（16）data_connection_timeout=120

设置数据连接空闲超过指定时间后断开连接，单位为秒。

（17）accept_timeout=60

设置客户端空闲超过指定时间自动断开连接，单位为秒。

（18）connect_timeout=60

设置客户端空闲断开连接后在指定时间自动激活连接，单位为秒。

（19）max_clients=100

允许连接客户端的最大数量。0 表示不限制最大连接数。

（20）max_per_ip=5

设置每个 IP 地址的最大连接数。0 表示不限制最大连接数。

（21）anon_max_rate=51200

设置匿名用户传输数据的最大速度，单位是字节/秒。

（22）local_max_rate=5120000

设置本地用户传输数据的最大速度，单位是字节/秒。

（23）pasv_min_port=0

设置在被动模式连接 vsftpd 服务器时，服务器响应的最小端口号，0 表示任意。默认值为 0。

（24）pasv_max_port=0

设置在被动模式连接 vsftpd 服务器时，服务器响应的最大端口号，0 表示任意。默认值为 0。

（25）chroot_local_user=YES/NO

设置是否将本地用户锁定在自己的主目录中。

（26）chroot_list_enable=YES/NO

设置是否锁定用户在自己的主目录中。

（27）chroot_list_file=/etc/vsftpd/chroot_list

被列入该文件的用户，在登录后锁定用户在自己的主目录中。

（28）ascii_upload_enable=YES/NO

设置是否使用 ASCII 模式上传文件，YES 使用，NO 不使用。

（29）ascii_download_enable=YES/NO

设置是否使用 ASCII 模式下载文件，YES 使用，NO 不使用。

（30）ftpd_banner=Welcome to blah FTP service.

设置定制欢迎信息，登录时显示欢迎信息，如果设置了 banner_file 则此设置无效。

（31）banner_file=/etc/vsftpd/banner

设置登录信息文件的位置。

（32）xferlog_enable=YES/NO

设置是否使用传输日志文件记录详细的下载和上传信息，YES 使用，NO 不使用。

（33）xferlog_file=/var/log/xferlog

设置传输日志的路径和文件名，默认是/var/log/xferlog 日志文件位置。

（34）xferlog_std_format=YES/NO

设置传输日志文件是否写入标准 xferlog 格式。

（35）guest_enable= YES/NO

设置是否启用虚拟用户，YES 启用，NO 不启用。

（36）guest_username=ftp

设置虚拟用户在系统中的真实用户名。

（37）userlist_enable=YES/NO

设置是否允许由 userlist_file 文件中指定的用户登录 vsftpd 服务器。YES 表示允许登录 vsftpd 服务器。

（38）userlist_file=/etc/vsftpd/user_list

当 userlist_enable 选项激活时加载的文件的名称。

（39）userlist_deny=YES/NO

设置是否允许由 userlist_file 文件中指定的用户登录 vsftpd 服务器。YES 表示不允许登录 vsftpd 服务器，甚至连输入密码提示信息都没有。

（40）deny_email_enable=YES

如果激活，要提供一个关于匿名用户的密码电子邮件表以阻止通过这些密码登录的匿名用户。默认情况下，这个列表文件是/etc/vsftpd/banner_emails，但也可以通过设置 banned_email_file 来改变默认值。

（41）banned_email_file=/etc/vsftpd/banned_emails

当 deny_email_enable=YES 时，设置包含被拒绝登录 vsftpd 服务器的电子邮件地址的文件。

（42）listen=YES/NO

设置是否启用独立进程控制 vsftpd，用在 IPv4 环境。YES 启用独立进程，NO 启用 xinetd 进程。

（43）listen_ipv6=YES/NO

设置是否启用独立进程控制 vsftpd，用在 IPv6 环境。YES 启用独立进程，NO 启用 xinetd 进程。

（44）listen_address=192.168.0.2

设置 vsftpd 服务器监听的 IP 地址。

（45）listen_port=21

设置 vsftpd 服务器监听的端口号。

（46）pam_service_name=vsftpd

设置使用 PAM 模块进行验证时候的 PAM 配置文件名。

（47）ftp_username=ftp

设置匿名用户所使用的系统用户名。

19.2.3 控制 vsftpd 服务

使用 systemctl 命令可以控制 vsftpd 服务的状态，当 vsftpd 服务器启动时自动启动该服务。

1. 启动 vsftpd 服务

使用以下命令启动 vsftpd 服务。

```
[root@rhel ~]# systemctl start vsftpd.service
```

2. 查看 vsftpd 服务状态

使用以下命令查看 vsftpd 服务状态。

```
[root@rhel ~]# systemctl status vsftpd.service
● vsftpd.service - Vsftpd ftp daemon
  Loaded: loaded (/usr/lib/systemd/system/vsftpd.service; disabled; vendor pre>
  Active: active (running) since Sat 2020-02-29 15:03:52 CST; 1s ago
 Process: 28822 ExecStart=/usr/sbin/vsftpd /etc/vsftpd/vsftpd.conf (code=exite>
Main PID: 28832 (vsftpd)
   Tasks: 1 (limit: 4929)
  Memory: 940.0K
  CGroup: /system.slice/vsftpd.service
          └─28832 /usr/sbin/vsftpd /etc/vsftpd/vsftpd.conf

2月 29 15:03:52 rhel systemd[1]: Starting Vsftpd ftp daemon...
2月 29 15:03:52 rhel systemd[1]: Started Vsftpd ftp daemon.
```

3. 停止 vsftpd 服务

使用以下命令停止 vsftpd 服务。

```
[root@rhel ~]# systemctl stop vsftpd.service
```

4. 重启 vsftpd 服务

使用以下命令重启 vsftpd 服务。

```
[root@rhel ~]# systemctl restart vsftpd.service
```

5. 开机自动启动 vsftpd 服务

使用以下命令在重新引导系统时自动启动 vsftpd 服务。

```
[root@rhel ~]# systemctl enable vsftpd.service
Created symlink /etc/systemd/system/multi-user.target.wants/vsftpd.service to /usr/lib/systemd/system/vsftpd.service.
[root@rhel ~]# systemctl is-enabled vsftpd.service
enabled
```

19.3 配置 FTP 客户端

在 Linux 系统中配置的 vsftpd 服务器可以支持 Linux 客户端和非 Linux 客户端（如 Windows 系统）访问 FTP 网站。

19.3.1 Linux 客户端配置

可以在 Linux 系统中使用 ftp 命令，或者使用图形界面下的 Mozilla Firefox 来访问 vsftpd 服务器上的资源。

1. ftp 命令

ftp 命令不仅可以在 Linux 系统中使用，也可以在 Windows 系统下使用，以下例子为在 FTP 客户端的 Linux 系统下的使用情况。

（1）安装 FTP 软件包

在 Linux 系统上使用 ftp 命令，需要安装 FTP 软件包。

在 Linux 系统中查看 FTP 软件包是否已经安装，如果没有请事先安装好。

```
[root@linux ~]# rpm -q ftp
ftp-0.17-78.el8.x86_64
```

使用以下命令安装 FTP 软件包。

```
[root@linux ~]# cd /run/media/root/RHEL-8-0-0-BaseOS-x86_64/AppStream/Packages
//进入 Linux 系统安装光盘软件包目录
[root@linux Packages]# rpm -ivh ftp-0.17-78.el8.x86_64.rpm
警告：ftp-0.17-78.el8.x86_64.rpm: 头 V3 RSA/SHA256 Signature, 密钥 ID fd431d51: NOKEY
Verifying...                          ################################# [100%]
准备中...                             ################################# [100%]
正在升级/安装...
   1:ftp-0.17-78.el8                  ################################# [100%]
```

（2）使用 ftp 命令

FTP 是互联网标准文件传输协议的用户接口，该程序允许用户在远程网络站点之间传输文件。

命令语法：

```
ftp [选项] [FTP 服务器]
```

命令中各选项的含义如表 19-1 所示。

表 19-1　　ftp 命令选项含义

选项	选项含义
-i	在多个文件传输期间关闭交互提示

按 19.4.1 小节内容配置一个允许匿名用户访问的 FTP 网站，然后可以使用 ftp 命令连接到 vsftpd 服务器。

```
[root@linux ~]# ftp 192.168.0.2
Connected to 192.168.0.2 (192.168.0.2).
220 (vsFTPd 3.0.3)
Name (192.168.0.2:root): anonymous        //输入匿名账户 anonymous 连接 vsftpd 服务器
331 Please specify the password.
Password:                                 //不用输入密码，直接按[Enter]键
230 Login successful.
//成功登录 vsftpd 服务器
Remote system type is UNIX.
Using binary mode to transfer files.
ftp> quit                                 //输入 quit 命令退出 FTP 界面
221 Goodbye.
[root@linux ~]#
```

ftp 子命令描述如表 19-2 所示。

表 19-2　　ftp 子命令

子命令	描述
!	在本地主机上调用交互的 Shell
append	追加一个文件
ascii	设置 ASCII 传输类型
binary	设置二进制传输类型
bye	结束 FTP 会话并退出，和 quit 子命令一样功能
case	在使用 mget 时，将 vsftpd 服务器文件名中的大写字母转换为小写字母
cd	更改远程工作目录
chmod	更改远程文件的文件权限
close	终止 FTP 会话
delete	删除远程主机上的文件
dir	列出远程目录内容
disconnect	终止 FTP 会话

续表

子命令	描述
exit	退出 FTP
get	接收文件
lcd	更改本地工作目录
ls	列出远程目录内容
mdelete	删除远程主机上的多个文件
mget	接收多个文件
mkdir	在远程主机上创建目录
mls	列出多个远程目录的内容
modtime	显示远程文件的最后修改时间
mput	发送多个文件
newer	如果远程文件的修改时间比本地文件新，就接收文件
nlist	列出远程目录中的内容
open	连接到远程 FTP 服务器
prompt	切换交互提示
put	发送一个文件
pwd	显示远程主机上的工作目录
quit	结束 FTP 会话并退出
recv	接收文件
reget	断点接收文件
rename	重命名远程主机文件
reset	清除队列命令回复
restart	从指定的标记处，重新开始文件传输
rmdir	在远程计算机上删除目录
send	发送一个文件
size	显示远程文件的大小
status	显示 FTP 的当前状态
user	发送新的用户信息，向远程 FTP 服务器标识自己
umask	在远程主机上设置默认 umask
verbose	切换详细模式
?	显示本地帮助信息

2. Mozilla Firefox

在 Linux 系统的图形界面下有众多的浏览器可以用来访问 FTP 服务器，在这里介绍常用的 Mozilla Firefox。在 Mozilla Firefox 中，输入网址 ftp://192.168.0.2，打开图 19-1 所示的网页访问 FTP 网站。

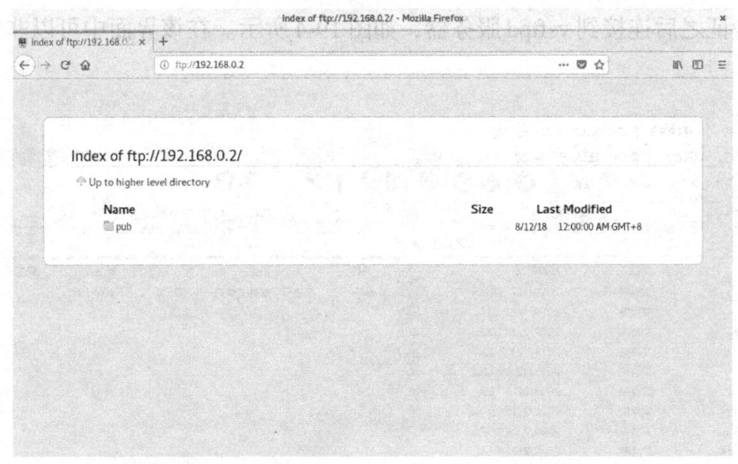

图 19-1　使用 Mozilla Firefox 访问 vsftpd 服务器

19.3.2　Windows 客户端配置

在 Windows 10 系统下可以使用浏览器、CuteFTP 软件以及 ftp 命令（和 Linux 系统上的 ftp 命令一样功能）等方式来访问 FTP 服务器上的资源。

CuteFTP 是 Windows 系统下最常用的图形化 FTP 客户端程序。它支持下载文件续传、可下载或上传整个目录、不会因闲置过久而被 FTP 服务器断线。可以上传或下载队列、上传断点续传、整个目录覆盖和删除等特点。它传输速度快、性能稳定、界面友好和使用简单。

在 CuteFTP 软件界面上单击菜单栏上的【文件】→【新建】→【FTP 站点】，打开图 19-2 所示的对话框。在该对话框的【一般】选项卡中输入 FTP 站点的标签、主机地址、用户名、密码，选择登录方法。如果登录方法选择【匿名】，则无须输入用户名和密码。

在图 19-3 所示的【类型】选项卡中指定 FTP 站点的端口号，默认端口为 21，然后单击【连接】按钮。

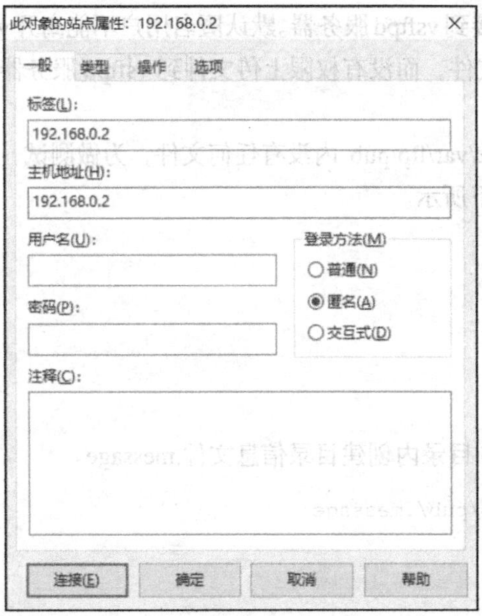

图 19-2 【一般】选项卡

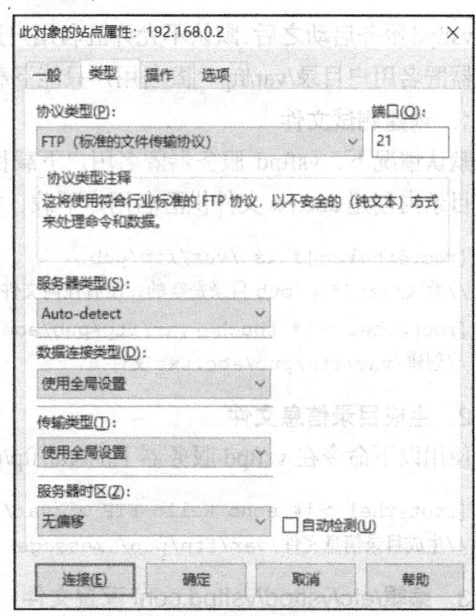

图 19-3 【类型】选项卡

经过身份验证之后连接到 vsftpd 服务器，如图 19-4 所示。在该界面中可以非常方便地实现上传、下载文件。

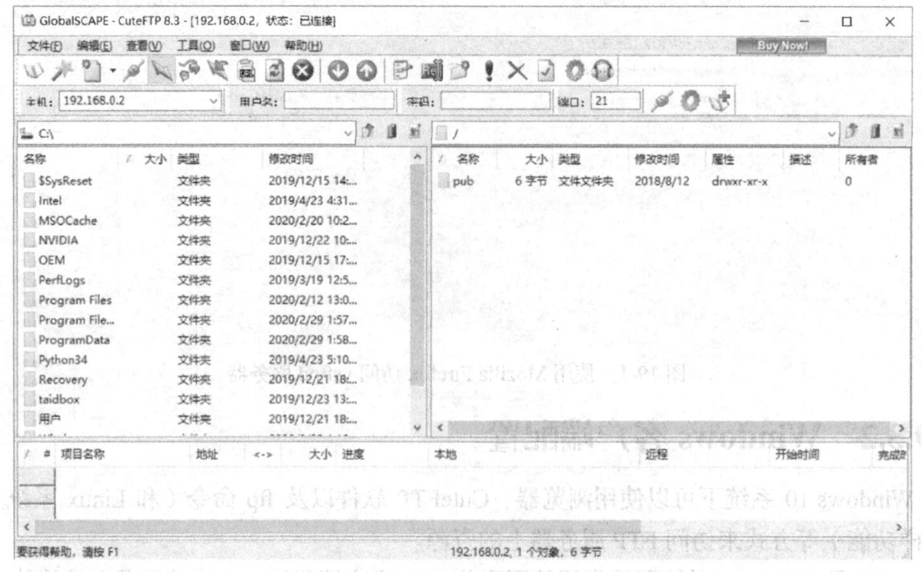

图 19-4　已经连接到 FTP 站点

19.4　FTP 服务器配置实例

下面通过几个实例来讲述 FTP 服务器的配置和使用方法。

19.4.1　允许匿名用户访问 FTP 网站

vsftpd 服务启动之后，默认不允许匿名用户连接到 vsftpd 服务器。默认匿名用户不能离开 vsftpd 服务器匿名用户目录/var/ftp，匿名用户只能下载文件，而没有权限上传文件到 vsftpd 服务器上。

1．创建测试文件

默认情况下，vsftpd 服务器匿名用户下载目录/var/ftp/pub 内没有任何文件，为做测试，可以在该目录内创建 abc.txt 文件供匿名用户下载，如下所示。

```
[root@rhel ~]# ls /var/ftp/pub
//默认/var/ftp/pub 目录是空的，没有任何文件
[root@rhel ~]# touch /var/ftp/pub/abc.txt
//创建/var/ftp/pub/abc.txt 文件
```

2．生成目录信息文件

使用以下命令在 vsftpd 服务器上的/var/ftp/pub 目录内创建目录信息文件.message。

```
[root@rhel ~]# echo Hello FTP > /var/ftp/pub/.message
//生成目录信息文件/var/ftp/pub/.message
```

3．编辑/etc/vsftpd/vsftpd.conf 配置文件

在 vsftpd 服务器上编辑/etc/vsftpd/vsftpd.conf 文件，该文件编辑后内容如下所示。

```
● anonymous_enable=YES
local_enable=YES
write_enable=YES
local_umask=022
dirmessage_enable=YES
xferlog_enable=YES
connect_from_port_20=YES
xferlog_std_format=YES
● listen=YES
#listen_ipv6=YES
pam_service_name=vsftpd
userlist_enable=YES
```

4. 启动 vsftpd 服务

使用以下命令启动 vsftpd 服务。

```
[root@rhel ~]# systemctl start vsftpd.service
```

5. 测试匿名用户登录

在 FTP 客户端上使用以下命令测试匿名用户登录的情况。

```
[root@linux ~]# ftp 192.168.0.2
Connected to 192.168.0.2 (192.168.0.2).
220 (vsFTPd 3.0.3)
Name (192.168.0.2:root): anonymous        //使用匿名账户 anonymous 连接到 vsftpd 服务器
331 Please specify the password.
Password:                                 //不需要输入密码就可以登录 vsftpd 服务器
230 Login successful.
Remote system type is UNIX.
Using binary mode to transfer files.
ftp>
//登录成功
ftp> ls
//列出 vsftpd 服务器/var/ftp 目录内容
227 Entering Passive Mode (192,168,0,2,123,67).
150 Here comes the directory listing.
drwxr-xr-x    2 0       0            37 Jan 01 14:35 pub
226 Directory send OK.
ftp> cd pub
//进入 vsftpd 服务器文件下载目录
250-Hello FTP
//在此显示/var/ftp/pub/.message 文件的内容
250 Directory successfully changed.
ftp> ls
//显示/var/ftp/pub 目录内容
227 Entering Passive Mode (192,168,0,2,168,31).
150 Here comes the directory listing.
-rw-r--r--    1 0       0             0 Jan 01 14:35 abc.txt
226 Directory send OK.
ftp> get abc.txt
//下载文件 abc.txt，下载成功
local: abc.txt remote: abc.txt
227 Entering Passive Mode (192,168,0,2,237,60).
```

```
150 Opening BINARY mode data connection for abc.txt (0 bytes).
226 Transfer complete.
ftp> put mm.txt
//上传文件mm.txt，上传失败
local: mm.txt remote: mm.txt
227 Entering Passive Mode (192,168,0,2,215,226).
550 Permission denied.
ftp> bye
//退出vsftpd服务器连接
221 Goodbye.
```

19.4.2 允许匿名用户上传文件、下载文件以及创建目录

按以下步骤配置 vsftpd 服务器，使得匿名用户可以上传文件、下载文件以及创建目录。

1. 创建匿名用户上传目录

使用以下命令创建匿名用户上传目录/var/ftp/up，并设置相应权限。

```
[root@rhel ~]# mkdir /var/ftp/up
[root@rhel ~]# chmod o+w /var/ftp/up
```

2. 编辑/etc/vsftpd/vsftpd.conf 文件

在 vsftpd 服务器上编辑/etc/vsftpd/vsftpd.conf 文件，该文件编辑后内容如下所示。

```
anonymous_enable=YES
local_enable=YES
write_enable=YES
local_umask=022
anon_upload_enable=YES
anon_mkdir_write_enable=YES
anon_world_readable_only=NO
anon_other_write_enable=YES
dirmessage_enable=YES
xferlog_enable=YES
connect_from_port_20=YES
xferlog_std_format=YES
listen=YES
pam_service_name=vsftpd
userlist_enable=YES
```

3. 设置 SELinux

在 vsftpd 服务器上使用以下命令设置 ftpd_full_access 布尔值为 on 状态。

```
[root@rhel ~]# setsebool -P ftpd_full_access on
[root@rhel ~]# getsebool ftpd_full_access
ftpd_full_access --> on
```

4. 重启 vsftpd 服务

使用以下命令重启 vsftpd 服务。

```
[root@rhel ~]# systemctl restart vsftpd.service
```

5. FTP 客户端测试

在 FTP 客户端上，使用以下命令进行测试。

```
[root@linux ~]# ftp 192.168.0.2
Connected to 192.168.0.2 (192.168.0.2).
220 (vsFTPd 3.0.3)
Name (192.168.0.2:root): anonymous         //使用匿名账户 anonymous 连接到 vsftpd 服务器
331 Please specify the password.
Password:                                  //不需要输入密码就可以登录 vsftpd 服务器
230 Login successful.
Remote system type is UNIX.
Using binary mode to transfer files.
ftp> ls
227 Entering Passive Mode (192,168,0,2,160,225).
150 Here comes the directory listing.
drwxr-xr-x    2 0        0              37 Jan 01 14:35 pub
drwxr-xrwx    2 0        0               6 Jan 01 14:48 up
226 Directory send OK.
ftp> cd up
250 Directory successfully changed.
ftp> put mm.txt
//上传文件 mm.txt，上传成功
local: mm.txt remote: mm.txt
227 Entering Passive Mode (192,168,0,2,70,169).
150 Ok to send data.
226 Transfer complete.
ftp> mkdir qq
//创建目录 qq，创建成功
257 "/up/qq" created
ftp> bye
221 Goodbye.
```

19.4.3 只允许本地用户账户登录

如果不允许匿名用户访问 vsftpd 服务器，而只允许本地用户访问 vsftpd 服务器上的资源时，可以按以下步骤进行配置。

1. 创建用户 zhangsan

在 vsftpd 服务器上使用以下命令创建用户 zhangsan 并设置密码。

```
[root@rhel ~]# useradd zhangsan
[root@rhel ~]# passwd zhangsan
更改用户 zhangsan 的密码。
新的 密码：                        //输入用户 zhangsan 的密码
重新输入新的 密码：                //再次输入用户 zhangsan 的密码
passwd：所有的身份验证令牌已经成功更新。
```

2. 编辑/etc/vsftpd/vsftpd.conf 文件

在 vsftpd 服务器上编辑/etc/vsftpd/vsftpd.conf 文件，该文件编辑后内容如下所示。

```
anonymous_enable=NO
local_root=/home
local_enable=YES
write_enable=YES
local_umask=022
dirmessage_enable=YES
```

```
xferlog_enable=YES
connect_from_port_20=YES
xferlog_std_format=YES
listen=YES
pam_service_name=vsftpd
userlist_enable=YES
```

3. 重启 vsftpd 服务

使用以下命令重启 vsftpd 服务。

```
[root@rhel ~]# systemctl restart vsftpd.service
```

4. FTP 客户端测试

在 FTP 客户端匿名用户无法登录 vsftpd 服务器，如下所示。

```
[root@linux ~]# ftp 192.168.0.2
Connected to 192.168.0.2 (192.168.0.2).
220 (vsFTPd 3.0.3)
Name (192.168.0.2:root): anonymous          //使用匿名账户 anonymous 连接到 vsftpd 服务器
331 Please specify the password.
Password:                                   //不需要输入密码就可以登录 vsftpd 服务器
530 Login incorrect.
Login failed.
//登录失败
ftp>
```

在 FTP 客户端允许本地用户登录 vsftpd 服务器，如下所示。

```
[root@linux ~]# ftp 192.168.0.2
Connected to 192.168.0.2 (192.168.0.2).
220 (vsFTPd 3.0.3)
Name (192.168.0.2:root): zhangsan           //以用户 zhangsan 登录 vsftpd 服务器
331 Please specify the password.
Password:                                   //输入用户 zhangsan 的密码
230 Login successful.
Remote system type is UNIX.
Using binary mode to transfer files.
ftp> pwd
//查看当前目录，当前目录是/home
257 "/home" is the current directory
ftp> cd /
//切换目录到/
250 Directory successfully changed.
ftp> pwd
//查看当前目录，当前目录是/
257 "/" is the current directory
ftp> bye
221 Goodbye.
```

19.4.4 限制用户只能访问自己的目录

在默认情况下，用户登录到 vsftpd 服务器上后，可以访问服务器中除了自己目录之外的其他目录。为了增加 vsftpd 服务器的安全，可以限制用户只能访问自己的目录，而不能访问别的目录。

1. 编辑/etc/vsftpd/vsftpd.conf 文件

在 vsftpd 服务器上编辑/etc/vsftpd/vsftpd.conf 文件，该文件编辑后内容如下所示。

```
anonymous_enable=YES
local_enable=YES
write_enable=YES
local_umask=022
dirmessage_enable=YES
xferlog_enable=YES
connect_from_port_20=YES
xferlog_std_format=YES
chroot_list_enable=YES
chroot_list_file=/etc/vsftpd/chroot_list
listen=YES
pam_service_name=vsftpd
userlist_enable=YES
allow_writeable_chroot=YES
```

注意

从 vsftpd 2.3.5 之后，vsftpd 增强了安全检查。如果用户被限定在其主目录下，则该用户的主目录不能再具有写权限。如果检查发现还有写权限，就会报该错误。要修复这个错误，可以在/etc/vsftpd/vsftpd.conf 配置文件中增加 allow_writeable_chroot=YES 一项。

2. 创建/etc/vsftpd/chroot_list 文件

在 vsftpd 服务器上创建/etc/vsftpd/chroot_list 文件，在该文件内添加需要锁定用户目录的账户，在这里添加用户 zhangsan，如下所示。

```
zhangsan
```

3. 重启 vsftpd 服务

使用以下命令重启 vsftpd 服务。

```
[root@rhel ~]# systemctl restart vsftpd.service
```

4. FTP 客户端测试

在 FTP 客户端上，使用以下命令进行测试。

```
[root@linux ~]# ftp 192.168.0.2
Connected to 192.168.0.2 (192.168.0.2).
220 (vsFTPd 3.0.3)
Name (192.168.0.2:root): zhangsan          //以用户 zhangsan 登录 vsftpd 服务器
331 Please specify the password.
Password:                                   //输入用户 zhangsan 的密码
230 Login successful.
Remote system type is UNIX.
Using binary mode to transfer files.
ftp> pwd
257 "/" is the current directory
ftp> ls
227 Entering Passive Mode (192,168,0,2,46,56).
150 Here comes the directory listing.
226 Transfer done (but failed to open directory).
ftp> cd /home
550 Failed to change directory.
//无法进入其他目录
```

19.4.5 配置 FTP 服务器使用非标准端口

在默认情况下，vsftpd 使用的端口号是 22，按以下步骤配置 vsftpd 服务器使用端口号 3000。

1. 编辑/etc/vsftpd/vsftpd.conf 文件

在 vsftpd 服务器上编辑/etc/vsftpd/vsftpd.conf 文件，设置使用非标准端口号为 3000，该文件编辑后内容如下所示。

```
anonymous_enable=YES
local_enable=YES
write_enable=YES
local_umask=022
dirmessage_enable=YES
xferlog_enable=YES
connect_from_port_20=YES
listen_port=3000
xferlog_std_format=YES
listen=YES
pam_service_name=vsftpd
userlist_enable=YES
```

2. 设置 SELinux

在 vsftpd 服务器上使用以下命令设置 ftpd_use_passive_mode 布尔值为 on 状态。

```
[root@rhel ~]# setsebool -P ftpd_use_passive_mode on
[root@rhel ~]# getsebool ftpd_use_passive_mode
ftpd_use_passive_mode --> on
```

3. 重启 vsftpd 服务

使用以下命令重启 vsftpd 服务。

```
[root@rhel ~]# systemctl restart vsftpd.service
```

4. FTP 客户端测试

在 FTP 客户端上，使用 ftp 命令连接到 vsftpd 服务器，在命令中必须输入 vsftpd 服务器所使用的非标准端口 3000。

```
[root@linux ~]# ftp 192.168.0.2 3000
Connected to 192.168.0.2 (192.168.0.2).
220 (vsFTPd 3.0.3)
Name (192.168.0.2:root): anonymous          //使用匿名账户 anonymous 连接到 vsftpd 服务器
331 Please specify the password.
Password:                                   //不需要输入密码就可以登录 vsftpd 服务器
230 Login successful.
Remote system type is UNIX.
Using binary mode to transfer files.
ftp>
//使用非标准端口成功连接到 vsftpd 服务器
```

5. 查看 vsftpd 服务器使用的端口

如果有客户端连接到 vsftpd 服务器，在 vsftpd 服务器上使用 netstat 命令查看 vsftpd 服务器使用的端口号 3000。

```
[root@rhel ~]# netstat -tn|grep 3000
tcp        0      0 192.168.0.2:3000          192.168.0.5:57902         ESTABLISHED
//可以看到客户端 192.168.0.5 连接了 vsftpd 服务器，服务器上使用的端口号是 3000
```

19.4.6 拒绝指定用户连接 FTP 服务器

按以下步骤配置 vsftpd 服务器，拒绝用户 zhangsan 连接 vsftpd 服务器。

1. 编辑/etc/vsftpd/ftpusers 文件

在默认情况下，/etc/vsftpd/ftpusers 文件内已经有一些拒绝连接 vsftpd 服务器的用户了。

编辑/etc/vsftpd/ftpusers 文件，在该文件末尾添加以下内容，拒绝用户 zhangsan 连接到 vsftpd 服务器。

```
zhangsan
```

2. 重启 vsftpd 服务

使用以下命令重启 vsftpd 服务。

```
[root@rhel ~]# systemctl restart vsftpd.service
```

3. FTP 客户端测试

在 FTP 客户端上，使用以下命令进行测试。

```
[root@linux ~]# ftp 192.168.0.2
Connected to 192.168.0.2 (192.168.0.2).
220 (vsFTPd 3.0.3)
Name (192.168.0.2:root): zhangsan          //输入用户 zhangsan
331 Please specify the password.
Password:                                  //输入用户 zhangsan 的密码
530 Login incorrect.
Login failed.
ftp>
//出现 Login failed.信息，说明用户 zhangsan 无法登录 vsftpd 服务器
```

小　　结

FTP 可以在网络中传输文档、图像、音频、视频以及应用程序等多种类型的文件。如果用户需要将文件从自己的计算机发送给另一台计算机，可以使用 FTP 进行上传操作；而在更多的情况下，则是用户使用 FTP 从服务器上下载文件。

一个完整的 FTP 文件传输需要建立两种类型的连接：一种为控制文件传输的命令，称为控制连接；另一种实现真正的文件传输，称为数据连接。在建立数据连接传输数据的时候有两种传输模式，即主动模式和被动模式。在访问 FTP 服务器时提供了三类用户：匿名用户、本地用户以及虚拟用户。

vsftpd 服务器的主配置文件是/etc/vsftpd/vsftpd.conf 文件，一般无须修改该文件就可以启动 vsftpd 服务器。在该配置文件中所有的配置参数都是以“配置项目=值”这样的格式表示。

可以在 Linux 系统中使用 ftp 命令或 Mozilla Firefox 来访问 FTP 服务器上的资源。在 Windows 10 系统下可以使用浏览器、CuteFTP 软件以及 ftp 命令等方式来访问 FTP 服务器上的资源。

本章最后通过多个案例来讲述如何配置 FTP 服务器，来达到各种效果，如允许默认匿名用户访问 FTP 网站、允许匿名用户上传文件、下载文件以及创建目录、只允许本地用户账户登录、限制用户只能访问自己的目录、配置 FTP 服务器使用非标准端口、拒绝指定用户连接 vsftpd 服务器。

习　题

19-1　FTP 文件传输需要建立哪两种类型的连接？

19-2　简述 FTP 传输模式。

19-3　简述 FTP 用户分类。

上机练习

在 Linux 系统中按以下要求配置 FTP 服务器，然后在 Windows 系统中使用 CuteFTP 软件连接到该服务器上。

上机练习

- 允许匿名用户上传文件、下载文件以及创建目录。
- 服务器使用的非标准端口号为 3000。
- 拒绝用户 lisi 连接 FTP 服务器。

第 20 章 Sendmail 服务器配置

配置 Sendmail 邮件服务器，使得用户可以非常快速地收发电子邮件，方便人与人之间的沟通与交流，促进社会的发展。

20.1 电子邮件简介

20.1.1 什么是电子邮件

电子邮件是一种用电子手段实现信息交换的通信方式，是互联网应用最广的服务之一。通过电子邮件系统，用户几乎可以以非常低廉的价格、非常快速的方式，与世界上任何一个角落的网络用户联系。电子邮件可以是文字、图像以及声音等多种形式。使用电子邮件具有传播速度快、便捷、成本低，有广泛的交流对象以及信息多样化等优点。

20.1.2 电子邮件系统组成

电子邮件系统一般由邮件用户代理（Mail User Agent，MUA）、邮件传送代理（Mail Transfer Agent，MTA）以及邮件投递代理（Mail Delivery Agent，MDA）程序组成。MUA 用来接收用户的指令，将用户邮件传送到 MTA。而 MDA 从 MTA 取得邮件传送到最终用户的邮箱。

当 MUA 发送一封邮件时，它只是将该邮件交给一台运行 MTA 软件的邮件服务器。MTA 的任务是接受 MUA 的委任，将邮件从一个系统传送到另一个系统，并接收远方 MTA 送来的邮件。每当 MTA 收到 MUA 的邮件发送请求，它首先会判断是否应该受理。如果邮件是来自本地系统的用户，或是本地网络上的系统，或是任何特许可以通过它转发邮件到其他目的地的网络，MTA 都会受理邮件发送请求，另一方面，MTA 也会依据收件人来决定是否接收邮件。如果收件人是本地系统的用户，或是收件人位于它知道如何转递的其他系统，MTA 就会接收邮件。

MTA 收下邮件之后，有可能将邮件传送给自己系统上的用户，也有可能将邮件交给另一个 MTA 来继续传送。对于要交给其他网络的邮件，有可能会经过多个 MTA 接力传送。如果 MTA 无法传送邮件，也无法转交给其他 MTA 处理，则退回邮件给原发信者，或是发出通知函给系统管理员。

邮件终点站的 MTA 在发现收件人是本地系统的用户之后，必须将邮件交给 MDA，MDA 将邮件存储在邮箱中。

邮件被存入邮箱后就待在那里，等待收件人接收。收件人使用 MUA 来取信、读信。提供邮箱访问服务的服务器软件，并非当初收下信息的 MTA，两者的角色是分离的。MUA 必须让用户成功通过身份验证，才可以取走邮箱里的邮件，呈现给用户。

20.2 Sendmail 服务器安装和配置

20.2.1 安装 Sendmail 服务器软件包

要配置 Sendmail 服务器，需要在 Linux 系统中查看 m4、procmail、sendmail 以及 sendmail-cf 软件包是否已经安装，如果没有请事先安装好。

```
[root@rhel ~]# rpm -q procmail
procmail-3.22-47.el8.x86_64
//邮件处理程序
[root@rhel ~]# rpm -q m4
m4-1.4.18-7.el8.x86_64
//GNU 的宏处理器
[root@rhel ~]# rpm -qa|grep sendmail
sendmail-8.15.2-31.el8.x86_64
//Sendmail 服务主程序软件包，该软件包必须安装在服务器端
sendmail-cf-8.15.2-31.el8.noarch
//Sendmail 宏文件软件包
```

使用以下命令安装 m4、procmail、sendmail 以及 sendmail-cf 软件包。

```
[root@rhel ~]# cd /run/media/root/RHEL-8-0-0-BaseOS-x86_64/BaseOS/Packages
//进入 Linux 系统安装光盘软件包目录
[root@rhel Packages]# rpm -ivh m4-1.4.18-7.el8.x86_64.rpm
警告：m4-1.4.18-7.el8.x86_64.rpm: 头 V3 RSA/SHA256 Signature, 密钥 ID fd431d51: NOKEY
Verifying...                      ################################# [100%]
准备中...                         ################################# [100%]
正在升级/安装...
   1:m4-1.4.18-7.el8              ################################# [100%]
[root@rhel ~]# cd /run/media/root/RHEL-8-0-0-BaseOS-x86_64/AppStream/Packages
//进入 Linux 系统安装光盘软件包目录
[root@rhel Packages]# rpm -ivh procmail-3.22-47.el8.x86_64.rpm
警告：procmail-3.22-47.el8.x86_64.rpm: 头 V3 RSA/SHA256 Signature, 密钥 ID fd431d51:
NOKEY
Verifying...                      ################################# [100%]
准备中...                         ################################# [100%]
正在升级/安装...
   1:procmail-3.22-47.el8         ################################# [100%]
[root@rhel Packages]# rpm -ivh sendmail-8.15.2-31.el8.x86_64.rpm
警告：sendmail-8.15.2-31.el8.x86_64.rpm: 头 V3 RSA/SHA256 Signature, 密钥 ID fd431d51:
NOKEY
Verifying...                      ################################# [100%]
准备中...                         ################################# [100%]
正在升级/安装...
   1:sendmail-8.15.2-31.el8       ################################# [100%]
```

```
[root@rhel Packages]# rpm -ivh sendmail-cf-8.15.2-31.el8.noarch.rpm
警告:sendmail-cf-8.15.2-31.el8.noarch.rpm: 头 V3 RSA/SHA256 Signature, 密钥 ID fd431d51:
NOKEY
Verifying...                          ################################# [100%]
准备中...                          ################################# [100%]
正在升级/安装...
   1:sendmail-cf-8.15.2-31.el8         ################################# [100%]
```

20.2.2　/etc/mail/sendmail.mc 文件详解

Sendmail 服务器的守护进程在运行时会读取/etc/mail/sendmail.cf 和/etc/mail/submit.cf 这两个文件，但是这两个文件配置起来太复杂，一般不会直接去修改，而是去修改/etc/mail/sendmail.mc 和/etc/mail/submit.mc 文件。

Sendmail 服务器的第一个配置文件是/etc/mail/sendmail.cf，该文件决定 Sendmail 的属性，定义 Sendmail 服务器在哪一个域上工作并开启某些验证机制。文件内容用特定宏语言编写，都是计算机生成的，该文件实在是过于复杂，我们只需要通过修改/etc/mail/sendmail.mc 文件，并且使用 m4 命令将/etc/mail/sendmail.mc 文件编译成/etc/mail/sendmail.cf 文件即可。

在/etc/mail/sendmail.mc 文件中，以“dnl”开头的行是注释行，它为用户配置参数起到解释作用，这样的语句默认不会被系统执行。

下面将讲述在/etc/mail/sendmail.mc 文件中可以添加和修改的主要参数。

（1）define('confDEF_USER_ID', "8:12")dnl

指定 Sendmail 使用的用户 ID 为 8，组 ID 为 12。

（2）define('confTO_CONNECT', '1m')dnl

设置等待连接的最长时间为 1 分钟。

（3）define('confTRY_NULL_MX_LIST', 'True')dnl

如果 MX 记录指向本机，那么 Sendmail 会直接连接到远程计算机。

（4）define('confDONT_PROBE_INTERFACES', 'True')dnl

Sendmail 不会自动将服务器的网络接口视为有效地址。

（5）define('PROCMAIL_MAILER_PATH', '/usr/bin/procmail')dnl

设置 procmail 的存储路径。

（6）define('ALIAS_FILE', '/etc/aliases')dnl

设置邮件别名文件的存储路径。

（7）define('STATUS_FILE', '/var/log/mail/statistics')dnl

设置邮件日志文件的存储路径。

（8）define('UUCP_MAILER_MAX', '2000000')dnl

设置基于 UUCP 的 Mailer 处理信息的最大限制为 2MB。

（9）define('confUSERDB_SPEC', '/etc/mail/userdb.db')dnl

设置用户数据库文件的路径。

（10）define('confTO_IDENT', '0')dnl

设置 ident 查询响应的最大等待时间为 0 秒。

（11）FEATURE('mailertable', 'hash -o /etc/mail/mailertable.db')dnl

设置邮件发送器数据库的存储路径。

（12）FEATURE('virtusertable', 'hash -o /etc/mail/virtusertable.db')dnl

设置虚拟邮件域数据库的存储路径。

（13）FEATURE(always_add_domain)dnl

增加主机名到所有本地发送的邮件。

（14）FEATURE(use_cw_file)dnl

加载/etc/mail/local-host-names 文件中定义的主机名。

（15）FEATURE(local_procmail, '', 'procmail -t -Y -a $h -d $u')dnl

使用 procmail 作为本地邮件发送者。

（16）FEATURE('access_db', 'hash -T<TMPF> -o /etc/mail/access.db')dnl

从指定数据库中加载可中继的域。

（17）FEATURE('blacklist_recipients')dnl

根据访问数据库的值过滤外来邮件。

（18）EXPOSED_USER('root')dnl

禁止伪装发送者地址中出现 root 用户。

（19）DAEMON_OPTIONS('Port=smtp,Addr=127.0.0.1, Name=MTA')dnl

指定 Sendmail 作为 MTA 运行时的参数。

（20）FEATURE('accept_unresolvable_domains')dnl

可接收不能由 DNS 解析的主机所发送的邮件。

（21）LOCAL_DOMAIN('localhost.localdomain')dnl

设置本地域。

（22）MAILER(smtp)dnl

指定 Sendmail 所有 SMTP 发送者，包括 smtp、esmtp、smtp8 以及 relay。

20.2.3　/etc/mail/local-host-names 文件详解

在/etc/mail/sendmail.mc 文件中有以下这行内容，该设置会使 Sendmail 读取/etc/mail/local-host-names 文件的内容，将这个文件中的所有内容看作本地主机名。

```
FEATURE(use_cw_file)dnl
```

必须在/etc/mail/local-host-names 文件中定义收发邮件的主机名称和主机别名，否则无法正常收发邮件。

下面讲述/etc/mail/local-host-names 文件的配置举例。修改/etc/mail/local-host-names 文件，在该文件内可以添加以下内容。

```
sh.com
mail.sh.com
```

20.2.4　/etc/mail/access 文件详解

在默认情况下，SMTP 是不需要经过身份验证的，任何用户通过使用 telnet 方式都可以连接到本地邮件服务器的 25 端口上，并发送邮件。为了避免不必要的麻烦，Sendmail 中的默认配置直接禁止其他主机利用本地 Sendmail 服务器投递邮件。

使用/etc/mail/access 文件可以用于控制邮件中继和邮件的进出管理，可以使用/etc/mail/access

文件允许某些客户端使用此 Sendmail 服务器转发邮件。

在/etc/mail/sendmail.mc 配置文件中默认有下面这两行设置。

```
FEATURE('access_db', 'hash -T<TMPF> -o /etc/mail/access.db')dnl
FEATURE('blacklist_recipients')dnl
```

第一行设置可使 Sendmail 读取/etc/mal/access.db 文件的内容，并根据文件中的配置决定是否中继邮件；第二行的设置将 Access 数据库中定义的规则应用到源地址和目的地址中。

/etc/mail/access.db 是一个散列表数据库，是用/etc/mail/access 这个纯文本文件产生的，每一行的格式都是以下这个形式。

```
地址        操作
```

/etc/mail/access 文件默认设置表示来自本地的客户端允许使用 Sendmail 服务器接收和发送邮件，如下所示。

```
Connect:localhost.localdomain           RELAY
Connect:localhost                       RELAY
Connect:127.0.0.1                       RELAY
```

/etc/mail/access 文件的地址字段格式如表 20-1 所示。

表 20-1　　/etc/mail/access 文件的地址字段格式

格式	举例	说明
domain	sh.com	一个特定域内的所有主机
IP address	192.168.0	一个特定网段内的所有主机
	192.168.0.2	一个特定 IP 地址的主机
username@domain	zhangsan@sh.com	一个特定的邮箱地址
username@	zhangsan@	一个特定用户的邮箱地址

/etc/mail/access 文件的操作字段格式如表 20-2 所示。

表 20-2　　/etc/mail/acess 文件的操作字段格式

格式	说明
OK	无条件接收或者发送邮件
RELAY	允许 SMTP 代理投递转发邮件
REJECT	拒绝接收邮件并发布错误信息
DISCARD	丢弃邮件，不发布错误信息

下面讲述/etc/mail/access 文件的配置举例。

使用 Vi 编辑器修改/etc/mail/access 文件，在该文件内添加如下内容。

```
Connect:localhost.localdomain           RELAY
Connect:localhost                       RELAY
Connect:127.0.0.1                       RELAY
192.168.0                               RELAY
//允许对 192.168.0.0 这个网段里的计算机转发、接收邮件
192.168.0.2                             REJECT
//拒绝接收 192.168.0.2 主机发来的电子邮件，并返回拒绝接收的错误信息
```

```
sh.com                                OK
//允许接收 sh.com 域的用户发送的邮件，无条件接收和发送
```

对/etc/mail/access 文件配置好之后，必须使用 makemap 命令为 Sendmail 创建数据库映射，建立新的/etc/mail/access.db 数据库。映射类型常用 hash 数据库格式。

使用以下命令建立新的/etc/mail/access.db 数据库。

```
[root@rhel ~]# makemap hash /etc/mail/access.db </etc/mail/access
[root@rhel ~]# ls /etc/mail/access.db
/etc/mail/access.db
```

20.2.5 /etc/aliases 文件详解

在/etc/mail/sendmail.mc 配置文件中默认有下面这行设置，将会读取/etc/aliases 文件内容。

```
define('ALIAS_FILE', '/etc/aliases')dnl
```

在 Sendmail 决定邮件的接收者的目的地之前，它会先试图在别名中查找。Sendmail 的主要的别名配置文件是/etc/aliases。为了优化查找，Sendmail 为其别名记录建立了一个散列表数据库/etc/aliases.db。该文件通过 newalias 命令产生。

/etc/aliases 文件的格式如下所示。

```
[真实用户账户]:[别名 1],[别名 2]
```

下面讲述/etc/aliases 文件的配置举例。

```
zhangsan:root
//将发送给 zhangsan 的邮件转发给 root
zhangsan: zhangsan@bj.com
//将发送给 zhangsan 的邮件转发给 zhangsan@bj.com
staff:zhangsan,lisi
//将发送给 staff 的邮件群发给 zhangsan 和 lisi
```

Sendmail 不会直接读取/etc/aliases 文件，而是读取该文件创建的数据库。当修改完/etc/aliases 文件之后，需要使用 newaliases 命令生成/etc/aliases.db 数据库。

```
[root@rhel ~]# newaliases
[root@rhel ~]# ls /etc/aliases.db
/etc/aliases.db
```

20.2.6 /etc/mail/userdb 文件详解

在/etc/mail/sendmail.mc 文件中，默认有以下这行内容，可通过它读取/etc/mail/userdb.db 文件的内容，从而对入站地址和出站地址进行改写。

```
define('confUSERDB_SPEC','/etc/mail/userdb.db')dnl
```

相较/etc/aliases.db，/etc/mail/userdb.db 的功能更加强大，它要比/etc/aliases.db 多了改写出站地址的功能。

/etc/mail/userdb.db 是一个散列表数据库，它是通过/etc/mail/userdb 文件产生的。/etc/mail/userdb 文件默认不存在，需要手动创建。

/etc/mail/userdb 文件的格式如下所示。

```
入站地址:maildrop 被改写的入站地址
出站地址:mailname 被改写的出站地址
```

下面讲述/etc/mail/userdb 文件的配置举例。

```
zhangsan:maildrop root
//将发送给 zhangsan 的邮件转发给 root，类似于在/etc/aliases 文件中添加 zhangsan:root
zhangsan:mailname root@sh.com
//将 zhangsan 发送的所有邮件的发件人都改写为 root
```

Sendmail 不会直接读取/etc/userdb 文件，而是读取该文件创建的数据库。/etc/mail/userdb 文件创建好之后，使用 makemap 命令生成/etc/mail/userdb.db。

```
[root@rhel ~]# makemap btree /etc/mail/userdb.db < /etc/mail/userdb
```

20.2.7 Sendmail 服务器配置实例

在公司内部配置一台 Sendmail 服务器，为公司网络内的客户端计算机提供邮件收发服务，具体参数如下。

- DNS 域名：sh.com。
- DNS 服务器 IP 地址：192.168.0.2。
- Sendmail 服务器 IP 地址：192.168.0.2。
- Sendmail 服务器 MX 记录：mail.sh.com。
- 公司网络：192.168.0.0。
- 设置能够给公司全体员工群发邮件。

1. 配置 DNS 服务器

（1）编辑/var/named/sh.com.hosts 区域文件

在已经正常运行的 DNS 服务器上编辑/var/named/sh.com.hosts 区域文件，需要在该文件内添加 MX 记录，内容如下所示。

```
$ttl 38400
@       IN      SOA     rhel.sh.com. root.sh.com. (
                                        1268360234
                                        10800
                                        3600
                                        604800
                                        38400 )

@       IN      NS                      rhel.sh.com.
rhel    IN      A                       192.168.0.2
mail    IN      CNAME                   rhel.sh.com.
@       IN      MX 10                   mail.sh.com.
```

（2）重启 named 服务

使用以下命令重启 named 服务。

```
[root@rhel ~]# systemctl restart named.service
```

关于如何配置 DNS 服务器，请参考第 17 章的内容。

（3）验证邮件交换器设置

使用以下命令验证邮件交换器设置。

```
[root@rhel ~]# nslookup -q=mx sh.com
Server:         192.168.0.2
Address:        192.168.0.2#53

sh.com  mail exchanger = 10 mail.sh.com.
```

2. 编辑/etc/mail/sendmail.mc 文件

编辑/etc/mail/sendmail.mc 文件，编辑 DAEMON_OPTIONS('Port=smtp,Addr=127.0.0.1, Name=MTA') dnl 和 LOCAL_DOMAIN(`localhost.localdomain')dnl 这两行内容，指定邮件服务器的侦听网络和邮件服务器所在的域名。这两行修改后的内容如下所示。

```
DAEMON_OPTIONS('Port=smtp,Addr=192.168.0.2, Name=MTA')dnl
LOCAL_DOMAIN('sh.com')dnl
```

m4 工具是一个强大的宏处理过滤器，使用该工具将编辑后的/etc/mail/sendmail.mc 文件内容重定向到/etc/mail/sendmail.cf 文件中，这样就可以免于编辑复杂的/etc/mail/sendmail.cf 文件了，如下所示。

```
[root@rhel ~]# m4 /etc/mail/sendmail.mc >/etc/mail/sendmail.cf
```

3. 编辑/etc/mail/local-host-names 文件

编辑/etc/mail/local-host-names 文件，添加邮件服务器的主机名称，在该文件内添加如下所示内容。

```
sh.com
mail.sh.com
```

4. 修改/etc/hosts 文件

修改/etc/hosts 文件，在该文件末尾添加邮件服务器 IP 地址、主机名以及 FQDN 映射信息，该文件修改后内容如下所示。

```
127.0.0.1   localhost localhost.localdomain localhost4 localhost4.localdomain4
::1         localhost localhost.localdomain localhost6 localhost6.localdomain6
192.168.0.2  rhel  mail.sh.com
```

5. 编辑/etc/mail/access 文件

编辑/etc/mail/access 文件，添加允许使用 Sendmail 服务器接收和发送邮件的网络 192.168.0.0 和域 sh.com，该文件修改后内容如下所示。

```
Connect:localhost.localdomain         RELAY
Connect:localhost                     RELAY
Connect:127.0.0.1                     RELAY
192.168.0                             RELAY
sh.com                                RELAY
```

对/etc/mail/access 文件配置之后，使用 makemap 命令建立新的/etc/mail/access.db 数据库，使用如下命令。

```
[root@rhel ~]# makemap hash /etc/mail/access.db </etc/mail/access
```

6. 编辑/etc/aliases 文件

编辑/etc/aliases 文件，添加邮件列表，以便发送电子邮件时，只需要输入一个邮件地址就可以给多个人发送电子邮件，在该文件中的末尾添加如下内容。

```
staff:zhangsan,lisi,wangwu,zhaoliu,luqi
//在 staff:后面写上公司所有员工的账户名
```

接着使用 newaliases 命令生成/etc/aliases.db 数据库，如下所示。

```
[root@rhel ~]# newaliases
```

注意

当出现错误信息“WARNING: local host name (rhel) is not qualified; see cf/README: WHO AM I?”时，需要在 Sendmail 服务器上修改/etc/hosts 文件，在该文件末尾添加以下这行内容。

```
192.168.0.2   rhel   mail.sh.com
```

7. 启动 sendmail 服务

使用以下命令启动 sendmail 服务。

```
[root@rhel ~]# systemctl start sendmail.service
```

注意

在启动 sendmail 服务之前，必须确保 postfix 服务已经停止，否则 sendmail 服务运行会出现问题。

8. 开机自动启动 sendmail 服务

使用以下命令在重新引导系统时自动启动 sendmail 服务。

```
[root@rhel ~]# systemctl enable sendmail.service
[root@rhel ~]# systemctl is-enabled sendmail.service
enabled
```

20.2.8　配置 dovecot 服务器

Sendmail 是一个 MTA，它只提供 SMTP 服务，这就是说它只通过电子邮件的转发和本地分发功能，但是如果要实现异地接收邮件，就必须要 POP3 和 IMAP 服务的支持。一般情况下，SMTP 服务和 POP3、IMAP 服务都安装在同一台服务器上。在 Linux 系统中，dovecot 软件包可以同时提供 POP3 和 IMAP 服务。

1. 安装 dovecot 软件包

要配置 dovecot 服务器，需要在 Linux 系统中查看 dovecot 软件包是否已经安装，如果没有请事先安装好。

```
[root@rhel ~]# rpm -q dovecot
dovecot-2.2.36-5.el8.x86_64
```

使用以下命令安装 dovecot 软件包。

```
[root@rhel~]# cd /run/media/root/RHEL-8-0-0-BaseOS-x86_64/AppStream/Packages
//进入 Linux 系统安装光盘软件包目录
[root@rhel Packages]# rpm -ivh dovecot-2.2.36-5.el8.x86_64.rpm
警告: dovecot-2.2.36-5.el8.x86_64.rpm: 头 V3 RSA/SHA256 Signature, 密钥 ID fd431d51: NOKEY
Verifying...                        ################################# [100%]
准备中...                       ################################# [100%]
正在升级/安装...
   1:dovecot-1:2.2.36-5.el8          ################################# [100%]
```

2. 编辑/etc/dovecot/dovecot.conf 文件

编辑/etc/dovecot/dovecot.conf 文件，该文件编辑后内容如下所示。

```
protocols = imap pop3 lmtp
//设置 dovecot 使用的协议
listen = 192.168.0.2
//设置 dovecot 监听的 IP 地址
base_dir = /var/run/dovecot/
//存储运行时数据的基本目录
login_trusted_networks = 192.168.0.0/24
//设置允许连接 dovecot 服务器的网络地址

dict {
  #quota = mysql:/etc/dovecot/dovecot-dict-sql.conf.ext
  #expire = sqlite:/etc/dovecot/dovecot-dict-sql.conf.ext
}

!include conf.d/*.conf
!include_try local.conf
```

3. 编辑/etc/dovecot/conf.d/10-mail.conf 文件

编辑/etc/dovecot/conf.d/10-mail.conf 文件，在该文件中编辑 mail_location 参数，设置邮件存储位置，如下所示。

```
mail_location = mbox:~/mail:INBOX=/var/mail/%u
```

4. 启动 dovecot 服务

使用以下命令启动 dovecot 服务。

```
[root@rhel ~]# systemctl start dovecot.service
```

5. 查看端口号

dovecot 服务启动之后使用以下命令查看端口号 110 和 143。

```
[root@rhel ~]# netstat -antu|grep 110
tcp        0      0 192.168.0.2:110         0.0.0.0:*               LISTEN
//110 端口号存在，110 端口号是 POP3 服务在使用
[root@rhel ~]# netstat -antu|grep 143
tcp        0      0 192.168.0.2:143         0.0.0.0:*               LISTEN
//143 端口号存在，143 端口号是 IMAP 服务在使用
```

20.2.9 测试发送 Sendmail 邮件

SMTP 监听端口号 25，才能同其他邮件服务器传递邮件，通过使用 telnet 命令登录 Sendmail 服务器的 25 端口，模拟邮件服务器，发送邮件给所在服务器的用户。

在 Linux 客户端使用以下命令安装 telnet 软件包。

```
[root@linux ~]# cd /run/media/root/RHEL-8-0-0-BaseOS-x86_64/AppStream/Packages
//进入 Linux 系统安装光盘软件包目录
[root@linux Packages]# rpm -ivh telnet-0.17-73.el8.x86_64.rpm
警告：telnet-0.17-73.el8.x86_64.rpm: 头 V3 RSA/SHA256 Signature, 密钥 ID fd431d51: NOKEY
Verifying...                          ################################# [100%]
```

```
准备中...                          ################################# [100%]
正在升级/安装...
   1:telnet-1:0.17-73.el8          ################################# [100%]
```

在 Linux 客户端使用 telnet 命令连接到 Sendmail 服务器的 25 端口上，测试电子邮件是否能发送。

```
[root@linux~]# telnet 192.168.0.2 25
Trying 192.168.0.2...
Connected to 192.168.0.2.
Escape character is '^]'.
220 mail.sh.com ESMTP Sendmail 8.15.2/8.15.2; Mon, 2 Mar 2020 15:19:09 +0800
helo mail.sh.com
250 mail.sh.com Hello linux.sh.com [192.168.0.5], pleased to meet you
mail from :"test"root@sh.com
//设置邮件主题以及发件人邮件地址，邮件主题是 test，发件人是 root@sh.com
250 2.1.0 "test"root@sh.com... Sender ok
rcpt to:zhangsan@sh.com
//设置收件人邮件地址，收件人是 zhangsan@sh.com
250 2.1.5 zhangsan@sh.com... Recipient ok
data
//这里的 data 表示开始写邮件
354 Enter mail, end with "." on a line by itself
This is a test mail.
//输入邮件内容
.
//这里的"."表示结束邮件内容
250 2.0.0 0227J9aH110755 Message accepted for delivery
quit
//输入 quit 退出
221 2.0.0 mail.sh.com closing connection
Connection closed by foreign host.
```

20.2.10 在 Sendmail 服务器上接收邮件

在 Sendmail 服务器上先安装 mailx 软件包，再使用 mail 命令接收用户的邮件。

1. 安装 mailx 软件包

在 Sendmail 服务器上使用以下命令安装 mailx 软件包。

```
[root@rhel Packages]# cd /run/media/root/RHEL-8-0-0-BaseOS-x86_64/BaseOS/Packages
//进入 Linux 系统安装光盘软件包目录
[root@rhel Packages]# rpm -ivh mailx-12.5-29.el8.x86_64.rpm
警告：mailx-12.5-29.el8.x86_64.rpm: 头 V3 RSA/SHA256 Signature, 密钥 ID fd431d51: NOKEY
Verifying...                       ################################# [100%]
准备中...                          ################################# [100%]
正在升级/安装...
   1:mailx-12.5-29.el8             ################################# [100%]
```

2. 使用 mail 命令接收邮件

在 Sendmail 服务器上使用 mail 命令接收用户 zhangsan 的邮件。

```
[root@rhel ~]# mail -u zhangsan
Heirloom Mail version 12.5 7/5/10.  Type ? for help.
"/var/mail/zhangsan": 1 message 1 new
>N  1 "test"root@sh.com     Mon Mar  2 15:21  11/376
&
```

```
Message  1:
From "test"root@sh.com  Mon Mar  2 15:21:05 2020
Return-Path: <"test"root@sh.com>
Date: Mon, 2 Mar 2020 15:19:09 +0800
From: "test"root@sh.com
Status: R

This is a test mail.

&
```

也可以以用户 zhangsan 登录系统后查看邮件，如下所示。

```
[root@rhel ~]# su - zhangsan
//以用户 zhangsan 登录系统
[zhangsan@rhel ~]$ mail
```

20.3 配置 Sendmail 客户端

在 Linux 系统中配置的 Sendmail 服务器可以支持 Linux 客户端和非 Linux 客户端（如 Windows 系统）收发电子邮件。在 Windows 10 客户端上，可以使用非常多的邮件客户端软件，这里以 Microsoft Outlook 2016 为例进行讲解。

1. 创建目录

以用户 zhangsan 登录 dovecot 服务器，在当前目录下创建 **mail/.imap/INBOX** 目录。

```
[root@rhel ~]# su - zhangsan
[zhangsan@rhel ~]$ mkdir -p mail/.imap/INBOX
```

2. Outlook 配置

当第一次使用 Microsoft Outlook 2016 软件时，会被要求先添加电子邮件账户，如图 20-1 所示。

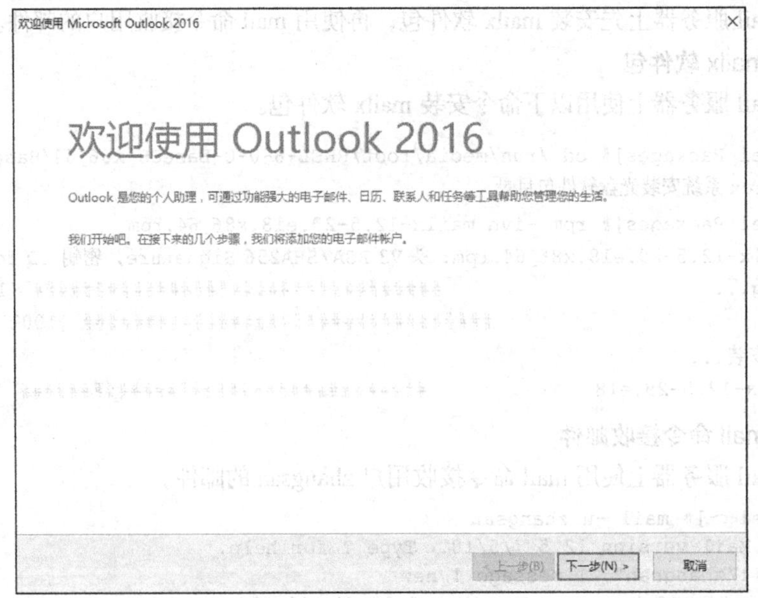

图 20-1　添加账户

在图 20-2 所示的对话框中，选择【是】单选按钮，然后单击【下一步】按钮。

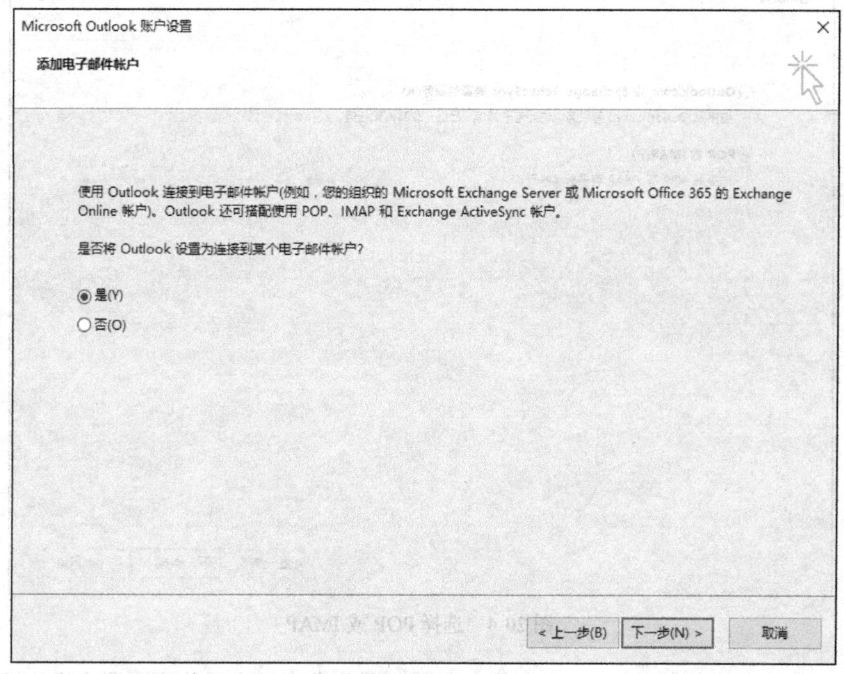

图 20-2　添加电子邮件账户

在图 20-3 所示的对话框中选择【手动设置或其他服务器类型】单选按钮，然后单击【下一步】按钮。

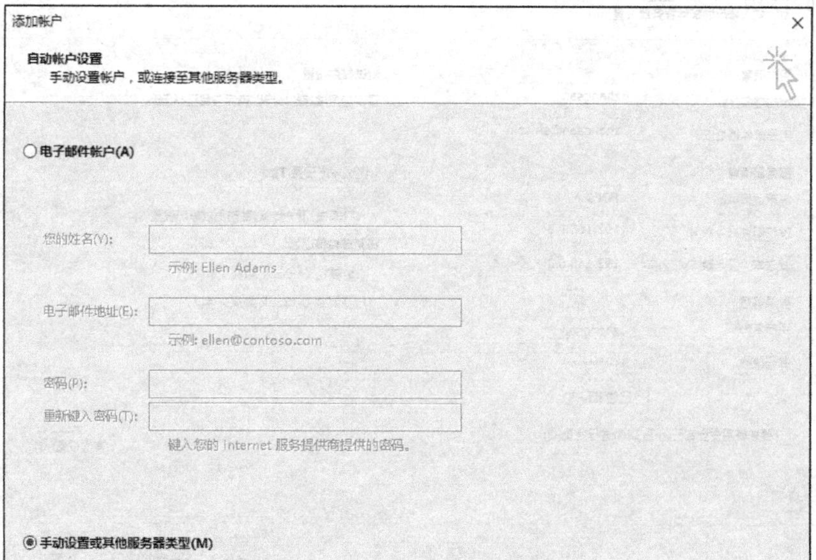

图 20-3　手动设置或其他服务器类型

在图 20-4 所示的对话框中选择【IPOP 或 IMAP】单选按钮，然后单击【下一步】按钮。

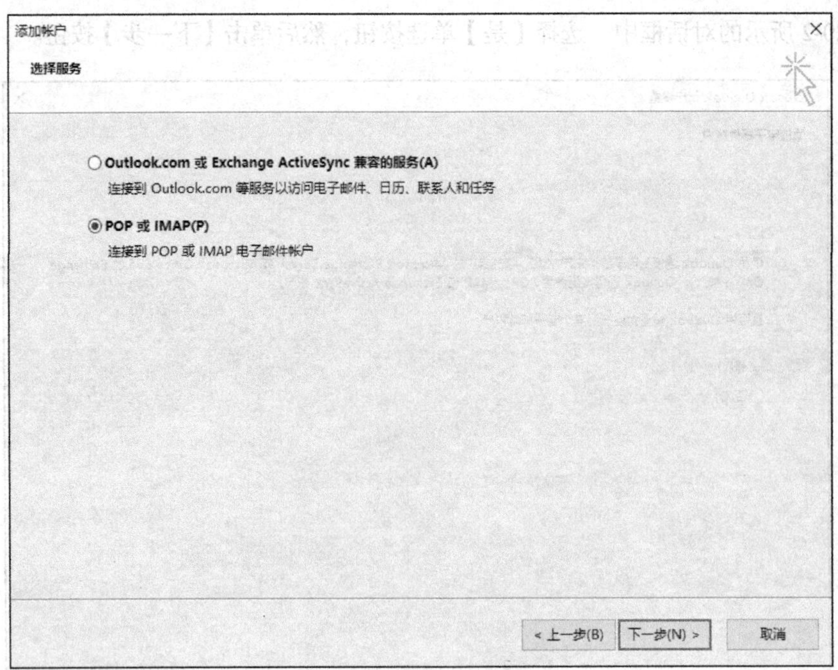

图 20-4　选择 POP 或 IMAP

在图 20-5 所示的对话框中输入用户信息、服务器信息以及登录信息，账户类型选择 POP3，然后单击【下一步】按钮。

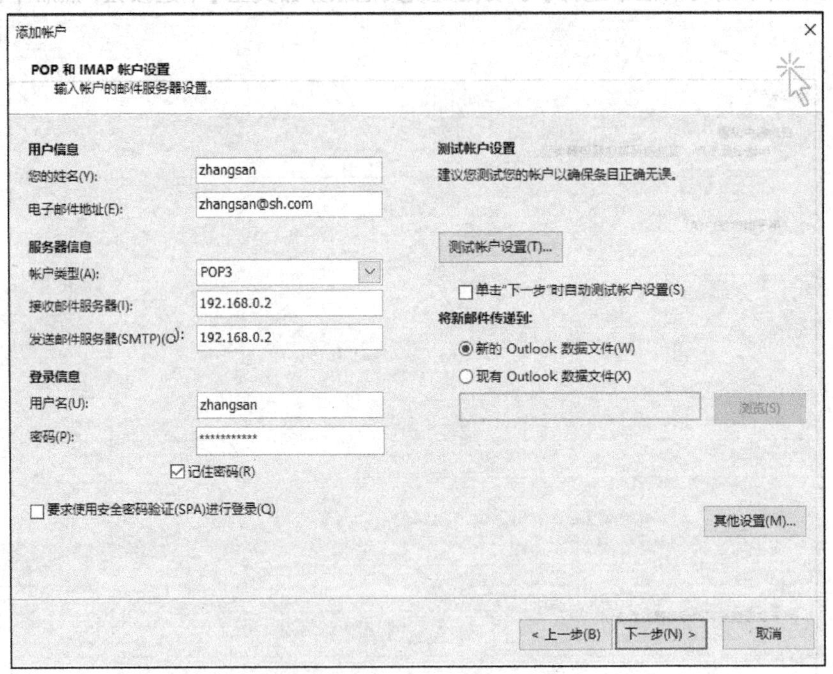

图 20-5　POP 和 IMAP 设置

接着显示图 20-6 所示的对话框，表示电子邮件账户设置完毕。

Microsoft Outlook 2016 软件界面如图 20-7 所示，接着就可以收发电子邮件了。

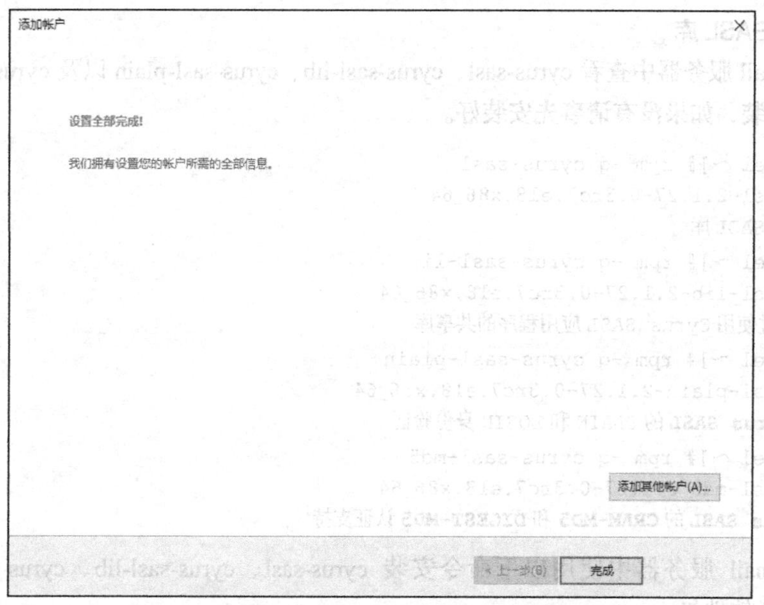

图 20-6　完成电子邮件账户设置

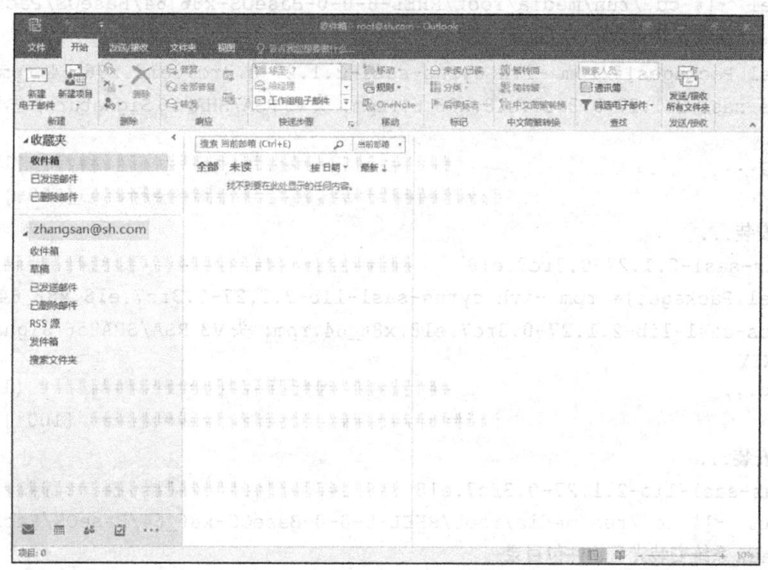

图 20-7　Microsoft Outlook 2016 界面

20.4　Sendmail 服务器认证

在互联网上运行的 Sendmail 服务器，必须启用中继功能才能转发外部邮件。但是如果不加以限制，就会使非法用户有机会执行各种操作，如发送垃圾邮件，甚至被其他邮件服务器屏蔽，无法向外部转发邮件。

通过 Sendmail 服务器认证功能，基于简单认证和安全层（Simple Authentication and Security Layer，SASL）验证邮件用户的账户和密码，能够有效地拒绝非法用户使用 Sendmail 服务器中继邮件。

1. 安装 SASL 库

在 Sendmail 服务器中查看 cyrus-sasl、cyrus-sasl-lib、cyrus-sasl-plain 以及 cyrus-sasl-md5 软件包是否已经安装，如果没有请事先安装好。

```
[root@rhel ~]# rpm -q cyrus-sasl
cyrus-sasl-2.1.27-0.3rc7.el8.x86_64
//Cyrus SASL库
[root@rhel ~]# rpm -q cyrus-sasl-li
cyrus-sasl-lib-2.1.27-0.3rc7.el8.x86_64
//需要通过使用 Cyrus SASL 应用程序的共享库
[root@rhel ~]# rpm -q cyrus-sasl-plain
cyrus-sasl-plain-2.1.27-0.3rc7.el8.x86_64
//支持 Cyrus SASL 的 PLAIN 和 LOGIN 身份验证
[root@rhel ~]# rpm -q cyrus-sasl-md5
cyrus-sasl-md5-2.1.27-0.3rc7.el8.x86_64
//对 Cyrus SASL 的 CRAM-MD5 和 DIGEST-MD5 认证支持
```

在 Sendmail 服务器中使用以下命令安装 cyrus-sasl、cyrus-sasl-lib、cyrus-sasl-plain 以及 cyrus-sasl-md5 软件包。

```
[root@rhel ~]# cd /run/media/root/RHEL-8-0-0-BaseOS-x86_64/BaseOS/Packages
//进入 Linux 系统安装光盘软件包目录
[root@rhel Packages]# rpm -ivh cyrus-sasl-2.1.27-0.3rc7.el8.x86_64.rpm
警告：cyrus-sasl-2.1.27-0.3rc7.el8.x86_64.rpm: 头 V3 RSA/SHA256 Signature，密钥 ID fd431d51: NOKEY
Verifying...                          ################################# [100%]
准备中...                          ################################# [100%]
正在升级/安装...
   1:cyrus-sasl-2.1.27-0.3rc7.el8     ################################# [100%]
[root@rhel Packages]# rpm -ivh cyrus-sasl-lib-2.1.27-0.3rc7.el8.x86_64.rpm
警告：cyrus-sasl-lib-2.1.27-0.3rc7.el8.x86_64.rpm: 头 V3 RSA/SHA256 Signature，密钥 ID fd431d51: NOKEY
Verifying...                          ################################# [100%]
准备中...                          ################################# [100%]
正在升级/安装...
   1:cyrus-sasl-lib-2.1.27-0.3rc7.el8 ################################# [100%]
[root@rhel ~]# cd /run/media/root/RHEL-8-0-0-BaseOS-x86_64/BaseOS/Packages
//进入 Linux 系统安装光盘软件包目录
[root@rhel Packages]# rpm -ivh cyrus-sasl-plain-2.1.27-0.3rc7.el8.x86_64.rpm
警告：cyrus-sasl-plain-2.1.27-0.3rc7.el8.x86_64.rpm: 头 V3 RSA/SHA256 Signature，密钥 ID fd431d51: NOKEY
Verifying...                          ################################# [100%]
准备中...                          ################################# [100%]
正在升级/安装...
   1:cyrus-sasl-plain-2.1.27-0.3rc7.el################################# [100%]
[root@rhel Packages]# rpm -ivh cyrus-sasl-md5-2.1.27-0.3rc7.el8.x86_64.rpm
警告：cyrus-sasl-md5-2.1.27-0.3rc7.el8.x86_64.rpm: 头 V3 RSA/SHA256 Signature，密钥 ID fd431d51: NOKEY
Verifying...                          ################################# [100%]
准备中...                          ################################# [100%]
正在升级/安装...
   1:cyrus-sasl-md5-2.1.27-0.3rc7.el8 ################################# [100%]
```

2. 编辑/etc/mail/sendmail.mc 文件

在 Sendmail 服务器中编辑/etc/mail/sendmail.mc 文件，在该文件中去掉以下三行内容最前面的 dnl，启用 Sendmail 认证功能。

```
TRUST_AUTH_MECH(`EXTERNAL DIGEST-MD5 CRAM-MD5 LOGIN PLAIN')dnl
//使 Sendmail 不管/etc/mail/access 文件中如何设置，都能 RELAY 那些通过 LOGIN、PLAIN 或 DIGEST-MD5 方式验证的邮件
define(`confAUTH_MECHANISMS', `EXTERNAL GSSAPI DIGEST-MD5 CRAM-MD5 LOGIN PLAIN')dnl
//确定系统的认证方式
DAEMON_OPTIONS(`Port=submission, Name=MSA, M=Ea')dnl
//启用 Sendmail 认证功能，并且以子进程运行 MSA，实现邮件的账户和密码的验证
```

使用 m4 工具将编辑后的/etc/mail/sendmail.mc 文件内容重定向到/etc/mail/sendmail.cf 文件中，如下所示。

```
[root@rhel ~]# m4 /etc/mail/sendmail.mc >/etc/mail/sendmail.cf
```

3. 启动 saslauthd 服务

使用以下命令启动 saslauthd 服务。

```
[root@rhel ~]# systemctl start saslauthd.service
```

4. 重启 Sendmail 服务

使用以下命令重启 Sendmail 服务。

```
[root@rhel ~]# systemctl restart sendmail.service
```

5. 验证 SASL

使用以下命令查看输出信息中是否包含 SASLv2。

```
[root@rhel ~]# sendmail -d0.1 -bv root|grep SASL
                NETUNIX NEWDB NIS PIPELINING SASLv2 SCANF SOCKETMAP STARTTLS
```

6. 设置发送服务器要求验证

在 Microsoft Outlook 2016 软件中，单击左上角的文件菜单，然后单击【信息】→【账户设置】→【账户设置】，如图 20-8 所示。

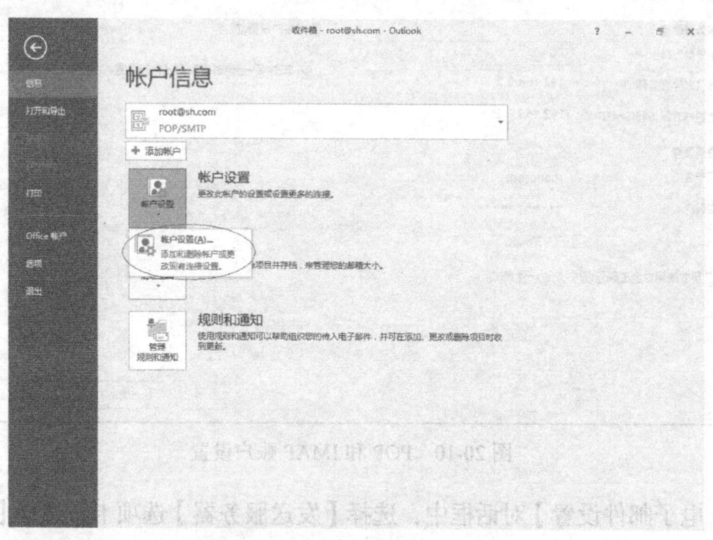

图 20-8　Microsoft Outlook 2016

在图 20-9 所示的【电子邮件账户】对话框中，选择【电子邮件】选项卡，选择名称【zhangsan@sh.com】，然后单击【更改】按钮。

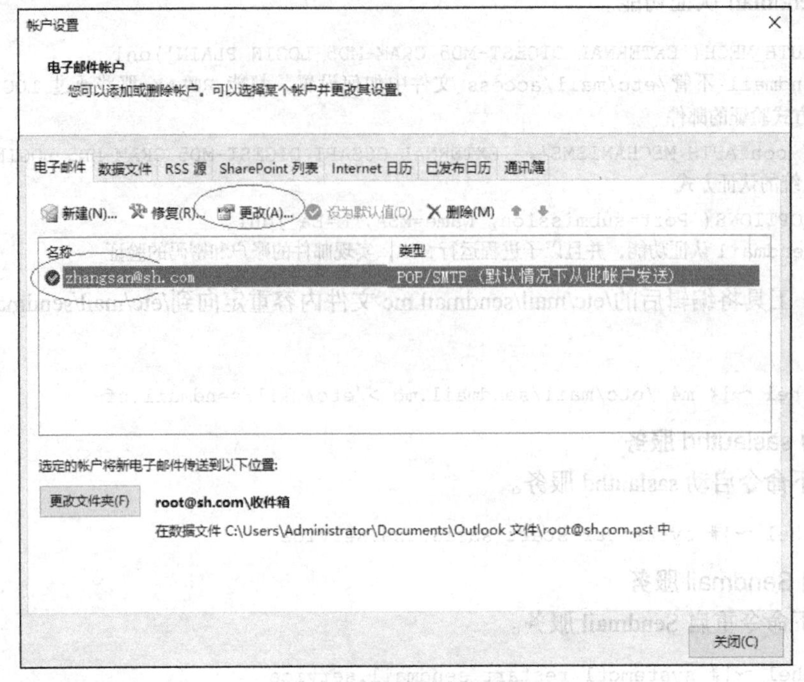

图 20-9　更改电子邮件账户

在图 20-10 所示的【POP 和 IMAP 账户设置】对话框中，单击【其他设置】按钮。

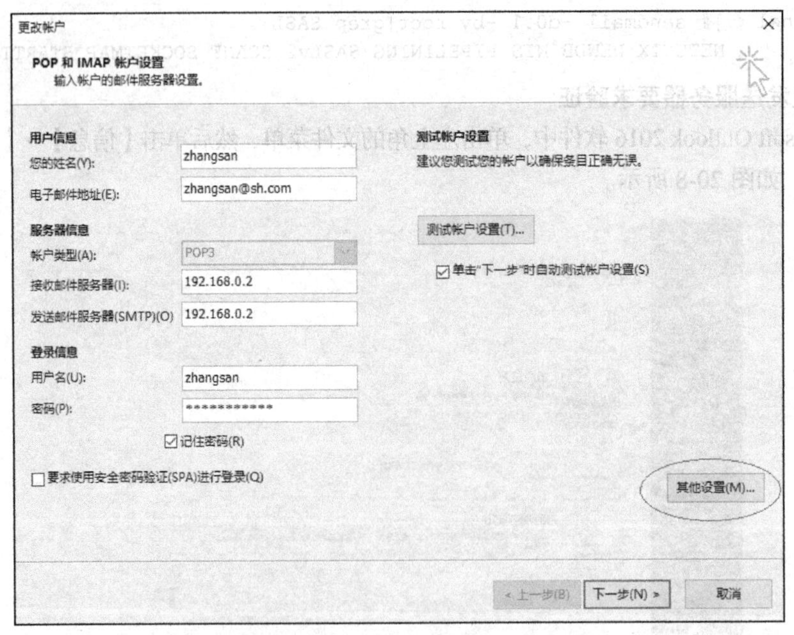

图 20-10　POP 和 IMAP 账户设置

在【Internet 电子邮件设置】对话框中，选择【发送服务器】选项卡，选择【我的发送服务器（SMTP）要求验证】复选框，然后选择【使用与接收邮件服务器相同的设置】单选按钮，如图 20-11

所示，单击【确定】按钮即可。

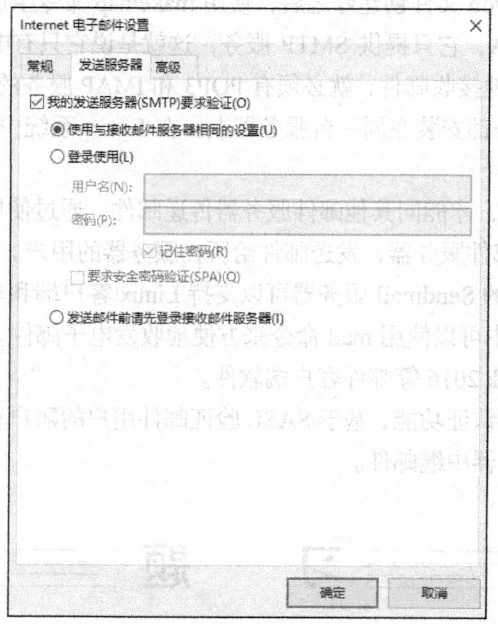

图 20-11　Internet 电子邮件设置

小　　结

电子邮件是一种用电子手段实现信息交换的通信方式，通过电子邮件系统，用户几乎可以非常快速地与世界上任何一个角落的网络用户联系。电子邮件可以是文字、图像和声音等多种形式的文件。

电子邮件系统一般由邮件用户代理（MUA）、邮件传输代理（MTA）和邮件投递代理（MDA）程序组成。MUA 用来接收用户的指令，将用户邮件的传送至 MTA。而 MDA 从 MTA 取得邮件传送至最终用户的邮箱。

/etc/mail/sendmail.cf 配置文件决定 Sendmail 的属性，定义 Sendmail 服务器在哪一个域上工作以及开启某些验证机制。只需要通过修改/etc/mail/sendmail.mc 文件，并且使用 m4 命令将/etc/mail/sendmail.mc 文件编译成/etc/mail/sendmail.cf 文件即可。

必须在/etc/mail/local-host-names 文件中定义收发邮件的主机名称和主机别名，否则无法正常收发邮件。

使用/etc/mail/access 文件可以控制邮件中继和邮件的进出管理，允许某些客户端使用此 Sendmail 服务器转发邮件。对/etc/mail/access 文件配置好之后，必须使用 makemap 命令为 Sendmail 创建数据库映射，建立新的/etc/mail/access.db 数据库。

在 Sendmail 决定邮件的接收者的目的地之前，它会先试图在别名中查找。Sendmail 的主要的别名配置文件是/etc/aliases。为了优化查找，Sendmail 为其别名记录建立了一个散列表数据库/etc/aliases.db。Sendmail 不会直接读取/etc/aliases 文件，而是读取该文件创建的数据库。当修改完/etc/aliases 文件之后，需要使用 newaliases 命令生成/etc/aliases.db 数据库。

/etc/mail/userdb.db 数据库的作用是对入站地址和出站地址进行改写，它是通过/etc/mail/userdb 文件产生的。/etc/mail/userdb 文件创建好之后，使用 makemap 命令生成/etc/mail/userdb.db。

Sendmail 是一个 MTA，它只提供 SMTP 服务，这就是说它只有电子邮件的转发和本地分发功能，但是如果要实现异地接收邮件，就必须有 POP3 和 IMAP 服务的支持。一般情况下，SMTP 服务和 POP3、IMAP 服务都安装在同一台服务器上。在 Linux 系统中，dovecot 软件包可以同时提供 POP3 和 IMAP 服务。

SMTP 监听端口号 25，才能同其他邮件服务器传递邮件，通过使用 telnet 命令登录 Sendmail 服务器的 25 端口，模拟邮件服务器，发送邮件给所在服务器的用户。

在 Linux 系统中配置的 Sendmail 服务器可以支持 Linux 客户端和非 Linux 客户端收发电子邮件。在 Linux 客户端系统中可以使用 mail 命令来方便地收发电子邮件。在 Windows 10 客户端上，可以使用 Microsoft Outlook 2016 等邮件客户端软件。

通过 Sendmail 服务器认证功能，基于 SASL 验证邮件用户的账户和密码，能够有效地拒绝非法用户使用 Sendmail 服务器中继邮件。

习 题

20-1 简述电子邮件系统的组成。

20-2 简述/etc/mail/access 文件的操作字段格式。

上机练习

在 Linux 系统中配置 Sendmail 服务器，然后使用 telnet 命令连接到 Sendmail 服务器，测试电子邮件是否能发送。

上机练习

- DNS 域名：sh.com。
- DNS 服务器 IP 地址：192.168.0.2。
- Sendmail 服务器 IP 地址：192.168.0.2。
- Sendmail 服务器 MX 记录：mail.sh.com。
- 公司网络：192.168.0.0。
- 设置能够给公司全体员工群发邮件。